现场总线技术及应用教程

（第3版）

王永华　江　豪　编著

北京航空航天大学出版社

内 容 简 介

在工业自动化应用技术领域，市场占有率较高的传统现场总线技术和实时以太网技术分别是 PROFIBUS 和 PROFINET。本书以 PROFIBUS 和 PROFINET 为主线，详细讲解了现场总线技术和工业网络的基本概念、工作原理和工程应用。在书的开始，对控制系统以及现场总线技术的发展历程、现场总线技术中使用的工业网络和通信基础知识进行了概括性的介绍；随后重点讲解 PROFIBUS DP/PA 和 PROFINET 的基本原理和具体应用，并在此基础上剖析了 DP - V0/V1 和 PROFINET 的报文细节和帧结构，在重点章节中给出了应用实例；本书最后一章讲解了工业网络应用技术，这是基于作者团队近 20 年的工程实践而编写的。为方便高等院校作为教材使用，全书各章都配有大量的习题和思考题，附录 A 中还配有 7 个实验的指导书。附录 B 中提供了精心编排的 PROFIBUS 常用信息速查表。

本书可作为"现场总线技术及应用"或"工业控制网络技术及应用"课程的教材，使用对象主要是高等院校相关专业的本科生和研究生，以及企业和设计院所的相关工程技术人员。

相隔 12 年后出版的第 3 版既是技术进步的产物，也是作者经过多年教学实践后对相关工业网络知识传授方法的创新总结，更宝贵的是新版教材还集成了团队多年的相关工程经验，加以作者的专业技术知识和深厚的写作功底，相信本书会是一本值得使用的教材和参考资料。

图书在版编目(CIP)数据

现场总线技术及应用教程 / 王永华，江豪编著. -- 3 版. -- 北京 ：北京航空航天大学出版社，2025.3

ISBN 978 - 7 - 5124 - 4258 - 0

Ⅰ. ①现… Ⅱ. ①王… ②江… Ⅲ. ①总线—技术—教材 Ⅳ. ①TP336

中国国家版本馆 CIP 数据核字(2023)第 241069 号

现场总线技术及应用教程(第 3 版)

王永华　江　豪　编著

策划编辑　董　瑞　　责任编辑　董　瑞

*

北京航空航天大学出版社出版发行

北京市海淀区学院路 37 号(邮编 100191)　http://www.buaapress.com.cn

发行部电话：(010)82317024　传真：(010)82328026

读者信箱：goodtextbook@126.com　邮购电话：(010)82316936

涿州市铭瑞印刷有限公司印装　各地书店经销

*

开本：787×1 092　1/16　印张：20.75　字数：544 千字

2025 年 3 月第 3 版　2025 年 3 月第 1 次印刷　印数：1 000 册

ISBN 978 - 7 - 5124 - 4258 - 0　定价：76.00 元

前　　言

时光如梭，转眼之间本书第 2 版出版发行已经十多年了。其间，现场总线技术的应用和发展日新月异，实时工业以太网技术已占据了主导地位。针对技术的飞速发展，本书必须与时俱进才能保持内容上和应用上的先进性。

现场总线这种"革命性"技术给工业自动化应用技术领域带来了深刻影响，而最新的 IEC 61158 中现场总线技术的类型已扩展到 Type28，实时以太网技术把这场革命再次推向了高潮。如何迎接这场革命，是广大工程技术人员不能回避的问题；对高等院校的老师来说，怎样把新知识及时传授给学生，也是必须要做好的事情。

本书是一本详细讲解 PROFIBUS 技术的现场总线技术及应用教材，第 1 版出版后被 80 多所高等院校选为教材，并受到广大师生的好评。虽然有些院校受实验条件限制而不能很好地开设有关"现场总线技术"方面的课程，但仍有 70 多位老师和作者联系，就"现场总线技术"或"工业控制网络技术"方面的教学、实验室建设进行探讨。作为第一个"中国 PROFIBUS/PROFINET 技术培训中心"和"中国 IEC 61131-3 培训中心"，从 2007—2019 年，为国内（包括台湾地区）的数十家企业、公司和高等院校的 600 多位工程技术人员和老师提供了 PROFIBUS/PROFINET 技术和 IEC 61131-3 的培训服务。

第 3 版既是技术进步的产物，也是作者过去十余年现场总线技术教学和工程实践经验的总结。和第 2 版相比，第 3 版主要有以下几个方面的修订：

- 对全书进行了全面校勘，并更新了有关内容；
- 大幅度更新、整合、删减、增补了 PROFIBUS 技术和 PROFINET 技术相关知识，调整了讲解次序，使之更加符合知识传授规律；
- 删除了旧版中"AS-i 技术及应用""标准工业控制编程语言 IEC 61131-3"两章；
- "现场总线技术应用综合举例"不再单独成章，而是把相关实例分别放到 PROFIBUS 和 PROFINET 的系统应用章节中。
- 增加了"工业网络技术及工程应用"一章，这是团队多年实际工程经验的总结。

本书结构

本书共三大部分，总共 7 章内容和三个附录。

第一部分：基础知识

本部分包括两章内容。第 1 章结合实例回顾和分析了自动化控制技术的发展历程，介绍了现场总线在工业控制网络结构中的位置和作用；详细介绍了现场总线国际标准 IEC 61158 的产生和发展情况，详细讲解了现场总线技术和工业网络的基本概念。第 2 章高度概括了在现场总线技术中所要用到的网络及通信的基础知识，这些内容即使已经学习过，但重新温习这部分知识对学习现场总线技术也是必要的。

第二部分：核心内容

本部分是本书的重心，包括 5 章内容，围绕 PROFIBUS 和 PROFINET 来讲解现场总线的原理及其应用技术。第 3 章详细介绍了 PROFIBUS 的基础知识、传输技术、安装技术和应用实例;第 4 章讲解 PROFIBUS 的通信技术,详细剖析 DP-V0/V1 帧结构和报文内容,这是学习 PROFIBUS 深层次技术的宝典;第 5 章讲解了 PROFINET 基础知识、工作原理、安装技术,并给出了工程实例;第 6 章详细讲解了 PROFINET 实时通信技术,先对其物理层/链路层使用的以太网技术和网络层/传输层使用的因特网技术精华进行了概述性讲解,然后详细剖析了 PROFINET 的帧结构;第 7 章讲解了工业网络应用技术,这是我们团队近 20 年相关工程经验的结晶。

第三部分:重要附录

本部分包括三个附录。附录 A 设计了 7 个实验,它们是这门应用性很强的课程必须具备的内容,每个实验都包括实验目的、使用设备及装置、实验内容和实验报告要求等,该部分可为任课教师开设实验提供指导;附录 B 是 PROFIBUS 常用信息速查表,整理了 DP-V0/V1 的几乎所有有用的信息,是 PROFIBUS 学习和使用者的“简明手册”;附录 C 是本书所使用的缩略语备查表。

另外,在每一章的最后都有“本章小结”,以及丰富的“思考题与练习题”。

如何分配课时和授课内容

本书既可以作为相关专业研究生、本科生的教材,也可以作为电气工程师、自动化工程师、电工等有关技术人员的参考资料和培训教材。层次不同,所需要的授课内容、课时进度和实验项目也会不同,下表给出一些指导性的建议,供授课教师参考。表中的一个课时为 50 分钟,每个实验所使用的课时为两个,实验个数和实验内容请根据实际情况在附录 A 中选择,“思考题与练习题”也可进行适当筛选。

适用层次	第 1 章	第 2 章	第 3 章	第 4 章	第 5 章	第 6 章	第 7 章	实验	总课时
研究生	1	1	2	2	2	2		6	16
本科生	2	2	3	4	3	4	2	12	32
PROFIBUS 技术培训	1	1	6	6				10	24
PROFINET 技术培训	1	1			6	6		10	24

致　谢

首先感谢英国 Manchester Metropolitan University 工程与技术系首席讲师、英国 PROFIBUS 资格中心(PROFIBUS COMPETENCY CENTRE,PCC) Andy Verwer 先生,经过他的允许,本书 PROFIBUS 章节的部分内容是在其培训课程散页讲稿的基础上,经过修改、补充后编写的。2003 年 9 月—2004 年 8 月期间,Andy 为我在英国 PCC 的学习和工作提供了良好的条件和环境。

感谢全国工业过程测量和控制标准化技术委员会工业通信(现场总线)及系统分技术委员会(TC124/SC4)GB/Z《工业通信网络　现场总线规范 类型 10:PROFINET IO 规范》国家标准起草工作组,作为专家组成员之一,我有幸参加了 PROFINET IO 国家标准的起草和转化工作。正是这些相关的第一手资料,才使得本书第 5 章和第 6 章得以顺利完成。

在写作时,本书部分章节个别段落的内容参考了一些已出版的文献,这些文献已在书后的参考文献中一一列出，在此我向这些文献的作者表示衷心的感谢！

最后我要真诚地感谢我的家人，他们给予我的最无私的爱是我永远前进的强大动力，一想起这些，我就不敢有丝毫的懈怠，而会更加刻苦勤奋地学习和工作。

团队的江豪教授完成了本书第 7 章的编写工作；河南中烟黄金叶生产制造中心的李秀芳高级工程师提供了行业应用实例；团队研究生完成了部分实验验证工作。

我编著的另一本书《现代电气控制及 PLC 应用技术（第 6 版）》在 300 多所高等院校作为教材使用，该教材于 2021 年获得河南省首届优秀教材特等奖。我相信以自己多年的写作功底和对现场总线、实时以太网及其前沿技术的深入理解和把握，以及全面的工程应用经验为基础而编写完成的《现场总线技术及应用教程》（第 3 版）一书，会是一本值得大家使用的教材和参考资料，同时也能为 PROFIBUS、PROFINET 和工业网络等技术在我国的推广做出应有的贡献。

对于其他电类课程的实验教学环节，在市场上都能找到成套的实验设备和装置，大家买来即可使用。现场总线技术和实时以太网技术的课程则不同，其技术新，实验所用设备及装置比较琐碎，市场上没有合适的成套设备和装置供用户使用。所以对于筹建现场总线技术及应用（或工业控制网络技术）实验室的学校或单位，如果需要，我可提供具体的指导和帮助。

本书花费了我很多时间和心血，虽然经过认真仔细地修改、校对，但由于学术上的局限性和写作过程中的疏漏，肯定还会有不准确的地方出现，欢迎广大的读者指出，以便重印时改正；也欢迎发送邮件就 PROFIBUS、PROFINET 和工业网络方面的技术问题进行交流和探讨。

① 作者电子信箱：wyh@zzuli. edu. cn。

② 工业控制网络工程中心网站：zzictec. zzuli. edu. cn。

③ 郑州天启自动化系统有限公司网站：tianqiauto. com。

王永华

2024 年 10 月

目　　录

第1章　现场总线技术概述

作为引子，本章首先对工业自动化技术及控制系统的发展历程进行总结和回顾，以加深对现场总线技术的认识。本章还对现场总线技术和工业控制网络的基本概念进行了较全面的介绍，并介绍了现场总线国际标准 IEC 61158 产生的历史背景。

1.1　工业自动化技术及控制系统的发展历程

1.1.1　工业生产过程类型划分

在现代科学技术发展的过程中，发展最快、取得成果最多的是工业自动化技术及计算机技术。从 20 世纪 40 年代简单的单表、单机控制，到今天大规模高智能化的现场总线控制系统，工业自动化技术经历了翻天覆地的变化。

按照加工处理模式，一般来说可以把工业生产过程划分为流程工业、制造工业和混合型工业三种类型，如表 1－1 所列。

表 1－1　三种不同的工业类型及行业分布

分　类	主要特征	代表行业
流程工业	对物流（气体、液体为主）进行连续加工。以压力、流量、温度等参数进行过程控制为主，有些场合还有防爆要求	石油、化工等
制造工业	对物体进行品质处理、形状加工、组装，以位置形状、力、速度等机械量和逻辑控制为主	烟草、纺织、机械制造、汽车制造、生产流水线等
混合工业	上述两种类型的混合	冶金、建材、电力、造纸等

1.1.2　工业自动化技术及控制系统发展历程

表 1－2 所列为工业自动化技术（以最具代表性的流程工业为例）的发展总览，下面对其发展历程进行分析和讲解。

表 1－2　工业（流程工业）自动化技术的发展历程总览

<table>
<tr><th>系统控制设备</th><th>现场设备</th><th>主要信号类型</th><th>特点、优点和进步</th><th>不　足</th></tr>
<tr><td>气动盘装仪表</td><td>气动变送器和阀门</td><td>0.02～0.1 MPa</td><td>用自动代替手动，防爆</td><td>功能简单，精度低，维护量大</td></tr>
<tr><td>电动单元仪表</td><td rowspan="2">电动变送器和阀门</td><td rowspan="2">4～20 mA</td><td rowspan="2">电子技术使功能和精度有所加强和提高</td><td rowspan="2">现场设备信息单一，功能仍较简单</td></tr>
<tr><td>智能回路调节器</td></tr>
<tr><td rowspan="2">集散控制系统（DCS）和可编程序控制器（PLC）</td><td>电动仪表</td><td>4～20 mA</td><td rowspan="2">计算机系统在工业自动控制领域广泛应用，控制系统功能强，精度高</td><td>现场设备信息单一，功能仍较简单</td></tr>
<tr><td>智能仪表</td><td>4～20 mA＋HART 通信</td><td>现场设备已开始具有初步诊断和管理能力</td></tr>
</table>

续表 1-2

系统控制设备	现场设备	主要信号类型	特点、优点和进步	不　足
现场总线控制系统(FCS)	总线型智能仪表和设备	全数字信号	信息技术全面应用于整个系统和现场设备,使其真正具备了通信、控制、诊断和管理能力	新技术,须用户熟悉和接受

1. 传统标准信号时代

20 世纪 50 年代以前,出现了 0.02～0.1 MPa 的标准气动信号体制。由于当时的生产规模不大,检测控制仪表尚处于发展的初级阶段,所采用的仅仅是安装在生产现场、只具备简单测控功能的基地式气动仪表,其信号仅在本仪表内起作用,一般不能传送给别的仪表或系统。各测控点为封闭状态,不能与外界进行信息沟通。操作人员只能通过对现场的巡视,了解生产过程的状况。基于基地式气动仪表的控制系统称为基地式气动仪表控制系统。

20 世纪 60 年代,随着生产规模的日益扩大,操作人员需要综合掌握多点的运行参数和信息,需要同时按多点的信息对生产过程进行操作控制。这个时期出现了 4～20 mA 的标准直流电流信号、1～5 V 标准直流电压信号体制,于是出现了模拟式电子仪表与电动单元组合的自动控制系统,即电动单元组合式模拟仪表控制系统。生产现场的所有标准信号送往集中控制室,在大型控制盘上连接。操作人员可以在控制室观测生产流程,并可以把各单元仪表信号按需要组合,连接成不同的控制系统。

2. 数字控制系统

由于模拟信号的传递需要一对一的物理连接,信号传递速度缓慢,提高计算速度和精度的花费、难度都较大,信号传输的抗干扰能力也较差,人们开始寻求用数字信号取代模拟信号,所以这时出现了直接数字控制系统,在这些控制系统中也出现了多回路控制和 CRT 显示。由于当时计算机价格高昂,人们希望用一台计算机取代尽可能多的控制室仪表,于是出现了集中式数字控制系统。该系统的优点是易于根据全局情况进行控制、计算和判断,在控制方式和控制时机的选择上可以统一调度和安排。但该类系统对控制器本身要求很高,由于当时计算机的可靠性和处理能力还较差,一旦计算机出现某种故障,就会造成所有相关回路瘫痪,给企业带来巨大损失。

3. 集散控制系统

20 世纪 70 年代中后期,随着计算机价格的大幅度下降和可靠性的提高,出现了由多个计算机构成的集散控制系统(也称为分布式控制系统)(Distributed Control System,DCS)。DCS 系统在 20 世纪 80 和 90 年代占据着主导地位,其核心思想是集中管理、分散控制,即管理与控制相分离。上位机用于集中监视和管理,若干台下位机实现分布式控制,各上、下位机之间通过控制网络互联实现相互之间的信息交换和传递。这种分布式的体系结构克服了集中式控制系统中对控制器处理能力和可靠性要求高的缺陷。在 DCS 中,网络技术的发展和应用得到了很好的体现。但是在 DCS 形成和发展的过程中,受利益的驱动和计算机系统早期存在的系统封闭性缺陷的影响,不同的 DCS 厂家采用各自专用的通信控制网络,各厂家的产品自成系统,不同厂家的设备不能互联,不具备互操作性和互换性,造成自动化过程中信息孤岛的出现,所以用户对网络控制系统提出了开放性、标准统一和降低成本的迫切要求。例 1-1 为一个典型的 DCS 实际应用工程(1998 年研发投运)。

例 1-1　图 1-1 为某制酸 DCS 的硬件系统配置图。该项目选用和利时的 HS2000 系统为操作平台，完成系统硬件配置成套、软件组态和在线控制操作。整个系统规模较小，有 AI 148 点、AO 21 点、DI 16 点和 DO 4 点。DCS 由两个操作员站（其中一个可作为工程师站使用）和一个 I/O 控制站组成。操作员站完成现场监视，包括报警、工艺流程显示、控制操作、参数修改、报警打印、趋势显示和统计等功能。工程师站作为系统维护和管理，完成软件组态，以及对各站数据库、报表、图形、历史库的下装等功能。I/O 控制站完成现场信号采集及控制等功能，现场信号通过一对一的物理方式连接到 I/O 站。在 I/O 站中，使用了冗余配置的现场电源和系统电源模块，使用了互为冗余的 2 块 CPU 板，47 块 A/D、D/A、DI、DO、信号调理板、端子板等。

从本例中可以看出，该系统高层的数据处理功能、管理功能较强，底层的冗余配置保证了高可靠性，但控制站到现场之间并不是真正意义上的分散控制。

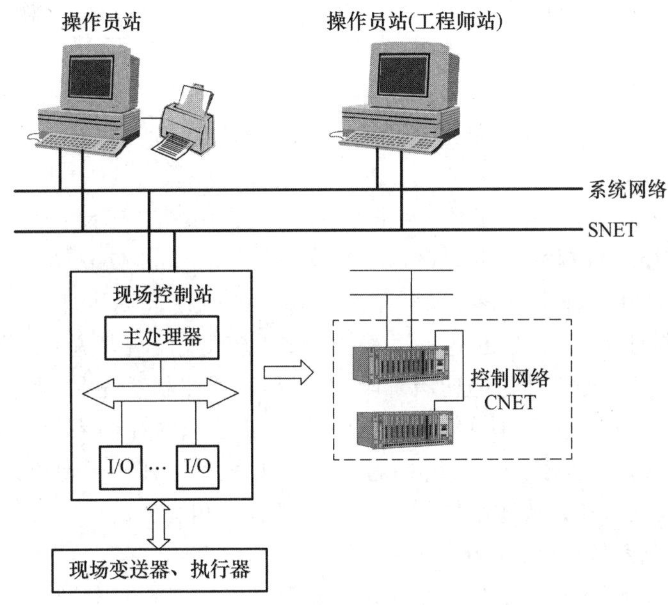

图 1-1　制酸 DCS 的硬件系统配置图

4. PLC 控制系统

20 世纪 60 年代末 70 年代初出现并得到迅猛发展的可编程序控制器（Programmable Logic Controller，PLC）为工业自动化领域带来了深刻的变革。PLC 以其高可靠性、低价位迅速占领了中低端控制系统的市场。从开始简单的电气顺序控制系统到现在复杂的过程控制、运动控制系统，PLC 都扮演了非常重要和不可替代的角色，从而使其成为工业自动化领域的三大技术支柱之一。在高端应用领域，由 PLC 为主组成的 DCS 也成为控制系统的主角，传统的 DCS 和 PLC 相互融合，取长补短，在工业控制领域得到了广泛的应用。例 1-2 为一个典型的 PLC 控制系统（2002 年研发投运）。

例 1-2　图 1-2 为一个高性能电热锅炉控制系统的硬件组成图。该电热锅炉控制系统的主要功能是：

① 电热管根据目标温度循环投入和退出，先投入先退出；

② 低水位保护、断相保护、超压保护；

③ 对出水温度、回水温度和炉壁温度进行监控，实现多重保护；

④ 运行时间控制功能;

⑤ 多种运行方式选择功能:常规模式、经济模式和半经济模式等多种运行方式。

⑥ 多参数设定和显示功能。

⑦ 循环泵控制功能,要求两台循环泵交替运行。

⑧ 联网功能,系统留有和上位机的标准通信接口。

系统的硬件系统采用 SIEMENS 的 S7-200 PLC 以及其相应的控制模块。主机采用 CPU224。EM231 为热电偶输入模块,外接锅炉的入水口和出水口温度。TD200 是一个低价的文本设定显示单元。当电热管多于 6 组时,可再增加一个继电器输出扩展模块 EM222。

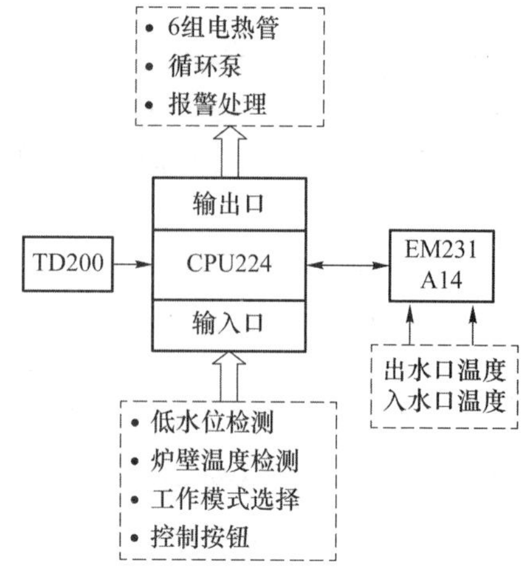

图 1-2 电热锅炉 PLC 控制系统硬件组成

从本例可以看出,PLC 控制系统主要用于控制环境恶劣,而且以开关量为主的场合。

5. IPC 和 SCADA

说到控制系统的发展,还要提到在 20 世纪 90 年代初中期流行的工业 PC(Industrial PC, IPC)控制系统和监控与数据采集系统(Supervision Control and Data Acquisition, SCADA)。现在虽然这种系统使用得不是很多了,但在那个特定的时期起到了非常重要的作用。那时 PLC 处理过程控制任务的能力还不是很强,性价比较低,而现场总线控制系统(Fieldbus Control System, FCS)又处于使用的初级阶段,在小型过程控制系统中,使用 DCS 确实是大马拉小车,这时基于 IPC+ISA/PCI 总线+Windows/NT 技术的控制系统得到了广泛的应用,但这种系统不是开放式的也不是全数字式的。今天嵌入式的 IPC 已和原来的 IPC 有了天壤之别,基于现场总线技术和开放式结构的 IPC 在今天也有相当大的应用市场。例 1-3 为一个典型的传统 IPC 控制系统(1995 年研发投运)。

例 1-3 某软化水站通过对普通水质的水处理来供应工业用软化水。控制系统采用工业控制计算机 IPC 来完成对整个处理过程的实时监测。系统要求监测流量、液位、压力、pH 等 66 个模拟量参数,循环采样时间为 5 s,要求对液位上下限、压力下限等 24 个参量进行超限报警,另外系统要求有实时显示、打印等功能。系统硬件组成如图 1-3 所示。本系统由 IPC 基本系统、工业电子盘、数据采集板、打印机等组成。其中 IPC 基本系统由工业级主板、内存、硬盘、软驱、显示器、宽范围开关电源、工业机箱等组成。IPC5488 是单端 32 路、高速 12 位 A/D 模板,共使用 3 块。IPC5373 是一块带光电隔离的 32 路开关量输出模板,IPC5372-2 是一块共地型 32 路开关量输入模板。

该系统的特点是以模拟量为主,规模不大,要求有较强的数据处理能力和显示功能。

6. 现场总线(含实时以太网)控制系统

随着 3C(Computer Control and Communication)技术的迅猛发展,解决自动化信息孤岛的问题成为可能。采用开放、标准化的解决方案,把不同厂家遵守同一协议规范的自动化设备连接成控制网络并组成系统,成为网络集成式控制系统的必由之路。20 世纪 80 年代后期,出现了兼容数字与模拟通信的可寻址远程传感器数据公路(Highway Addressable Remote Transducer, HART)。同期的现场总线控制系统(Fieldbus Control System, FCS)的开发研究也如火如荼地进行着，到了 90 年代，FCS 已在工业自动化的许多场合得到了成功应用。FCS 突破了 DCS 从上到下的树状结构，在某种程度上可以说它把 DCS 和 PLC 结合起来，采用总线通信的拓扑结构，整个系统处在全开放、全数字、全分散的体制平台上。从某种意义上说，现场总线技术给自动控制领域所带来的变化是革命性的。到今天，现场总线技术和实时以太网技术已全面走向实用化。例 1－4 为一个典型的 FCS 控制系统。

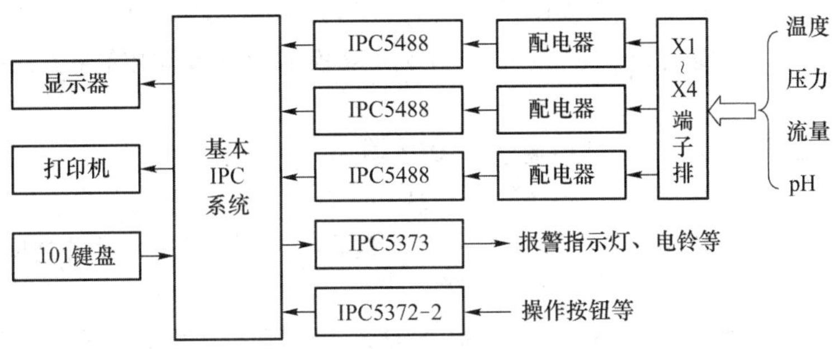

图 1－3　IPC 控制系统硬件组成

例 1－4　图 1－4 所示为一个典型工业过程的现场总线控制系统结构。图中 PROFIBUS DP 主站是西门子 CPU315-2DP，用来处理各从站数据，完成一部分综合控制任务，并和上层总线进行数据交互；从站 CPU224 用来完成一处控制点集中的开关量逻辑控制任务；系统中较分散的 I/O 点的信号采集和控制由设备级的现场总线 AS-i 完成；涉及 2 个流量、2 个调节阀和 3 个压力的模拟量数据处理由 PROFIBUS PA 总线段完成；TP37 可以显示实时画面和设定参数。该例和前面的例子的根本不同是一般情况下总线电缆只用一根即可，并且在电缆上传输的是数字信号。

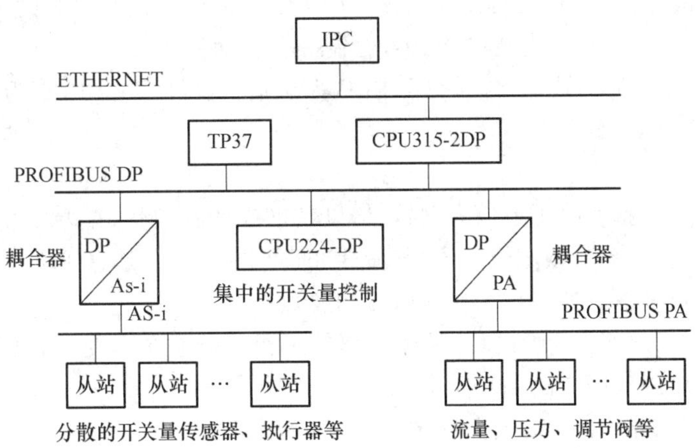

图 1－4　典型工业过程的现场总线控制系统结构

1.2　DCS、PLC 和 FCS 三大控制系统的基本要点和区别

在工业过程控制系统中，目前有三大控制系统，即 DCS、PLC 和 FCS，它们在自动化技术

发展的过程中都扮演了重要的和不可替代的角色。在这里重点讨论这几种控制系统的基本要点和主要区别。

1.2.1 三大控制系统的基本要点

1. DCS

集散控制系统(Distributed Control System,DCS)是集4C(Communication,Computer,Control,CRT)技术于一身的监控系统,主要用于大规模的连续过程控制系统中,如石化、电力等。其基本要点是:

① 从上到下的树状大系统,其中通信是关键;

② PID在控制站中,控制站连接计算机与现场仪表、控制装置等设备;

③ 整个系统为树状拓扑和并行连线的链路结构,从控制站到现场设备之间有大量的信号电缆;

④ 信号系统为模拟信号、开关量信号,以及带微处理器的智能仪表系统的混合;

⑤ 设备信号到I/O板一对一物理连接,然后由控制站挂接到局域网LAN;

⑥ 可以做成很完善的冗余系统;

⑦ DCS是控制(工程师站)、操作(操作员站)、现场仪表(现场测控站)的3级结构。

2. PLC控制系统

最初PLC控制系统是为了取代传统继电接触式控制系统而开发的,最适合在以开关量为主的系统中使用。由于计算机技术和通信技术的飞速发展,大型PLC的功能极大增强,也能完成DCS的功能;加上其在价格方面的优势,在过程控制系统中也得到了广泛应用。大型PLC构成的过程控制系统的要点是:

① 从上到下的结构,PLC既可以作为独立的DCS,也可以作为DCS的子系统;

② PID放在控制站中,可实现连续PID控制等各种功能;

③ 可用一台PLC为主站,多台同类型PLC为从站;也可用多台PLC为主站,多台同类型PLC为从站,构成PLC网络。

3. FCS

现场总线技术(包括实时工业以太网技术)以其彻底的开放性、全数字化信号系统和高性能的通信系统给工业自动化领域带来了"革命性"的冲击,其核心是总线协议,基础是数字智能化的现场设备,本质是信息处理现场化。FCS的要点是:

① 它可以在本质安全、危险区域、易变过程等过程控制系统中使用,也可以用于制造业、楼宇控制系统中,应用范围广泛;

② 现场设备高度智能化,提供全数字信号;

③ 一条总线连接所有的设备;

④ 系统通信是互联的、双向的、开放的,系统是多变量、多节点、串行的数字系统;

⑤ 控制功能彻底分散。

1.2.2 FCS与DCS的区别

FCS兼备了DCS与PLC的特点,而且跨出了革命性的一步。目前,新型DCS与新型PLC系统都取长补短,进行了融合和交叉,例如DCS的顺控功能已非常强,而PLC的闭环处理功能也不差,并且两者都能做成大型网络。下面主要介绍DCS和FCS的区别。

① FCS 是全开放的系统，其技术标准也是全开放的，FCS 的现场设备具有互操作性，装置互相兼容，因此用户可以选择不同厂商、不同品牌的产品，达到最佳的系统集成；DCS 系统是封闭的，各厂家的产品互不兼容。

② FCS 的信号传输实现了全数字化，其通信可以从最底层的传感器和执行器到最高层，为企业的 MES 和 ERP 提供强有力的支持，更重要的是它还可以对现场装置进行远程诊断、维护和组态；DCS 的通信功能受到很大限制，虽然也可以连接到 Internet，但连不到底层，提供的信息量也是有限的，不能对现场设备进行远程操作。

③ FCS 的结构为全分散式，废弃了 DCS 中的 I/O 单元和控制站，把控制功能下放到现场设备，实现了彻底的分散，系统扩展也变得十分容易；DCS 的分散只是到控制器一级，强调控制器的功能，数据公路更是其关键，系统不容易进行扩展。

④ FCS 为全数字化，控制系统精度高；而 DCS 的信号系统是二进制或模拟式的，必须有 A/D、D/A 环节，其控制精度较低。

⑤ FCS 可以将 PID 闭环功能放到现场的变送器或执行器中，加上数字通信，缩短了采样和控制周期，改善了调节性能。

⑥ FCS 省去了大量的硬件设备、电缆和电缆安装辅助设备，节约了大量的安装和调试费用，其造价要远低于 DCS。

1.2.3　PLC、DCS 和 FCS 之间的融合

每种控制系统都有它的特点，所以当一种新的技术出现后，在一定时期内，它们相互融合的程度可能会大大超过相互排斥的程度。这三大控制系统也是这样，比如 PLC 在 FCS 中仍是主要角色，许多 PLC 都配置上了总线模块和接口，使得 PLC 不仅是 FCS 主站的主要选择对象，也是从站的主要装置。DCS 也不甘落后，现在的 DCS 把现场总线技术包容进来，对过去的 DCS I/O 控制站进行了彻底的改造。第四代的 DCS 既保持了其可靠性高、高端信息处理功能强的特点，也使得底层真正实现了分散控制。目前在中小型项目中使用的控制系统比较单一和明确，但在大型工程项目中，使用的多半是 DCS、PLC 和 FCS 的混合系统。

就目前技术水平和应用情况来看，这三种系统的应用场合可简单总结如下：在中小型的单机控制系统中，PLC 控制系统是首选；在大中型、设备分布范围较大的制造业自动化中，现场总线控制系统是首选；在可靠性和安全性要求较高的过程控制系统中，DCS 和 FCS 结合是首选，其中关键地方仍选用可靠性高的 DCS，在其底层和外围系统中选用 FCS。

1.3　现场总线的基本概念

1.3.1　现场总线技术的产生背景

前面简单回顾了工业自动化技术的发展历程。从中可知，在过去数十年中，工业过程控制仪表一直采用 4～20 mA 的标准信号。从 20 世纪 60 年代的直接数字式控制系统、集中式数字控制系统，到 20 世纪 80 年代以后的集散控制系统（DCS）的盛行，无论哪一次技术变革，无不体现在对控制过程及结果的实时性、信息量、速度、精确性等要求的提高和改善上。现场总线技术也不例外，它也是用户在信息时代的背景下，要求对生产系统实施最好的控制，要求获取更多、更好、实时程度更高的生产过程及设备的信息而催生出来的技术。现场总线技术的产

生是以 3C 技术为基础的，如果没有电子计算机技术、控制技术和通信技术的发展，而且发展到今天这样的水平，也不会有现在的现场总线技术。

随着微电子技术和大规模集成电路以及超大规模集成电路的迅猛发展，微处理器在过程控制装置、变送器、调节阀等仪器仪表中的应用和智能化程度不断增加。这些智能化的装置可实现信号采集、显示、处理、传输及优化控制等功能；有些还具有量程自动转换、自动调零、自校正、自诊断等功能；信息存储量大的智能设备还提供故障诊断报告、历史数据查询和趋势图等功能。现代化的工业过程控制对控制系统及仪表装置在速度、精度、成本等诸多方面的更高要求，导致数字信号传输技术替代了模拟信号传输技术，而通信技术的发展，也使得传送数字化信息的网络技术在工业控制领域的广泛应用成为可能。这种现场数字信号传输网络技术就是所谓的现场总线技术。现场总线技术的应用也使得控制系统和设备的互操作性、可维护性、可移植性成为现实。现场总线是过程控制技术、仪表技术和计算机网络技术紧密结合的产物。

现场总线解决了传统控制系统中存在的许多根本性难题，基本奠定了未来计算机控制系统的发展方向，一经出现便显示出强大的生命力和发展潜能。所以，我们说现场总线技术给工业自动控制领域带来的冲击是“革命性的”一点儿也不为过。

现场总线技术给工业自动控制领域及相关产业所带来的这场变革，其背后蕴藏着无限的商机，因此，世界上大的电气设备及系统制造商都投入了大量的人力、财力和物力，加入了这场激烈的围绕着现场总线标准和技术的“战争”。自 1990 年以来，国际上出现了 200 多种现场总线，其中有影响的也有几十种。每种现场总线都力争使自己成为国家或地区的标准，以扩张其势力范围，加强自己的竞争地位，有些总线还成立了自己的国际组织，力图在制造商和用户中创造影响。尽管国际电工委员会从 1985 年就开始着手制定现场总线的国际标准，但由于巨大的、潜在的国家利益和集团利益，各大公司互不相让，使得现场总线的国际标准耗时 15 年，最终以妥协的方式通过。

值得一提的是，我国是开发和使用现场总线较早的国家之一。早在 1962 年，对数据采集点分散在方圆十几千米范围内的核爆现场，需要解决数据收集问题，我们的技术人员想出了用一根双绞线把核爆现场的许多探测站连在一起，由中控室控制核数据采集的方案，实现了最早的“现场总线系统”。当时所使用的技术和设备都是我国自行研制的，但由于保密以及以后其他原因等，我国在工业现场总线技术的开发和标准制定方面并没有走在前列，但我国在核爆现场总线方面的实践和经验，给我们赢得了应有的尊重和地位。

1.3.2 现场总线定义

现场总线技术的出现标志着自动化技术步入了一个新时代，那么什么是现场总线呢？有人把它定义为应用于现场的控制系统与现场检测仪表、执行装置之间进行双向数字通信的串行总线系统；也有人把它称为应用于现场仪表与控制室主机系统之间的一种开放的、全数字的、双向、多点的串行通信系统。总之，在对现场总线的描述中，开放、全数字、串行通信等字眼是少不了的。

国际电工委员会在 IEC 61158 中给现场总线下了一个定义，我们可以认为它是关于现场总线的标准定义。该标准定义是：安装在制造或过程区域的现场装置与控制室内的自动控制装置之间的数字式、串行、多点通信的数据总线称为现场总线。

在该定义中，首先说出了它的主要使用场合，即制造业自动化、批量流程控制、过程控制等领域，当然楼宇自动化等领域也是它得心应手的应用场合；其次说出了系统中的主要角色，即现场的自动装置和控制室内的自动控制装置，这里的现场设备或装置肯定是智能化的，不然完不成这么复杂的通信和控制任务，而控制室中的自动控制装置，更要完成对所有分散站点的管理和控制任务；第三点说它是一种数据总线技术，即一种通信协议，而且该通信是数字式的（非模拟式的）、串行的（可以进行长距离的千米级通信，以适应工业现场的实际需求）、多点的（真正的分散控制）。这三点一起描述了现场总线技术中最实质性的方面。

有了现场总线技术以后，许多人把基于现场总线的全数字式的控制系统称为现场总线控制系统（FCS）。FCS是工业自动控制中的一种计算机局域网络。它以具有高度智能化的现场仪表和设备为基础，在现场实现彻底的分散，并以这些现场分散的测量点、控制设备点作为网络节点，将这些点以总线的形式连接起来，形成一个现场总线网络。一般来说FCS由控制部分（主站）、测量部分（从站）、软件（组态、管理等）以及网络的连接及集成设备组成。

其实，不管是现场总线，还是现场总线控制系统，在大的方面，都是指这种应用于工业通信网络中的新技术。在某种程度上，FCS更具体一些，范围更小一些。因为现场总线的标准有多种，每一种之间的通信协议和实现方法也有所差异，所以只要说到FCS，其实它已和某种现场总线连到了一起。因此，在我们说现场总线控制系统时，很多时候也只说现场总线。IEC 61158中也没有对FCS做一个明确的定义。

1.3.3 现场总线特点

现场总线的特点主要体现在两方面，一是在体系结构上成功实现了串行连接，它一举克服了并行连接的许多不足；二是在技术上成功解决了开放竞争和设备兼容两大难题，实现了现场设备的高度智能化、互换性和控制系统的分散化。

1. 现场总线的结构特点

（1）基础性

作为工业网络中最底层的现场总线是一种能在现场环境下运行的可靠、廉价和灵活的通信系统，往下它可以到达现场仪器仪表所处的装置、设备级，往上它可以有效地集成到Internet或Ethernet中，构成了工业网络中的最基础的控制和通信环节。正是由于现场总线的出现和应用，工业企业的信息管理、资源管理以及综合自动化才真正到达了设备层，使真正的全方位的ERP得以实现。

（2）灵活性

现场总线控制系统与传统控制系统结构的比较如图1-5所示。

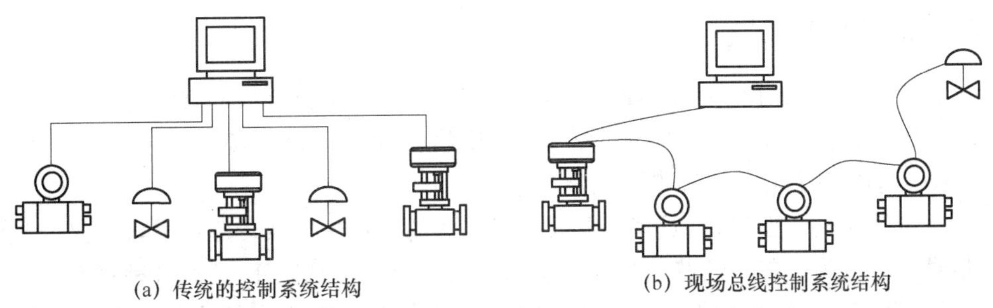

图1-5　现场总线控制系统与传统控制系统结构的比较

传统的过程自动控制系统采用一对一的设备连线，位于现场的测量变送器与位于控制室的控制器之间，控制器与位于现场的执行器、开关、电动机之间均为一对一的物理连接，系统的各输出控制回路也分别连接。这样下来一个控制系统的布线可能就有几十条、上百条甚至上千条。这一方面增加了大量的系统硬件成本,而且也大大增加了以后的施工、维护费用和难度。另一方面,现场布线的复杂性和难度,也使得整个系统失去了改变的柔性。

在现场总线控制系统中,由于使用了高度智能化的现场设备和通信技术,在一条电缆上就能实现所有网络中信号的传递,系统设计完成或施工完成后,想去掉或增加一个或几个现场设备也是轻而易举的事情。所以,系统结构的彻底改变使得整个系统具有高度的灵活性。

(3)分散性

由于在现场总线控制系统中采用了智能化的现场设备,原先传统控制系统中的某些控制功能、信号处理功能等都下放到了现场的仪器仪表中,再加上这些设备的网络通信功能,所以在多数情况下,控制系统的功能可以不依赖控制室的计算机而直接在现场完成,这样就实现了彻底的分散控制。

2. 现场总线的技术特点

(1) 开放性

开放性包括几个方面:一是指系统通信协议和标准的一致性和公开性,这样可保证不同厂家的设备之间的互联和替换,现场总线技术的开发者所做的第一件事就是致力于建立一个统一的工厂底层的开放系统;二是系统集成的透明性和开放性,用户可自主进行系统设计、集成和重构;三是产品竞争的公开性和公正性,用户可以按照自己的需要,选择不同厂家的质量最好、而价格又合适的任何符合系统要求的设备来组成自己的控制系统。

(2) 交互性

交互性指互操作性(Interoperability)和互换性(Interexchangability),这里也包含几层意思:一是指上层网络与现场设备之间可以进行通信;二是指设备之间具有相互沟通的能力,即具有互操作性;三是指不同厂家的同类产品可以相互替换,即具有互换性。

(3) 自治性

由于将传感测量、信号变换、补偿计算、工程量处理和部分控制功能下放到了现场设备中,因此现场设备具备了高度智能化。除实现上述基本功能外,现场设备还能随时诊断自身的运行状态,预测潜在的故障,实现高度的自治性。

(4) 适应性

工业现场总线是专为在工业现场使用而设计的,具有较强的抗干扰能力和极高的可靠性。在特定条件下,它还可以满足安全防爆的要求。

1.3.4 现场总线优点

由于现场总线系统结构上的根本改变以及它以上的特点,和传统的控制系统相比,现场总线控制系统在系统的设计、安装、投运到正常生产运行、系统的维护等方面,都显示出了巨大的优越性。

(1) 极大地提高了生产过程的信息化水平

设备自身智能化的发展,以及现场总线技术强大的信息集成及传输能力,使得生产过程中大量的信号集成成为可能。这些信号除传感器和执行器的实时值外,还有各种辅助信号、故障信号、管理信息等。所以现场总线技术和传统的控制技术相比,强大的信息化功能是其灵魂。

(2) 节约硬件数量与投资

现场总线系统中的智能设备能直接执行传感、控制、报警和计算等功能,因此可减少变送器的数量,不再需要单独的调节器和计算单元等,也不再需要传统控制系统中的信号调理、转换、隔离等功能单元及其复杂接线。另外最显著的优点是信号电缆大量减少可以节省大笔的电缆购置费用。

(3) 节省安装费用

由于节省了大量的电缆,因而也省去了大量的接线端子、线槽和桥架,所以现场总线控制系统中的接线变得十分简单。系统中一根电缆上可以挂接多个设备,现场不再需要为信号电缆挖掘大的电缆沟或架设庞大的电缆桥架。由于主控设备体积大幅度缩小,控制室的面积也可减小很多,同时接线设计与校对的工作量也大大降低。当现场需要增加控制设备时,无须增加新的电缆,只须把它们就近挂接在总线电缆上即可。据有关资料介绍,仅安装费用一项就可节约 60%以上的费用。

(4) 节省维护费用

现场总线控制系统结构简单,信号电缆极少,大大减少了系统维护的工作量。另外,现场设备具有自诊断和简单故障的处理能力,并能自动将诊断信息和设备的运行信息送往控制室,所以维护和操作人员可以及时了解、分析和处理故障,从而缩短了系统停机维护时间。在许多场合,技术人员还可以使用相关软件系统对系统中所有的设备及其有关参数进行分析、判断,以获取需要的信息。

(5) 提高了系统的控制精度和可靠性

由于现场总线设备的智能化、数字化,和模拟信号相比,它从根本上减少了传输误差,提高了检测和控制精度;同时由于系统的结构简化,设备与接线大量减少,现场仪表及装置的功能加强,减少了信号的往返传输,系统工作的可靠性也大大提高。

(6) 提高了用户的自主选择权

由于现场总线的开放性,用户可以任意选择不同设备厂商的产品来组成系统,而不必考虑系统或设备是否兼容等问题,从而使用户可以掌握系统集成的主动权。

1.4　现场总线国际标准

1.4.1　前 3 版标准

因为现场总线代表了工业自动化的未来,谁占领了这个制高点谁就能在即将到来的工控革命中取胜,所以现场总线标准的竞争非常激烈。在 20 世纪 90 年代,围绕着现场总线标准的竞争也被称为“现场总线战争”(Fieldbus Wars)。

现场总线的标准化工作早在 1985 年就已开始着手进行,该标准由国际电工委员会(International Electrotechnical Commission,IEC)与美国仪表学会(The Instrumentation, Systems and Automation Society,ISA)(现已改名为国际测量与控制学会,简称仍为 ISA)共同制订。具体工作分别由 IEC/TC65 技术委员会下的 SC65C(第 65 分会的 C 组)与 ISA 下 SP50(Standardand Practice 第 50 组)负责。现场总线国际标准的标准号为 IEC 61158,其标题是“用于测量和控制的数字数据通信——用于工业控制系统的现场总线”。

由于政治、技术、经济等多方面的原因,特别是市场商业利益的原因,使得标准制订工作的进展十分缓慢。经过近十年的努力,现场总线物理层服务定义与协议规范 IEC 61158.2 在 1993 年完成。接下来的数据链路层服务定义 IEC 61158.3 和链路层协议规范 IEC 61158.4 又经过了漫长的等待及繁杂的五轮投票,在 1998 年 2 月成为国际标准最终草案(Final

International Standards,FDIS)标准。应用层服务定义 IEC 61158.5 和协议规范 IEC 61158.6 在 1997 年 10 月成为 FDIS 标准。作为 IEC 61158 的技术报告,FDIS 草案以 FF 现场总线和部分 WorldFIP 现场总线为模型制定。1998 年 9 月,在对 IEC 61158 技术报告 FDIS 草案进行投票时,没有达成最后协议,在 1999 年 3 月,FDIS 只能作为技术报告出版,这是 IEC 61158 的第一个版本。该技术报告的主要内容以及和开放系统互联(Open System Interconnect,OSI)模型对应的层如表 1-3 所列。这也是每种现场总线技术文件的核心内容。

表 1-3 IEC 61158 技术报告内容以及和开放系统互联模型对应的层

IEC 61158 技术文件	文件内容	OSI 层号
IEC 61158.1	总论与导则	
IEC 61158.2	物理层规范和服务定义	1
IEC 61158.3	链路层服务定义	2
IEC 61158.4	链路层协议规范	2
IEC 61158.5	应用层服务定义	7
IEC 61158.6	应用层协议规范	7

1999 年 7 月 21—23 日,SC65C/WG6 在加拿大渥太华召开了现场总线标准的制定会议,共有 8 个总线组织的代表参加了会议。会议决定保留原 IEC 技术报告 FDIS 作为类型 1,而其他总线将按照 IEC 原技术报告的格式作为类型 2～类型 8 进入 IEC 61158。经过再次投票后,在 1999 年 12 月通过了一个妥协性的方案,技术报告和其余 7 种现场总线一起成为 IEC 61158 中的标准,这是 IEC 61158 的第 2 版标准。

IEC 在 2000 年 1 月 4 日公布的现场总线类型是:

Type 1　IEC 技术报告(即 FF 的 H1);

Type 2　ControlNet (美国 Rockwell 公司支持);

Type 3　PROFIBUS (德国 Siemens 公司支持);

Type 4　P-net (丹麦 Process Data 公司支持)

Type 5　FF HSE(High Speed Ethernet)(即原 FF 的 H2,Fisher-Rosemount 公司支持);

Type 6　SwiftNet (美国 Boeing 公司支持);

Type 7　WorldFIP (法国 Alstom 公司支持);

Type 8　Interbus (德国 Phoenix Contact 公司支持);

现场总线技术发展非常迅速,为反映这些最新的发展成果,IEC/SC65/MT9 维护工作组在 2000 年底又对 IEC 61158 作了补充,除了对以上 8 种现场总线的细节内容作了调整和补充外,最显著的变化就是又增加了 2 种类型作为 IEC 61158 的标准,它们是:

Type 9　FF FMS (美国 Fisher-Rosemount 公司支持);

Type 10　PROFINET (德国 SIEMENS 公司支持)。

2003 年 4 月,以上 10 种类型的现场总线成为 IEC 61158 的第 3 版标准。

1.4.2　第 4 版/第 5 版标准

多年以来,关于现场总线的问题争论不休,所以现场总线开始向工业以太网发展。目前,以太网技术，特别是实时以太网已经被工业自动化系统接受。为了规范实时工业以太网(Real Time Ethernet，RTE)，2003 年 5 月，IEC/SC65C 专门成立了 WG11 实时以太网工作组，负责制定 IEC 61784-2“基于 ISO/IEC 8802.3 的实时应用系统中工业通信网络行规”国际标准。该标准包括 11 种实时以太网行规集，以 IEC 公共可用规范(Publicly Available Specification，PAS)发布。这些实时以太网规范进入 IEC 61158 后，形成了其最新的第 4 版标准，在 2007 年 7 月出版。进入第 4 版的现场总线类型如表 1－4 中 Type1～Type20 所列。

表 1－4　IEC 61158 第 4 版及最新(2023)现场总线类型

类型	现场总线名称	支持公司
Type1	TS 61158 现场总线	美国 Fisher-Rosemount
Type2	CIP 现场总线	美国 Rockwell
Type3	PROFIBUS 现场总线	德国 SIEMENS
Type4	P-NET 现场总线	丹麦 Process Data
Type5	FF HSE 高速以太网	美国 Fisher-Rosemount
Type6	SwiftNet 被撤消	美国 Boeing
Type7	WorldFIP 现场总线	法国 Alstom
Type8	INTERBUS 现场总线	德国 Phoenix Contact
Type9	FF H1 现场总线	美国 Fisher-Rosemount
Type10	PROFINET 实时以太网	德国 SIEMENS
Type11	TC-net 实时以太网	日本东芝
Type12	EtherCAT 实时以太网	德国 BECKHOFF
Type13	Ethernet PowerLink 实时以太网	欧洲开放网络联合会的 IAONA
Type14	EPA 实时以太网	中国浙大中控
Type15	Modbus RTPS 实时以太网	法国施耐德
Type16	SERCOSI，II 现场总线	德国 SERCOS 协会
Type17	VNET/IP 实时以太网	日本横河
Type18	CC-Link 现场总线	日本三菱
Type19	SERCOSIII 实时以太网	德国 SERCOS 协会
Type20	HART 现场总线	美国 Fisher-Rosemount
Type21	RAPIEnet 实时以太网	韩国 LS 电气
Type22	SafetyNET p RTFN 现场总线	德国 Pilz
Type23	CC-Link IE TSN 以太网标准的扩展	日本三菱
Type24	Σ-LINK II 实时以太网	日本安川
Type25	ADS-net 实时以太网	日本日立
Type26	FL-net 实时以太网	日本电气制造商协会
Type27	MECHATROLINK-4 实时以太网	日本安川
Type28	AUTBUS 现场总线	中国东土科技

表 1－4 中，Type3 PROFIBUS 和 Type10 PROFINET 是国际 PROFIBUS 组织支持的现场总线，背后是 SIEMENS 公司，它们是工业自动化领域生产占有率最高的现场总线，也是本书讲解的对象。FF 是 IEC 611518 中的主要力量，被定义为 Type1/Type5/Type9，它在过程控制应用领域占有重要的地位。Type2 CIP(Common Industry Protocol)包括 DeviceNet、Controlnet 现场总线和 Ethernet/IP 实时以太网，它们都是 Allen-Bradley 公司开发的总线技

术,ControlNet 属于控制层的现场总线技术,DeviceNet 属于设备级的现场总线技术,也得到了较广泛的应用。Type6 SwiftNet 现场总线由于市场推广应用很不理想,在第 4 版标准中被撤销。Type14 EPA(Ethernet for Plant Automation)是由浙江大学、浙江中控技术股份有限公司、中科院沈阳自动化所等单位联合制定的用于工厂自动化的实时以太网通信标准,2005 年 12 月正式进入 IEC 61158 第 4 版标准,成为 IEC 61158-314/414/514/614 规范。这标志着我国在实时以太网时代紧跟上了技术发展的步伐,但能否在市场中占据一席之地,还要看以后的推广应用情况。Interbus 属于 IEC 61158 的子集 Type8,占有一定的市场份额,在实时工业以太网层面,它加入到了 PROFINET 的行列中。大家在学习现场总线技术时,不可能对各种总线技术的细节进行分析和了解,但要知道它们的技术特点和主要应用场合。

实时以太网技术发展异常迅猛,所以 IEC 61158 家族的数量也在不断地扩充,2014 年扩展到 Type24,2019 年 IEC 61158 发布第 5 版时总线技术类型扩展到 Type26,2023 年扩展到 Tpye28。非常欣慰的是我国又有一种实时以太网技术进入 IEC 61158 的行列,它就是东土科技的 AUTBUS,希望它能够在竞争激烈的工业现场总线技术市场占有一席之地。

除了上述的现场总线标准外,还有其他一些非常重要的现场总线。如 CAN、Lonworks、等,它们或是属于其他国际标准,或是得到了广泛的应用。CAN 总线称为控制器局域网现场总线,属于国际标准 ISO 11898,并在汽车内部电子系统中得到了广泛的应用,代表着汽车电子控制网络的主流发展趋势。LonWorks 总线是一种基于嵌入式神经元芯片的现场总线技术,在楼宇自动化领域占有绝对的市场优势,被多个国际标准组织认证为各自的行业标准。相反,一些进入 IEC 61158 标准的现场总线应用得并不理想,所以在这个残酷的竞争环境中,它们不一定就会很好地生存下去。

IEC 61158 现场总线标准是迄今为止制定时间最长,国际上投票次数最多,意见分歧最大的国际标准之一。从 IEC 各国委员会全力以赴、积极参与的态度和激烈争论的程度来看,在数字时代,标准已不仅仅是一个产品的规范,它中间隐藏着巨大的商业利益和在该领域的主导权,此外它对引导和促进高新技术的发展也起着不可替代的作用。

1.5 工业网络

1.5.1 工业网络定义

在介绍工业网络之前,有必要对计算机网络的基本概念进行回顾。

计算机网络是指用通信手段将空间上分散的、具有自治功能的多个计算机系统相互连接进行通信,实现资源共享和协同工作的系统。由这个定义可知,计算机网络是由许多计算机系统按一定的网络拓扑结构互联而成的,这些计算机系统既有可能是一台单独的计算机,也有可能是多台计算机构成的另一个计算机网络;这些计算机系统在空间上是分散的,既有可能在同一张桌子上、一栋大楼里,也有可能在不同的城市、不同的大陆。这些计算机系统是自治的,如果断开网络连接,它们也能独立工作。这些计算机系统要通过一定的通信介质如电缆、光纤、无线电和配套的软硬件才能实现互联,互联的结果是完成数据交换,目的是实现信息资源的共享,实现不同计算机系统间的相互操作以完成工作协同和应用集成。

一般来说计算机网络由用户设备、网络软件和网络硬件三部分组成。用户设备是指用户用来联网的主机、终端和服务器等设备;网络软件是指通信协议、操作系统和用户程序等;网络硬件是指物理线路、传输设备和交换设备等。

工业网络和计算机网络相似，是指应用于工业领域的计算机网络。具体地说，工业网络是在一个企业范围内将信号检测、数据传输、处理、存储、计算、控制等设备或系统连接在一起，以实现企业内部的资源共享、信息管理、过程控制、经营决策，并能够访问企业外部资源和提供有限的外部访问，使得企业的生产、管理和经营能够高效率地协调运作，从而实现企业集成管理和控制的一种网络环境。

工业网络是一种应用，也是一种技术，涉及局域网、广域网、现场总线以及网络互联等技术，是计算机技术、信息技术和控制技术在工业企业管理和控制中的有机统一。

工业网络具有确定性、集成性、安全性、限制性、可靠性和实时性的特点。确定性一般是指工业网络的地域范围、服务范围、控制对象和动作方式均是明确的，在一定时期内是稳定的；集成性是指工业网络通过技术集成实现了数据集成，从而得到了功能集成；安全性是指工业网络要严防不良入侵，同时确保系统的稳定和安全；限制性是指工业网络既是企业内部的纽带，也是联系外部客户的桥梁，要在确保安全的前提下实行有限制的对外开放；可靠性是指工业网络的底层处于连续生产的工业现场，要采取各种措施保证系统具有强大的抗干扰能力和抵御突发故障的能力，使系统能对各种各样的故障有足够的应对手段；实时性是指工业网络的底层网络必须有足够快的响应能力，以满足时刻变化的工业现场参数对控制算法和计算结果的要求，从而可靠、迅速地完成监测和控制任务。

1.5.2　工业网络结构

图 1－6 所示为工业网络的层次结构。按网络连接结构，一般将企业的网络系统划分为三层：以底层控制网（Infranet，Infrastructure Internet）为基础中间为企业的内部网（Intranet，Internal Internet），通过它延伸到外部世界的互联网（Internet），形成 Internet-Intranet-Infranet 的网络结构。如果按网络的功能结构，一般又将工业网络系统划分为以下三层：企业资源规划层（Enterprise Resource Planning，ERP）、制造执行层（Manufacturing Execution System，MES）以及现场控制层（Fieldbus Control System，FCS）。

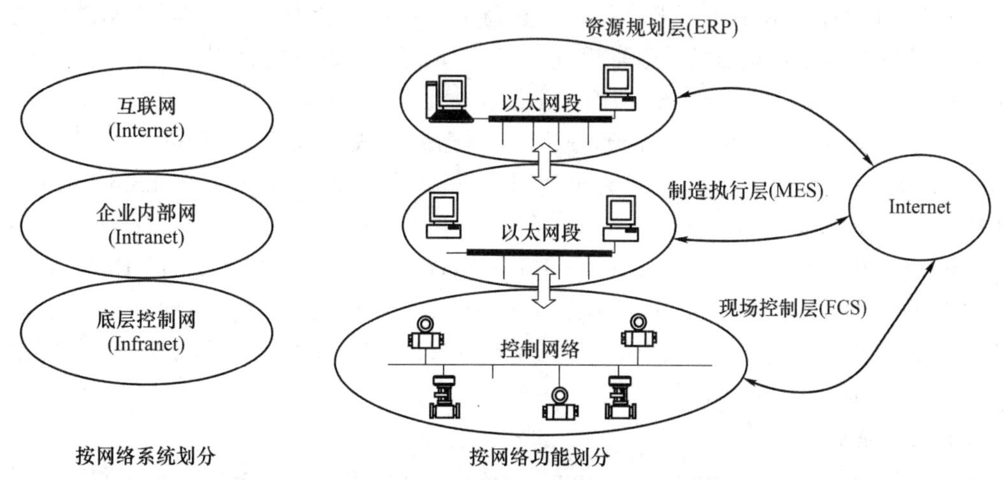

图 1－6　工业网络系统的层次结构

Internet 即国际互联网，是由大量局域网连接形成的广域网，是由全球范围内成千上万个网络连接起来的。它已成为当今世界上最大的分布式计算机网络的集合，成为当代信息社会的高速公路和重要的基础设施。分布地域广泛是 Internet 的最大特点,适合大范围的信息共享和高速传输,能为企业的生产、管理、经营提供供应链中从原料到市场等各方面的信息资源,是企业通向外部世界的通道。

Intranet 是企业内部网,属于局域网的一种。它是 Internet 技术在企业内部范围内改进应用的结果。它改进了 Internet 难于管理、安全性差等缺点,使其能满足在企业内部使用的需要。Intranet 可以改变企业内部的管理方式,改善企业内部的信息交流与共享状况,成为企业应用程序之间、雇主与雇员之间、雇员与雇员之间、企业与客户之间交换信息的主要手段与媒介。

Infranet 是处于底层的控制网。这种用于自动控制系统的下层网络,把具有通信功能的现场设备按一定的拓扑形式连接起来,形成低成本、高可靠性的分布式控制系统网络。它是 Intranet 的特殊网段,是 Intranet 的基础和支撑;它也可以直接和 Internet 相连,组成高性能的控制网络。工业网络各层次的相互配合和支持,为企业实现管控一体化提供了保证。

现在工业网络系统的结构层次趋于扁平化,同时对功能层次的划分也更为简化。图 1-6 中的底层为控制网络所处的现场总线控制层,最上层为企业资源规划层,而传统概念上的监控、计划、管理、调度等多项管理控制功能交错的部分都包括在了中间的制造执行层中。随着互联网技术的发展和普及,在 ERP 与 MES 层的网络集成与信息交互问题得到了较好的解决,它们与外界互联网之间的信息交互也相对比较容易。

1.5.3 工业网络各层的组成和作用

图 1-6 为工业网络中各功能层次的网络模型。从图中可以看出,ERP 属于广域网的层次,采用以太网技术实现;MES 属于局域网层次,一般也采用以太网或其他专用网络技术实现;现场总线则采用开放的、符合国际标准的控制网络技术实现。

1. 资源规划层

企业资源计划(Enterprise Resource Plan,ERP)概念由美国 Gartner Group Inc. 公司在20世纪初提出。简单地说,ERP 就是将企业的物流、资金流、信息流进行一体化管理的系统,它强调有效地管理和利用企业的整体资源。它通常包括财务管理、生产控制管理、物料管理、销售与分销管理、人才资源管理等模块。ERP 层的主要组成部分有:管理信息系统(Management Information System,MIS)、办公自动化系统(Office Automation,OA)、供应链管理系统(Supply Chain Management,SCM)、计算机集成制造系统(Computer Integrated Manufacturing System,CIMS)、制造资源计划(Manufacturing Resource Planning,MRP)、决策支持系统(Decision Support System,DSS)、客户关系管理(Customer Relationship Management,CRM)、电子商务(Electronic Business,EB)等。现在许多大型的 ERP 软件公司都将 ERP 的功能加以扩展,产品中包含了 SCM 和 CRM 模块,为企业实现同上游供应商和下游客户成为一个联系紧密的整体提供了信息系统的整体解决方案。这些应用之间的相互关系如图 1-7 所示,图中的箭头表示信息流。

2. 执行制造层

执行制造层(Manufacturing Execution System,MES)位于工业网络上层 ERP 和下层现场控制层之间,是一套面向制造企业车间执行层的生产信息化管理系统。MES 从底层数据采集,到生产过程监测和在线管理,一直到成本相关的数据管理,构成了完整的生产信息化体系。

如图 1-8 所示,MES 系统由生产资源管理、生产任务管理、车间计划与调度管理、生产过程监控、质量过程管理、物料跟踪管理、设备监控管理、统计分析、能耗系统管理等部分组成，涵盖了生产现场的几乎所有环节。MES 是一个可定制的制造管理系统，可以满足不同企业的工艺流程和管理要求。

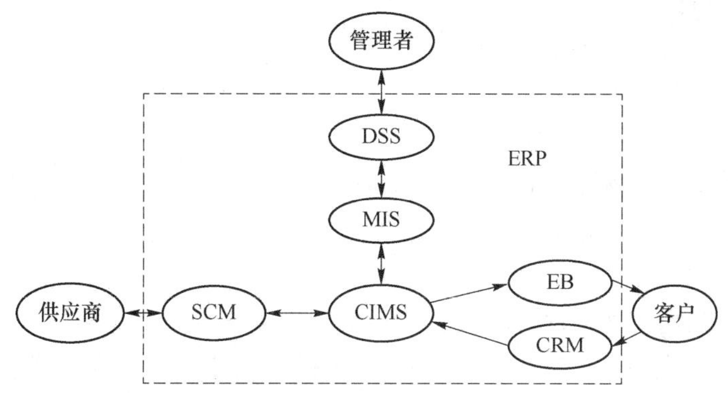

图 1-7　企业信息流程图

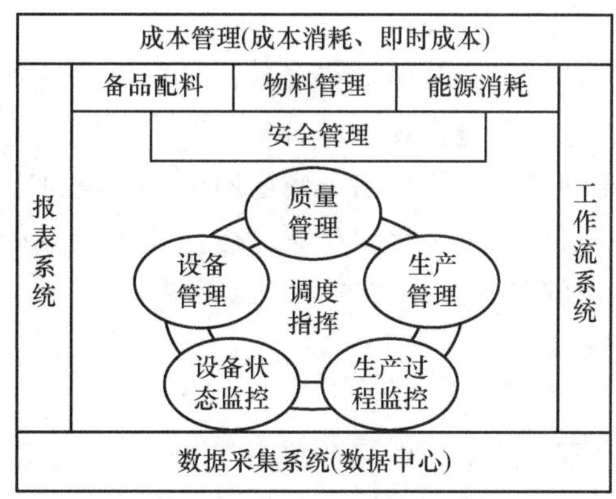

图 1-8　MES 系统组成

MES 基于实时采集到的生产过程中的各种数据，进行相应的分析和处理，对整个车间制造过程进行优化。MES 需要与计划层和控制层进行信息交互，通过企业的连续信息流来实现企业信息全集成，真正成为数字化车间的核心，形成数字化制造平台，从而提高整个车间的管理和生产效能。

3. 现场控制层

现场控制层在工业网络的功能层次结构中处于底层的位置，属于工业网络中控制网络的范畴，是构成整个工业网络的基础，现场总线技术和实时以太网技术就在该层使用。

工业控制网络不同于大家所熟悉的普通的计算机网络，它是一种特殊的，在工业自动化领域完成自动控制任务的计算机网络。在这个网络中，各种各样的智能节点通过物理介质按一定的网络拓扑形式连接起来，并按照一定的通信协议和规则要求来实现其工业通信功能。这些智能节点大多有嵌入式 CPU，但其功能却比较单一，其外在的共同特点是都具有通信接口，主要任务是完成现场信号的采集和处理。能作为工业网络中节点的智能设备一般有：

① 接近开关、光电开关等各类位置传感器；

② 条形码阅读器等输入设备；

③ 温度、流量、压力、物位等检测传感器、变送器；

④ PLC;
⑤ 电机控制设备;
⑥ 变频器;
⑦ 控制、调节阀;
⑧ 工作站、HMI等人机界面;
⑨ 机器人;
⑩ 网关。

工业控制网络的工作环境比较恶劣,干扰源较多,所以现场控制网络必须有很强的抗干扰能力。控制网络的特点还有数据传输量相对较小,传输率相对较低,多为短帧传送,但它却要求必须具备很强的实时性和确定性。实时性要求必须在规定的时间内完成数据刷新,而确定性要求在规定的时间内要准确地对某个节点的某个量进行刷新。总而言之,工业现场以及自动控制任务的所有这些特点必须要求控制网络在硬件、软件和通信协议等方面有自己的独特之处,才能完成其功能。

在现代工业企业的管理中,生产过程的控制参数、设备运行的实时信息都已成为企业管理数据中最重要的组成部分,更完善、更合理和更全面的工业企业管理已离不开这些底层数据的参与。控制网络不仅要把生产现场设备的运行参数、状态,以及故障信息等送往控制室,而且还要将各种控制、维护、组态等命令送往现场设备中。同时控制网络还要在与操作终端、上层管理网络的数据连接和信息共享中发挥作用。底层网络所完成的这些工作和提供的现场及设备数据,为工业企业管控一体化,以及优化生产调度带来了可能,所以也只有在现场总线控制网络真正实施的情况下,全面的管控一体化才有可能实现。

1.5.4 工业以太网

工业以太网就是基于以太网技术和因特网技术开发出来的一种工业通信网络,简单来说,工业以太网就是在工业控制系统中使用的以太网。按照国际电工委员会IEC/SC65C的定义,工业以太网是用于工业自动化环境,符合IEEE 802.3标准,按照IEEE 802.1D“媒体访问控制(Media Access Control,MAC)网桥”规范和IEEE 802.1Q“局域网虚拟网桥”规范,对其没有进行任何实时扩展(Extension)而实现的以太网。通过采用减轻以太网负荷、提高网络速度、采用交换式以太网和全双工通信、采用优先级和流量控制及虚拟局域网等技术,到目前为止可以将工业以太网的实时响应时间做到5~10 ms,相当于传统的现场总线。工业以太网在技术上与商用以太网是兼容的。

图1-9所示为工业以太网帧结构及其封装过程。在应用程序中产生的需要在网络中传输的用户数据,将分层逐一添加上各层的首部信息。在应用层加上应用首部信息成为数据包,送往传输层;在传输层加上包括端口号的TCP或UDP首部,成为分组信息(对TCP)或报文段(对UDP),送往网络层,在发送方和接收方主机之间建立起一条可靠的端到端的连接;在网络层加上包括IP地址(逻辑地址)的IP头成为数据报,使得每一个数据包都可以通过互联网络进行传输;最后在以太网的链路层加上包含确定的物理地址(MAC地址)的IEEE 802.3帧头和帧尾,封装为以太网的数据帧。在传输媒介上,帧转换为比特流,并采用数字编码和时钟方案进行可靠传输。

在传统意义上的工业以太网中,一般使用TCP/IP传输非实时数据,使用UDP/IP传输实时数据。但这毕竟距离实际工业自动化应用的实时性、确定性和可靠性的要求还较远,所以工业以太网常见的应用场景是非实时的信息化系统，或者在实时控制系统的上层使用。

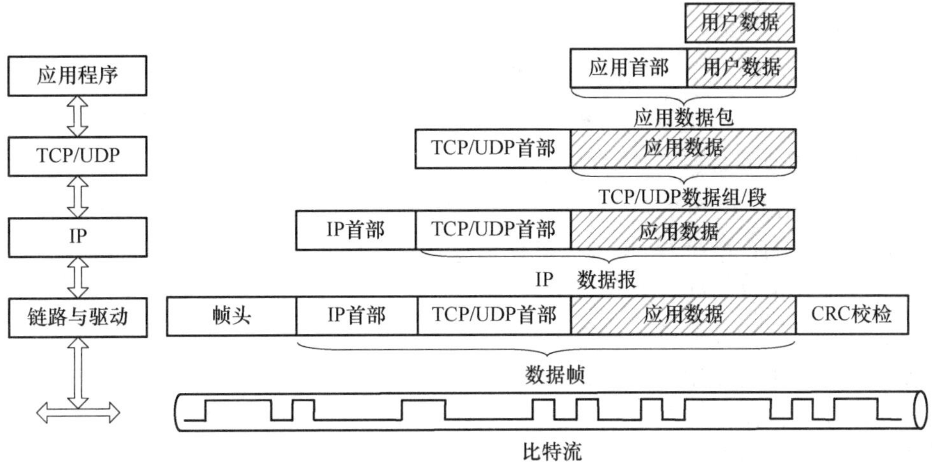

图 1-9　工业以太网帧结构及其封装过程

1.5.5　实时工业以太网

实时工业以太网属于工业控制网络的一种技术，位置在工业网络的最底层。

对于响应时间小于 5 ms 的应用，传统意义上的工业以太网已不能胜任，为了满足高实时性能应用的需要，各大公司和标准组织纷纷提出各种提升工业以太网实时性的技术解决方案。这些方案建立在 IEEE 802.3 标准的基础上，通过对其和相关标准的实时扩展提高实时性，并且做到与标准以太网的无缝连接，这就是实时以太网（Real Time Ethernet，RTE）。为了规范这部分工作的行为，IEC/SC65C 制定了 IEC 61784-2“基于 ISO/IEC 8802.3 的实时应用系统中工业通信网络行规”国际标准，该标准中的实时以太网种类型见表 1-4。比较有影响的实时以太网有 Rockwell 的 Ethernet/IP、PI 的 PROFINET、Schneider 的 MODBUS-RTPS、BECKHOFF 的 EtherCAT。本书主要讲解其中的 PROFINET 技术。

本章小结

本章首先主要从过程控制的层面分析和概述了工业自动化技术及控制系统的发展历程，对各个阶段的典型控制技术及其特点进行了讲解，并给出了具体的应用实例。工业类型主要分流程工业、制造工业以及两种类型均占有一定比例的混合工业。工业自动化技术的发展从简单的电动单元组合式模拟仪表控制系统、DCS、PLC、IPC，一直到现在的 FCS。

本章从多个层面阐述了现场总线的基本概念。现场总线技术的关键是开放、全数字、串行通信。从结构上来讲，现场总线具有基础性、灵活性和分散性等特点；从技术上来讲，现场总线具有开放性、交互性、自治性和实用性等特点。现场总线的使用为工业自动化领域带来了革命性的变化，它的主要优点体现在节约硬件数量、安装和维护费用，提高了系统的控制精度和可靠性，提高了用户的自主选择权。

本章最后概述了和工业网络相关的概念。工业网络是指应用于工业领域的计算机网络，按网络的功能结构，一般将工业网络系统划分为企业资源规划层、制造执行层以及现场控制层。工业控制网络处于工业网络的底层，除了完成现场的实时控制任务外，还提供生产过程的控制参数、设备运行的实时信息,为现代工业企业的信息管理服务。现场总线技术和实时以太网技术属于工业控制网络。

思考题与练习题

1. 工业企业的类型是如何划分的?
2. DCS、PLC、IPC 和 FCS 等控制系统的特点是什么?
3. 从现场总线的产生过程,深入体会现场总线技术的实质内涵。
4. 现场总线的定义是什么?
5. 简述现场总线的结构特点和技术特点。
6. 现场总线技术的使用带来了哪些好处?
7. 什么是工业网络?按网络功能划分,工业网络是由哪些主要部分组成的?
8. 现场总线在工业网络中处于什么位置?它的主要作用是什么?
9. 什么是工业以太网?什么是实时工业以太网?

第 2 章　工业网络技术基础

既然是工业网络与通信，则必定与网络和通信技术紧密相连。本章系统地给大家介绍和工业网络与通信密切相关的基础知识。这些知识和概念（如 NRZ 编码、曼彻斯特编码、MLT-3 编码、CRC 校验、海明距离、网络拓扑结构、介质访问控制方式、网络互联、OSI 参考模型等）都是在学习 PROFIBUS、PROFINET 和其他现场总线技术时要用到的，对这些基本概念的理解和掌握有助于后续知识的学习。

2.1　工业网络通信基础

2.1.1　工业数据通信概述

通信是为了彼此之间交换信息。把信息从一个地方传送到另外一个地方的系统就是通信系统。数据通信是指通信过程中承载信息的数据形式是数字的（不是模拟的），而以计算机控制系统为主体构成的网络通信系统就是数据通信系统。下面我们先介绍几个基本概念。

(1) 信息(Information)

从哲学的观点看，信息是一种带普遍性的关系属性，是物质存在方式及其运动规律、特点的外在表现；从通信的角度考虑，可以认为信息是生物体或具有一定功能的机器通过感觉器官或相应设备同外界交换的内容的总称。信息的含义是信息科学、情报学等学科中广泛讨论的问题。信息总是以一定的形式相联系，这种形式可以是语音、图像、文字等。信息是人们要通过通信系统传递的内容。

(2) 数据(Date)

数据是任何描述物体概念、情况、形势的事实、数字、字母和符号。可以说，数据是传递信息的实体，而信息是数据的内容或解释。

(3) 信号(Signal)

为了获取信息和传递信息，发送机将人或机器产生的信息转换为适合在通信信道上传输的电编码、电磁编码或光编码，这种在信道上传输的电/光编码叫做信号。信号可以是模拟信号，也可以是数字信号。

通信的实质和任务就是实现信息在不同地点和不同对象之间的可靠传递，如图 2－1 所示。

图 2－1　通信的实质和任务

讲到数据通信，大家马上会想到互联网，想到计算机与计算机之间或计算机与外设之间的各种信息交换。通俗来讲，工业数据通信就是把数据通信技术应用于工业自动控制系统中。

工业数据通信虽然和它们有很多的相似之处,但也有很多的不同。这些区别体现在数据的类型、数据交换量、通信速度、可靠性等方面。在工业生产自动控制系统中,除了计算机与计算机之间、计算机与外设之间的通信外,大部分的实时数据来自生产现场的控制设备和检测传感器。这些设备的各功能单元之间、设备与设备之间以及这些设备与计算机之间遵照一定的通信协议,利用数据传输技术传递信息的过程,就是工业数据通信。工业数据通信的实质和任务就是把计算机技术和通信技术相结合,并应用于工业自动化领域中,通过智能化的现场设备把车间层和设备层的工业数据安全准确地传送到上层网络中,从而为实现全面的企业 ERP 提供全生命周期的设备和现场数据。

过去测量和采集现场信号时,都是采用一对一的物理连接,把现场所有的信号送到控制室,这是一种简单的点对点的信号传送方式,还谈不上数据通信。采用了现场总线技术后,把现场各智能设备提供的数字信号通过工业网络,用串行通信的方式把它们送到控制室,这才是工业数据通信。工业数据通信网络主要由数据信息的发送设备、接收设备、传输介质、传输报文、通信协议等组成。

图 2-2 所示为工业数据通信系统的组成。和图 2-1 相比,可以发现工业数据通信完成的任务就是通信的基本功能,工业数据通信是应用于自动化领域里的通信技术。

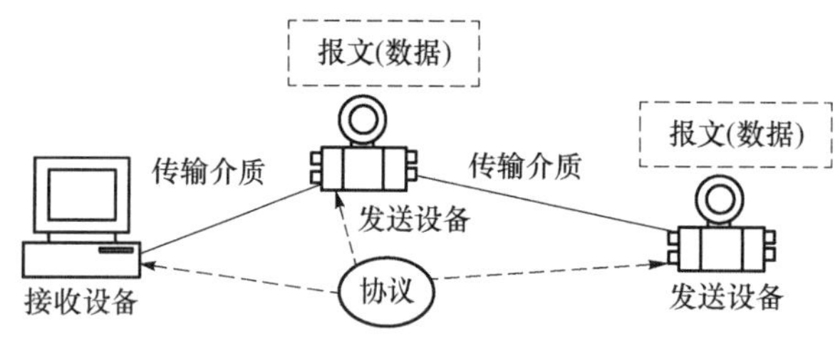

图 2-2　工业数据通信系统的组成

工业数据通信的技术基础主要涉及通信协议、信号编码、数据传输和交换、安全、通信控制和软硬件平台等,下面讲解其中的主要概念。

2.1.2　数据通信基本概念

1. 码元(Code Cell)

码元即时间轴上的一个信号编码单元。一个单比特码元(用 1 位二进制数表示)的示意图如图 2-3 所示。

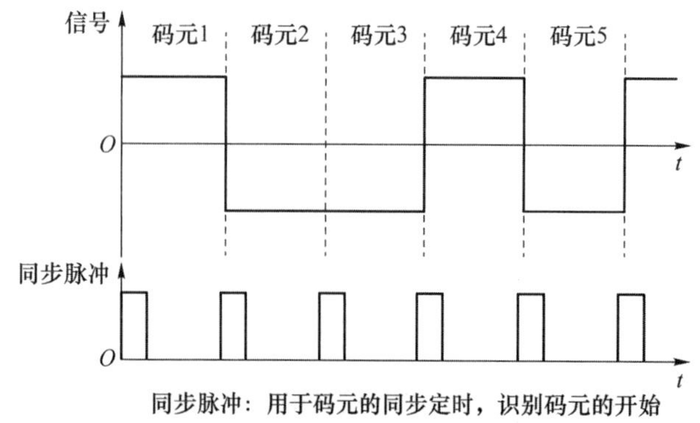

图 2-3　单比特码元示意图

2. 数据传输速率

数据传输速率可以用波特率和比特率来表示。

比特率(Bit Rate):数据传输速率(bit/s),即每秒钟传递的 bit 数。比特率是每秒所传输的信息的总量,所以又称为信息速率。比特率直接与波特率和脉冲编码所携带的信息量有关。

波特率(Baud Rate):信号传输速率(baud),即传递一个信号脉冲所需要的时间。也可以理解为每秒钟传递的信号脉冲(波形)数,还可以说成是每秒钟传送的码元数。

比特率和波特率之间的关系可以用下式表示:

$$R_{bit}=R_{baud}\log_2 M$$

式中,M 为信号的有效状态数,即码元数。当 $M=2$ 时(二进制数表示信号波形,单比特信号),比特率和波特率相等。每个信号可以包含一个或多个二进制位,若 $M=8$,即信号波形用 3 个二进制位表示,则当波特率为 1 200 baud 时,比特率为 3 600 bit/s。所以一般来说,波特率小于比特率。

3. 误码率(Bit Error Rate)

误码率即信道传输的可靠性指标。用 P 表示误码率,则

$$P=被传输错误的位数/传输的总位数$$

4. 信道(Channel)

信道即传送信息的线路(通路)。

数字信道:以数字脉冲形式(离散信号)传输数据的信道。

模拟信道:以连续模拟信号形式传输数据的信道。

数字通信的优点如下:

① 抗噪声(干扰)能力强;

② 可以控制差错,提高了传输质量;

③ 便于用计算机进行处理;

④ 易于加密,保密性强;

⑤ 可以传输语音、数据、影像,具有通用性和灵活性。

仅在不得已的情况下,才会采用模拟通信,如用调制解调器通过拨号线路传输数字信号。

信道带宽(Band Width):数据通信系统的信道传输的是电磁波(包括无线电、微波、光波等),带宽就是它所能传输电磁波的最大有效频率与最小有效频率之差。

信道容量(Channel Capacity):某个信道传输数据的最大传输速率,即在单位时间内可能传送的最大比特数。信道的最大传输速率与信道带宽有关。

2.1.3　数据编码

数据分数字数据和模拟数据,它们都可以用模拟信号或数字信号来发送和传递,如图 2-4 所示。在工业数据通信系统中,模拟数据现在已很少使用,工业数据通常以离散的二进制 0、1 序列的数字数据来表示。为保证数据传输的高效性和可靠性,需要将原始数据转化为适合在物理信道上传输的特定格式,这个过程就是数据编码。

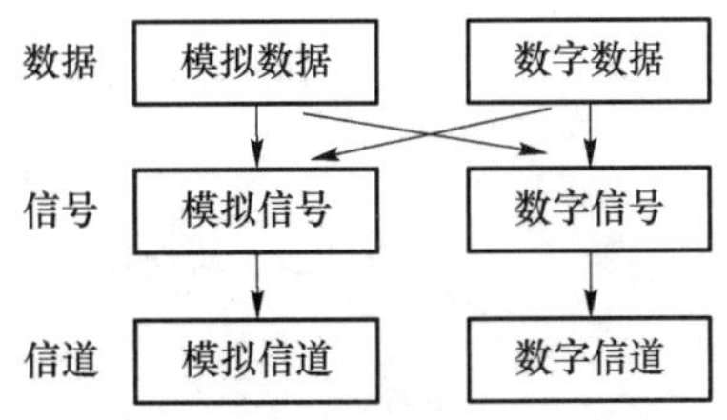

图 2-4　数据的传输方式

除了用模拟信号来传输模拟数据外,其他情况下都需要对数据进行编码,然后进行传输。下面对数字

数据的数字编码和模拟编码进行讨论。

1. 数字数据的数字编码

用高低电平的矩形脉冲信号来表示数据的1、0状态,称为数字编码。数字编码有单极性码、双极性码、归零编码、非归零编码B、差分编码、曼彻思特编码等。下面对工业通信中常用的编码做一些介绍。

(1) 非归零编码

非归零(Non-Return to Zero,NRZ)编码是相对于归零编码来说的。如果逻辑1表示高电平信号,逻辑0表示低电平信号,则在整个码元时间内都维持有效电平的编码就是非归零编码。这种编码的缺点是存在直流分量,另外无法确定一位的开始或结束,使接收和发送之间不能保持同步,所以必须采用某种措施来保证发送和接收的同步;其优点是能够比较有效地利用信道的带宽。

双极性非归零编码如图2-5(a)所示。PROFIBUS DP使用NRZ编码。

(2) NRZI编码

非归零反转(Non-Return-to-Zero Inverted,NRZI)编码是一种两电平的单极性编码。其规则是:bit起始时刻有跳变表示"1",无跳变表示"0"。NRZI编码的优点是使用了差分编码,差分编码的信号解码是基于相邻信号元素间是否有跳变,而不是看每个信号的绝对值,在噪声和畸变存在的情况下,检测跳变比检测一个阈值更可靠。

NRZI编码如图2-5(b)所示。

(3) 曼彻斯特编码

曼彻斯特编码(Manchester Code)是在工业数据通信中最常用的一种基带信号编码,这种编码也叫相位编码。它具有内在的时钟信息,其特点是在每一个码元中间都产生一个跳变,这个跳变沿既可以作为时钟,也可以代表数字信号的取值。在曼彻斯特编码中,由高电平跳变至低电平代表"1",由低电平跳变至高电平代表"0"。其变化规则很简单,即每个码元均用两个不同相位的电平信号表示,也就是一个周期的方波,但0码和1码的相位正好相反,所以曼彻斯特编码也称为曼彻斯特双相L码(Manchester Biphase Level Coding)。曼彻斯特编码的优点是不存在直流分量,具有自同步能力和良好的抗干扰性能。缺点是需要双倍的传输带宽(即信号速率是数据速率的2倍),编码效率低,只有50%。

曼彻斯特编码举例如图2-5(c)所示。PROFIBUS PA使用曼彻斯特编码。

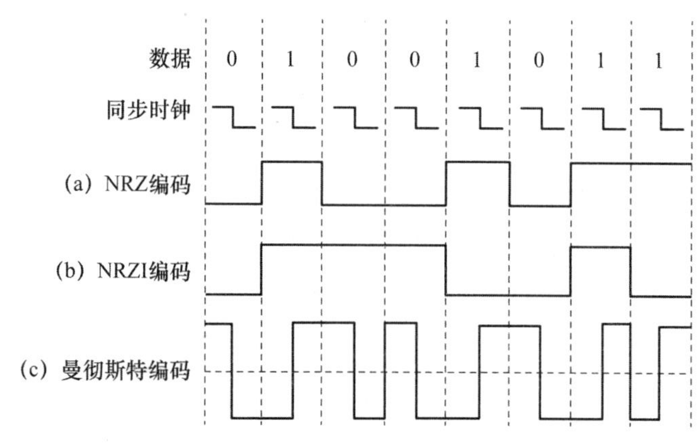

图2-5　数字编码举例

(4) 4B/5B 编码

4B/5B 编码是用 5 bit 的二进制码来代表 4 bit 二进制码。4B/5B 编码的效率是 4/5×100%=80%。4B/5B 编码的目的就是让码流产生足够多的跳变,所以提高了效率。4 位二进制共有 16 种组合,5 位二进制共有 32 种组合,如何从 32 种组合中选取 16 种来使用呢? 这里需要满足两个规则:

① 每个 5 比特码组中不含多于 3 个“0”;

② 或者每个 5 比特码组中包含不少于 2 个“1”。

4B/5B 编码映射如表 2-1 所列。

表 2-1　4B/5B 编码映射

十进制数	4 位二进制数	4B/5B 码
0	0000	11110
1	0001	01001
2	0010	10100
3	0011	10101
4	0100	01010
5	0101	01011
6	0110	01110
7	0111	01111
8	1000	10010
9	1001	10011
10	1010	10110
11	1011	10111
12	1100	11010
13	1101	11011
14	1110	11100
15	1111	11101

2. 数字数据的模拟编码或调制编码

采用模拟信号来表达数字数据的 0、1 状态称为数字数据的模拟编码。对数字信号进行模拟编码后可以使其在现有的某些网络,如电话网络或传递模拟信号的电缆上传送。发送时,将数字信号转换成模拟信号,到接收端后再把它还原为数字信号。一般来说,要选择一个某一频率的正弦波作为载波,利用数据信号的变化分别对载波的某些特性(振幅、频率、相位)进行控制,从而达到模拟编码的目的。将数字数据“寄载”到载波上的过程称为调制,从载波上取出它所携带的数字数据的过程称为解调。

常用的技术有幅移键控(Amplitude Shift Keying,ASK),频移键控(Frequency Shift Keying,FSK)和相移键控(Phase Shift Keying,PSK)。

具体来说,ASK 是用载波的两个不同振幅表示 0(0 V)和 1(+5 V),该方法效率低,且易受到干扰;FSK 是用载波的两个不同频率表示 0(1.2 kHz)和 1(2.4 kHz),这种方法不易受到干扰,较早的 HART 通信信号采用这种编码方式;PSK 是用载波起始相位的变化表示 0(同相)和1(反相),这种方法具有较强的抗干扰能力,效率较高。模拟编码的举例如图2-6所示。模拟编码已很少使用。

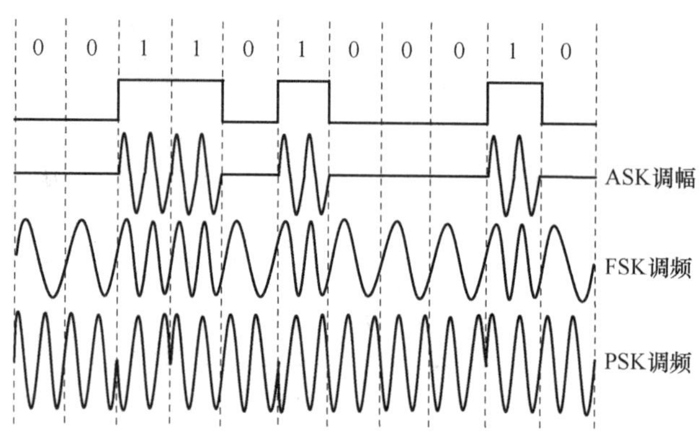

图2-6　模拟编码的信号波形

2.1.4　数据传输

1. 数据通信方式

数据通信方式(数据流动方向)有3种:单工通信、半双工通信和双工通信。

(1) 单工通信

单工通信所传送的信息始终向一个方向流动,而不允许朝相反的方向流动。在这种方式下,发送数据的一方只能发送数据,而接收数据的一方只能接收数据。计算机与键盘、计算机与打印机、无线电广播等都属于单工通信。

(2) 半双工通信

在半双工通信方式下,数据信息可以沿信道双向传输,但在同一时刻只能沿一个方向传输。采用半双工通信的双方均可发送和接收信息,但在一方发送时,另一方只能接收,双方轮流发送和接收信息。这种通信方式具有控制简单可靠、通信成本低、效率高等优点。在工业通信系统中,常采用半双工通信方式。

(3) 双工通信

双工通信方式是指在同一时刻,通信的双方既可以发送信息,也可以接收信息。双工通信要求通信双方具有同时运作的发送和接收机构,且要求有两条性能对称的传输通道,所以控制相对复杂,价格较高,但它的通信效率也是最高的。这种方式常用于计算机与计算机之间的通信。

2. 数据传输方式

数据传输方式是指数据代码的传输顺序和数据信号传输时的同步方式,数据代码的传输顺序问题也就是通信线路的排列问题。按排列方式分,数据传输分为串行传输和并行传输;为了保证数据发送端发出的信号被接收端准确无误地接收,两端必须保证同步,按同步方式分,数据传输分为同步传输和异步传输。

(1) 并行传输和串行传输

并行传输(Parallel Transmission)是将数据以成组的形式在多条并行的通道上同时传输。例如传输8个数据位(一个字节)或传输16个数据位(一个字)。除数据位之外,还需要一条“选通”线来协调双方的收发。并行传输的通信速率高,但需要的数据线多,在短距离通信时还可以忍受,在长距离通信时,由于其高成本问题和可靠性问题等就不会采用这种方式了。并行传输一般用于计算机和打印机之间以及其外设之间的通信。

串行传输(Serial Transmission)是指在数据传输时,数据流是以串行方式逐位在一条信道上传输。在串行传输中,所需要的数据线大大减少,所需要解决的问题是判断传输字节的首字符位置。串行传输具有成本低、实现容易、控制简单、在长距离通信中可靠性高等优点,所以在工业通信系统中,一般都采用串行传输。

除可以节约大量电缆外,串行传输的另外一个优点是没有信号传输干扰问题。从理论上看,并行传输要比串行传输快,但在实际应用中,对并行传输来说,还要考虑许多其他元素,比如电缆间的电子干扰问题、线芯间的同步问题等。为减少干扰,并行传输的工作频率就不能太高。所以在传输速度较高时,使用串行传输也不见得比并行传输慢,这也是串行传输被广泛使用的原因之一。

并行传输和串行传输的示意图如图 2-7 所示。

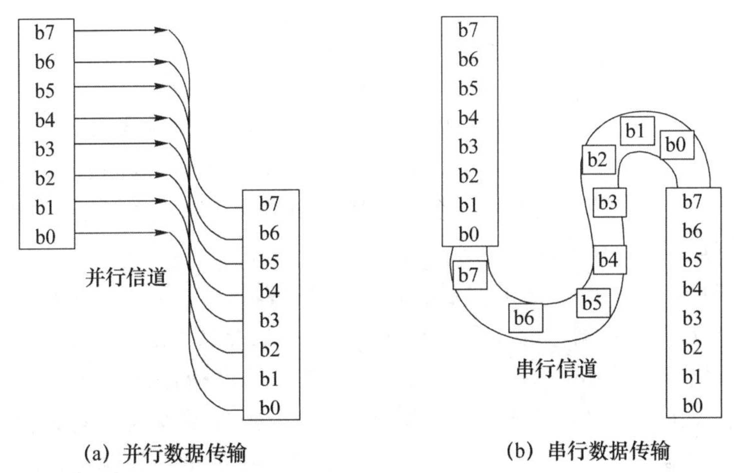

(a) 并行数据传输　　(b) 串行数据传输

图 2-7　并行传输和串行传输

(2) 同步传输和异步传输

在计算机系统中,做任何工作都要在时钟的协调下有条不紊地进行。对数据通信来说也不例外,它的各种处理工作都是在一定的时序脉冲控制下进行的。为保证信息传输端工作的协调一致和数据接收的正确,数据通信系统中的传输同步问题就显得异常重要了。

并行通信中一般用“选通”信号来协调收发双方的工作。而在串行通信中,二进制代码是以数据位为单位按时间顺序逐位发送和接收的,所以同步传输是对串行传输而言的。异步传输和同步传输是串行通信中使用的两种同步方式。它们的本质区别在于发送端和接收端的时钟是独立的,还是同步的。若是独立的,则为异步传输;若是同步的,则为同步传输。

1) 异步传输

该方法以字符为单位发送数据,一次传送一个字符,每个字符的数据位可以是 5 位或 8 位,在每个字符前要加上一个起始位,用来指明字符的开始;每个字符的后面还要加上一个终止码,用来指明字符的结束,终止码可以是 1 位、1.5 位或 2 位。一般来说五单位字符的终止码取 1 或 1.5 位,其他单位的字符终止码取 1 或 2 位。

异步传输使用的是字符同步方式。异步传输方式下的每一个字符的发送都是独立和随机的,它以不均匀的传输速率发送,字符间距是任意的,所以这种方式被称为异步传输。

因为要在每个字符的开头和末尾要加上起始位和停止位,增加了传输代码的额外开销,所以异步传输方式实现简单，但传输效率较低。异步传输示意图如图 2－8 所示。

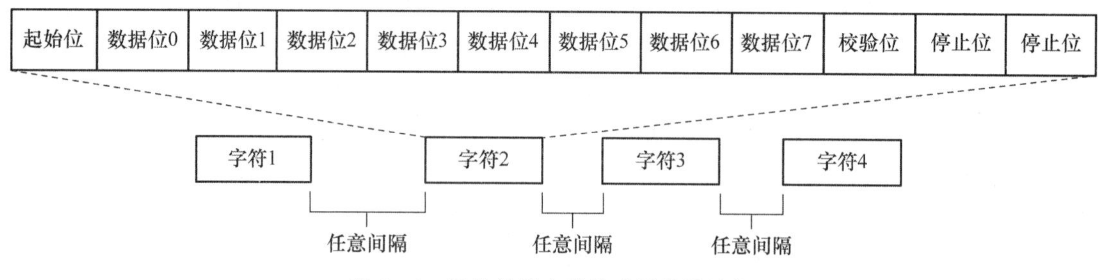

图 2－8　异步传输字符格式及传输过程

2）同步传输

该方法是以数据块(帧)为单位进行传输的，数据块的组成可以是字符块，也可以是位块。很明显同步传输的效率要比异步传输高。

在同步传输中，发送端和接收端的时钟必须同步。实现同步的方法有外同步法和自同步法。外同步法是在发送数据前，发送端先向接收端发一串同步的时钟，接收端按照这一时钟频率调制接收时序，把接收时钟频率锁定在该同步频率上，然后按照该频率接收数据；自同步法是从数据信号本身提取同步信号的方法，如数字信号采用曼彻斯特编码时，就可以使用码元中间的跳变信号作为同步信号。显然自同步法要比外同步法优越，所以现在一般采取自同步法，即从所接收的数据中提取时钟特征信号。

同步传输有两种，一种方法是面向位块的同步数据传输；另外一种是面向字符块的同步数据传输。同步传输时在每个数据块的前面加上一个起始标志指明数据块的开始，在数据块的后面加上一个标志指明数据块的结束，接收方根据起始标志和结束标志成块地接收数据。起始标志、数据块、结束标志合在一起称为帧(Frame)，起始标志称为帧头，结束标志称为帧尾。所使用的帧头和帧尾都是特殊模式的位组合(如 01111110)或同步字符(SYN)，并且通过位填充或字符填充技术来保证数据块中的数据不会与同步字符混淆，同步传输是基于帧同步的同步方式。面向字符的同步传输方式的最大缺点是：它和特定的字符编码集过于密切，不利于兼容，采用的字符填充方法实现起来非常麻烦。因此现在的同步传输一般都采用面向位同步的方法。面向位同步的同步传输不依赖字符编码集，位填充方法实现起来容易，数据传输速率高，能实现各种较完善的控制功能，所以该方法得到了广泛的应用。同步传输中帧的结构如图 2－9 所示。

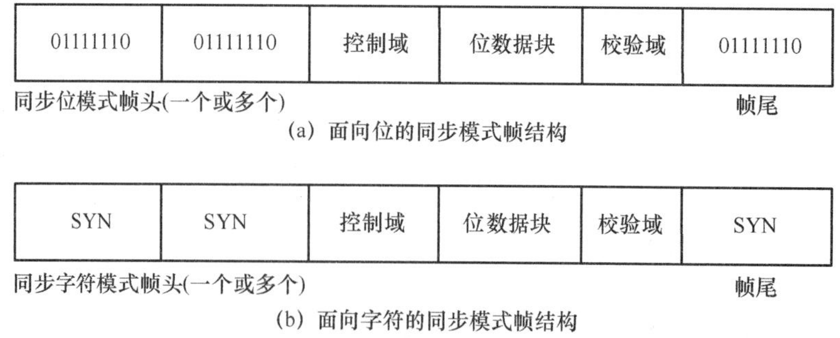

图 2－9　同步传输中的帧结构

3. 信号传输模式

(1) 基带传输

基带传输是在数字通信的信道上直接传输数字信号，它不改变数据信号波形，也不采用任何调制措施，它是最基本的数据传输模式。该模式具有速率高和误码率低等优点，而且系统价格低廉，所以在计算机网络通信和工业网络通信中被广泛采用。

(2) 载波传输

载波传输采用数字信号对载波进行调制后进行传输。最基本的调制方式有前面所介绍的幅移键控(ASK)、频移键控(FSK)和相移键控(PSK)等方法。在载波传输中，发送设备先要传输某个频率的基波信号作为载波信号，然后按幅移键控、频移键控和相移键控等方法改变载波信号的幅值、频率和相位，形成调制信号后发送。

(3) 频带传输

利用模拟信道传输信号的传输方式叫做频带传输或宽带传输。它适合于传输语言、图像等信息。频带传输的优点是可以利于现有的大量模拟信道(如模拟电话交换网)通信，价格便宜，容易实现。过去家庭用户拨号上网就属于这一类通信。它的缺点是速率低，误码率高。

(4) 异步转移模式

异步转移模式(Asynchronous Transfer Mode，ATM)是一种新的传输与交换数字信息的技术，也是实现高速网络的主要技术。ATM 是宽带综合业务数据网的传输模式，它支持多媒体通信，包括数据、语音、图像和视频信号，按需分配频带，具有低延迟特性。

2.1.5　差错控制

1. 概　述

数据在通信线路上传输时，受各种各样的干扰和噪声的影响，接收端往往不能收到正确的数据，这就产生了差错，即误码。这些干扰源包括：

① 信道的电气特性引起信号幅度、频率、相位的衰减或畸变；

② 信号反射；

③ 相邻线路间的串扰；

④ 闪电、开关跳火、大功率电机的启停等。

产生误码是不可避免的，但要尽量减小误码带来的影响。为了提高通信质量，就必须检测差错并纠正差错，把差错控制在能允许的尽可能小的范围内，这就是通信过程中的差错控制。

要想提高通信质量，可以采取两种方法，首先可以提高通信线路的质量，但使用高质量的电缆只是降低了内部噪声，而对外部的干扰无能为力，并且明显地增加了硬件成本。另外一种最可行的方法是进行差错控制。差错控制方法能在一定限度内容忍差错的存在，它能够发现错误，并设法加以纠正，差错控制是目前通信系统中普遍采用的提高通信质量的方法。

设计差错控制的具体方法有两种：一是纠错码方案，这种方案是让传输的报文带上足够的冗余信息，在接收端不仅能检测错误，而且还能自动纠正错误；二是检错码方案，这种方案是让报文分组时包含足以使接收端发现错误的冗余信息，但不能确定哪一位是错误的，而且自己也不能纠正传输错误。纠错码方案虽然有优越之处，但实现复杂、代价高，另外它使用的冗余位多，所以编码效率低，一般情况下不会采用；检错码方案虽然需要重传机制达到纠错，但原理简单，代价小，容易实现，并且编码与解码的速度快，所以得到了广泛的使用。

根据差错检测方法的不同，进行差错控制的方法也会有区别，进行差错控制的基本方法有两类，一是自动请求重发(Automatic Request for Repeat，ARQ)，二是前向纠错(Forward Error Correction，FEC)。在 ARQ 方式中，接收端发现差错后，以某种形式通知发送端重发，即自动重传，这种方式下使用检错码即可。在 FEC 方式中，接收端不仅能发现差错，而且能确定二进制码元方式错误的位置,并对一定数量的错误进行纠正,显然这种方式必须使用纠错码。当然这两种方式也可以混合使用,当差错个数在纠正能力之内时,直接进行纠正;当差错个数超出纠正能力时,则令其重发进行差错纠正。

下面简要介绍几种常用的检错码和纠错码。

2. 奇偶检错码

奇偶检验码是最为简单的一种检错码,它的编码规则是:首先将要传递的信息分组,各组信息后面附加一位校验位,校验位的取值使得整个码字(包含校验位)中“1”的个数为奇数或偶数。如果所形成的码字中“1”的个数为奇数,则称为奇校验;如果所形成的码字中“1”的个数为偶数,则称为偶校验。奇偶检验有可能会漏掉大量的错误,但用起来简单,另外奇偶检验码在每一个信息字符后都要加一位校验位,所以在传输大量数据时,则会增加大量的额外开销。这种方法一般用于简单的、并且对通信错误要求不十分严格的场合。

3. 循环冗余校验

循环冗余校验(Cyclic Redundancy Check,CRC)是一种检错率高,并且占用通信资源少的检测方法。循环冗余校验的思想是:在发送端对传输序列进行一次除法操作,将进行除法操作的余数附加在传输信息的后边。在接收端,也进行同样的除法过程,如果接收端的除法结果不是零,则表明数据传输出现了错误,这种方法能检测出大约 99.95%的错误。

CRC 的编码思想是将被传输的数据位串看成系数为 0 或 1 的多项式 $M(x)$,其检测方法是:收发双方约定一个生成多项式 $G(x)$(其最高阶和最低阶系数必须为 1),发送方在帧的末尾加上校验和,使带校验和的帧的多项式能被 $G(x)$整除;接收方收到后,用 $G(x)$除多项式,若有余数,则传输有错。下面是详细的校验和计算算法步骤:

① 若 $G(x)$为 r 阶,原帧为 m 位,其多项式为 $M(x)$,则在原帧后面添加 r 个 0,帧变为 $m+r$ 位,相应多项式为:$x^r M(x)$。

② 按模 2 除法用 $x^r M(x)$ 的位串除以 $G(x)$的位串,得出余数 $x^r M(x)$ MOD_2 $G(x)$。

③ 按模 2 减法(和加法一样)从对应于 $x^r M(x)$ 的位串中减去余数,结果就是要传送的带校验和的帧多项式 $T(x)$:

$$T(x) = x^r M(x) + [x^r M(x)\ \mathrm{MOD}_2\ G(x)]$$

下面举例说明 CRC 的使用。

例 2-1 若数据序列 $M(x)$为 1101011011,生成多项式 $G(x)=x^4+x+1$,即 10011,求 $T(x)$。

```
               1100001010
        ----------------------
 10011 / 11010110110000
         10011
         ------
          10011
          10011
          ------
           000010110
               10011
               ------
                 10100
                 10011
                 ------
                   1110  余数
```

则 $T(x)$=11010110111110。

例 2-2 若数据序列 $M(x)$为 1010001,生成多项式 $G(x)=x^4+x^2+x+1$,即 10111,求 $T(x)$。

```
                1001111
       ________________
 10111/ 10100010000
        10111
        -----
          11010
          10111
          -----
           11010
           10111
           -----
            11010
            10111
            -----
             11010
             10111
             -----
              1101     余数
```

则 $T(x)=10100011101$。

需要明确的是，CRC 生成多项式不是随便确定的，$G(x)$的结构和检测效果是要经过严格的数学分析和实验后确定的。目前常用的已列入国际标准的生成多项式有

CRC-12　　$G(x)=x^{12}+x^{11}+x^3+x^2+x+1$

CRC-16　　$G(x)=x^{16}+x^{15}+x^2+1$

CRC-CCITT　　$G(x)=x^{16}+x^{12}+x^5+1$

CRC-32　　$G(x)=x^{32}+x^{26}+x^{23}+x^{22}+x^{16}+x^{12}+x^{11}+x^{10}+x^8+x^7+x^5+x^4+x^2+x+1$

4. 海明码和海明距离

海明码(Hamming Code)是一种可以纠正一个位差错的高效率线性分组纠错码。海明码使用一套复杂的编码和纠错方法，其基本思想是：将待传信息码元分成许多长度为 k 的组，每一组后再附加 r 个校验位，从而构成 $n(n=k+r)$位的分组码；位号为 2^k 的位为校验位，其余位是信息位，每个校验位和某几个特定的信息位构成偶(或奇)校验关系。校验位数 r 必须满足 $2r \geqslant k+r+1$。

说到检错码，就必须给大家介绍一个重要概念，即海明距离(Hamming Distance)。海明距离决定了任何一种编码的检错和纠错的能力。

在一个有效的编码集中，任意两个码字对应位取值不同的个数的最小值称为该编码集的海明距离。即对两个码字进行异或运算，其结果中“1”的个数就是海明距离。例如有效编码集 10110、11010 的海明距离为 2；有效编码集 10101、01111 的海明距离为 3；有效编码集 10110、11010、10101、01111 的海明距离为 3。海明距离越大，表明这种编码的检错和纠错能力也越强，但所需要冗余的信息也越多。有定理证明：如果须检测出 d 个错误，则海明距离至少应为 $d+1$；如果要能纠正 d 个错误，则编码集中的海明距离至少应为 $2d+1$。由此看来，因为海明码能纠正 1 个错误，所以海明码的海明距离应为 3。

在工业通信系统中，使用海明距离可以说明其所使用数据编码的可靠性。

2.2　工业网络物理结构

必须使用信号传输介质，并按一定的拓扑形式把各种节点连接起来才能组成一个工业控制网络。网络的传输介质、拓扑结构、介质访问控制方式等均是影响网络性能的最主要的基础因素。

2.2.1　网络传输介质

传输介质是网络中连接各个节点的物理通路,也是通信中传送信息的载体。网络中常用的传输介质有有线传输介质(硬介质)和无线传输介质(软介质)。有线传输介质包括双绞线、同轴电缆(已淘汰)和光纤。工业通信中常用的是有线传输介质。无线传输介质包括无线电、微波、卫星、移动通信等。

1. 双绞线

每一对双绞线由绞合在一起的相互绝缘的两根铜线组成,每根铜线的直径大约为 1 mm。双绞线绞在一起就是为了减少电磁干扰,提高传输质量。双绞线可以用于传输模拟信号和数字信号。计算机局域网中经常使用的双绞线有屏蔽和非屏蔽之分。

屏蔽双绞线(Shielded Twisted Pair,STP):抗干扰性好,性能高,用于远程中继线时,最大距离可以达到十几千米,但其成本也较高,在工业通信系统中广泛使用 STP。

非屏蔽双绞线(Unshielded Twisted Pair,UTP):非屏蔽双绞线的传输距离一般为 100 m,由于它有较好的性价比,在民用领域被广泛使用。

双绞线有 1、2、3、4、5、6、7 等多类,现在常用的是 5 类线,3 类线和 5 类线的主要区别在于单位距离上的旋绞次数。5 类线比 3 类线绞得更紧一些,其性能也更好一些,但其价格也较贵。3 类线用于语音传输和数据传输,最高速率为 10 Mbit/s,有 4 对双绞线,传输距离可达 150 m;5 类线由 4 对铜芯双绞线组成,由于增加了缠绕密度和使用了高质量的绝缘材料,所以极大地改善了传输介质的特性,它既可支持 100 Mbit/s 的快速以太网连接,又可支持到 150 Mbit/s 的ATM 数据传输,是连接桌面设备的首选传输介质。

工业网络中常用 6 类屏蔽双绞线。

2. 光　缆

光缆即光导纤维,光纤通信就是利用光纤传递光脉冲来进行通信的。通信时,有光脉冲时为信号"1",无光脉冲时为信号"0"。发送端的光源(发光二极管或半导体激光器)把电信号转换成为光信号,在接收端光检测器(光电二极管)再把光信号还原成为电信号,其工作原理如图 2-10 所示。

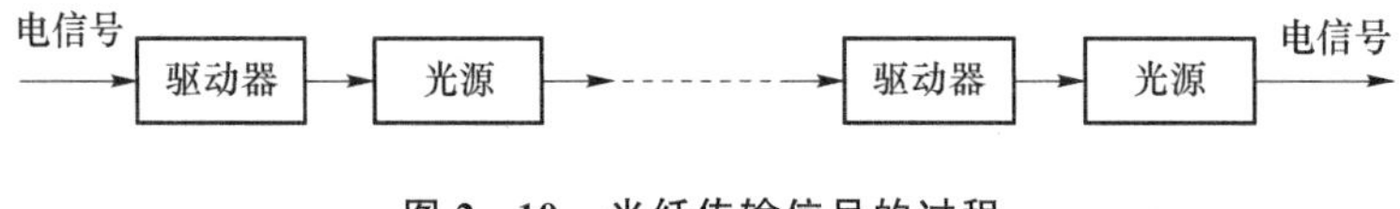

图 2-10　光纤传输信号的过程

用于可见光的频率可达 108 MHz 的量级,所以光纤通信系统的传输带宽远远大于其他传输媒体的带宽。根据制作材料的不同,光纤分为玻璃光纤、塑料光纤等,玻璃光纤价格要高于塑料光纤,其性能也高于后者。

光纤通信的特点是传输速率高;通信容量大;传输损耗小,适合长距离传输;抗干扰能力强,不受电磁干扰和雷击的影响;安全性能好,不易被窃听和截取数据;体积小,重量轻,弯曲性能好。光纤的缺点是价格较高,不易连接,分支抽头困难。

光纤通信在工业控制网络中的特殊场合得到了广泛的应用。

3. 无线通信

无线通信主要有微波、红外和激光等,它适合于在地理上或安装上有特殊要求的场合,或频繁移动的设备。

选择传输介质时要考虑的问题很多，这和具体使用的场合、类型、性能要求等有关，另外也要考虑性价比。其实在工业控制网络的实际使用中，当选择好使用的现场总线类型后，一般来说，所要使用的传输介质基本上也就确定了，因为不同的现场总线，都有推荐使用的传输介质，只要分清楚使用场合，选择使用就行了。

2.2.2 工业网络的主要拓扑结构

网络中的拓扑形式就是指网络中的通信线路和节点间的几何排列方式，即节点的互连形式，它用来表示网络的整体结构和外貌，同时也反映了各个节点间的结构关系。常见的网络拓扑形式有总线型、环形、星形和树形等。

1. 总线型拓扑

总线型拓扑连接示意图如图 2－11(a)所示。它通过一条总线电缆作为传输介质，各节点通过接口接入总线，它是工业通信网络中最常用的一种拓扑形式。其特点是：通信可以是点对点方式，也可以是广播方式，而这两种方式也是工业控制网络中常用的通信方式；接入容易，扩展方便；节省电缆；网络中某个节点发生故障时，对整个系统的影响较小，所以可靠性较高。

当信号在总线上传输时，随着距离的增加，信号会逐渐减弱。另外当把一个节点连接到总线上时，由此所产生的分支电路还会引起信号的反射，从而对信号产生造成较大影响。所以在一定长度的总线上，所连接的从站设备的数量、分支电路的多少和长度都要进行限制。

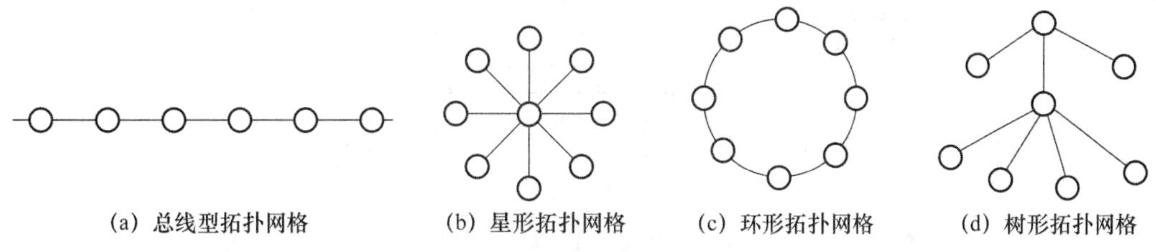

(a) 总线型拓扑网格　(b) 星形拓扑网格　(c) 环形拓扑网格　(d) 树形拓扑网格

图 2－11　网络拓扑形式示意图

2. 星形拓扑

星形拓扑连接示意图如图 2－11(b)所示。在星形拓扑中，每个节点通过点对点连接到中央节点，任何节点之间的通信都通过中央节点进行。这种结构主要用于分级的主从式网络，采用集中控制，中央节点就是控制核心，因此中央节点负担比较重。这种拓扑形式的特点是维护、管理简单；每个节点的通信负担很小，所以冲突小；网络延迟时间短，误码率低；增加节点时成本低。缺点是可靠性差，当中央节点出问题时，整个网络瘫痪。

3. 环形拓扑

环形拓扑连接示意图如图 2－11(c)所示。环形拓扑通过网络节点实现点对点的链路的连接，各节点通过网络接口卡和干线耦合器连接，构成一个闭合环路。信号在环路上从一个设备到另一个设备单向传输，直到信号到达目的地为止，所以没有路径选择问题。环形网络中各节点以令牌方式实现对共享介质的访问控制。其优点是可使用光缆等传输介质，传输率高，适合于工业环境；另外当网络发生物理中断时，可以走反向通道继续通信，在一定程度上保证了可靠性。其缺点是扩充不便。

4. 树形拓扑

树形拓扑连接示意图如图 2－11(d)所示。树形拓扑实质上是星形拓扑的变种，它可以实现点到点的通信方式；它也可以认为是总线型拓扑的扩展形式，所以可以实现多点的广播通信。树形网络的优点是成本低,管理维护方便,适应范围广,可以组成很大的网络规模。缺点是可靠性低。

2.2.3　介质访问控制方式

在计算机网络中,不管采用什么样的拓扑形式连接,传输介质总是作为各站点的共享资源。将传输介质的频带有效地分配给网络上各站点用户的方法称为介质访问控制方法或协议。介质访问控制方法对网络的响应时间、吞吐量和效率起着十分重要的作用。各种局域网的性能在很大程度上取决于所选用的介质访问控制协议。

1. 多路复用技术

在实际的计算机网络系统中,为了有效地利用通信电路,总是利用一个信道同时传输多路信号。多路复用技术就是把多路信号在单一的传输线路上用单一的传输设备进行传输的技术。在远距离传输时,多路复用技术可以大大节省电缆的安装和维护费用。如图 2-12 所示,频分多路复用和时分多路复用是两种不同的多路复用技术。

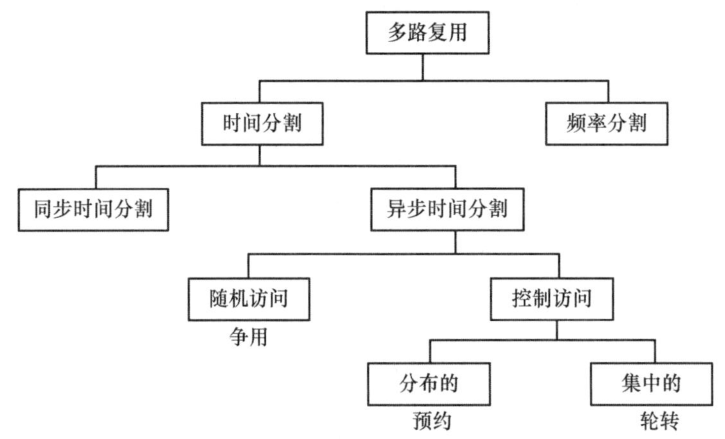

图 2-12　多路复用技术及网络控制方式示意图

(1) 频分多路复用

在物理信道能提供比单路原始信号宽得多的带宽的情况下,可以把该物理信道的总带宽分割成若干个与单路信号带宽相同(为了避免相互干扰也可以稍微宽一点)的子信道,每个子信道传输一路信号,这就是频分多路复用(Frequency Division Multiplexing,FDM)。

(2) 时分多路复用

若传输介质能达到的位传输速率超过单一信号源所需要的数据传输率,就可以采用时分多路复用(Time Division Multiplexing,TDM)技术。它是将一条物理信道按时间分成若干个时间片轮流地给多个信号源使用,这其中又分为同步时分多路复用和异步时分多路复用。同步时分多路复用是指时分方案中的时间片是分配好的,而且是固定不变地轮流占用,而不管某个信息源是否真的有信息要发送。这样,时间片与信息源是固定对应的,或者说,各种信息源的传输与定时是同步的。异步时分多路复用允许动态地分配传输媒介的时间片,这样可以大大地减少时间片的浪费。当然,后者实现起来要比前者复杂一些。

如图 2-12 所示,在介质访问控制方案中,普遍采用的是时分多路复用中的异步技术。这里有三种不同的异步技术:

① 轮转:每个站轮流地获得发送机会,这种技术适合交互式的终端对主机通信。

② 预约：介质上的时间被分割成时间片，网上的站点要发送信息，必须事先预约可以占用的时间片，这种技术适合数据流的通信。

③ 争用：所有站点都能争用介质的使用权，这种技术实现起来简单，对轻负载或中等负载的系统比较有效，适合于突发式的通信。

争用方法属于随机访问技术，轮转和预约属于控制访问技术。争用协议一般用于总线网，每个站点都能独立地决定帧的发送，如两个站点或多个站点同时发送(即产生冲突)，同时发送的所有帧都会出错。每个站点必须有能力判断冲突是否发生，如果冲突发生，则应等待随机时间间隔后重发，以避免再次发生冲突。

2. 介质访问控制方式

下面讨论最常用的三种介质访问控制方式：总线方式的 CSMA/CD 方法、环形结构的令牌环(Token Ring)方法和令牌总线(Token Bus)方法。

(1) 带冲突检测的载波监听多路访问

网络站点监听载波是否存在，即判断信道是否被占用，并采取相应的措施，这是载波监听多路访问(Carrier Sense Multiple Access，CSMA)方式的重要特点，它是一种争用协议，其控制方案如下：

① 一个站点要发送信息，首先要监听总线，以确定介质上是否有其他站的发送信息存在。

② 如果介质是空闲的，则可以发送。

③ 如果介质是忙的，则等待一定间隔后重试。

④ 介质的最大利用率取决于帧的长度，帧愈长，传播时间愈短，则介质利用率愈高。

在 CSMA 方式中，由于信道的传播延迟，当总线上两个站点监听到总线没有信号而发送帧时，仍会产生冲突。由于 CSMA 中没有检测冲突的功能，所以即使冲突已经发生，仍然要把已破坏的帧发送完，结果使总线的利用率降低。

带冲突检测的载波监听多路访问(Carrier Sense Multiple Access with Collision Detection，CSMA/CD)方式可以提高总线的利用率，这种协议的国际标准 IEC 802.3 就是以太网标准(10 Mbit/s 以太网)，已在局域网中广泛使用。CSMA/CD 介质访问方式在每个站点发送帧期间，同时对冲突进行检测，一旦检测到冲突，就停止发送，并向总线上发一串阻塞信号，通知总线上各站点冲突已发生。

(2) 令牌环介质访问方式

令牌环(Token Ring)介质访问控制方式使用一个令牌(Token，又称为标记)沿着环循环，当各站点都没有帧发送时，令牌的形式为空令牌。当一个站点要发送帧时，须等待空令牌通过，然后将它改为忙令牌，紧接着把数据发送到环上。由于令牌是忙状态，所以其他站不能发送帧，必须暂时处于等待状态。令牌是一个特殊的帧，数据以点到点的方式从一个节点传送到下一个节点。循环方向必须是固定的，要么是顺时针，要么是逆时针。图 2-13 所示为令牌环的工作原理。在图中，如果节点 3 拥有空闲令牌并且要向节点 1 发送数据，则当令牌环为逆时针顺序旋转时，数据帧传送的方向和次序是 3—4—5—1；当令牌环为顺时针顺序旋转时，数据帧传送的方向和次序是 3—2—1。

接收帧的过程是当帧通过站点时，该站点先将帧的目的地址和本站点的地址相比较，若地址相符，则将帧放入接收缓冲器，再输入站点，同时修改状态位，表示此帧已被正确接收，然后将帧送回环上；若地址不符，则简单地将数据帧重新送入环中即可。

发送的帧在环循环一周后再回到发送站点，从返回的帧状态位得知发送成功后，将该帧从环上移走,同时将忙令牌改为空令牌,并把它传至后面的站点,使之获得发送帧的权力。

令牌环介质访问方式在轻负载时,由于等待令牌需要时间,因此效率较低。在重负载时,对各站点公平,所以效率较高。该方式还要求对令牌和数据进行控制,对数据帧可能永远在环上循环的这种情况必须能进行检测和消除。另外,还可以采用分布式的计算方法来把令牌环上的各个站点设置成不同的优先级。

令牌环被列为局域网 IEEE 802 标准里的 IEEE 802.5 标准。

(3) 令牌总线介质访问方式

令牌总线(Token Bus)介质访问控制方式是在物理总线上建立一个逻辑环。从物理上看,这是一种总线结构的局域网,总线共享的传输介质是总线。从逻辑上看,这是一种环形结构的局域网,连接在总线上的各个站点组成一个逻辑环,每个站点被赋予一个顺序的逻辑位置。在这个逻辑环中,令牌依次传递,站点只有取得令牌才能发送帧。

图 2-14 所示为令牌总线的工作原理。

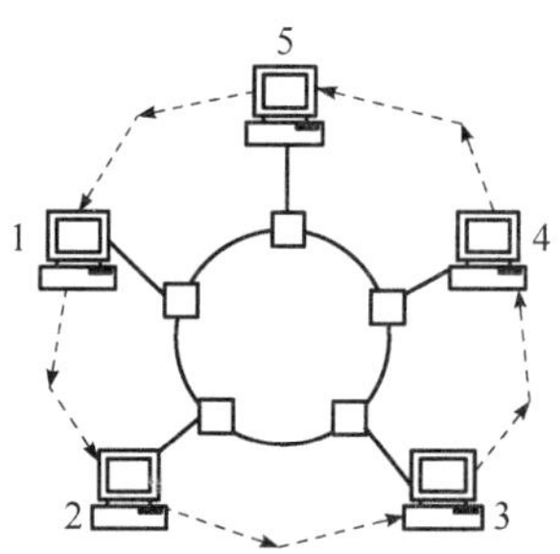

图 2-13 令牌环的工作原理

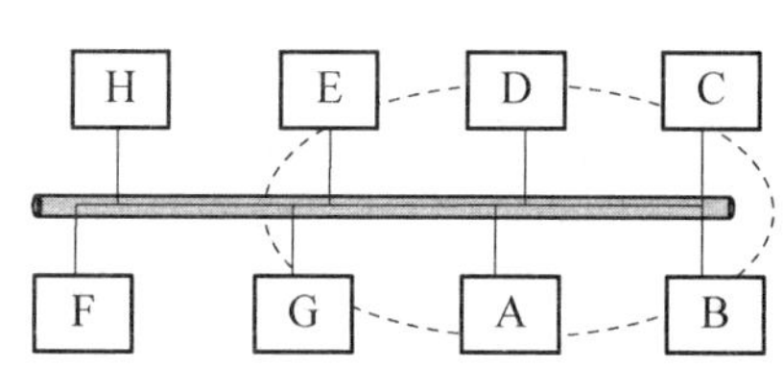

图 2-14 令牌总线的工作原理

在正常运行时,当某站点完成了它的发送,就将令牌送给下一个站点。带有目的地址的令牌帧广播到总线上所有的站点,当目的站点识别出符合它的地址后,就接收该令牌帧。

因为只有拥有令牌的站点才能发送数据帧到总线,所以就避免了冲突,令牌环的信息帧长度只需要根据要传送的信息长度来确定即可。而对于 CSMA/CD 访问控制方式,为了使最远距离的站点也能检测到冲突,需要在实际的信息长度后加填充位,以满足最低信息长度的要求。令牌总线的帧可以设置得很短,和 CSMA/CD 相比减少了开销,相当于增加了网络的容量。

令牌环被列为局域网 IEEE 802 标准里的 IEEE 802.4 标准,本教材所讲解的现场总线 PROFIBUS 中主站之间使用令牌总线介质访问方式。

2.3 开放系统互联参考模型及网络互联

2.3.1 OSI 参考模型

1. 概　述

计算机网络在 20 世纪 70 年代得到了迅速发展,特别是在 1969 年美国诞生了世界最早的计算机网络 ARPAnet 后,网络发展势头迅猛。为了各自的商业利益以及在竞争中处于有利地位,世界上许多计算机大公司都先后推出了自己的计算机网络体系结构。网络体系结构指的是计算机各部件的作用和概念及各部件之间的通信协议的集合。在体系结构中,定义了网络设备和软件如何相互作用和运行，详细说明了通信协议、信息格式和相互作用所需要的标准。著名的网络体系有 IBM 的 SNA(System Network Architecture)、数字设备公司的 DNA(Digital Organization Architecture)等。不同网络体系中的操作平台、硬件接口、网络协议等互不兼容，这种状况严重影响了信息交换、资源共享、分布式应用等，制约了计算机网络的发展。为了解决不同网络体系计算机之间的通信问题，实现不同厂家设备之间的互联操作与数据交换，从 1978 年开始，国际标准化组织 ISO 开始起草开放系统互联参考模型，并在 1983 年正式推出了"开放系统互联参考模型"(OSI-RM)的标准 ISO 7498。OSI-RM 如图 2-15 所示。OSI-RM 的提出促进了计算机网络和数据通信的发展。

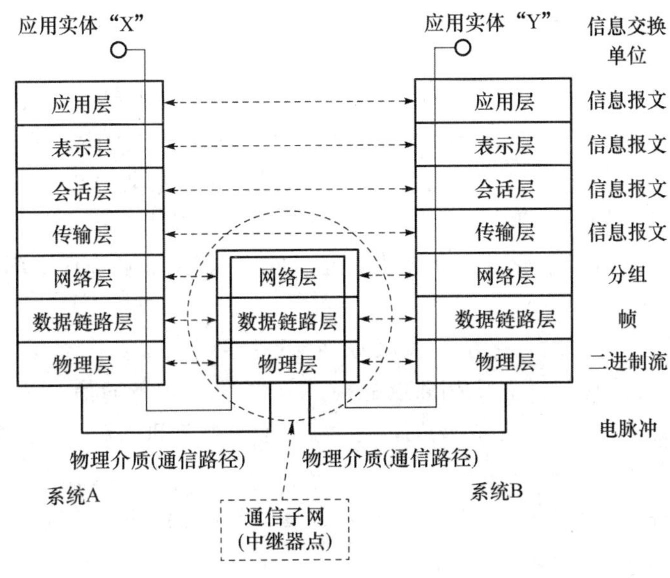

图 2-15　开放系统互联参考模型(OSI-RM)

OSI-RM 是一个 7 层的模型，在这七层中，下三层(物理层、数据链路层和网络层)是网络支撑层(也称为低层)，它们涉及数据从一个设备传送到另一个设备的物理实现。例如电气、机械的物理指标、物理连接、地址、无差错传输等。上三层(会话层、表示层和应用层)为用户支撑层，它们允许在不同的网络体系、不同的软件系统中进行互操作。而第四层(传输层)起到一个连接上下两个三层的作用，它保证下三层传输的是上三层可以使用的格式。一般来说，上三层功能常常通过软件来实现，而下三层功能则通过软件和硬件相结合来实现，物理层(注意：不是指物理介质)基本为硬件。

OSI 在体系结构理论上是比较完整的，各层协议也考虑得比较周到，但实现起来较为复杂，所以完全符合 OSI 7 层协议的商业产品不多。在 OSI 中提出了一些重要的概念，它们对理解计算机网络的工作原理有很大帮助，这些概念是：

(1) 协　议

不同系统中同一层实体(即对等层实体)进行通信的规则的集合。在协议中，规定了协议数据单元(Protocol Date Unit，PDU)的格式，通信双方所要完成的操作，以及给上层提供的服务。

(2) 服　务

在同一实体中下层实体给上层实体提供的功能称为服务。下层为服务提供者，上层为服务使用者(用户)。用户只看得见下层的服务而看不见下层的协议。在体系结构中,协议是水平方向的,服务是垂直方向的。

(3) 服务访问(存取)点

在同一系统中相邻两层之间交换信息的地点称为服务访问(存取)点(Service Access Point,SAP)。它实际上就是下层向上层提供服务的逻辑接口。

(4) 服务原语

在同一系统中相邻两层要按服务原语的方式交换信息。这些服务原语的交换地点在SAP。服务原语有请求、指示、响应和证实等4种类型。原语中可以包含对方的地址、所传送的内容、所要求的服务质量等信息。

2. OSI的分层技术

OSI的最大贡献就是它正式定义并系统化了网络体系结构中分层的概念。它采用定义明确的、可操作的、描述性的层的概念,说明了在数据传输过程中每个阶段所发生的行为。分层的概念对减少网络系统的复杂性和简化系统设计具有重要的意义,分层可以使某一层的功能和服务完全独立于其他层,并与其他层隔离。这样当引进新技术或提出新的业务要求时,就可以把因功能扩充或变更带来的影响限制在直接有关的层内,而不必进行全部协议的改动。

(1) 分层的好处

① 结构简单:每个层次向上一层提供服务,向下一层请求服务。邻层之间的约定称为接口,各层之间的约定称为协议。只要相邻层的接口一致,即可进行通信。

② 关系简化:由于各层只关心本层的内容,每一层的细节问题对上一层来说是屏蔽的,因此通信关系大大简化。

③ 相对独立:由于分层,每一层的功能相对独立,只要与相邻层的接口保持一致,其内部的变化、修改不影响整体的功能。

④ 构造灵活:OSI是一个参考模型,由于是分层的结构,所以使用者在遵守互联原则的基础上构造自己的具体通信协议时,可以根据实际需要合并某几个层或扩充某些层的功能。

(2) 分层时应遵循的原则

① 根据不同抽象层次的需要进行分层,即当有大量的通信任务相近的性质时,就应当设立一个相应的层次;

② 每一层应当实现一个明确定义的功能;

③ 每一层功能的选择应当有助于制定网络协议的国际标准;

④ 层与层之间的边界应该选择在通过边界的信息量尽量少的地方;

⑤ 层数应足够多但也不能太多。

3. OSI对等通信的实质

在OSI中,对等层之间是不能进行直接通信的。每一层必须依靠相邻层提供的服务来与另一台主机的对应层通信。OSI中对等通信的实质就是:对等层实体之间虚拟通信;下层向上层提供服务;实际通信在最底层完成。OSI-RM中,对等层协议之间交换的信息单元统称为协议数据单元(PDU)。传输层及以下各层的PDU另外还有各自特定的名称:

① 传输层——数据段(Segment);

② 网络层——分组(数据包)(Packet);

③ 数据链路层——数据帧(Frame);

④ 物理层——比特(Bit)。

一台计算机要发送数据到另一台计算机,PDU 首先打包,该过程称为封装。封装就是在数据前面加上特定的协议头部。这就像邮寄一封非常重要的挂号信一样,除了要把信笺封装在信封中,写上收信人地址、姓名外,邮局在邮递的过程中还要层层签收。OSI 参考模型中每一层都要依靠下一层提供的服务,为了提供服务,下层把上层的 PDU 作为本层的数据封装,然后加入本层的头部(和尾部)。头部中含有完成数据传输所需的控制信息。这样,数据自上而下递交的过程实际上就是不断封装的过程。到达目的地后自下而上递交的过程就是不断拆封的过程。由此可知,在物理线路上传输的数据,其外面实际上被包封了多层"信封"。但是,某一层只能识别由对等层封装的"信封",而对于被封装在"信封"内部的数据仅仅是拆封后将其提交给上层,本层不作任何处理。数据封装和拆封过程如图 2-16 所示。

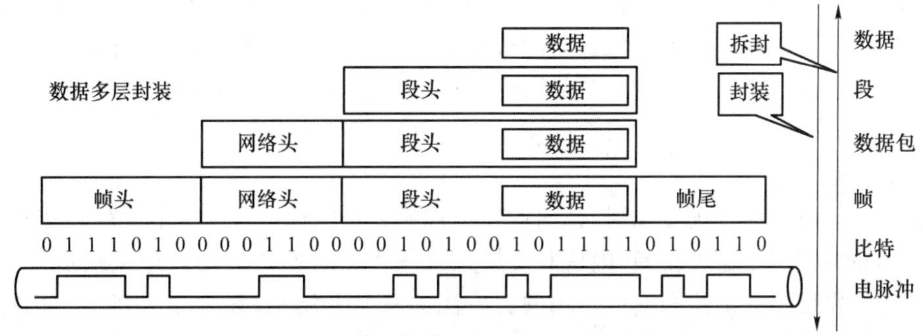

图 2-16 数据封装和拆封过程示意图

4. OSI 的服务类型

OSI 的层提供了面向连接的和无连接的两种不同类型的服务。

(1) 面向连接的服务

面向连接的服务类似于电话系统服务模式,是指在数据传输前,在发送点和接收点之间建立了一条物理(或虚拟的)链路。这条链路在会话期间一直保持。会话结束后,链路被拆除。其特点是浪费带宽,因为即使在传输的空闲期间,链路仍然保持在建立状态;另外形成悬挂网络的可能性高,因为总是存在链路没有被拆除的可能性。但面向连接的服务可靠性高,它可以保证信息可靠地到达目的节点。其整个工作过程分为建立连接、数据传输和释放连接三个阶段。

(2) 无连接的服务

无连接的服务类似于邮政系统服务模式,是指在数据传送之前发送节点和接收节点之间没有预先建立链路。在进行数据传输时,该服务首先将消息分割成分组的形式,然后这些成组的消息通过网络被路由。每个分组的消息都是独立的,它们必须携带目的地址。这种无连接的数据报服务不要求接收端应答,所以它的开销较小,但其可靠性无法保证。

5. OSI 中各层的功能

OSI-RM 的分层概况如表 2-2 所列。

表 2-2 OSI-RM 的分层概况

层 号	层 名	英文名	工作任务	接口要求	操作内容
第七层	应用层	Application Layer	管理、协同	应用操作	信息交换
第六层	表示层	Presentation Layer	编译	数据表达	数据构造
第五层	会话层	Session Layer	同步	对话结构	会话管理

续表 2-2

层　号	层　名	英文名	工作任务	接口要求	操作内容
第四层	传输层	Transport Layer	收发	数据传输	端口确认
第三层	网络层	Network Layer	选线、寻址	路由器选择	选定路径
第二层	数据链路层	Data Link Layer	成帧、纠错	介质访问方案	访问控制
第一层	物理层	Physical Layer	比特流传输	物理接口定义	数据收发

各层所完成的主要任务如下：

(1) 物理层

在物理介质上传输原始的比特流数据。物理层为它的上层在物理媒介上建立、维持、拆除传输数据比特流的物理连接提供所必需的机械、电气、功能和规程特性等。在物理层规定了所使用导线的类型、连接器接口类型和型号，以及传输方案等。如EIA的RS 485就是典型的物理层协议。

(2) 数据链路层

由于外界的噪声和干扰等原因，原始的物理连接在传输比特流时可能发生差错，数据链路层的一个主要功能就是通过校验、确认和反馈重发等手段将原始的物理连接改造成为无差错的数据链路。物理层并不关心它所传输的比特流的意义和结构，在数据链路层将比特流组合成为帧(Frame)，在一个帧中，包含有地址、控制域、数据域和校验码。

(3) 网络层

在网络层的数据协议单元已变为“分组”(Packet)，网络层的任务就是如何把“分组”通过一个或多个通信子网从源端传输到目的端，所以它要按照一定的算法进行路由选择。网络层的主要功能就是路径选择、网络流量控制、网络连接的建立、拆除与管理等。网络层提供面向连接的(虚电路)和无连接的(数据包)两种服务。

(4) 传输层

传输层是第一个端到端的层，即主机到主机的层。有了传输层后，高层用户就可以利用传输层的服务直接进行端到端的数据传输，从而传输层以上的高层不用知道通信子网的存在，不用再操心数据传输的问题了。传输层对经过下三层后仍然存在的传输差错进行纠正，进一步提高可靠性。

(5) 会话层

传输层是主机到主机之间的层次，而会话层是进程到进程之间的层次。它为两个用户之间的特定进程或会话实体之间提供建立、维护与结束会话连接的服务，对会话的数据传送提供控制与管理。例如它可以给大量传送的数据打上标记，如果出现通信失败，则在重发时可以从最近的标记处重发，而不必从头开始。

(6) 表示层

表示层处理的是OSI系统之间用户信息的表示问题。在OSI中，端用户(应用进程)之间传送的信息数据包含语意和语法两个方面。语意方面的问题由应用层负责处理，而语法方面的问题由表示层解决。所以表示层的主要功能就是统一实体间的交换信息的表示方法，把应用进程之间的信息数据，例如字符代码、数据格式、控制信息格式、压缩格式、加密方式等转换称为一种大家都能“读懂”的数据格式。表示层只对信息内容进行形式转换，而不改变其内容。

（7）应用层

应用层是 OSI-RM 的最高层，它负责用户信息的语意表示，直接为用户提供访问 OSI 环境的服务，例如电子邮件、远程文件访问、共享数据库管理等。

2.3.2　网络互联

1. IEEE 802 标准

讲到网络互联，就要先说一说 IEEE 802 标准。在 LAN（局域网）发展的早期，LAN 的发展非常混乱和不稳定，由于缺乏统一的 LAN 标准，所以不同网络之间的互联成为一件非常困难的事情。1980 年 2 月，IEEE 开始制定 LAN 标准，项目号就是 802。IEEE 802 标准使用 OSI 参考模型为框架，涵盖了各类局域网与 OSI 参考模型对应的物理层和数据链路层。为了实现使数据链路层向上提供的服务与媒体、拓扑关系等因素无关的统一特性，和 OSI 参考模型相比，它将数据链路层分成了两个子层，即逻辑链路控制子层（Logical Link Control sublayer，LLC）和媒体访问控制子层（Media Access Control sublayer，MAC）。LLC 子层是数据链路层的上半部分，用来完成成帧、流量控制和差错控制等功能；MAC 子层是数据链路层的下半部分，为访问共享的介质提供了媒体访问管理协议。现场总线协议模型的数据链路层大都采用了 LLC 和 MAC 的概念。IEEE 802 是一个标准系列，该标准系列之间的关系如图 2－17 所示。IEEE 802 标准和 OSI 模型的比较如图 2－18 所示。

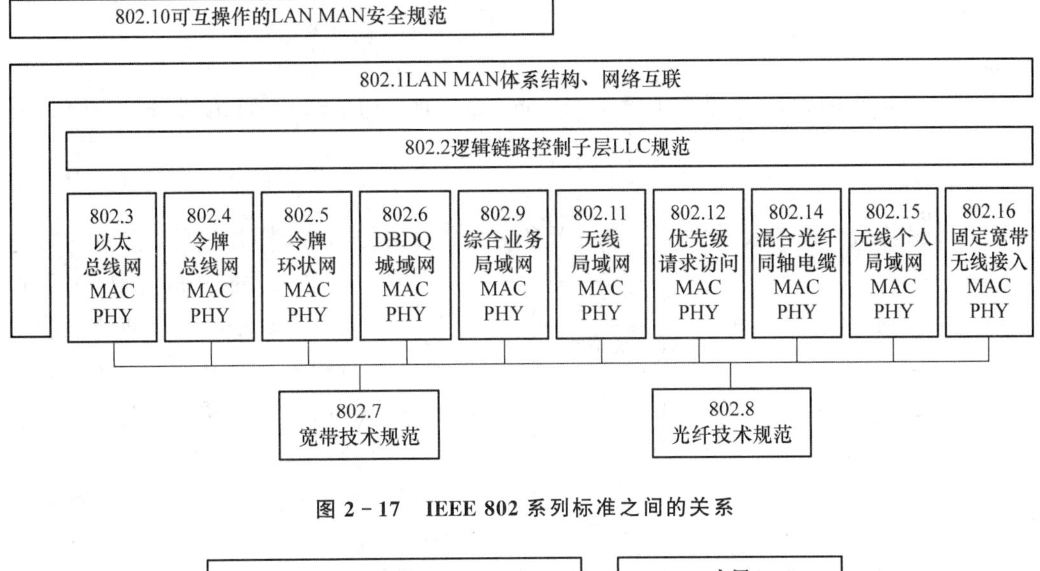

图 2－17　IEEE 802 系列标准之间的关系

IEEE 802标准
上层
802.1网络互联
802.2逻辑链路控制(LLC)
MAC(802.3，802.4，802.5等)
物理层

OSI模型
上层
网络层
数据链路层
物理层

图 2－18　IEEE 802 标准和 OSI 模型的比较

2. 网络互联

(1) 基本概念

使用同一网络协议通过网络媒体互相共享资源的计算机及其他设备的集合称为计算机网络。若干个计算机网络互联起来形成的网络,称为互联网(internetwork)。所以互联网指的就是一个互相连接的网络的集合,该集合完成和单个网络相似的功能。一般使用 internetwork 的简写形式,即 internet 来表示互联起来的网络的集合。当 i 改为大写后,即变为 Internet 时,则它的意义就发生了改变,Internet 指的是当今世界上最大的互联网,即因特网。Internet 代表的是支持同一网络协议 TCP/IP 的网络的集合,也可以把它看作广域互联网,更重要的是因特网已具有了一定的文化含义。

一个网络与其他网络的连接方式与网络的类型密切相关。从网络互联的角度来看,通常把网络分为三种类型:相同(Identical)、相似(Similar)和相异(Dissimilar)。相同的网络具有相同的体系结构和线缆;相似的网络具有不同的体系结构或线缆;相异的网络具有不同的硬件、软件和协议,并且通常支持不同的功能及应用。不同的网络类型决定了网络连接的方式也完全不同。

网络互联一般有三种方法,三种方法分别与 OSI 模型的低三层一一对应。相同的网络可以在物理层(第 1 层)进行互联;相似的网络可以在数据链路层(第 2 层)进行互联;相异的网络可以在网络层(第 3 层)互联。这说明用来连接这些网络的硬件设备也必须工作在相应的层次上。

(2) 网络互联设备

完成网络互联的常用设备有中继器(Repeater)、网桥(Bridge)、路由器(Router)和网关(Gateway)。

1) 中继器

中继器又称为重发器或转发器。它用于连接两个相同的网络,负责在两个节点的物理层上传递信息,完成对信号的复制、调整和放大等功能。通俗地理解中继器的功能就是增加了网络的长度。从理论上讲,中继器的使用个数可以是无限个,即网络的长度可以无限延长,但实际上是不可能的。因为在网络标准中都对信号的延迟范围作了具体的规定,如果延迟太长,协议就不能正常工作,因此网络中使用的中继器的个数是受到限制的。如在 PROFIBUS 中使用的中继器个数一般不允许超过 4 个。中继器的使用原理如图 2-19 所示。

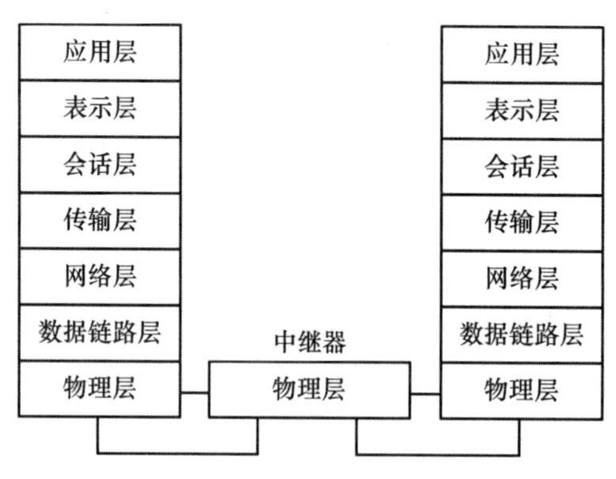

图 2-19 中继器的使用

2) 网桥/交换机

网桥用来完成在数据链路层的网络连接,它支持不同的物理层并且能够互联不同体系的局域网。它要求互联的两个网络在数据链路层以上采用相同或兼容的协议。网桥是一种存储转发设备,它可以将数据帧送到数据链路层进行差错校验,然后再送到物理层,通过物理层传输介质送到另一个子网或网段。网桥具有寻址和路径选择的功能，在接收到帧后，它可以选择正确的路径把帧送到相应的目的地。在 PROFIBUS 中，DP 和 PA 之间使用的耦合器或链接模块就属于网桥的一种。网桥的使用原理如 2－20 所示。

交换机从本质上说是多端口的网桥，或高效能的网桥。它们的主要区别是体系结构不同，网桥是为共享介质的局域网而设计的，而交换机却允许多个端口之间的并发通信。在以太网应用中，交换机已经取代了网桥。

3）路由器

路由器属于网络层的网络互联设备，其主要功能是进行路由选择和分组转发。路由器是在网络层上实现多个网络互联的设备，它可以互联具有不同的物理层和数据链路层的网络。

路由器通过利用网络层的信息对分组信息进行存储转发，以此来实现网络的互联。除此之外，在进行异构网络的互联时，它还完成网络协议转换的功能。路由器最重要的功能是进行路由选择，即为经过路由器的每个数据分组，按某种路由策略选择一条最佳路由，并将该数据分组转发出去。路由器比网桥更复杂，管理功能更强，常用于多个局域网之间、局域网与广域网之间，以及异构网络之间的互联。路由器的使用原理如图 2－21 所示。

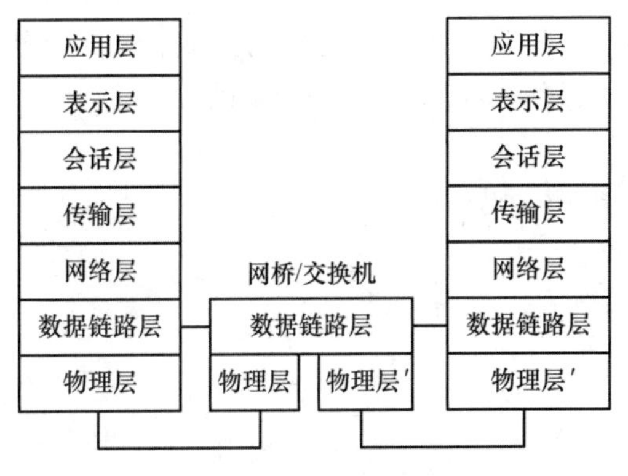

图 2－20　网桥的使用原理

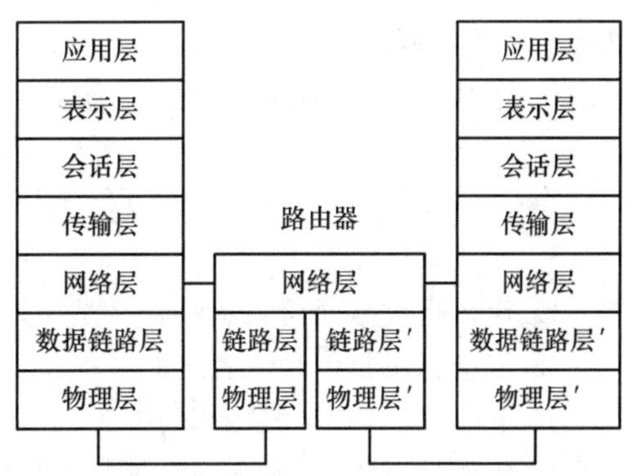

图 2－21　路由器的使用原理

4）网　关

OSI 第 4 层以上的互联已不是由具体的硬件设备来完成，网关是用于 OSI 中第 4 层以及更高层次的中继系统，它实际上是一个协议转换器，或者说网关是在不同协议间进行转换的软件应用。通常网关是安装在路由器内的软件，也可以说网关是专用的路由器，是比路由器更复杂的网络互联设备。在 IP 圈内，网关有时候就是指路由器。网关用于实现不同通信协议的网络之间、以及使用不同网络操作系统的网络之间的互联，网关总是与特定的网络互联相联系的，因此不存在通用的网关。在现场总线的使用中，PROFIBUS 和 AS-i 之间就需要使用网关实现互联。网关的使用原理如图 2－22 所示。

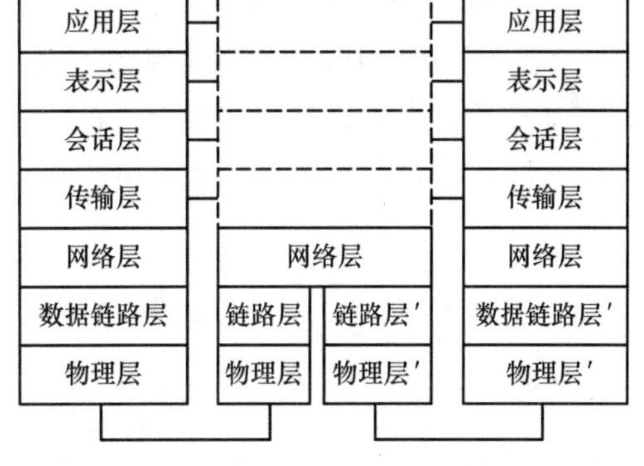

图 2－22　网关的使用原理

本章小结

本章讲解和叙述了工业网络与通信的基础知识,为以后对现场总线技术的学习进行了前期的铺垫工作。这些知识可能在《计算机网络》等课程中有所涉及,但在这里我们摘取的是和工业现场总线技术关系最紧密的有关基础知识。

2.1节介绍了数据通信中的基本概念,如波特率、比特率、模拟数据、数字数据等。我们讲解了在现场总线中常用的NRZ编码、NRZI编码、曼彻思特编码、4B/5B编码等。工业通信网络中最常用的数据传输方式是串行通信,而为了达到同步的目的,可以使用异步传输和同步传输技术,这两种方法在现场总线中都有使用。数据通信过程中,差错控制非常重要,最常用的检错码是CRC码,海明码是常用的纠错码,海明距离常用来表征通信的可靠性。

2.2节主要介绍了工业网络的物理结构和介质访问控制方式。常用的工业物理结构有总线型、星形和树形等。令牌总线方式是PROFIBUS中使用的介质访问控制方式,CSMA/CD是工业以太网的基础。

2.3节介绍了OSI的ISO模型,为学习现场总线通信模型和实时以太网的通信模型打下基础。网络互联概念的引入,使得大家对不同层次和不同类型的工业网络的互联有了一个简单的认识,IEEE 802标准的介绍也为以后对工业以太网的学习打下了一个基础。

思考题与练习题

1. 什么是数据通信系统?什么是工业数据通信?
2. 信息、数据、信号三者之间的关系是什么?
3. 请解释比特率、波特率的概念,以及它们之间的关系。
4. 什么是NRZ编码和曼彻斯特编码?它们各有什么特点?
5. 什么是异步传输和同步传输?
6. 数据在通信线路上传输时,为什么会产生差错?
7. 已知CRC生成多项式为$G(x)=x^4+x+1$,设要传送的码字为101101001,请求出校验码。
8. 令牌总线介质访问方式的实质是什么?
9. OSI-RM中的三个核心概念是什么?请对它们作简要解释。
10. 网络互联是在哪些层次上进行的?它们分别可以完成哪些类型的网络之间的互联?
11. 常用的网络互联设备有哪些?它们的主要作用是什么?

第3章 PROFIBUS 系统及应用

PROFIBUS 能够全面覆盖工厂自动化和过程自动化应用领域，在长期的开发和应用实践过程中，PROFIBUS 以其技术的成熟性、完整性和应用的可靠性等多方面的优秀表现，成为现场总线技术领域国际市场上的领导者。虽然传统现场总线的市场份额呈现逐年下降的趋势，但目前 PROFIBUS 仍是应用最广泛的现场总线。

3.1 PROFIBUS 概述

3.1.1 PROFIBUS 的发展

PROFIBUS 是 PROcess FIeld BUS（过程现场总线）的缩写。在现场总线研究和开发方面，德国和美国走在前面，20 世纪 80 年代后期，现场总线研发的竞争已初见端倪。PROFIBUS 的标准规范作为一个研究课题（1987—1990 年）得到了德国政府的支持和资助，由 12 家组织（公司）和 5 家德国研究所共同开发研究。这 12 家公司是：ABB、AEG、Bosch、Honeywell、Kloeckner-Moeller、Landis-Gyro、Phoenix Contact、Rheinmetall、RMP、Sauter-Cumulus、Schleicher、SIEMENS。

1989 年发布了第一个 PROFIBUS 的草案，作为德国国家标准 DIN19245 的第 1 部分和第 2 部分，它被定义为 PROFIBUS FMS（Fieldbus Message Specification）。1993 年发布了被定义为 PROFIBUS DP（Decentralized Peripherials）的第 3 部分。

随着“现场总线战争”的到来和总线标准竞争的白热化，为了协调各方面立场，争取欧洲的利益，1993 年欧洲电工委员会 CENELEC 成立了一个工作组，来制定和发展欧洲的现场总线标准。这是一个十分艰苦的工作，因为当时欧洲已有很多种类的现场总线。工作组进行了充分的技术论证和市场调研，经过 1995 年和 1996 年的两轮投票，1996 年 12 月发布了欧洲现场总线标准 EN 50170。当时 EN 50170 包括 PROFIBUS（FMS、DP）、P-NET 和 WorldFIP。1998 年 PROFIBUS PA 也纳入了 EN 50170 中。

1999 年 12 月，PROFIBUS DP（包括 DP，但没有 FMS）成为现场总线国际标准 IEC 61158 中的第 3 种现场总线标准。2000 年底，PROFIBUS PA 和 PROFINET 也一起被补充到了 IEC 61158 中。

2001 年，PROFIBUS 被批准为我国首个机械行业标准（JB/T 10308.3—2001），2006 年 10 月，被批准为中华人民共和国国家标准——GB/T 20540—2006，这是我国第一个现场总线国家标准。

PROFIBUS 是世界上应用最成功的现场总线技术，到 2021 年底，PROFIBUS 的安装节点已达到 6 590 万个。虽然 PROFIBUS 逐渐被 PROFINET 取代的趋势已经形成，但其在工业自动化市场的应用还将持续较长一段时间。

3.1.2 PROFIBUS 家族成员

按传统的说法，PROFIBUS 家族成员包括 FMS、DP 和 PA。由于 FMS 使用较复杂，成本较高,后来被 DP 完全取代。在 2000 年以前,PI(PROFIBUS&PROFINET INTERNATIONAL)就不再支持 FMS 的发展,FMS 也没有被列入 IEC 61158 中。

按照 IEC 61784(工业控制系统中与现场总线有关的连续和分散制造业中使用的行规集)中的规定,PROFIBUS 家族被定为 CPF3(Communication Profile Family 3),家族 3 又被细分为 3 种类型,如表 3-1 所列。

表 3-1 PROFIBUS 通信行规家族

行规族 3 IEC 61784	PROFIBUS 类型	IEC 61158 Types		
		物理层	链路层	用户层
CPF 3/1	DP	Type 3: RS485,光纤	Type 3: 异步传输	Type 3: PROFIBUS
CPF 3/2	PA	Type 1: MBP	Type 3: 同步传输	Type 3: PROFIBUS
CPF 3/3	PROFINET	ISO/IEC 8802-3 Ethernet	ISO/IEC 8802-3 TCP/UDP/IP	Type 10: PROFINET

1. PROFIBUSFMS

现场总线报文规范(Fieldbus Message Specification,FMS)是最初的 PROFIBUS 系统,主要用于车间级智能主站通用的、对等的(Peer to Peer)、面向对象的通信。主要应用领域是大数据量的数据传输,或把若干个分散过程集成到一个公共过程中。

2. PROFIBUS DP

DP(Decentralized Periphery)用于制造业领域(开关量为主)电气自动化和设备自动化中快速的数据交换,它具有设置简单、价格低廉、功能强大等特点。DP 的基本版本是 DP-V0,扩展版本是 DP-V1 和 DP-V2。DP-V0 用于一类主站和从站之间的循环数据交换;DP-V1 用于 PA 以及二类主站和从站或一类主站之间的通信;DP-V2 是为高速及高精度的运动控制设计的,用于等时同步及从站之间的通信。

3. PROFIBUS PA

PA(Process Automation)主要是为过程控制的特殊要求而设计的。它的数据传输和电源共用同一根电缆,可以用于对本质安全有要求或一般过程控制的场合。

过程控制是工业自动控制的主要分支之一,在石油化工、制药、污水处理等行业里,过程控制占主导地位。过程控制的主要特点是模拟量控制为主,各种设定参数、报警参数较多,系统对安全性要求较高。

为适应市场需要,PI 在公布 DP 后不久,又推出了在过程控制领域使用的 PA。PA 是 DP 的延伸和扩展,使用的通信协议是 DP-V1。从 PA 的通信模型、通信协议和行规里都体现出了适合于过程控制要求的特点。

4. PROFINET

PROFINET 和 PROFIBUS 是两种完全不同的技术,在 IEC 61158 中,它被列为第 10 种现场总线标准。它属于实时工业以太网技术范畴,之所以把它列为 PROFIBUS 家族成员,只是因为 PROFINET 和 PROFIBUS 都是 PI 主导开发的现场总线技术。

3.2　PROFIBUS 基础

3.2.1　设备类型

DP 网络中的设备有 4 大类：

① 1 类主站(Class1 Master)：它是 DP 网络中的主角，负责和从站交换数据，并控制整个网络的运行。它可以是具备 DP 通信接口的 PLC、插入 DP 板卡的 IPC 等。

② 2 类主站(Class2 Master)：它负责对 DP 系统进行组态，对网络进行诊断等，它一般是装有通信卡和工程软件的计算机。

③ 从站(Slaves)：现场的自动化设备，负责执行主站的输出命令，并向主站提供从现场传感器采集到的输入信号。它们可以是远程 I/O、小型 PLC、驱动器、阀、智能检测仪表等设备。

④ 网络连接器件：中继器、耦合器、链接器、电缆。

3.2.2　网络结构与规模

1. 网络结构

PROFIBUS 可以构成单主站或多主站系统，系统配置包括网络结构配置和站点地址设置等。

一个 PROFIBUS 网络中最多只能有 126 个设备(包括主站、从站和其他网络设备)，如果距离过长或某一处的从站设备过多，就需要把 DP 网络分成若干个网段(Segment)。在同一个网络段中，最多只能有 32 个设备。如果一个网络中的设备数量多于 32 个或由于受距离以及设备性质的限制，那就必须划分出多个网段。网段之间的连接可以使用中继器或段耦合器，他们的作用是增加网络的长度，提供段与段之间的信号隔离和缓冲。段耦合器主要用于 DP 段和 PA 段之间的信号转换。

一般来说，任何两个站点之间最多允许使用 4 个中继器来达到最大的网络长度，由于中继器中包含有 RS-485 驱动器，它们虽然不需要设置地址，但需要占据设备数量资源，所以在安排网段中的从站数量时要考虑到该因素。一般来说，应该预留 10%的地址资源给中继器或诊断工具使用。

典型的单主站系统如图 3-1 所示，在单主站系统里，只有一个 1 类主站，2 类主站可选。多主站系统如图 3-2 所示，在多主站系统中，可以有两个以上的 1 类主站，2 类主站可选。

1类主站　2类主站　从站　从站　从站

图 3-1　PROFIBUS DP 单主站系统结构图

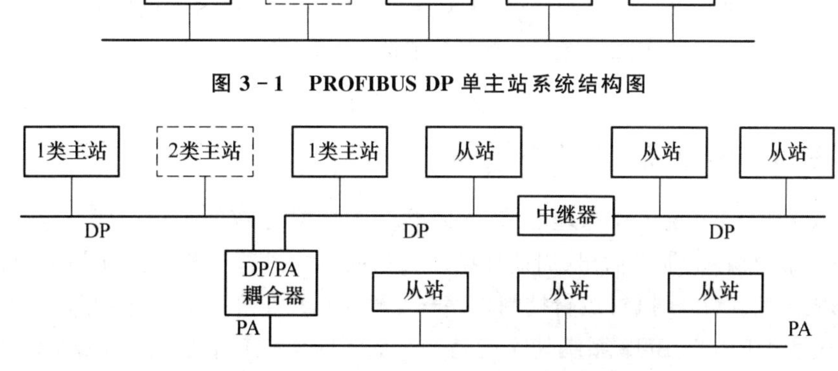

图 3-2　PROFIBUS DP 多主站系统结构图

2. 网络规模

PROFIBUS DP 的传输速率从 9.6 kbit/s 到 12 Mbit/s,整个网络的长度以及每个网段的长度和信号传输的波特率有关,不同的波特率下,PROFIBUS 系统的规模也不同。表 3-2 所列为在不同的波特率下所允许的网络及网段的长度。

表 3-2 不同的波特率对应的网络及网段的长度

信号传输速率	最大网段长度/m	网络最大延伸长度/m
9.6 kbit/s	1 200	6 000
19.2 kbit/s	1 200	6 000
45.45 kbit/s	1 200	6 000
93.75 kbit/s	1 200	6 000
187.5 kbit/s	1 000	5 000
500 kbit/s	400	2 000
1.5 Mbit/s	200	1 000
3 Mbit/s	100	500
6 Mbit/s	100	500
12 Mbit/s	100	500

3.2.3 设备地址

PROFIBUS 支持的设备地址范围是 0～127,这其中有几个特殊地址是保留作为它用的。一般情况下地址可以随便使用,但在实际应用中还是遵守一定的规则较好。

① 地址 127 保留,用于全局控制或广播信息。

② 地址 126 保留,用于特殊用途。在 PROFIBUS 应用的早期,某些从站设备的面板上没有配置网络地址拨码开关,出厂时,制造商把它们的地址先设定为 126,用户使用前须使用2 类主站把该从站的地址从 126 设置为想要的地址,然后该从站才能在网络中正常使用。

③ 地址 0 一般保留,作为 2 类主站地址。

④ 1 类主站地址一般应该从地址 1 开始编号,然后连续编址。即使主站数量很少,也要适当保留几个地址号(保留个位号码到地址 9 最好)。

⑤ 从站地址一般按段的不同,从一个整数号码开始编址。如段 1 的从站地址为 10、11、12……,段 2 的从站地址为 20、21、22……以此类推。这样做主要是为了使用方便。

如此算来,对于一个单主站系统(一个 1 类主站)来说,除去 3 个保留地址外,系统中从站、中继器等设备的数目最多就只有 124 个,即 128－3－1＝124。

3.2.4 PROFIBUS 系统工作原理

讲解 PROFIBUS 系统工作原理之前,先回顾一下 PLC 系统的工作原理。

PLC 是按集中输入、集中输出、周期性循环扫描的方式进行工作的。在每个扫描周期中,PLC 主要完成读输入(I)→执行逻辑控制程序→写输出(O)等阶段的工作,并且一直周而复始地循环这些过程。PROFIBUS 系统其实就是一个大 PLC,其工作原理和 PLC 基本相同。只不过在这个大 PLC 系统中,一般情况下,CPU 在其主站上,输入点(I)/输出点(O)分散在各从站上；网络技术把主站和从站连接到一起构成了这个大 PLC 系统，而通信技术则完成了主站与从站之间 I/O 数据的读写工作。

PROFIBUS 系统中主站和主站之间、主站和它控制的从站之间是如何实现数据交换的呢？这就须了解 PROFIBUS 系统的工作原理，也是 PROFIBUS 的介质访问控制方式。

①各主站之间采用令牌(Token)交换的规则，按序交换令牌。令牌相当于一种权力，谁握有令牌，谁就有总线使用权，没有令牌的一方只能等待。令牌只有一个，所以同一时间内只能有一个主站拥有令牌，这就避免了多方发布命令而造成的混乱。在拥有令牌的时间内，该主站必须完成其应该完成的任务。

② 主站(这里指 1 类主站)一旦握有令牌，则和它控制的从站按照轮询的方式进行循环数据交换。主站把最新计算出的该从站输出数据给从站，从站把它最新采集的输入数据给主站。所有从站具有同样的优先权，主站按照从站地址号从小到大的顺序，直到和它控制的全部从站轮询完毕，然后把令牌传给地址号离它最近的下一个主站。

③ 从站只能接受主站的请求而产生响应，而不能向主站提出请求。

④ 每个主站都有自己控制的从站，而不能控制其他主站的从站，即只能有一个主站对相应的从站进行写入数据操作。

⑤ 2 类主站可以对任何从站进行读取操作，这种操作是非循环的。

PROFIBUS 介质访问控制方式(总线存取过程)如图 3-3 所示。

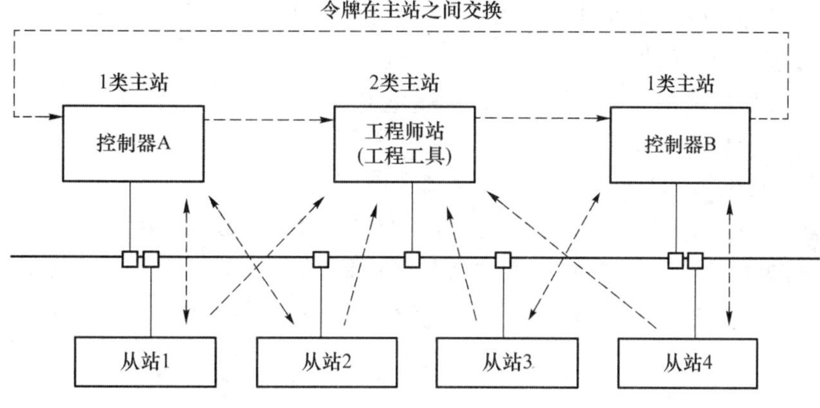

图 3-3　PROFIBUS 介质访问控制方式

3.3　PROFIBUS DP 安装技术

2004 年 6 月 23 日，在英国举行的 PROFIBUS 国际会议上，荷兰 PROFIBUS 资格中心(PROFIBUS Competency Centre，PCC)的一位专家指出 PROFIBUS 系统中最常出现的问题是：

① 终端(Terminations)电阻设置错误；

② 电源线布置(Power Lines)不当；

③ 电缆走线不当(Cable Rules)；

④ 使用错误的电缆(Wrong Cables)；

⑤ 使用未经认证的或损坏的 PROFIBUS 设备(Damaged or No Certified Devices)。

他的总结得到了大家的普遍认可。这几条基本上都和安装有关,说明在FCS中,对最终用户来说系统安装是非常重要的环节。

3.3.1　DP网络接线

1. 电　缆

PROFIBUS DP标准A型电缆数据如表3-3所列。

表3-3　PROFIBUS DP标准A型电缆数据

参　数	数　值
特征阻抗	在频率为3～20 MHz时为135～165 Ω
电容	<30 pF/m
电阻	≤110 Ω/km
线径	>0.64 mm
导体面积	>0.34 mm^2
电缆直径	加上外壳后为(8.0±0.5)mm

有几种形式的A型电缆可供选用:

① 标准的PROFIBUS硬芯电缆;

② 用于食品和化学工业的具有特殊外壳的电缆;

③ 可直接埋入地下的带有附加保护外壳的电缆;

④ 用于移动机械的多芯和柔性外壳的拖曳电缆;

⑤ 带有附加接口的花结式拖曳电缆。

使用不合格的电缆是造成通信故障的主要原因之一。

用于PROFIBUS DP网络的双绞线有"红""绿"2根信号线,其中"红"线为"+"信号线(B线),而"绿"线为"-"信号线(A线)。"红"线和"绿"线绝对不能接反,信号线接反是最常见的接线错误之一。另外,屏蔽层必须在两端可靠接地,屏蔽层没有可靠接地也是最常见的接线错误之一。

2. 中继器

中继器主要完成相同网络中物理层之间的连接,其主要作用有:

扩展网络(见图3-4(a)):当从站数多于32个时,或者在相应的传输波特率下网络距离过长时,就需要使用中继器把网络分成不同的网段。

改变网络拓扑(见图3-4(b)):DP网络一般为线形结构,使用中继器可以使网络分叉,使连接结构多样化,适应个别特殊的网络拓扑需要。虽然这样整个网络已不是线形结构,但每个网段还是线形结构。注意:从中继器同一端进出属于一个网段。

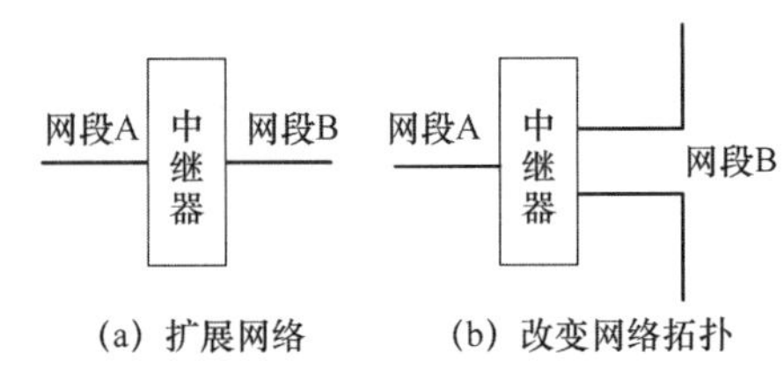

(a) 扩展网络　　(b) 改变网络拓扑

图3-4　中继器的作用

此外,中继器还有信号隔离的作用。

一般来说,任何主站和从站之间最多可以有9个中继器,但建议最好不要超过4个,即网段数最多5个。

3. 信号反射及终端电阻的作用

当信号在电缆上传输时，任何附加的电阻、电容，以及线路终端等都会引起信号反射，就像回声一样，反射会在线路上引起许多信号的叠加，造成严重的信号干扰，特别是在高速率传输时，这种情况更甚。

产生反射信号主要是由于信号传输过程的特征阻抗不连续。在高频范围内的信号传输过程中，信号线和参考电源或地平面间由于电场的建立，会产生一个瞬间电流 I，如果信号的输出电平为 V，则在信号传输过程中，传输线就会等效成为一个大小为 V/I 的电阻，这个等效的电阻就是传输线的特性阻抗。信号在传输的过程中，如果传输路径上的特性阻抗发生变化，信号就会在阻抗不连续的结点产生反射。

减少或消除反射的方法是在电路的终端加上一个适当的终端电阻网络，这个电阻网络可以显著地减弱信号反射，当终端电阻等于电缆的特征阻抗，即阻抗匹配时，能最大限度地吸收发射信号(理论上可以消除)。

对 PROFIBUS DP A 型电缆，特征电阻值选择为 220 Ω，该电阻包含在一个终端电阻小网络中。终端电阻网络可以设置在连接器等相关设备中，也可以是专门的活动终端电阻器，PROFIBUS DP 终端电阻器的原理如图 3-5 所示。

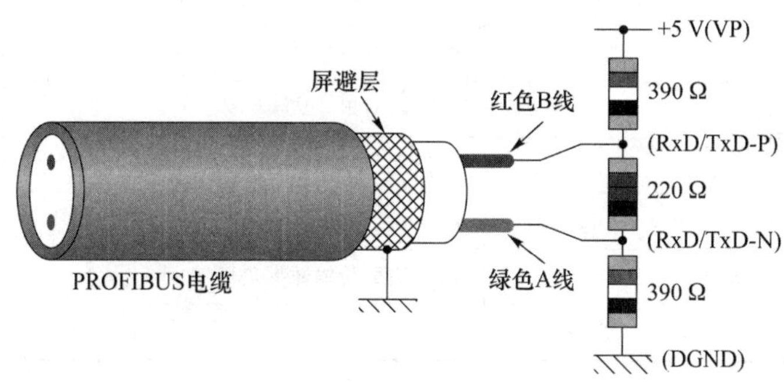

图 3-5　终端电阻器的原理

总线上所有接入设备在静止状态(非通信状态)时均处于高阻状态(三态门)，此高阻状态可使总线电缆处于不确定的电平状态，并且容易损坏电流驱动器件。为避免这种情况，在 DP 终端电阻器中设置了 2 个 390 Ω 的偏置电阻。使用终端电阻器时必须给它加上 5 V 电源，偏置电阻分别把 A、B 数据线的静态电平上拉、下拉到 VP(0 脚，5 V)和 DGND(5 脚)上，使总线电缆的稳态(静止)电平保持在一个稳定数值。

在每个 PROFIBUS DP 网段的两端必须有终端电阻，但在其他地方绝对不能设置终端电阻。使用设备上的终端电阻时必须注意要保证该设备的电源正常供应，不能停电，以免终端电阻失效，破坏整个网络的信号。另外要注意的是，有些终端设备(比如中继器或从站等)上面有终端电阻，这种情况下要避免同时把设备上的终端电阻和连接器上的终端电阻都接入。

总之，不接终端电阻不行，重复接入也不行，接错地方更不行。终端电阻的使用错误也是最常出现的网络连接错误。

4. 信号排列及定义

图 3-6 所示为 PI 定义的 DP 网络连接常用的 9 针 D 形和 M12 连接器接口。D 形接口用于较干净的干燥环境，而 M12 接口用于环境较差、保护等级要求较高(IP65 或更高)的场合。

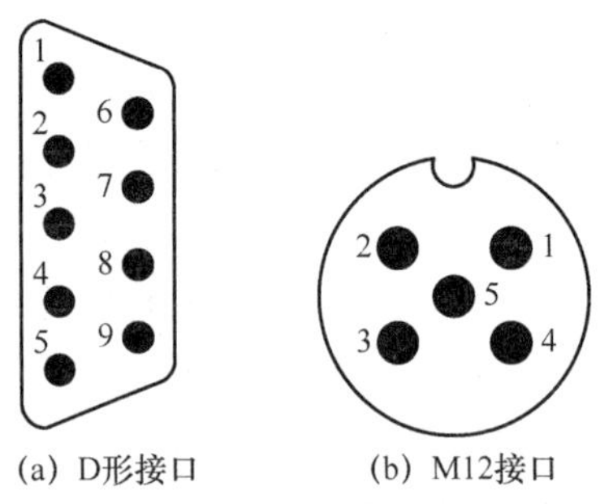

(a) D形接口　　(b) M12接口

图 3-6　PROFIBUS DP 网络连接器接口

表 3-4 和表 3-5 所列分别是 D 形接口及 M12 连接器的信号排列及含义。

表 3-4　D 形接口的信号排列及含义

插针号	信　号	功　能
1	Shield	屏蔽/保护地
2	M24	24 V 输出电压地
3	RxD/TxD-P	接收数据/传输数据正极（B 线）
4	CNTR-P	中继器方向控制信号
5	DGND	数据地(对地 5 V)
6	VP	终端电阻 P 的供电电压(+5 V)
7	P24	+24 V 输出电压
8	RxD/TxD-N	接收数据/传输数据负极(A 线)
9	CNTR-N	中继器方向控制信号

表 3-5　M12 连接器的信号排列及含义

插针号	信　号	功　能
1	VP	终端电阻 P 的供电电压(+5 V)
2	RxD/TxD-N	接收数据/传输数据负极（A 线）
3	DGND	数据地(对地 5 V)
4	RxD/TxD-P	接收数据/传输数据正极(B 线)
5	Shield	屏蔽/保护地
螺纹部分	Shield	屏蔽/保护地

5. 连接器及其使用

(1) D 形连接器

如图 3-7 所示，D 形连接器是 DP 最常用的网络器件，它有以下特点：

① 连接器中集成有终端电阻，可以方便地接入或去除；

② 可以快速方便地连接数据线和屏蔽线；

③ 提供独立的输入和输出电缆接口；

④ 当传输速率超过 1.5 Mbit/s 时，自动使特殊电感装置有效；

⑤ 当接入终端电阻时，输出电缆端自动隔离；

⑥ 有些 D 形连接器有附加的背插式(Piggyback)双面插座，提供方便的诊断和编程工具连接接口。

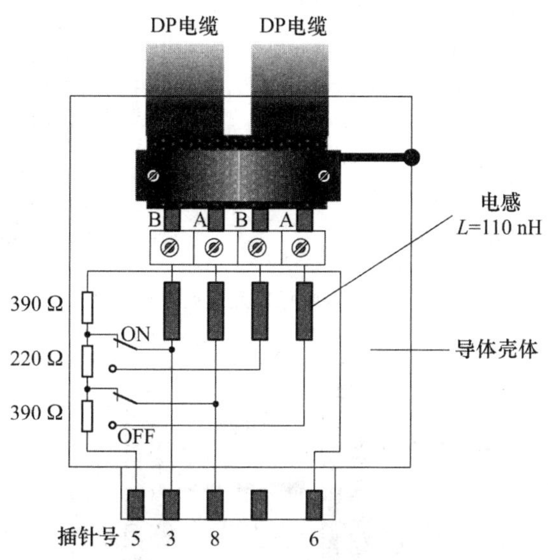

图 3－7　D 形连接器原理

在连接 PROFIBUS 网络时，必须使用专门的连接器，这样做一方面是保证可靠快速的连接和可靠接地，另一方面是为了使网络连接成菊花形(单一线形)。更重要的是，使用专用的连接器可以保证电缆屏蔽层与地之间的可靠连接，使得干扰电流通过连接的地线快速分流掉。

菊花形连接在去掉一个站点设备时可以不破坏任何网络连接，菊花形线形网络是推荐的最常用的 DP 网络结构，如图 3－8 所示。

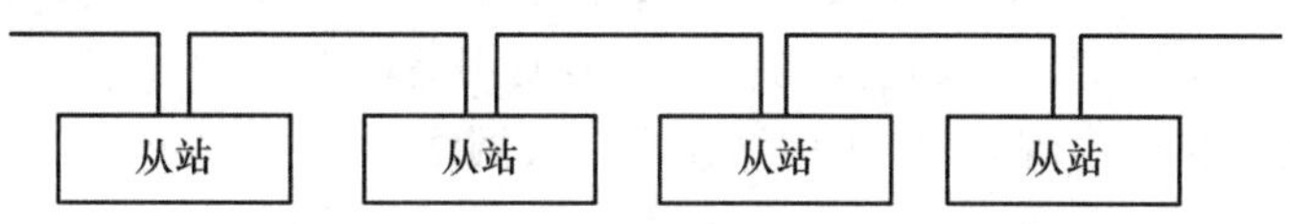

图 3－8　菊花形线形网络连接

因为 PROFIBUS 网络两端的连接器都必须接入终端电阻，而接入终端电阻后，出口(Outgoing)端后面的网段就被隔离了，所以整个 PROFIBUS 网络的每个末端的连接器都必须使用入口(Incoming)端。D 形连接器是最常用的产品，它的内部原理及使用方法如图 3－9 所示。

(2) M12 连接器

和 D 形连接器相比，因为用户不便接线，所以 M12 连接器使用较少，一般都随设备附带，由设备制造商预先做好供用户使用。M12 连接器可以提供“入口”“出口”分立的连接方式，也可提供 T 形头连接方式。前者在移去从站设备时非常不便，后者可以解决这个问题，但会产生一点儿短的分叉线路接头(Stub Line)。M12 连接器及其使用方法如图 3－10 所示。

6. 分支线路

从主干电缆上引出来的小分支(分叉)电路称为接头线路，或分支线路(Stub Line、Spur

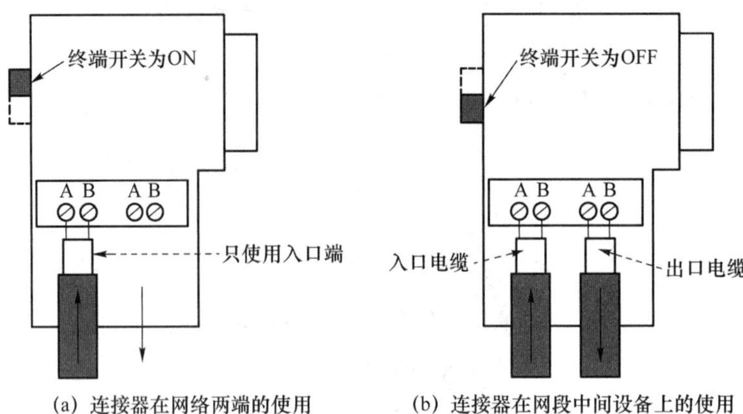

(a) 连接器在网络两端的使用　　(b) 连接器在网段中间设备上的使用

图 3-9　连接器原理及正确使用方法

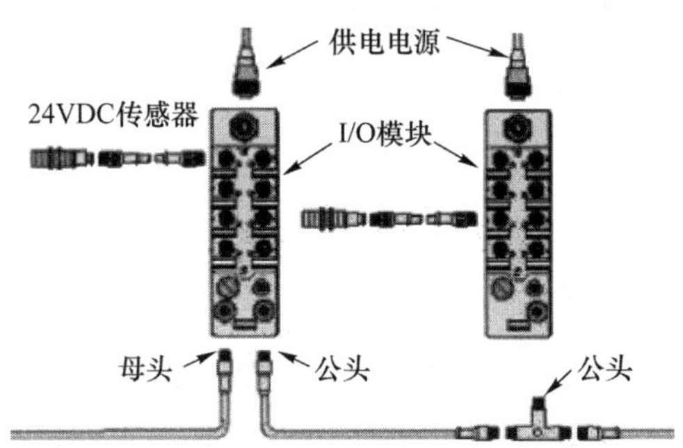

图 3-10　M12 连接器及其使用方法

Line 或 Drop Line)。在 PROFIBUS DP 的网络接线中,对接头线路的长度有着严格的限制。当传输速率超过 1.5 Mbit/s 时,任何接头线路都不允许存在;当传输速率等于或低于 1.5 Mbit/s时,每个网段中(使用 PROFIBUS A 型标准电缆情况下)所允许的接头电路总长度见表 3-6。必须注意,在接头分支电路的端头不能使用终端电阻。

为了避免接头电路的出现,可使用中继器来扩展网络。

表 3-6　最大允许的接头电路总长度

比特率	总接头电缆长度/m
>1.5 Mbit/s	无
1.5 Mbit/s	6.7
500 kbit/s	20
187.5 kbit/s	33
93.75 kbit/s	100
19.2 kbit/s	500

7. 高传输速率的特殊要求

当传输速率超过 1.5 Mbit/s 时,对网络和网络连接设备的一些特殊要求是:

① 使用特殊的连接器,该连接器中集成有电感器;

② 不允许有任何接头分支电路;

③ 网段最大长度不能超过 100 m；

④ 虽然没有硬性规定，但建议每两个站点之间的长度最好不要小于 1 m，因为距离太近会引起信号反射，这也称为“1 米线原则”。

3.3.2 DP 网络布局及终端电阻使用举例

下面给出几个例子来说明 PROFIBUS 网络布局和终端电阻的使用方法。

单主站系统时推荐的网络布局及终端电阻使用如图 3-11 所示。这种情况下，一定要注意避免终端电阻的重复接入，即同时把某些设备中的终端电阻和连接器上的终端电阻打到“ON”的位置。另外，单主站系统时，最好把主站放在网络的最开始的一端，因为主站是不能随便移走的，所以该端终端电阻的电源是可以保证的。图 3-11 中使用了中继器来扩展网段，所以中继器的电源必须保证，以避免终端电阻丢失，造成系统信号干扰。

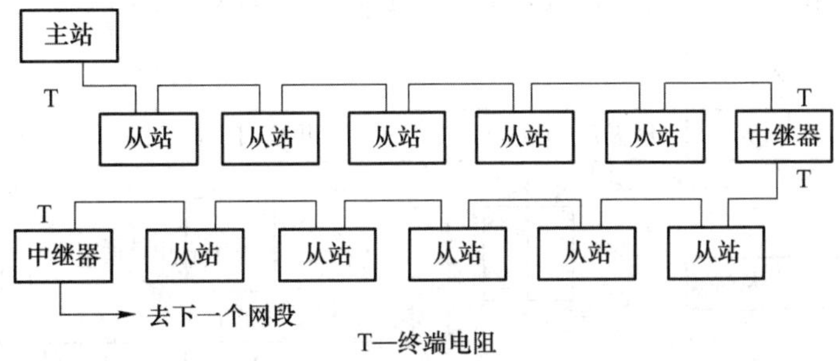

图 3-11 单主站网络及终端电阻的使用

如图 3-12 所示，不使用中继器的单主站系统中，最后的那个设备必须时刻保持通电状态且不能移走，其他从站设备可以随便去除。

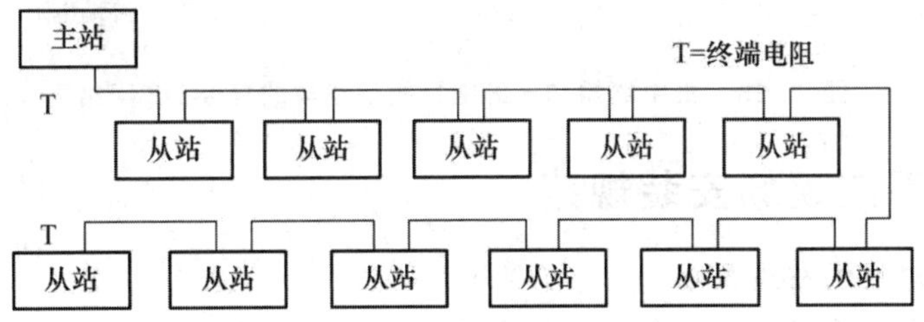

图 3-12 不使用中继器的单主站系统

如图 3-13 所示，如果主站在网段的中间位置，则网段两端的从站设备必须接入终端电阻，且要一直保证通电状态，不能移走。注意中继器的同一端的“进”“出”属于同一网段。

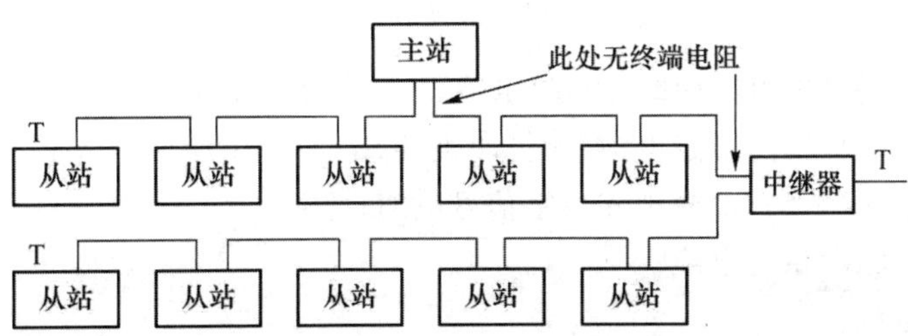

图 3-13 主站在网段中间位置的情况

如图 3－14 所示,如果要想随意移动或关停网段末端的从站设备,则可以选择使用活动终端电阻器,但要注意避免重复接入终端电阻。

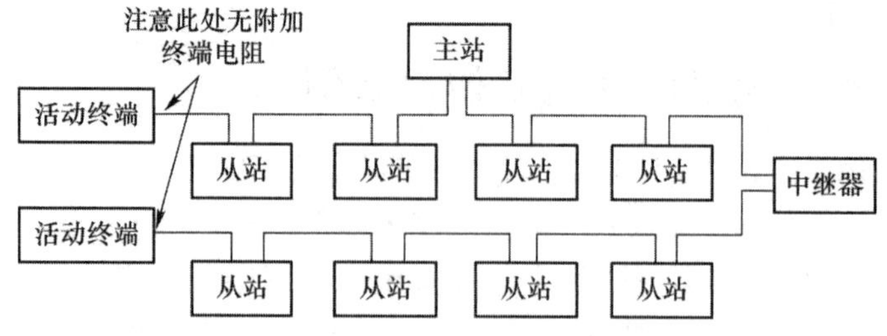

图 3－14　活动终端电阻器的使用

图 3－15 所示是一个比较复杂的 PROFIBUS 网络结构。使用中继器或光纤链接模块可以使网络的连接结构多样化,注意在每个网段的两端要接入终端电阻。

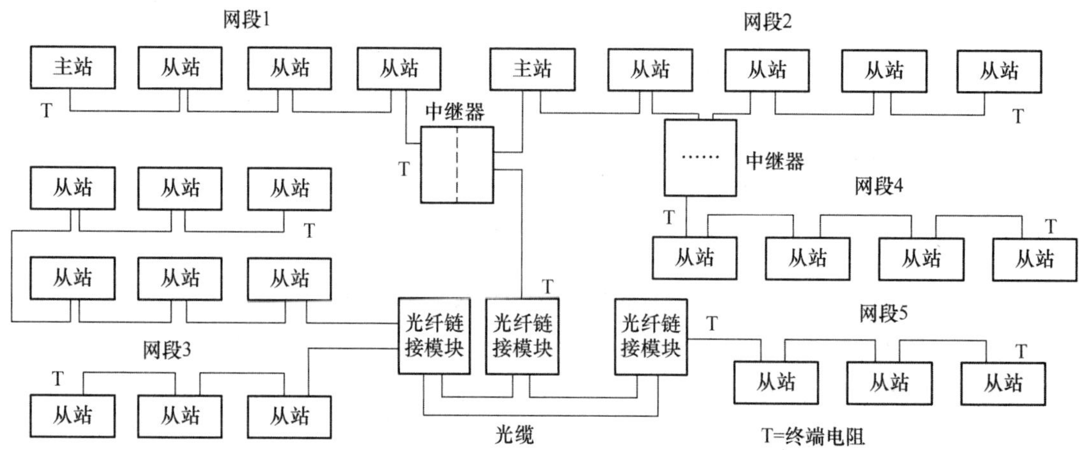

图 3－15　由中继器和光纤链接模块组成的复杂 DP 网络

3.3.3　总线系统现场安装规范

1. 不同类别电缆的布线原则

一般来说,要使用色彩鲜亮的电缆以区分于其他电缆。要防止 PROFIBUS 电缆被挤压和过分弯曲,最重要的是要分清各种电缆的类别。按类别来决定 PROFIBUS 电缆能否和其他电缆放置在一起或至少保持多大距离,以减少引入干扰的机会。

电缆分为四类:

第一类:

① 现场总线和局域网电缆(如 PROFIBUS、AS-i、Ethernet 等);

② 用于数字数据传输的屏蔽电缆(如打印机、RS232 等);

③ 屏蔽的低电压(≤25 V)模拟和数字信号电缆;

④ 低电压(≤60 V)供电电缆;

⑤ 同轴信号电缆。

第二类:

① 直流电源(>60 V,≤400 V)供电电缆;

② 交流电源(>25 V,≤400 V)供电电缆。

第三类：

① 交直流电源(>400 V)供电电缆；

② 电话线电缆。

第四类：

具有雷击危险的前三类电缆(例如连接在不同建筑物之间的电缆)。

同一类型的电缆可以放在一起,同方向地安置在同一个电缆槽中。不同种类的电缆相互之间必须保持一定的距离,并且当它们相互交叉时必须正交交叉,不能有任何平行(即便是很短的距离)排列。不同类别电缆相互之间必须保持的最小距离如图 3-16 所示。

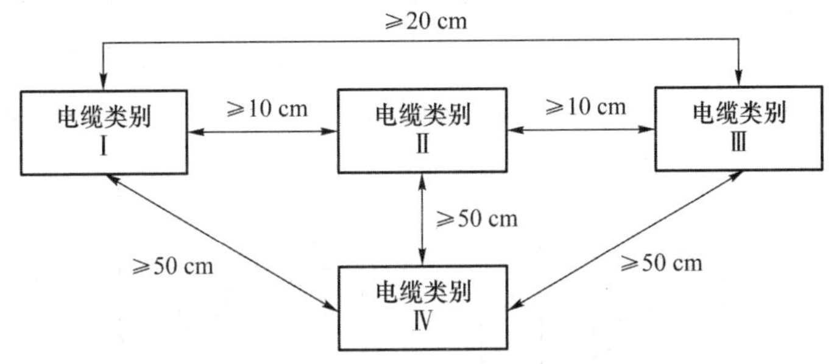

图 3-16　不同类别电缆相互之间必须保持的最小距离

2. 屏蔽层接地

DP 电缆的屏蔽层应该在其两端可靠地接地,以形成一个对地的大面积连接。在铺设总线电缆时,要确保电缆的网状或箔状护套使用接地板夹和地相连。

3. 电缆槽或电缆通道的使用

可以使用相互隔离的电缆槽把不同种类的电缆排列在一起,必须做到相互之间完全用金属槽隔离,金属槽的结合部要使用低电阻和低电感的导体可靠地连接起来(最好焊接,但要防止被腐蚀)后接地,金属槽应和建筑物等电势。不同类别电缆使用的电缆槽如图 3-17 所示。

4. 电气柜的电缆进线

当电缆进入电气柜时,其屏蔽层需要可靠接地,如图 3-18 所示,最好使用夹子等牢固地和大地连接。接地点应尽可能靠近入口处,记住不能在接地时造成电缆入线和内部的电缆间平行排列。当有多类电缆进柜时,可使用金属隔槽把它们分开。

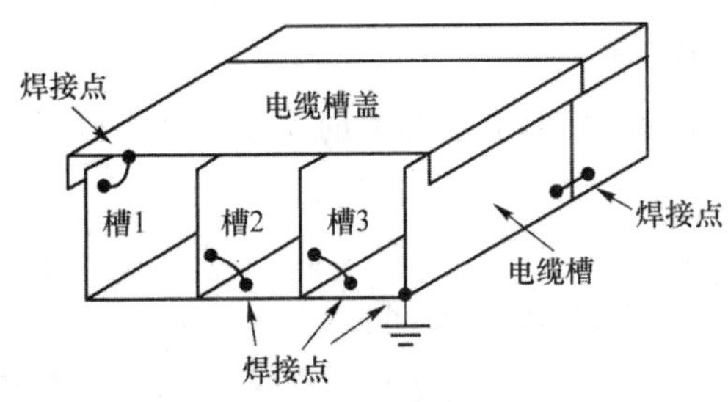

图 3-17　不同类别电缆使用的电缆槽

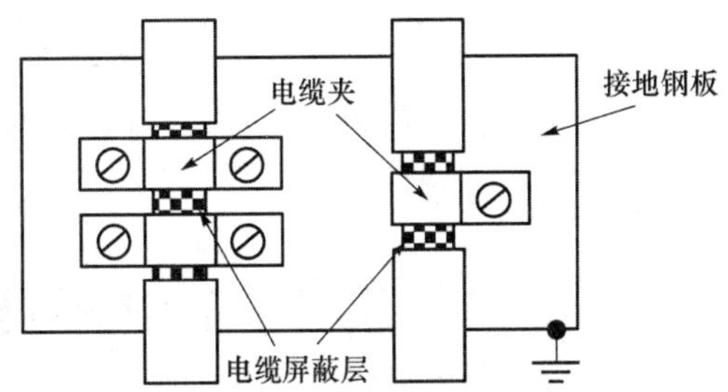

图 3-18　在进入电气柜时的电缆接地示意图

如果电气柜中有一些从站设备,则当波特率>1.5 Mbit/s 时,这些设备之间的电缆长度最短应为 1 m,可把它们绕成环状确保 1 米线原则。

在电气柜中,如果不能保证不同类别电缆的最小间隔距离,则一定要把不同的电缆分别放到各自的管道中。

5. 等电势连接

在有高频干扰的地方,电缆屏蔽层的两端必须可靠接地,但在某些电气环境恶劣的场合,存在着比较明显的电势差,从而使屏蔽层中流过电流。在以下情况和场合,容易造成较大的电势差:

① 网络电缆覆盖了比较大的范围或延伸了很远的距离;

② 覆盖数个建筑物的网络;

③ 不同的设备由不同的电源供电;

④ 大电流设备出现的场合。

一种解决办法就是在产生电势差的设备之间安装一根等电势电缆,如图3-19所示。该电缆的截面积必须足够克服该电势差,最好采用多芯电缆。该电缆应尽量安装在靠近PROFIBUS电缆处,以减少安装空间。切记:DP电缆的屏蔽层不能用于等电势电缆。

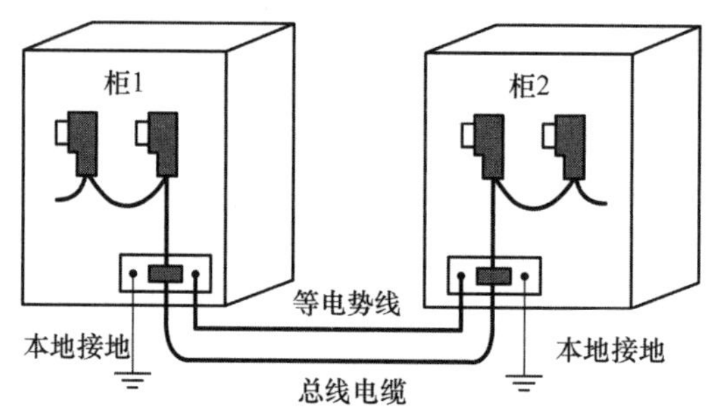

图3-19 等电势电缆的安装

另外一种方法可以代替等电势电缆,如图3-20所示,在DP电缆一端的屏蔽层安装一个接地电容。该方法可有效减少高频信号干扰,但对通过屏蔽层的直流电流干扰信号无效。

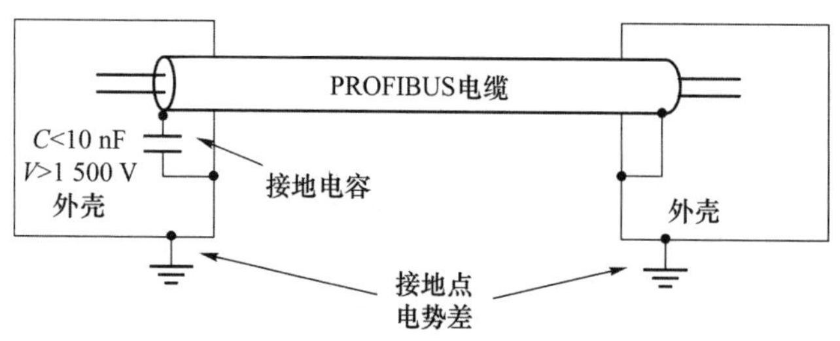

图3-20 接地电容的安装

在电磁干扰最严重的场合,最可靠的办法还是使用光缆,但由于光缆的拉伸强度有限,所以在使用时要注意保护。

3.4 PROFIBUS PA 安装技术

3.4.1 PA 网段结构

在PROFIBUS系统网络中,PA设备必须由DP段的主站控制,所以PA网段必须接入DP网段一起组成PROFIBUS网络。DP和PA的物理层不同,DP网段采用异步传输和NRZ

编码，波特率可变，PA 网段采用同步传输和曼彻斯特编码，波特率固定为 31.25 kbit/s，所以他们之间必须通过一个转换设备才能连接到一起，这个转换设备就是耦合器或链接模块。

PA 段设备的拓扑形式可以是线形、树形，或是它们的混合形式。线形连接时，各个从站设备直接挂接在 PA 总线上；树形连接时，数个从站设备可以从一个分配器上接线，该分配器连接在 PA 总线上。每一个 PA 段的从站设备数量最多为 32 个，但受消耗电流（总线供电）总量的限制和使用场合的影响，一般要大大少于这个数目。

PA 网段的总长度可达 1 900 m，但使用不同的电缆或在不同的场合使用时，这个距离都会大大缩短，例如在危险区域使用时网段总长度限制为 1 000 m。PA 网段中的从站可以随意移走，但要注意不要使露出的电缆短路，以免该网段上的其他设备失去电源。图 3 - 21 为一个典型的 PROFIBUS 系统，其中 PA 网段拓扑为线形连接。

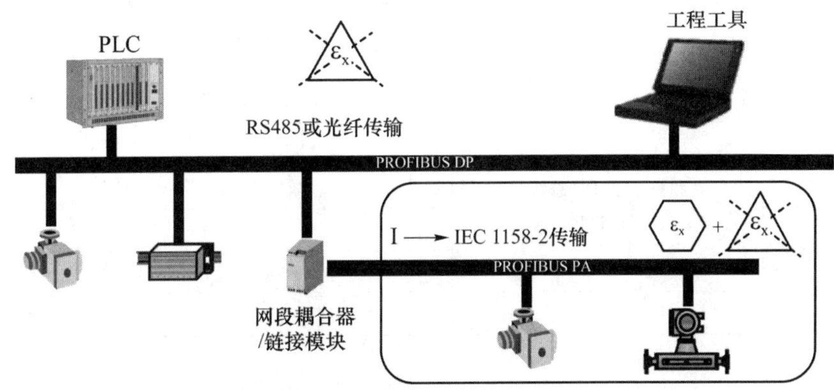

图 3 - 21　典型的 PROFIBUS 系统

3.4.2　PA 网段接线及布局

1. PA 电缆

符合 IEC 61158-2 的电缆有 4 种可以使用，如表 3 - 7 所列。其中 A 型电缆不同于 DP 中的 A 型电缆，它是最常用的电缆。不同的电缆所允许的网段长度不同，在危险场合使用时，该长度要根据计算确定，但肯定会小很多。

表 3 - 7　IEC 61158-2 的电缆种类

类　型	电缆芯	屏　蔽	导体截面积/mm²	最大电阻/(Ω · km⁻¹)	最大电缆总长度/m
A	单股	是(90%)	0.8	44	1 900
B	多股	全屏蔽	0.32	112	1 200
C	多股	非屏蔽	0.13	264	400
D	多股	非屏蔽	1.25	40	200

2. 耦合器和链接模块

耦合器和链接模块的作用主要是：

① 完成 NRZ 编码/异步传输的信号与 MBP 编码/同步传输的信号之间的转换；

② 为 PA 网段的设备提供电源，并限制输入电流的大小；

③ 拆解传输速度；

④ 在危险区域,完成隔离和电源限制的功能。

耦合器和链接模块都可以起到连接 DP 和 PA 的作用,其原理基本上是一样的,但在使用时有一些区别。

(1) 耦合器

使用耦合器时,DP 段的波特率不能太高,一般为 45.45 kbit/s(使用 SIEMENS 耦合器),或 93.75 kbit/s(使用 Pepperl+Fuchs 非模块型耦合器)。耦合器不占用设备地址,PA 段从站设备的地址和 DP 段的设备一起统一编排,他们之间的地址不能重叠。使用耦合器时,主站的参数设置必须正确,即按规定的数据设置。为方便大家在实验和实际中使用,表 3-8 列出了使用不同耦合器时的主站参数数据,以供参考。图 3-22 所示为使用耦合器的 PROFIBUS 网络。

表 3-8 使用不同耦合器情况下的主站参数数据(时间单位:T_{bit})

总线参数	P+F 模块型耦合器	P+F 一般耦合器	SIEMENS 耦合器
波特率	最大可达 12 Mbit/s	93.75 kbit/s	45.45 kbit/s
T_{SLOT}	和一般的 DP 总线一样设置	4 095	640
$T_{SDR\text{-}min}$		22	11
$T_{SDR\text{-}max}$		100	400
T_{SET}		150	95
ΔT_{TR}	0	20 000	20 000

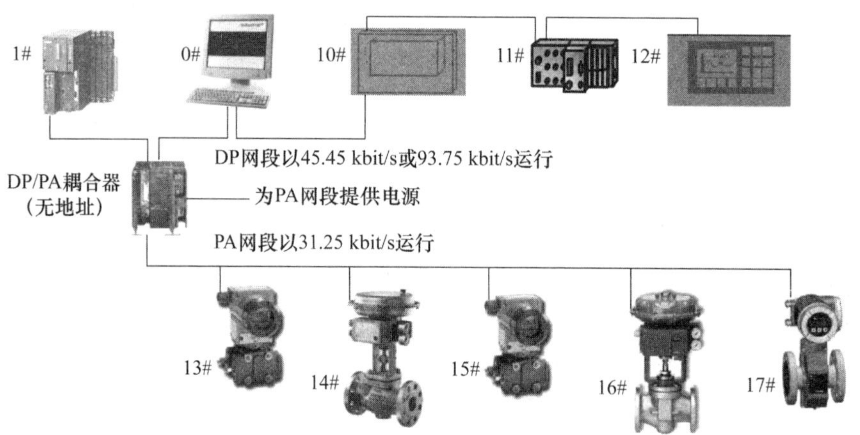

图 3-22 使用耦合器的 PROFIBUS 网络

(2) 链接模块

使用链接模块时,要占用一个 DP 网络中的地址,它和连接在其下面的 PA 设备一起组成一个 DP 从站,但它对 PA 网段中的设备来说又是它们的主站。PA 网段的设备地址可以和 DP 网段的设备地址重叠。使用链接模块时,DP 可以在各种允许的波特率下运行。一个链接模块中通常集成多个即插式耦合器去驱动几个 PA 网段。但 PA 网段设备的组态比使用耦合器要复杂一些。

使用链接模块的 PROFIBUS 网络如图 3-23 所示。

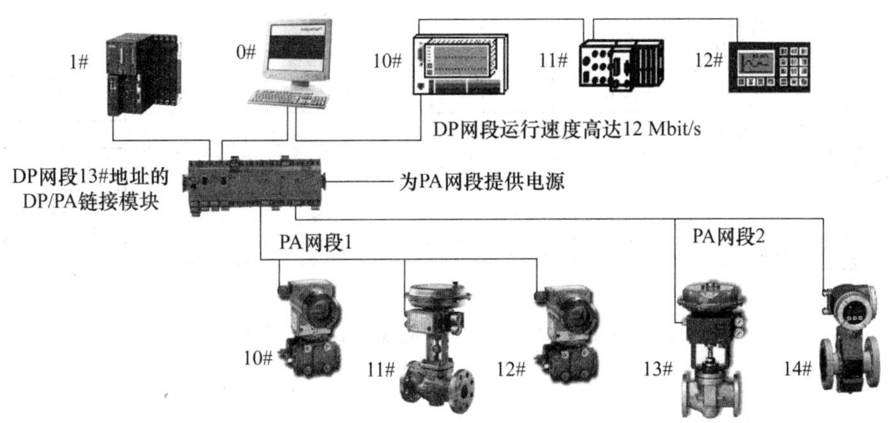

图 3-23　使用链接模块的 PROFIBUS 网络

3. PA 网段中分支线路长度的规定

在 PA 网段中，因为传输速率低，所以允许分支线路的存在。分支线路(Spur Lines)的长度随分支线路数目的不同而不同，另外和是否在本质安全区域使用也有很大关系。表 3-9 所列为 PA 网段中分支线路长度的规定。

4. PA 网段的终端电阻

和在 DP 网段中使用终端电阻的原因相同，PA 网段也要使用终端电阻，但 PA 网段的终端电阻网络和 DP 中使用的终端电阻网络有很大区别，如图 3-24 所示，该电阻网络是一个串联的电阻和电容，连接在两根数据线之间，而且不需要供电。

PA 网段的终端电阻接在主要 PA 网段电缆的端头，大部分耦合器或连接盒中都集成有终端电阻网络，所以在耦合器这一端使用其内部的终端电阻就行了。另一端的终端电阻可以使用最远的一个接线盒或最远的一个从站设备中的终端电阻。图 3-25 所示为 PA 网段的一个典型例子，从该例中可以了解 PA 网段中树形结构、分支抽头线路和终端电阻的具体使用。

表 3-9　PA 网段中分支线路长度的规定

分支线路的数量	非本安要求安装时最大分支线路长度/m	本安要求安装时最大分支线路长度/m
25～32	1	1
19～24	30	30
15～18	60	30
13～14	90	30
1～12	120	30

100 Ω ±2%
1 μF ±20%
至PA线缆

图 3-24　IEC 61158-2 的终端电阻网络

5. 屏蔽与接地

像所有的现场总线网络一样，PA 网络中的屏蔽和接地也非常重要。在理想情况下，电缆屏蔽层必须和设备的金属保护外壳或外罩可靠地连接在一起。它们之间的连接，以及网段之间电缆屏蔽层的连接都必须是低阻抗连接(保证具有足够的接触面积，并使用正确的接触方法)。

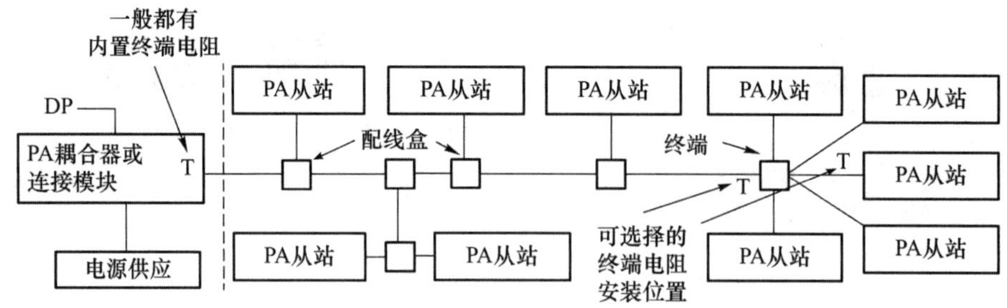

图3-25　PROFIBUS PA网段的典型连接举例

如果是非屏蔽设备和屏蔽电缆连接,则往往还要采用电隔离或滤波等措施,安装这些设备的架子都要接地,和电缆屏蔽层接在一起,然后多点接地。在危险区域安装时还必须做到电势平衡,即形成等电势系统。做到等电势连接的方法有多种,最常用的是使用专用的导线把安全区域的接地点和危险区域的接地点连接起来。图3-26所示为一种理想的屏蔽和接地示意图。

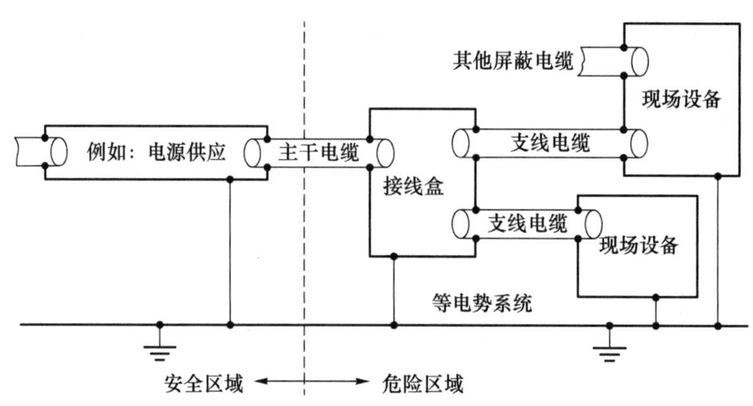

图3-26　理想的屏蔽和接地

如果不能保证危险区域和安全区域之间较好的电势平衡,则在危险区域一侧,电缆屏蔽层直接和等电势线相连后接地;在安全区一侧,电缆屏蔽层通过一个电容后接地。这些接地都应该保证接地电阻尽可能小。图3-27所示为电容接地示意图。

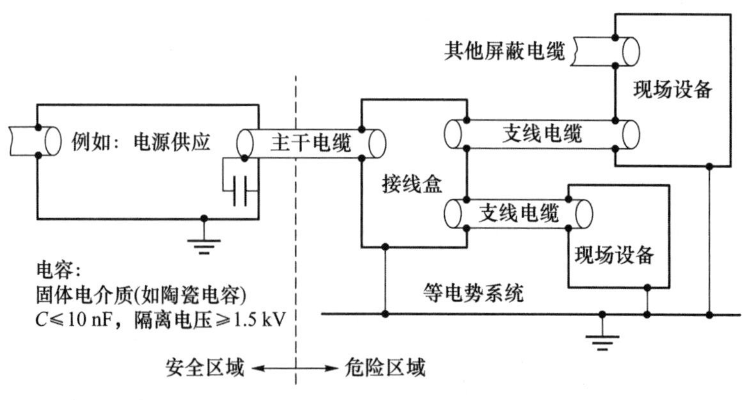

图3-27　通过电容接地

PROFIBUS PA 网段电缆的其他安装要求和 DP 电缆的安装要求基本相同，请参考 3.3.3 小节相关部分内容。

3.4.3　PROFIBUS PA 网段设计举例

PA 网段中的从站设备靠耦合器供电，在设计 PA 网段时，最重要的是设计网络布局，并计算出加在每个从站设备上的电压，所以网络中电压降的计算就显得比较重要。一个化工生产过程系统的组成如图 3－28 所示，它由 2 个反应釜和 1 个存储罐组成，控制系统所使用的传感器、阀门和仪表有 14 个。下面来进行 PROFIBUS PA 网络系统设计。

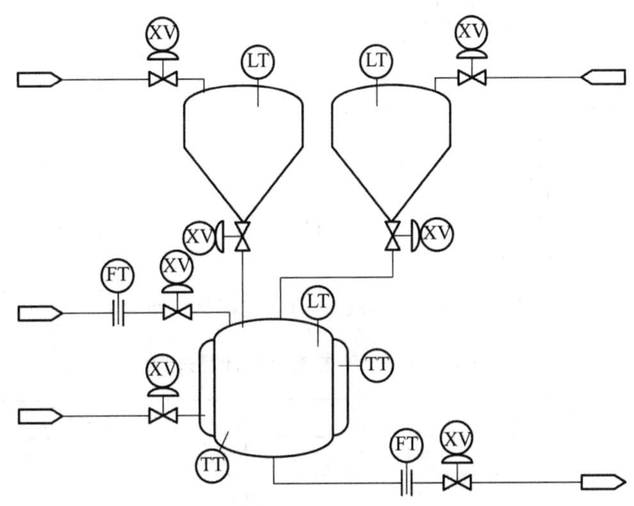

图 3－28　化工生产过程系统组成图

设计 PROFIBUS PA 网络的过程包括，选择网络电缆、耦合器、分配接线盒（Junction Block，JB）；计算网段总消耗电流，计算每个总线设备或装置上面的供电电压。其原则是网段总消耗电流要小于耦合器所提供的额度电流，每个设备上的供电电压要大于设备正常工作所要求的额定值。

在本例中，使用 PA 的 A 型电缆连接该 PA 网段，电缆电阻为 0.044 Ω/m。

求网段的总体消耗电流：首先测定每个设备从 PA 电缆上消耗的基本电流（该电流可从设备的基本参数中获得）；再测定有关设备可能的最大故障电流。总消耗电流等于所有设备的基本电流之和加上一个最大故障电流。

下面选择连接 DP/PA 的耦合器，并确定其最大的供电电流容量。本例选用 P＋F 公司的耦合器，其输出电压为 25 V，输出电流为 400 mA。

设计好的 PA 控制网络如图 3－29 所示。

计算总消耗电流的过程如表 3－10 所列。最后结果是 185 mA，该值小于耦合器提供的 400 mA，所以耦合器电流容量方面没有问题。

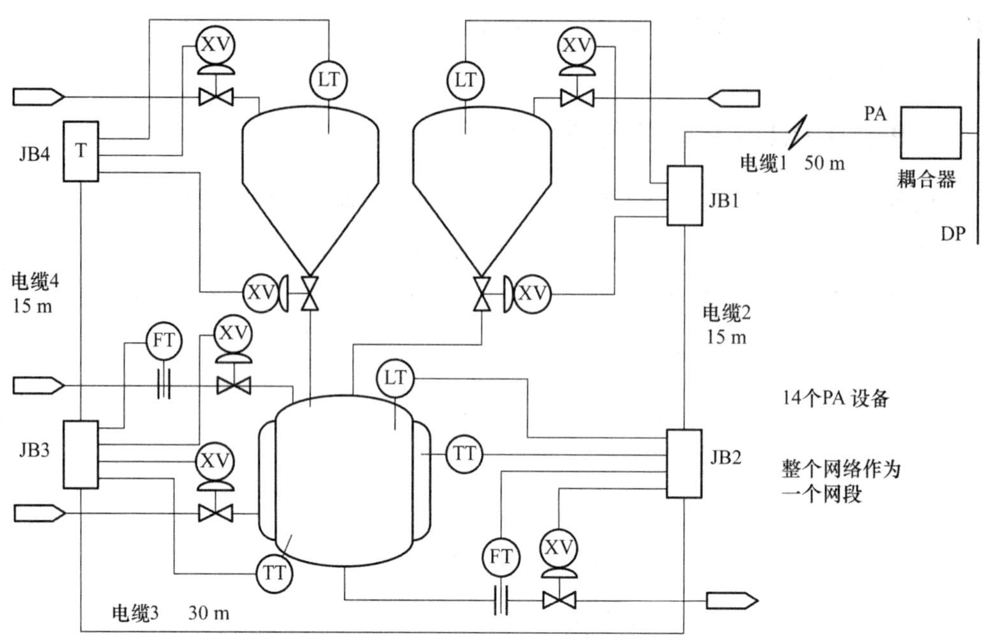

图 3-29　PROFIBUS PA 控制系统组成

表 3-10　网段电流消耗计算过程

标　签	地　址	设　备	基准电流/mA	故障电流/mA
LT 003	3	超声波物位计	13	0
XV 004	4	阀门定位器	13	4
XV 005	5	阀门定位器	13	6
LT 006	6	超声波物位计	13	0
TT 007	7	温度计	13	0
XV 008	8	阀门定位器	13	4
FT 009	9	质量流量计	12	0
TT 010	10	温度计	13	0
XV 011	11	阀门定位器	13	4
XV 012	12	阀门定位器	13	4
FT 013	13	DP 单元与口径	11	0
XV 014	14	阀门定位器	13	6
LT 015	15	超声波物位计	13	0
XV 016	16	阀门定位器	13	4
总电流:			179	
最大故障电流:				6
总电流:179+6=185(mA)				

计算设备电压的过程如表 3-11 所列。其方法是使用欧姆定律计算出每段电缆上的电压降,求出网段上每个配线盒处的电压,然后用耦合器的供电电压值逐步减去相应的电压降就可求得加在该设备上的电压。

表 3-11　网段上各设备的供电电压计算过程

电　缆	长度/m	电阻/Ω	电流/mA	电势差/V	终端电压/V
1	50	2.2	179	0.393 8	24.606
LT 003	5	0.22	13	0.002 86	24.603
XV 004	5	0.22	13	0.002 86	24.603
XV 005	5	0.22	13	0.002 86	24.603
2	15	0.66	140	0.092 4	24.514
LT 006	5	0.22	13	0.002 86	24.511
TT 007	5	0.22	13	0.002 86	24.511
XV 008	5	0.22	13	0.002 86	24.511
FT 009	5	0.22	12	0.002 64	24.511
3	30	1.32	89	0.117 48	24.396
TT 010	5	0.22	13	0.002 86	24.393
XV 011	5	0.22	13	0.002 86	24.393
XV 012	5	0.22	13	0.002 86	24.393
FT 013	5	0.22	11	0.002 42	24.394
4	15	0.66	39	0.025 74	24.371
XV 014	5	0.22	13	0.002 86	24.368
LT 015	5	0.22	13	0.002 86	24.368
XV 016	5	0.22	13	0.002 86	24.368
最远终端设备供电电压					24.368

一般 PA 现场总线设备的额度电压值是 9 V，所以只要在网段上最远端的设备上的供电电压仍大于 9 V，则该网段设计就是可行的。

从表 3-11 得知，在整个 PA 网段中，最远端的设备是 XV016，它上面的供电电压为 24.368 V，完全满足要求，所以该网段的供电电压设计也是合理的。

综合分析后可以认为，该 PA 网络设计符合要求。

3.4.4　危险区域安装技术

1. 本质安全概念

现场总线技术在具有爆炸危险的环境中应用时，必须按照本质安全概念来设计系统，这种情况下，相关设备及线缆的使用就会受到一定程度的限制，例如，单个设备或装置的供电电流值会小很多，每个网段所允许挂接的从站设备数会少很多，电缆长度也会大幅度减小，等等。

工业现场环境中，电火花和热效应是爆炸性危险气体的主要引爆源。在这样的环境下使用电气设备和系统时，本质安全技术是保证安全的一种方法。本质安全通过限制电火花和热效应这两个可能的引爆源来实现防爆，实际上是一种低功率设计技术。限制功率就是限制电流和电压，同时也要限制电容和电感。对于满足 IIC 等级(最易爆炸)的设备，通常将电路功率限制在 1.3 W 左右。

我国和 IEC 的标准相同，将爆炸性气体环境分为 0 区、1 区和 2 区。0 区指的是在正常情况下，爆炸性气体混合物连续长时间存在的场合；1 区指的是在正常情况下，爆炸性气体混合物有可能存在的场合；2 区指的是在正常情况下，爆炸性气体混合物不可能出现，而仅仅在非正常情况下偶尔或短时间出现的场合。在 0 区使用的电气控制设备及系统,必须符合本质安全的要求。

大家在一些防爆设备或装置上经常能见到 Ex i 字样,其中 Ex 表示爆炸性危险区域认证,i 表示本质安全。本质安全分 a 和 b 两个等级:

① Ex ia 等级:在正常情况、1 个故障和 2 个故障时均不能点燃爆炸性气体混合物。ia 型仪表适用于 0 区和 1 区。

② Ex ib 等级:在正常情况和 1 个故障时不能点燃爆炸性气体混合物。ib 型仪表仅适用于 1 区。

传统本质安全技术的设计内容一般包括:

① 选择所需要的设备;

② 收集所有和本质安全相关的设备数据;

③ 选择合适的供电电源(最大的电压、最小的必需电流等);

④ 对电压 U、电流 I 和功率 P 进行比较,每个设备的(U_i, I_i, P_i)必须满足:$U_o \leqslant U_i$, $I_o \leqslant I_i$, $P_o \leqslant P_i$;这里 U_i、I_i、P_i 为现场设备允许输入的参数,U_o、I_o、P_o 是相关供电装置的最大可能和认可的输出变量;

⑤ 选择合适的电缆;

⑥ 对每个网段所允许的最大的电容和电感进行计算;

⑦ 所有系统和设备必须通过 Ex 认证。

可见在危险环境中使用现场总线技术时,如果使用传统的本质安全技术设计系统就会造成成本的提高:所使用的设备和装置必须通过花费高昂的本质安全认证;每个网段的设备数量会大幅度减少(最多 4 个);要使用大量的额外设备(如隔离栅、安全电源等);要花费大量的时间和精力去计算和设计安全系统,等等。所以必须有一种新的、高效的、适用于现场总线的本质安全计算和设计的方法来代替传统的方法。

实现现场总线控制系统在危险场合使用的设计方法有如下两种:

① FISCO 模型(IEC 60079-27):可以实现本质安全保护,简单、方便,不需要进行单个设备的本质安全计算。它是一种低输入电源功率方法,所以电缆长度和设备个数都受到一定限制。

② 大电源主干网络(The High-Power Trunk)概念:使用增安型(Increased Safety)保护类型,实现主干网络大电流供应,而分支电路符合本质安全要求。

2. 实现本质安全的新技术

(1) FISCO

FISCO(Fieldbus Intrinsically Safe Concept)是现场总线技术应用在危险区域时的一种高效设计方法,它使得本质安全设计、安装和扩展变得简单。

在 20 世纪 90 年代中期,4 家机构开始研究和开发 FISCO 模型,它们是德国自然和工程科学国家研究院联邦物理研究所(Physikalisch Technische Bundesanstalt,PTB)、自动化技术和设备供应商 ABB 公司、化学工业国际组织和 PROFIBUS 国际组织,2001 年 FF 也参加进来并支持 FISCO 模型的研究和开发。现在它得到国际上的普遍承认,成为在防爆区域现场总线运行的基本模型。

FISCO 的实质是:此模型以本质安全的网络规范为基础,当相关的四个总线组件(现场设备、电缆、段耦合器和总线终端器)的电压、电流、输出功率、电感和电容符合预先确定的边界条件时,则无需对它们分别进行本质安全计算。

可以通过权威认证机构对有关组件提供相应的验证，这些权威机构有德国的 PTB、美国的 UL 等。如果使用符合 FISCO 模型的合格设备，则不仅在一条线上可以运行更多的设备，而且可以在运行期间用其他制造商的设备来替换总线上的相同设备，所有这些都不用进行耗时的计算或系统验证，可以简单地即插即用，甚至在危险区域也是如此。

使用 FISCO 的边界条件是：

① 每个网段只有一个供电电源；

② 所有设备必须符合 FISCO 模型要求，并在权威机构通过认证；

③ 电缆长度不得超过 1 000 m(ia)和 1 900 m(ib)；

④ 电缆(A 型总线电缆)数据必须满足：

R'：15～150 Ω/km；

L'：0.4～1 mH/km；

C'：80～200 nF/km。

5)对任何现场装置和设备，其电压、电流和功率参数(U_i、I_i、P_i)必须满足：$U_o \leqslant U_i$，$I_o \leqslant I_i$，$P_o \leqslant P_i$。

(2) 大电源主干网络

本质安全的要求限制了 PA 网段的最大供电电流为 100 mA，从而限制了电缆的长度和 PA 网段的设备数量。在过程控制中，其实本质安全引爆保护类型仅用于维护期间或者操作过程中的设备更换的时刻，所以在电缆主干网络中是不适用的。在电缆主干网络使用保护类型 Ex e(增安型)，从而可以传输更多的电流，这样可以使电缆更长，设备数更多。

借助符合本质安全要求的现场总线分配器或格栅(barrier)，在主干网络使用增安型保护类型(Ex e)，在分支电路使用本质安全(Ex i)设计方法，实现了大电源主干网络，提高了现场总线控制系统在危险区域的使用效能。

图 3 - 30 所示为不同保护类型混合使用，即大电源主干网络的使用举例。由于它的应用，使主干网络没有电流限制，PA 网段可以尽可能长，设备可以尽可能得多，系统工作时对设备进行操作也成为可能，在每个分支电路上的单个设备通过现场总线格栅满足本质安全的要求。

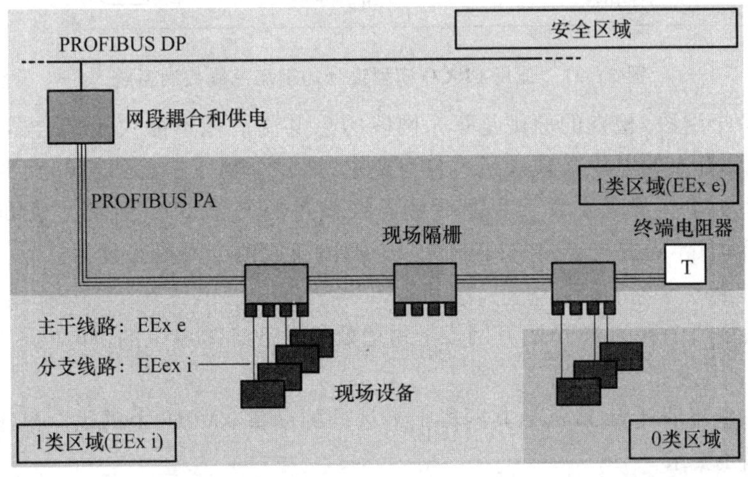

图 3 - 30　大电源主干网络使用举例

3. FISCO 在总线系统设计中的应用

下面仍以图 3 - 28 为例来介绍 FISCO 的使用。现在假定该系统应用在危险区域(Zone

1),整个系统要满足本质安全的要求。

经过FISCO认证的两家设备供应商的耦合器参数如下:

① P+F的FISCO耦合器:电流为100 mA,电压为13 V;

② SIEMENS的FISCO耦合器:电流为100 mA,电压为12.5 V。

与常规耦合器相比,这意味着在每个网段中使用的设备数要减少,而且网络长度缩短。在本例中使用的是P+F的耦合器。

仍以图3-29所示的网络结构进行计算:首先FISCO中网段长度要小于1 000 m,分支线段长度小于30 m,这两条显然满足。但总电流消耗为185 mA,已超过P+F的FISCO耦合器的100 mA。所以必须重新设计网络。

下面把网络分成2个网段,分割的原则是使两个网段里设备的数量尽可能相差不多。网络结构如图3-31所示。

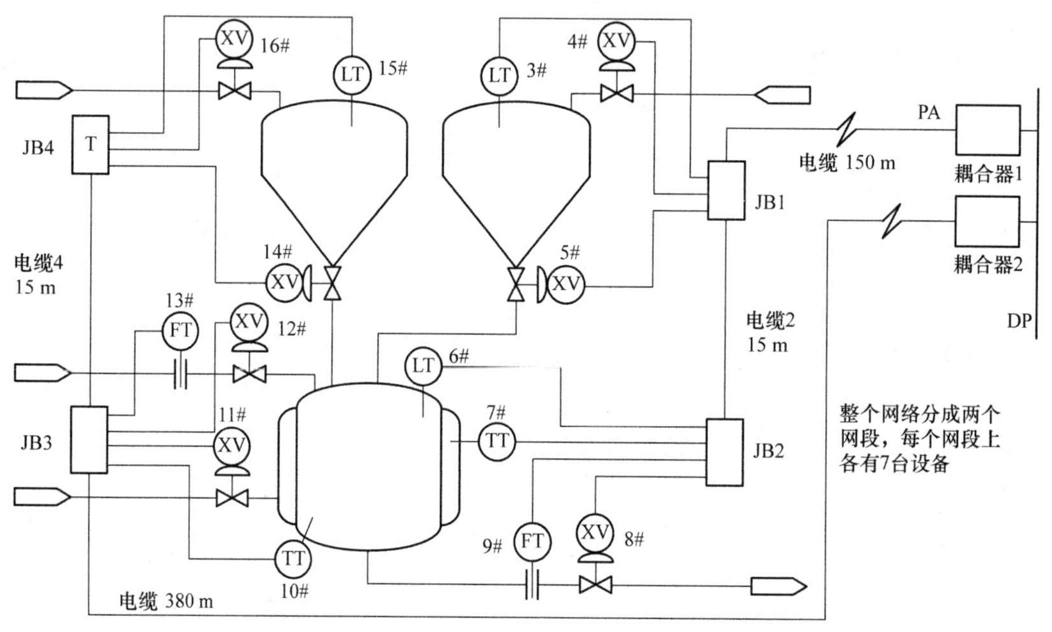

图3-31 使用FISCO模型设计的现场总线控制系统

下面检查每个网段,检查的原则是每个网段的总电流消耗不能大于耦合器所提供的电流额定值,而每个设备上的电压必须满足其自身要求,即每个网段的总消耗电流要小于100 mA,加在每个设备上的电压最少要大于9 V(现场总线设备的典型值)。计算方法和图3-29使用的计算方法一样,只不过是把图3-29中的一个网段换成两个网段来计算。

计算结果如下:

网段1的总电流消耗为96 mA,其网段上最远处的设备FT009上的供电电压为12.765 V,完全满足要求;

网段2的总电流消耗为95 mA,其网段上最远处的设备XV016上的供电电压为12.854 V,网段2也完全满足要求。

综合分析后可以认为,使用FISCO模型对该PA网段进行的设计满足本质安全的要求。

3.5　PROFIBUS 设备集成工具

3.5.1　PROFIBUS 的 GSD 文件

现场总线设备和传统电气设备的最大区别就是其智能化的程度较高。为完成高性能和高可靠性的通信要求，这些设备必须向控制器提供所必需的各种参数，同时这些参数也为现代化的设备管理提供了支撑。

PROFIBUS 进行系统组态时，必须知道从站设备特征和性能，如制造商的名字、该设备支持的波特率、I/O 模块情况以及其他必须和可选的特性数据，而这些数据都写在一个 ASCII 格式的文件中，这个文件就是 GSD 文件。GSD 在一些英语资料中解释为“General Slave Data”的缩写，在另一些英语资料中解释为“Generic Station Description”，但它的准确来源应该是德语“Gerate Stamm Datei”。不管其全称如何，它的功能应该是“标准的设备描述”文件或“通信特性表”，它是用许多关键字表示的可读的文本文件，其中包括该设备的一般特性和制造商指定的通信参数。

不同性能的设备其 GSD 文件也不一样，GSD 文件由制造商事先写好，在设备出厂前已经固化到其中。用户可以读 GSD 文件，但不能对其进行修改。组态软件必须能够处理 GSD 文件，因为在进行系统组态时，对各个设备的识别都是通过 GSD 文件完成的。

GSD 文件一般用英语或德语写成，也有用其他语言写成的，它们由 GSD 文件的 3 个字母的扩展名加以区别。如：

*.GSE 表示英语 GSD 文件；

*.GSG 表示德语 GSD 文件；

*.GSI 表示意大利语 GSD 文件；

*.GSS 表示西班牙语 GSD 文件；

*.GSF 表示法语 GSD 文件；

GSD 文件的名字由 8 个符号组成，前 4 个是制造商的名字，后 4 个符号是该设备的 ID 号，该号不是随便使用的，而是制造商从 PROFIBUS 用户组织申请来的。如 SIEM8027.GSD 表示西门子公司的一个 PROFIBUS 设备，ID 号为 8027；WAGOB760.GSE 表示 WAGO 公司的一个 PROFIBUS 设备，ID 号为 B760。用户也可以从 www.profibus.com 或相应公司网站上下载设备的 GSD 文件。

GSD 文件由三部分组成：

① 一般特性：包括制造商的一些信息，如设备名称、GSD 版本号、波特率等。

② 主站特性：包括与主站有关的参数，如最大能处理的从站数、上传和下载选择等。从站没有该部分内容。

③ 从站特性：包括从站所有的信息，如 I/O 通道的数量和类型、诊断功能等，如果该从站为模块类型，则还包括可获得的模块数量和类型。

使用 GSD 文件编辑器可以阅读、编辑 GSD 文件，设备制造商在开发总线设备时也需要 GSD 文件编辑器创建相应的 GSD 文件。

图 3-32 所示为一个 GSD 文件一般特性中的一部分，从中可以了解一些它的简单特性。

```
#Profibus_DP
GSD_Revision        = 3
Vendor_Name         = "SIEMENS AG"
Model_Name          = "SITRANS P DSIII"
Revision            = "3.1"
Ident_Number        = 0x80A6
Protocol_Ident      = 0        ; 0 = PROFIBUS-DP
Slave_Family        = 12       ; 12 = PA Process Control Device
Station_Type        = 0        ; 0 = DP-Slave
FMS_supp            = 0
Hardware_Release    = "A01"
Software_Release    = "0300.01.05"
31.25_supp          = 1
45.45_supp          = 1
93.75_supp          = 1
MaxTsdr_31.25       = 100
MaxTsdr_45.45       = 250
MaxTsdr_93.75       = 1000
Redundancy          = 0        ; 0 = Redundanz wird nicht unterstuetzt
Repeater_Ctrl_Sig   = 0        ; 0 = Not connected
24V_Pins            = 0        ; 0 = Not connected
Bitmap_Device       = "SIE80A6n"
```

图 3-32　GSD 文件

3.5.2　设备管理工具的发展

现场设备不仅要提供范围广泛的信息,而且还可以执行那些预置在 PLC 或控制系统中的功能。为了完成这些任务,用于这些设备的投运、维护、工程设计和参数化的工具就需要一个精确和完整的对设备数据和功能的描述。这些描述包括设备的类型、组态参数、值的范围、测量单位、缺省值、界限值、标识等。这样的要求同样也适用于控制器/控制系统,为了保证与现场设备进行正确的数据交换,也必须知道它的设备专用参数和数据格式。

为了保证设备管理的标准化,PI 开发了多种用于设备描述类型的工具("集成技术"),如 GSD、EDD、FDT 等。开发商可以根据需要选择使用相应的描述工具,GSD 是最早的版本,在工厂自动化中使用较多,但 FDT 的使用也在增加;在过程自动化中,使用 EDD 和 FDT 较多。图 3-33 说明了这些描述工具的特点、使用场合及使用场合的要求。

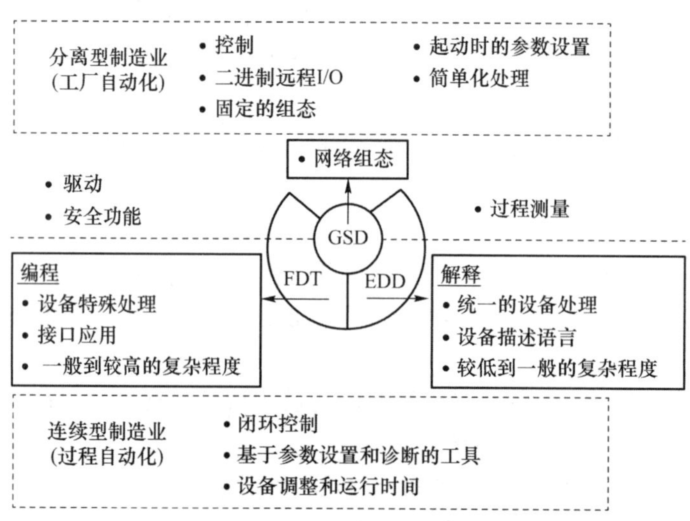

图 3-33　设备管理工具的特点、使用场合及使用场合的要求

(1) GSD

GSD 是可读的 ASCII 文本文件，它包含用于通信的通用和专用规范，GSD 非常适合于简单的应用。前面已对其进行了较详细的介绍。

(2) EDD

GSD 不能充分描述现场设备有关应用的参数和功能（例如组态参数、值的范围、测量单位、缺省值等），这就需要一个更强功能的描述语言，EDDL（Electronic Device Description Language）就是这样的一种电子设备描述语言。像使用 GSD 一样，设备制造商为他们的设备编制相应的 EDD 文件，然后把它们提供给用户，以便在使用工程工具对设备进行组态时使用。EDD 适合于低到中等复杂程度的应用。

(3) FDT/DTM

一个典型工厂的数百台智能现场设备可能由很多供应商提供。对设备进行参数设置、标定和维护的工作一般由相应设备生产厂家提供的调试工具来完成。因此，一个工厂的仪表工程师需要熟悉很多厂家的不同工具，这不但增加了设备生产商和用户的工作量，而且可能还要付出更多额外的费用。随着现场设备复杂性的增加，所需的工作量以及发生各种错误的可能性也随之增加。另外，智能现场设备都是以某种通信协议（Hart、PROFIBUS 和 FF 等）向系统传输数据的，因此，相应的调试工具也是基于某种通信协议的。

GSD 和 EDD 在复杂使用场合和高要求的情况下就显示出了其局限性。比如下述场合：

① 高级操作员要使用智能现场设备（如具有诊断能力）的复杂、非标准化的特性参数；

② 在“资产最优化”场合，要求支持预防性维护和维护程序的功能；

③ 设备的操作需要用软件方式来“封装”（安全技术、校准等）。

这些复杂任务领域需要一种功能更强大的设备管理“工具”，它允许设备制造商以标准化形式向用户提供其现场设备扩展的和特殊的特性，并且允许系统制造商通过标准化的接口（工具软件）将这些现场设备的特性集成到控制系统中。FDT/DTM（Field devices Tool/Devices Type Manager）就是一种独立于任何现场总线技术的接口概念。

FDT/DTM 技术提供标准的开放性技术来管理现场设备，使应用与现场之间实现了无缝的数据交换，并且数据交换与设备类型、生产商和通信协议无关。基于 FDT 技术的调试工具为任意生产商生产的任意设备提供相同的操作环境。

如图 3-34 所示，和基于设备描述技术的 GSD、EDD 不同，FDT/DTM 是基于软件技术的设备集成工具，DTM 就是一个软件包，它通过 FDT 界面接口和工程系统进行通信。使用 FDT/DTM 技术后，整个系统全生命周期的设备集成和管理都可以通过高度柔性的软件程序来实现。

DTM：相当于现场总线设备和智能化装置的驱动器。是制造商为用户提供的智能设备软件部件，它包含该设备所有的组态、测试和诊断的信息及功能。现场设备中都有自己的 DTM，它的工作类似于一个打印机的“驱动程序”，打印机供应商交货时必须把驱动程序交给用户，用户把它安装到 PC 上才能使用打印机。DTM 随设备一起交给用户，使用时用户通过 FDT 把它们一起集成到控制系统中。DTM 不是一个可执行程序，它只有通过 FDT 才能使用。

FDT：是一种开放的、独立于任何制造商的标准接口规范，提供设备的组态、设置参数、测试和诊断功能。它独立于通信技术，所以允许不同现场总线的设备使用。它提供设备优化管理技术，为系统自动化全生命周期提供支持。FDT 是基于微软的 COM 技术开发的，它使用 XML 来完成框架应用程序和 DTM 之间的数据交换。

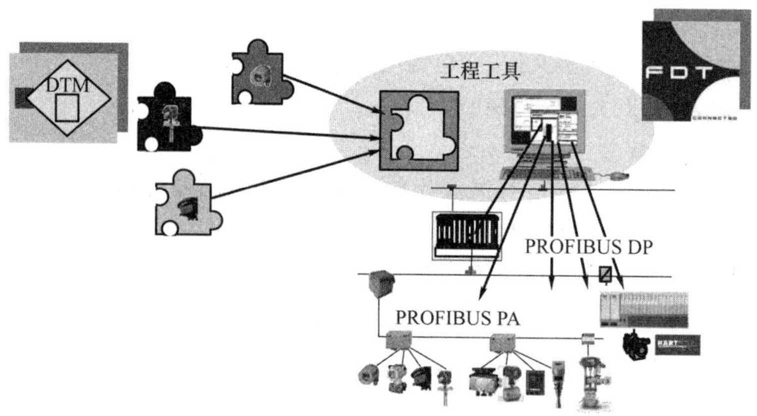

图 3－34　FDT/DTM 原理

FDT/DTM 概念包含了在工程、诊断、服务和资产管理领域中十分有用的集成选项,更重要的是它从各种总线的专用通信技术和自动化系统专用工程设计环境中分离出来,成为任何现场总线都能使用的技术。

3.6　组态一个简单的 PROFIBUS DP/PA 系统

3.6.1　系统组成及架构

1. 系统组成

系统主站使用 SIEMENS 公司的 S7-300 系列 CPU315-2DP,它有 2 个通信口,其中一个为 DP 接口,用于连接 PROFIBUS 网络;另外一个为 MPI 接口,用于下载组态结果和程序。WAGO 公司的 WAGO 750-833、BECKHOFF 公司的 BK3120、SIEMENS 公司的 ET200M、E＋H 公司的带 PA 接口的 Prosonic M 系列物位计和 TMT184 温度变送器作为从站。DP/PA 的链接模块由 LINK(IM153-2)和 Coupler(FDC157-0)组成。

说明:虽然西门子公司的 S7-300 系列产品已升级到 S1500 系列,组态平台也升级到博途,但博途平台不支持使用链接模块(西门子公司 IM153-2),主要原因是 GSD tool 工具版本太低,并且近十几年西门子公司也没有更新 GSD tool,所以本例仍使用西门子原来的 S7-300 系列 PLC 和 STEP7 组态平台。

2. 系统架构

整个系统的 DP 和 PA 设备均采用线性连接。作为 DP 的从站,PA 设备通过链接模块连接到 DP 网络上。系统架构如图 3－35 所示。

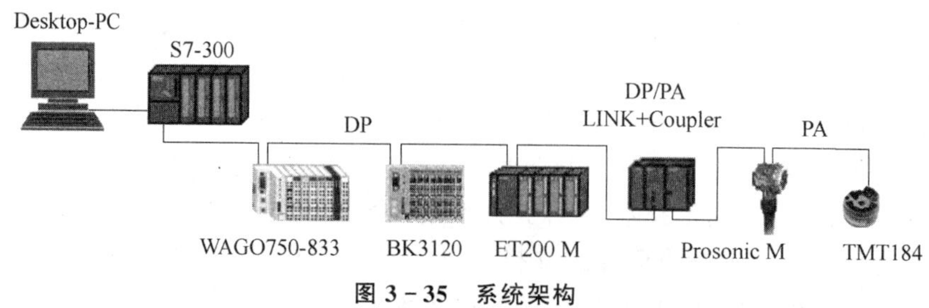

图 3－35　系统架构

3.6.2 组态过程

1. 组态主站

① 双击图标，打开 SIMATIC Manager 软件。

② 新建一个工程，按照方便查找的路径存放，并给工程命名，例如 PROFIBUS_config。

③ 在 SIMATIC Manager 主界面中，选中 PROFIBUS_config，然后在工具栏中使用 Insert/Station 选择插入新站点 SIMATIC 300 Station。

④ SIMATIC 300 Station 插入后，在工程 PROFIBUS_config 中选中 SIMATIC 300(1)，然后双击 Hardware 进入硬件组态界面，如图 3-36 所示。

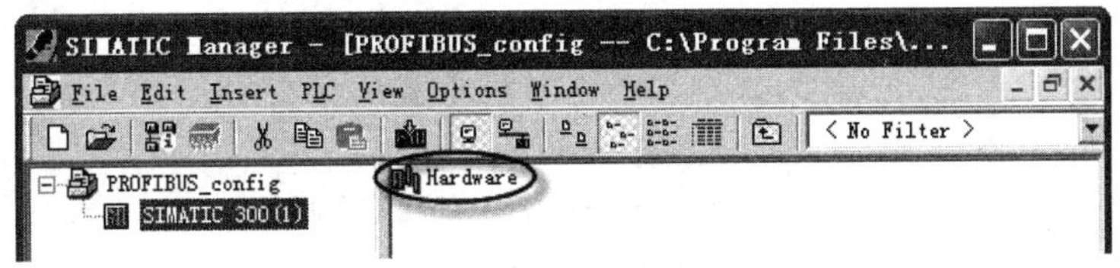

图 3-36 打开硬件组态界面

⑤ 在硬件组态界面中，首先要添加将要组态设备的 GSD 文件。添加过程如下：单击菜单栏中 Options/Install GSD File...，添加完成后，单击 Update Catalog 进行 GSD 目录更新，如图 3-37 所示。

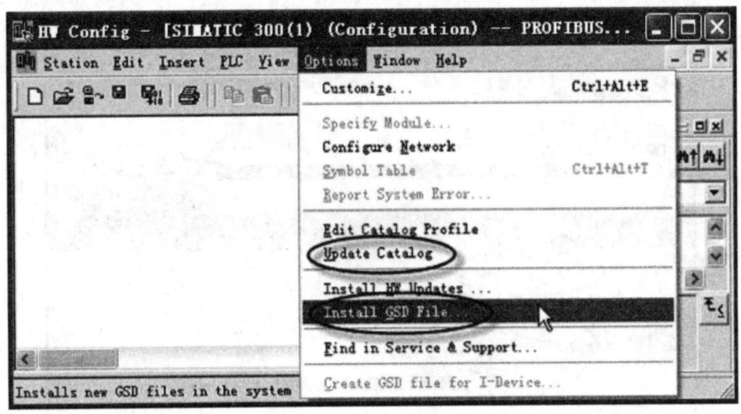

图 3-37 添加设备的 GSD 文件

⑥ 在组态过程中，添加的 GSD 要与其硬件的订货号一致，CPU315-2DP 的组态画面如图 3-38 所示。

a) 首先添加机架 UR(在 RACK-300 里面双击 Rail)。

b) 在槽 1 中添加 PS 电源。

c) 在槽 2 中添加具体型号的 CPU 单元。

d) 注意槽 3 要预留，用于扩展机架模块。

e) 从槽 4 开始按实际硬件顺序添加扩展模块，例如 SM、CP 模块。

f) 在添加 CPU 的同时会根据 CPU 的型号弹出对应的“总线属性”对话框，在弹出的“DP 属性”对话框中，有主站的 DP 地址(默认为 2)，单击 New 按钮新建一个 PROFIBUS 网络，然后单击 Propperties 按钮进入“总线属性”对话框，单击 Network Settings 选项卡进入网络参数

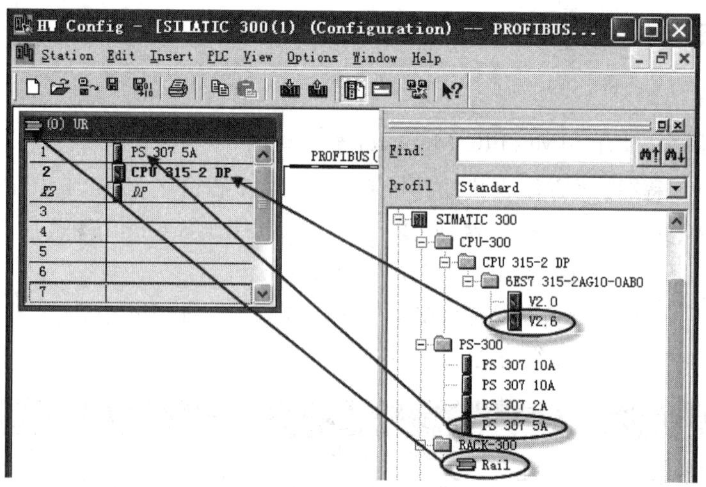

图 3 - 38　CPU315-2DP 的组态画面

设定界面,在该界面可以设置主站的工作模式和 DP 的总线速率,具体如图 3 - 39 所示。主站和总线网络的参数设置完成后,如果需要修改,可以双击机架上 CPU 中的 DP 槽,然后单击 Propperties 按钮进入“参数设置”界面,其他过程与上述步骤相同。

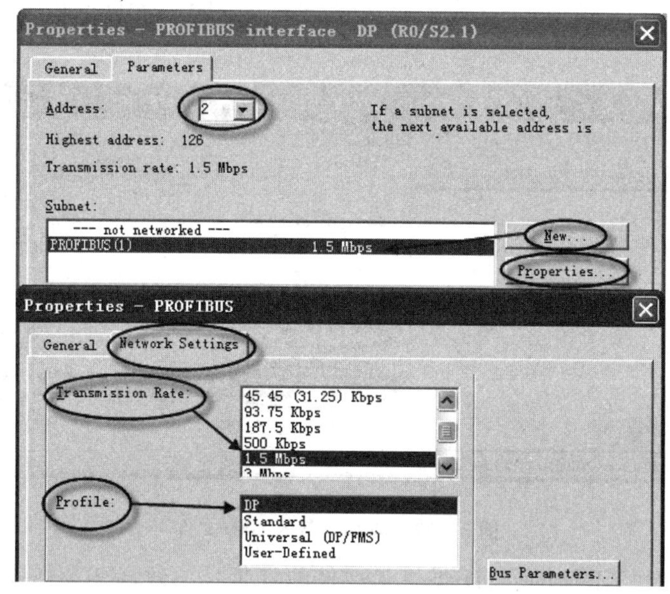

图 3 - 39　主站和总线网络的参数设置

2. 组态从站

主站组态完成后,开始在 PROFIBUS 网络上添加从站设备。

① WAGO750-833 设备:先在右侧 GSD 目录 PROFIBUS DP 中的 Additional Field Devices/IO/WAGO-IO-SYSTEM 750 中将 WAGO750-833 的 GSD 拖拽到 PROFIBUS 网络总线上,此时会弹出设备总线接口的“属性”对话框,在此对话框中可以设置从站设备的 DP 地址(注意:分配的 DP 地址必须和设备上拨码开关设置的一致)。然后单击其总线上的图标,在下面相应槽内组态其模块(注意:组态的模块顺序要与实际位置一致)。图 3 - 40 所示为 WAGO750-833 设备的组态画面。

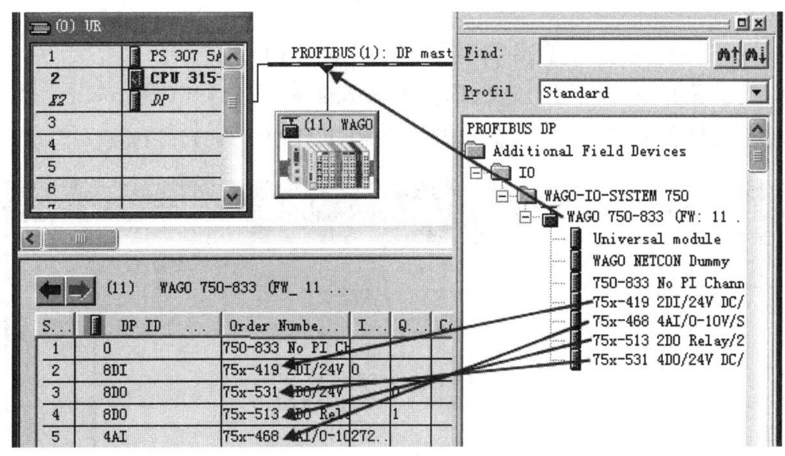

图 3 - 40　WAGO750-833 设备的组态画面

② 其他从站设备的组态过程与 WAGO750-833 设备的相似，重复操作①的组态过程，完成其他从站设备的组态。整个 PROFIBUS 网络组态完成情况如图 3 - 41 所示。

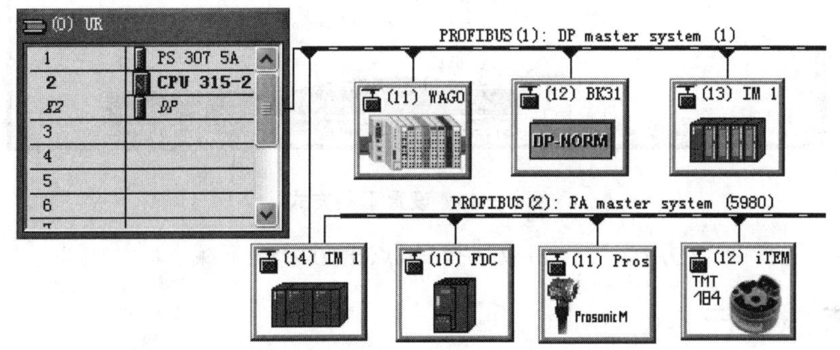

图 3 - 41　整个 PROFIBUS 网络组态完成画面

组态时需要注意的是：

① 从站设备 BK3120 的组态与其他从站设备有所不同，BECKHOFF 控制器采用通信字节共用原则——模块组态的方式不是按照实际的硬件排列顺序进行的，而是按照特殊模块（高速计数 1501、定位模块或者运动控制模块）在前→模拟量输入→模拟量输出→数字量输入和输出的顺序进行的。

组态时，先将所有普通的数字输入按照位数加起来，然后以等于或略大于的位数作为选择输入模块的依据，譬如 2 个 KL1102 模块和 2 个 KL1104 模块的输入位数为 $2\times2+2\times4=12$(bit)，可以选择 16 bit 数字量输入模块（不能超过 16，以免造成地址资源的浪费）；接着组态数字量的输出模块，也是将所有普通的数字输出位数加起来，然后选择一个等于或者略大于的位数作为选择输出模块的依据。

② DP 部分的设备地址不能重叠，特别注意设备上拨码开关设置的地址不能冲突。

③ 由于使用了连接模块 LINK，因此 DP 部分的设备地址和 PA 部分的设备地址可以重叠。

④ 连接模块 LINK 在组态时占用一个 DP 从站地址；耦合器 Coupler 也可以不组态，对总线来说它是“透明的”。

3. 下载组态

组态完成后保存编译组态信息并将其下载到主站CPU中。

① 如图3-42所示,选择下载方式,单击Options→Set PG/PC Interface进入下载方式设置界面,根据具体的硬件条件可以选择MPI、DP和TCP/IP等方式下载。

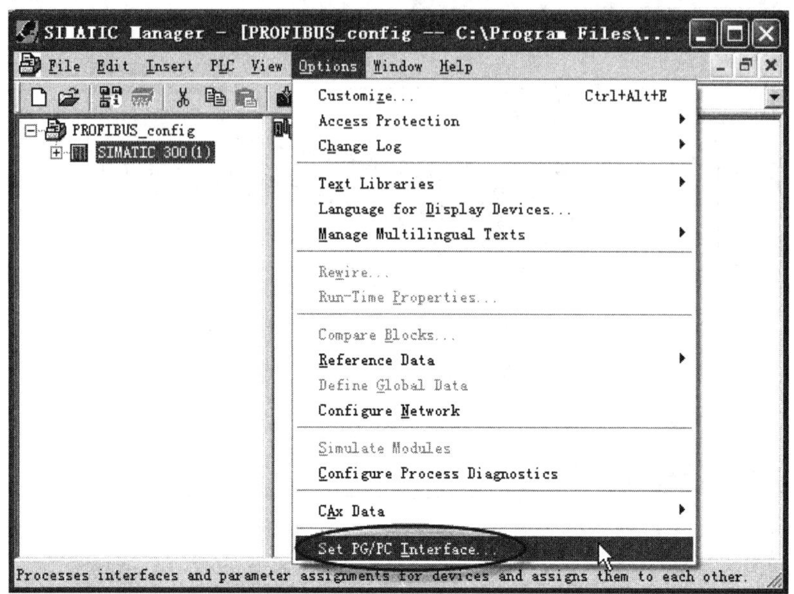

图3-42 设置下载方式

② 本项目选择MPI方式,进行相应选择后,点击图标下载。

3.6.3 系统运行

下面举一个简单的例子来说明现场总线系统的运行。为体现现场总线技术的特点,编制一段包含设备数字量输入(连接钮子开关的输入端)、设备数字量输出(连接有指示灯输出的端子)、模拟量输入(模拟量输入端连接信号源)和模拟量输出(可以观察模拟量输出端的数据)的程序,利用不同设备的I/O实现相互控制。

通过WAGO750-833上的按钮(接在I0.0)控制自身的指示灯(接在Q0.0),并且使用定时器T5,延时5 s控制BK3120上的指示灯(接在Q2.0);同时将PA温度仪表TMT84的模拟量输入通道采集数据存放到DB11中,进行处理后与WAGO750-833的模拟量输入通道采集数据进行减法计算,并存储该结果。

设备的地址分配情况如图3-43所示,DB11中的地址分配情况如图3-44所示。

使用STEP7中的LAD语言在组织块OB1中编制程序实现上述功能的程序,如图3-45所示。

程序解析:当按一下接在I0.0的按钮后,接在Q0.0的指示灯点亮,同时T5开始计时;5 s计时时间到,T5的常开触点闭合,接在Q2.0的指示灯点亮,同时T6开始计时;5 s计时时间到,Q0.0指示灯灭,同时PA仪表TMT84模拟量输入PID288将采集的温度值传送给DB11.DBD2并存储,WAGO750-833模拟量输入通道PIW272采集的数据通过I_DI转换后传送到DB11.DBD6存储;存储在DB11.DBD6中的数据减去DB11.DBD2中的数据并将结果存储到DB11.DBD10中。

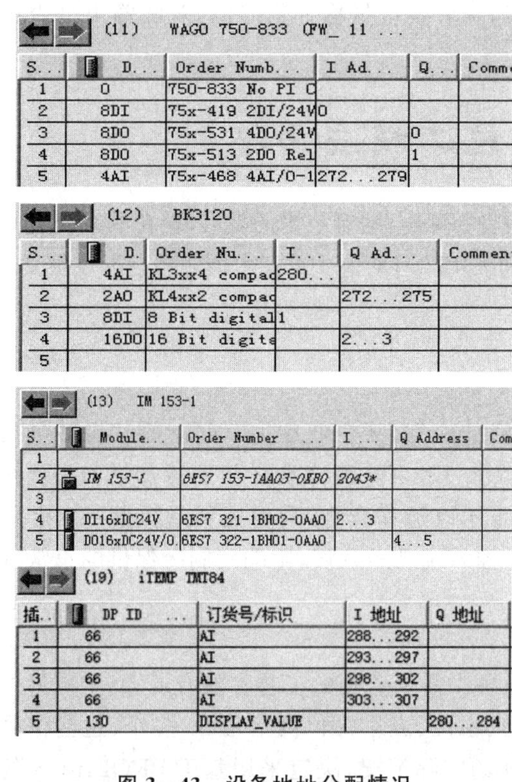

(11)　WAGO 750-833 (FW_ 11 ...

S...	D...	Order Numb...	I Ad...	Q...	Comme
1	0	750-833 No PI C			
2	8DI	75x-419 2DI/24V	0		
3	8DO	75x-531 4DO/24V		0	
4	8DO	75x-513 2DO Rel		1	
5	4AI	75x-468 4AI/0-1	272...279		

(12)　BK3120

S...	D.	Order Nu...	I...	Q Ad...	Comment
1	4AI	KL3xx4 compac	280...		
2	2AO	KL4xx2 compac		272...275	
3	8DI	8 Bit digital	1		
4	16DO	16 Bit digit		2...3	
5					

(13)　IM 153-1

S...	Module...	Order Number ...	I ...	Q Address	Com
1					
2	IM 153-1	6ES7 153-1AA03-0XB0	2043*		
3					
4	DI16xDC24V	6ES7 321-1BH02-0AA0	2...3		
5	DO16xDC24V/0.	6ES7 322-1BH01-0AA0		4...5	

(19)　iTEMP TMT84

插...	DP ID ...	订货号/标识	I 地址	Q 地址
1	66	AI	288...292	
2	66	AI	293...297	
3	66	AI	298...302	
4	66	AI	303...307	
5	130	DISPLAY_VALUE		280...284

图 3-43　设备地址分配情况

地址	名称	类型	初始值
0.0		STRUCT	
+0.0	DB_VAR	INT	0
+2.0	caiji1	DWORD	DW#16#0
+6.0	caiji2	DWORD	DW#16#0
+10.0	zhongjianzhi	DWORD	DW#16#0
=14.0		END_STRUCT	

图 3-44　DB11 中地址分配情况

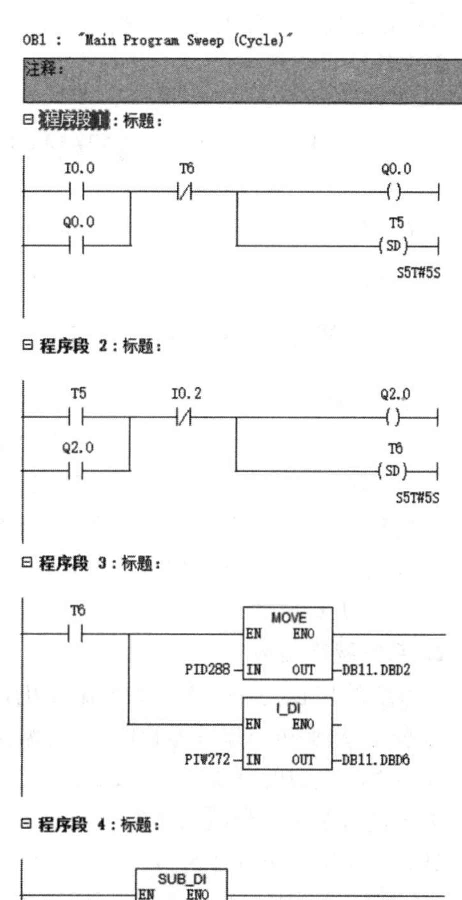

图 3-45　控制程序

程序编写完成,检查无误后,将其下载到 CPU315-2DP 中。前面组态信息已下载,此时只须下载程序块。在 SIMATIC Manager 主界面中,选中 Blocks,然后单击图标下载,如图 3-46 所示。

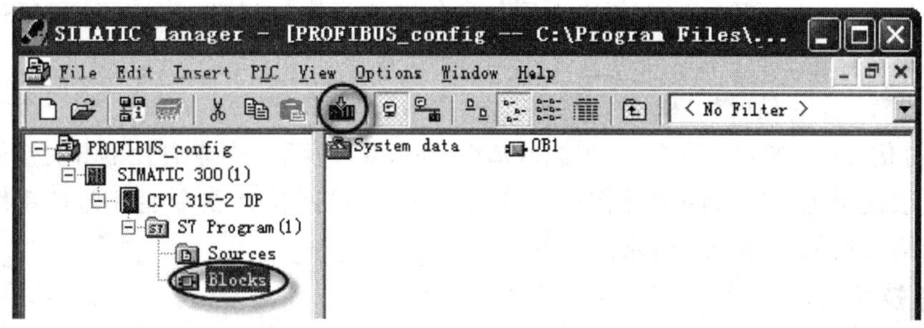

图 3-46　程序块的下载

下载完成后,PLC 开始运行程序,进行在线调试。打开 OB1,在 OB1 的菜单栏中单击图标[icon]进行在线监视程序的运行,然后手动控制按钮,调节模拟量输入信号源,观测输出是否按程序要求的结果运行。

3.7 PROFIBUS 系统工程应用举例

本节提供的 2 个应用案例是作者早期完成的项目和课题,随着技术的发展,现在的系统主站和组态平台虽然发生了改变,但这些例子对学习 PROFIBUS DP 和 PA 技术仍然具有指导意义。

3.7.1 制冷站监控系统改造

1. 系统概述

制冷站主要用于夏季为生产车间提供保持恒温的冷气,某企业动力车间制冷站设备包括 4 台蒸汽型吸收式制冷机、7 台 132 kW 冷却水泵、7 台 132 kW 冷冻水泵、6 座冷却塔和 2 台补水泵。系统自 1997 年安装运行以来,一直未进行技术改造和升级,现有控制系统设备已严重老化,故障率不断升高,维护保养困难,特别是其监控系统已经瘫痪,影响到制冷保供的正常进行,系统急需升级改造。

2. 系统网络架构

本系统的核心设备是 4 台大型制冷机,每台设备中需要监测的工艺参数有近 60 个。另外在冷冻水、冷却水和冷却塔等管路上,有温度、压力、水位、流量等检测信号 50 多个,这些信号分布在 300 m 左右的范围内,比较分散。考虑到现场实际情况,决定采用基于 PROFIBUS 的 FCS 方案进行制冷站的技术升级改造。

具体的网络架构设计为:

4 个制冷机分别作为一个从站:4＃～7＃,制冷机的控制系统为三洋公司早期研发的产品,不能直接连接到 PROFIBUS DP 网络,增加配置原有系统的通信模块,结合德国赫优讯公司(Hilscher)的 NT30 总线桥,通过 Modbus/PROFIBUS 总线转换模块进行数据转换,将其接入 PROFIBUS 网络。

系统原有压力、温度等传感器信号,并未配置标准信号变送器,本次系统改造中将原有传感器更换为德国 E＋H 公司的温度、压力及流量标准信号传感器和变送器,从而实现制冷站控制系统基础模拟信号的采集,这些信号大部分分布在制冷机车间的管路上,就近原则将他们集成在现场的 8＃从站实现信号的采集。

对现场蒸汽的温度、压力、瞬时流量和累计流量信号的采集采用原有设备,其二次仪表可动态显示上述数据,本项目在二次仪表上添加通信功能模块,使其接入 PROFIBUS 网络,实现数据读取。该从站为 3＃。

控制室设有一个主站(2＃)和一个从站(9＃),主站采用 SIEMENS S7-300 PLC。2＃和 8＃站中接入的大部分信号都是控制水泵软启动器、冷却塔、补水泵以及手动控制使用的开关量信号。

系统上层使用工业以太网把操作员站接入主站,通过网关和整个能源监控系统相连。整个系统的网络架构如图 3－47 所示。

3. 关键技术

制冷站监控系统改造的关键技术集中在三个环节,一是实现冷冻水循环系统的智能控制;二是通信模块的选用和使用;三是全面统计循环泵、制冷机、冷却塔、补水泵、控制系统等设备的耗电量并进行分析。下面仅对和现场总线技术密切相关的第 2 点进行介绍。

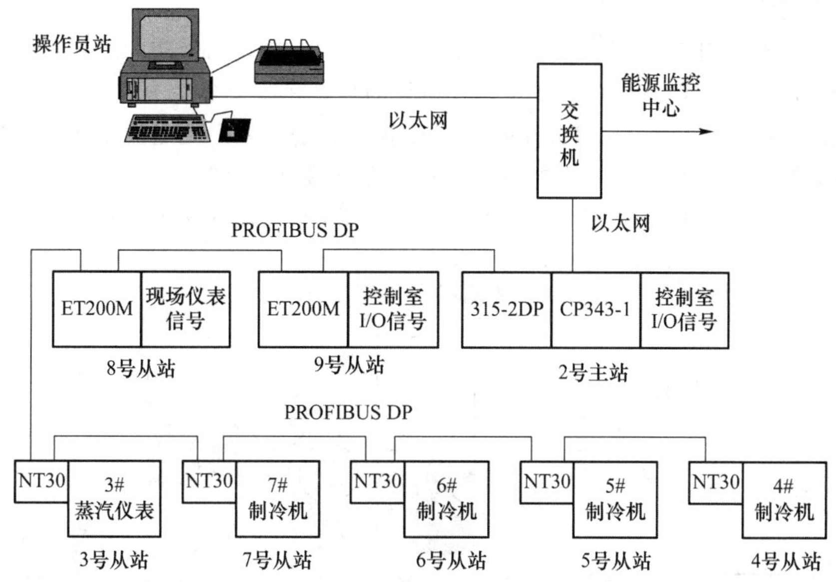

图 3－47　系统网络架构

现场的制冷机为大连三洋制冷有限公司的蒸汽式溴化锂制冷机，为较早版本的 C 型机。与三洋通信技术人员深入沟通后，选用具有 Modbus 通信协议的通信模块来读取制冷机内部参数。另外，系统中蒸汽的温度、压力、瞬时流量和累计流量信号的采集为 Ceebic 公司的二次仪表，将仪表增配 RS485 接口，采用 485/PROFIBUS 的转换模块实现网络连接。在分析和试用多个总线桥的产品后，选用了德国赫优讯公司（Hilscher）的 NT30 总线桥作为 Modbus 和 RS485（ASCII）串口通信的总线转换设备，使用 NTDPSMBR. N34 和 NTDPSASC. N34 两个固件分别实现与三洋制冷机的 Modbus 通信及 Ceebic 公司的二次仪表 RS485 数据通信。

4. 上位机系统

上位机监控系统基于西门子 WinCC 开发，开机后自动进入制冷站监控系统的主监控画面。系统能实时显示各种设备的运行参数、运行状态和故障信息。对制冷设备的历史数据采用棒图和曲线图相结合的显示方法，数据保存周期在 2 年以上；不仅能对制冷系统的运行能耗数据、能耗趋势进行实时分析和画面显示，而且还能进行历史数据查询和报表打印。在远程手动模式下，可以对现场所有设备进行远程手动操作，通过单击画面设备图案能弹出设备控制子窗口，单击按钮控制现场设备的启停。制冷系统具有故障诊断、报警功能，报警信息包含机组编号、位置、产生时间等。

基于 PROFIBUS 总线技术的制冷站监控系统在某企业得到了很好的应用，与原监控系统相比，节省硬件投资和安装费用大约 30％以上，系统采用了多协议转换总线桥，高效能地实现了传统控制器和智能仪表到 PROFIBUS 网络的连接。整个系统完成了水、电和蒸汽等能耗情况的全面统计，人机界面友好，使用方便，易于维护和日后系统的扩充、升级。

3.7.2　PROFIBUS PA 控制系统实验演示装置

本小节以一个专门用于 PROFIBUS PA 实验演示装置为例，说明 PROFIBUS PA 系统的实际应用。

1. 实验装置简介

该装置的结构如图3-48所示。装置的主干段为DP,通过耦合器接到PA段。它主要由3个透明的桶状容器组成,有颜色的水可以按设计的程序在3个容器中流动,水的流动可以是简单控制,也可以是PID调节或串级控制。水的流动方向是:水泵通过流量计6和控制阀4把水从1号容器抽到2号容器;2号容器中的水靠势能作用通过控制阀7流到3号容器;3号容器中的水再靠势能作用通过控制阀9流到1号容器。气泵为控制阀4、7、9提供气源。

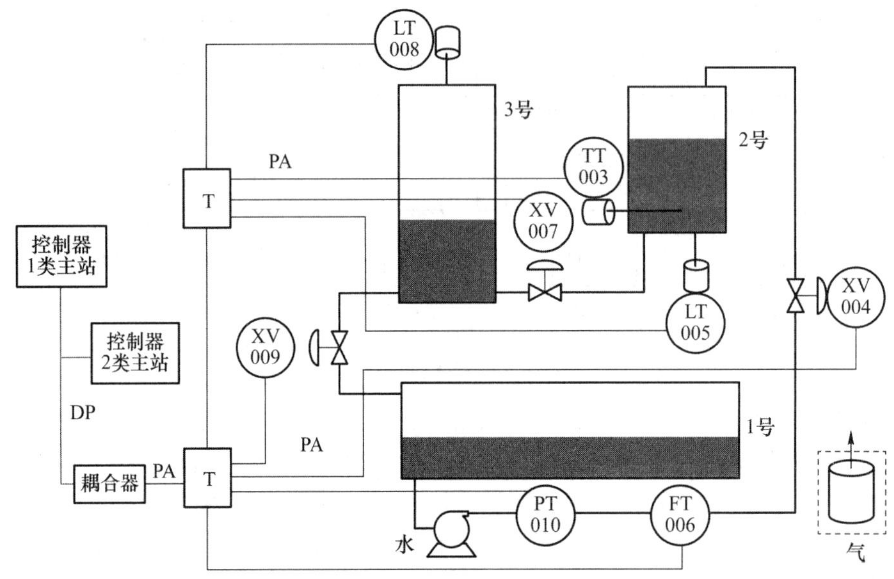

图3-48　PROFIBUS PA实验装置结构图

本装置使用的系统软件和现场设备为:

① 主站:地址为1。使用Invensys智能集成控制器(Intelligent Integrator),该控制器是基于IEC 61131的自动化装置,集成了完善的硬件和软件平台。硬件上它集PLC、通信和HMI接口于一身,体积仅为136 mm(H)×282 mm(L)×79 mm(D),但它的功能却非常强大。其硬件主要参数为:处理器为AMD K6 333 MHz,2 MB显示RAM,1280×1024VGA显示,64MB SDRAM存储器,10 GB硬盘,带有3.5″软驱,2个USB口,4个RS232口,2个并口,可选择的各种现场总线接口和Ethernet接口,键盘、鼠标接口,2～4个PC104扩展槽等。外壳设计为全EMI防护。软件方面:操作系统为Microsoft NT4,在此基础上集成有Wonderware Incontrol作为软PLC完成各种控制任务的设计。

② 软件系统:操作系统软件平台为Microsoft NT4,应用软件平台为Wonderware Incontrol。后者作为基于软PLC的操作引擎,可以完成从制造业自动化到过程自动化的所有控制要求。它提供标准的IEC 61131-3的编程环境,可以使用基于控件的FactoryObjects和常用的用户控制程序,可以可靠地连接各种I/O接口,它集成有OPC和Wonderware SuiteLinkTM通信模式。

③ 耦合器:使用P+F的产品。

④ 连接模块T:使用HAWKE公司产品。

⑤ 流量计:PA从站,地址为6。使用E+H质量流量计。该流量计的功能强大,可以用于各种流体、气体的流量检测。除流量信号外,还实时提供被测流体的温度、密度、质量等十几

个信号。用户可以根据需要选择要使用的信号。

⑥ 控制阀:PA 从站,地址分别为 4、7、9。使用 Samson 公司和 Burkert 公司的产品。

⑦ 物位计(LT005):PA 从站,地址为 5。使用 Endress+Hauser 的差压型物位计。该物位计采用安全流体静力学原理设计,利用压差的变化计算液位的高低,用于液体、浆液和其他软体物料的位置连续检测,其性能不受检测物体的特性(如感性介质)影响。

⑧ 物位计(LT008):PA 从站,地址为 8。使用 Endress+Hauser 的超声波型物位计。该物位计安装在被检测物体的上方,它集成有超声波发射和接收装置。它对检测物体发出超声波脉冲后,该脉冲接触到被测物体的表面时被反射回传感器上面的接收器。通过计算超声波行走的时间就可知道物位的高低。它用于检测液体、谷物和其他颗粒物体的物位。

⑨ 温度传感器:PA 从站,地址为 3。使用 SIEMENS 的产品。

⑩ 压力仪:PA 从站,地址为 10。使用 SIEMENS 的产品。

2. 系统组态

系统组态非常简单,但需要了解和熟悉 InTouch 和 InControl 的使用。本书不对该软件的使用做详细讲解,只对该系统设计中用到的地方做一个简单介绍。

进入 InControl 后,先在"项目管理"环境下建立项目名称,然后双击项目名称进入 InControl 的开发环境。接下来就是对 I/O 进行组态了,组态时先选择主站,然后在主站的目录下添加全部从站。本系统主站和从站的组态如图 3-49 所示。

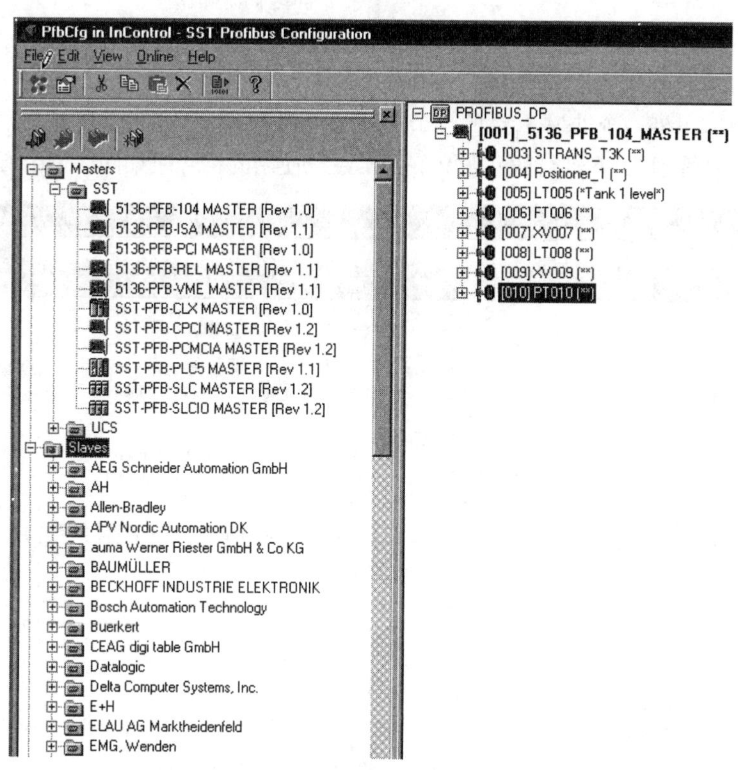

图 3-49 PROFIBUS PA 示例系统主站和从站组态

每一个从站中用到的参数也要组态。因为现在的从站智能化程度非常高,可供选择的参数也很多,所以在选择时要细心,没有用到的参数要使用"空单元"跳过,如某个设备提供的过程参数有 5 个,但你只使用到了第 1 个和第 3 个,则在组态时第 2 个位置就要填上"empty"。

具体使用时大家再参考相应设备的说明。本例中使用的地址为 6 的流量仪表可以提供多达 11 个过程参数,而我们只使用其中的 3 个,所以就用到了“empty”单元。从站 6 的具体参数组态如图 3－50 所示。

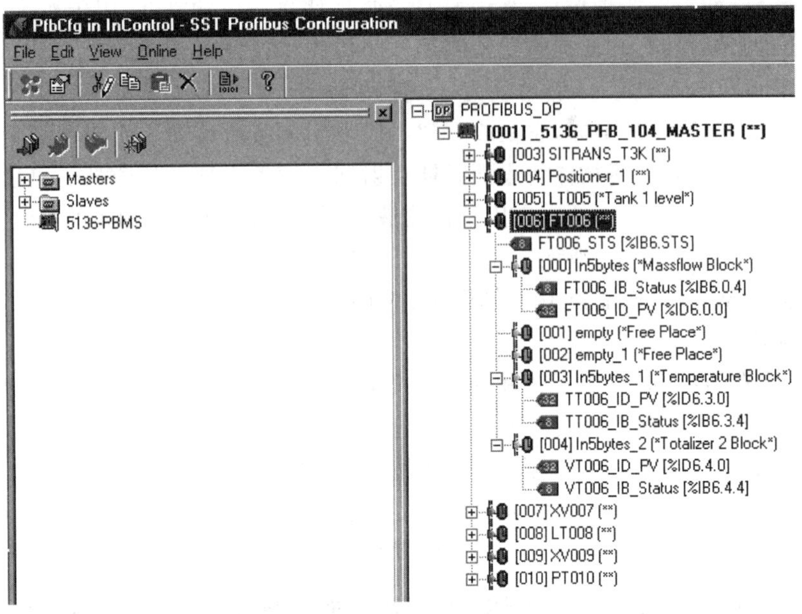

图 3－50　6 号从站的具体参数组态

在组态过程中,另外一个非常重要的环节是定义参数的性质,如参数的地址、描述和类型等。这个工作是在“符号管理器”下进行的。定义好的本系统使用的符号表如图 3－51 所示。

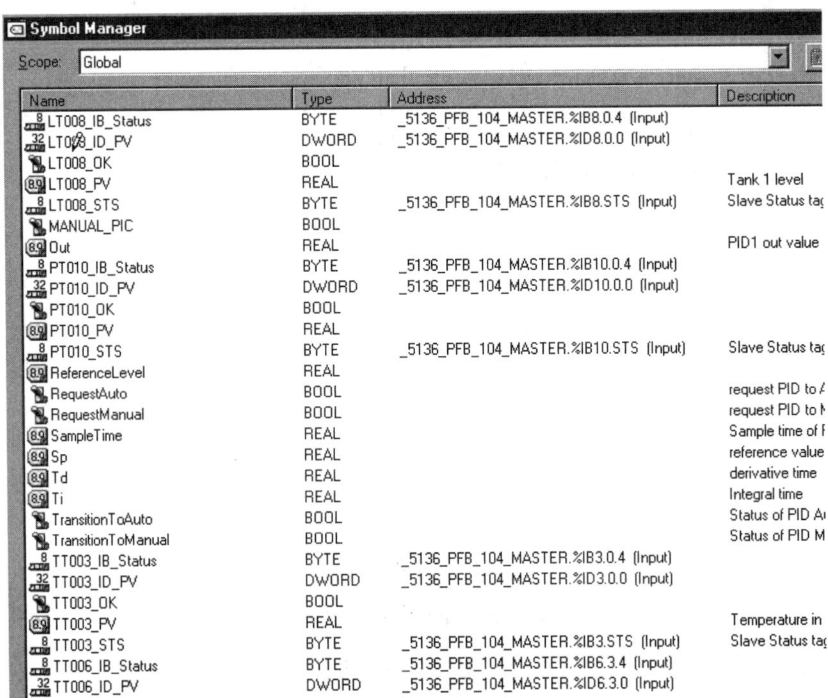
Symbol Manager

Scope: Global

Name	Type	Address	Description
LT008_IB_Status	BYTE	_5136_PFB_104_MASTER.%IB8.0.4 (Input)	
LT008_ID_PV	DWORD	_5136_PFB_104_MASTER.%ID8.0.0 (Input)	
LT008_OK	BOOL		
LT008_PV	REAL		Tank 1 level
LT008_STS	BYTE	_5136_PFB_104_MASTER.%IB8.STS (Input)	Slave Status ta
MANUAL_PIC	BOOL		
Out	REAL		PID1 out value
PT010_IB_Status	BYTE	_5136_PFB_104_MASTER.%IB10.0.4 (Input)	
PT010_ID_PV	DWORD	_5136_PFB_104_MASTER.%ID10.0.0 (Input)	
PT010_OK	BOOL		
PT010_PV	REAL		
PT010_STS	BYTE	_5136_PFB_104_MASTER.%IB10.STS (Input)	Slave Status ta
ReferenceLevel	REAL		
RequestAuto	BOOL		request PID to
RequestManual	BOOL		request PID to
SampleTime	REAL		Sample time of
Sp	REAL		reference value
Td	REAL		derivative time
Ti	REAL		Integral time
TransitionToAuto	BOOL		Status of PID A
TransitionToManual	BOOL		Status of PID M
TT003_IB_Status	BYTE	_5136_PFB_104_MASTER.%IB3.0.4 (Input)	
TT003_ID_PV	DWORD	_5136_PFB_104_MASTER.%ID3.0.0 (Input)	
TT003_OK	BOOL		
TT003_PV	REAL		Temperature in
TT003_STS	BYTE	_5136_PFB_104_MASTER.%IB3.STS (Input)	Slave Status ta
TT006_IB_Status	BYTE	_5136_PFB_104_MASTER.%IB6.3.4 (Input)	
TT006_ID_PV	DWORD	_5136_PFB_104_MASTER.%ID6.3.0 (Input)	

图 3－51　InControl 使用的符号表(部分)

3. 系统设计

就本例而言，系统设计包括两部分，一部分是显示画面组态，另外一部分是系统控制程序设计。

作为实验演示系统，本系统可以进行多种控制程序的设计，如单 PID 系统、双 PID 系统，也可以增加一些逻辑控制。本书的目的是让大家了解 PROFIBUS PA 的使用，所以在这里不介绍更多的控制程序设计，只讲解其中的一个 PID 控制环节。InControl 中集成了许多控制模块，特别是典型的过程控制系统使用的 PID 模块考虑的更是周到，这样进行控制程序设计就非常简单了。使用 PID 控制时，只须把 PID 模块增加到程序中，然后进行各种设置即可，在控制程序中还可以对 PID 模块的有关参数进行控制和显示。控制程序中有关 PID 的部分如图 3－52 所示。

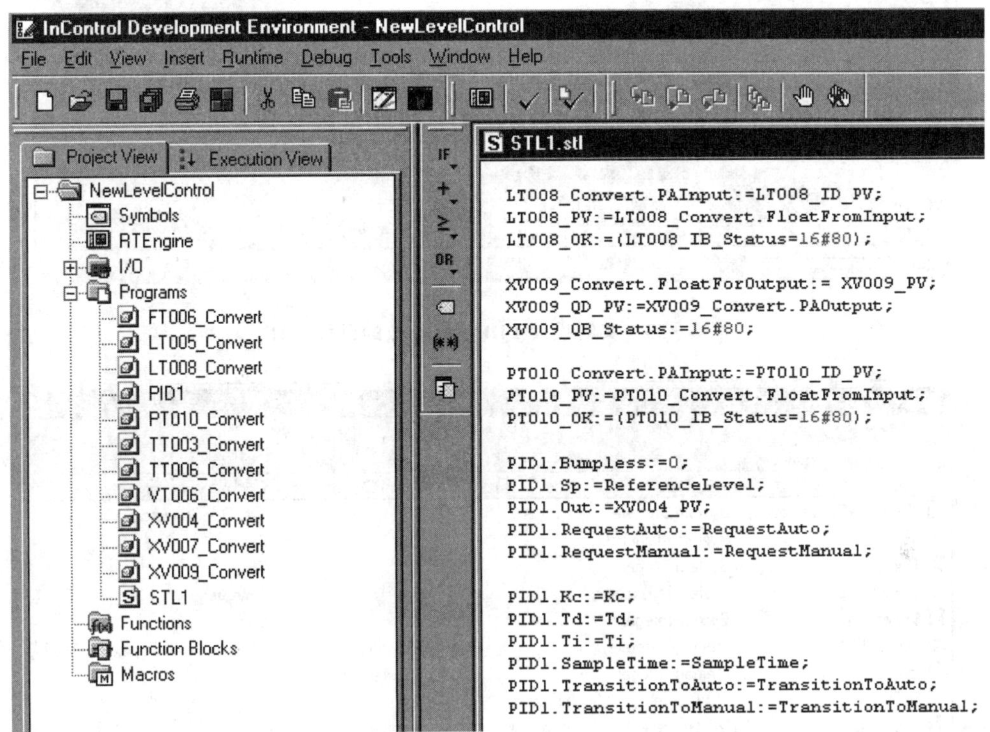

图 3－52 控制程序中的 PID 参数控制部分设计

从图 3－52 中可以看出，对输入参数来说，必须在它们的“运行状态”为“TRUE”(即括号中它们的运行状态等于 16＃80)时才能正常工作，而对于输出参数来说，必须使它们的“运行状态”等于 16＃80 才能开始工作。

显示画面设计也非常简单，只不过要会使用 InTouch Maker。在画面设计过程中为了使画面好看和生动，有时还会用到 Photoshop 等软件。除了画面设计外，还要进行一些和该画面有关的控制程序设计，比如该画面什么时候显示，显示时要做些什么工作等。

本例设计的画面有多幅，图 3－53 所示是实时设置 PID 运行参数的画面(本图中已剪去了带有图标的表头)。

在 InTouch Maker 中，设计符号库(Tagname Dictionary)非常重要，必须把用到的变量都放到符号库中。图 3－54 所示是本例符号库的部分内容。

InTouch Maker 和 InControl 的连接是通过双方的符号库完成的，这也是设计时的关键内容。

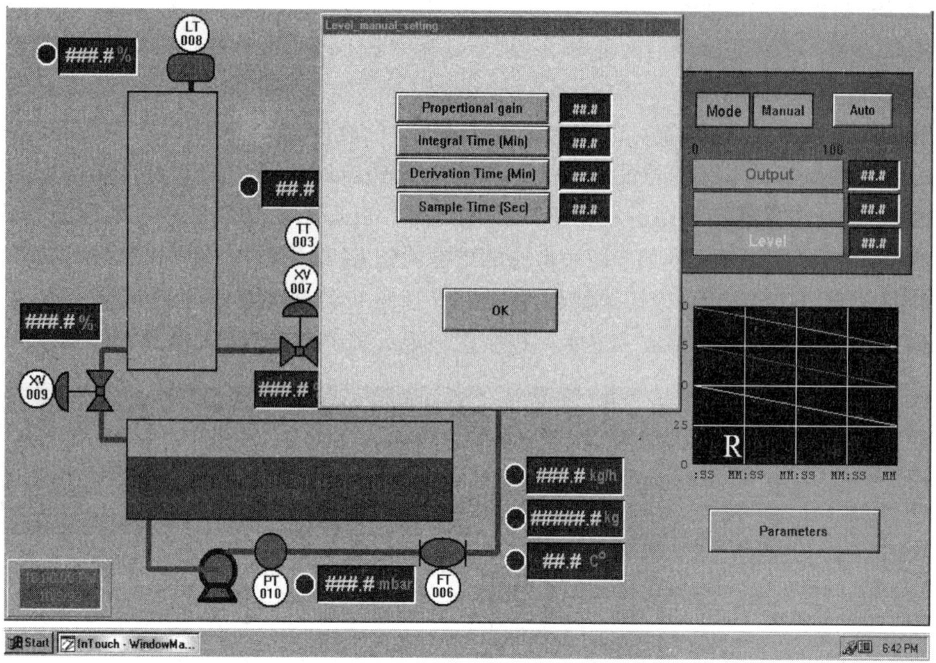

图 3-53　实时设置 PID 运行参数的画面设计

Select Tag

Tagname	Tag Type	Access Name	Alarm Group	Comment
$StartDdeConversations	System Discrete			StartDdeConversations
$System	System Alarm G...			System
$Time	System Integer			Time
$TimeString	System Message			TimeString
$Year	System Integer			Year
AUTO_PID	Memory Discrete		$System	when automation picture showing
false	Memory Integer		$System	
FT006_IB_Status	I/O Discrete	InControl	$System	
FT006_OK	I/O Discrete	InControl	$System	
FT006_PV	I/O Real	InControl	$System	
historywaveform	Hist Trend		$System	AccessLevel
Kc	I/O Real	InControl	$System	Proportional Value
line1	Memory Discrete		$System	line1
LT005_IB_Status	I/O Discrete	InControl	$System	
LT005_OK	I/O Discrete	InControl	$System	
LT005_PV	I/O Real	InControl	$System	Tank 2 level
LT008_IB_Status	I/O Discrete	InControl	$System	
LT008_OK	I/O Discrete	InControl	$System	
LT008_PV	I/O Real	InControl	$System	Tank 2 level
MANUAL_PID	Memory Discrete		$System	when manual picture showing
Out	I/O Real	InControl	$System	PID Out Value

图 3-54　InTouch Maker 中符号库的部分内容

4. 系统调试及运行

系统调试时可以先使用2类主站进行手动测试,2类主站也可以帮助检查调试时遇到的问题。使用 InControl 的强制功能可以手动调试各从站的输入和输出,在用户程序运行时也可以观测到各个参数的输入或输出结果。

InTouch Maker 连接到运行状态后可以通过设计的画面观测整个系统的运行状态。有不对的地方，可以重点检查双方的符号库是否完善和正确，或检查画面上的设计元素的特性是否正确。

图 3－55 所示为自动运行模式下的实时画面（已剪去表头）。

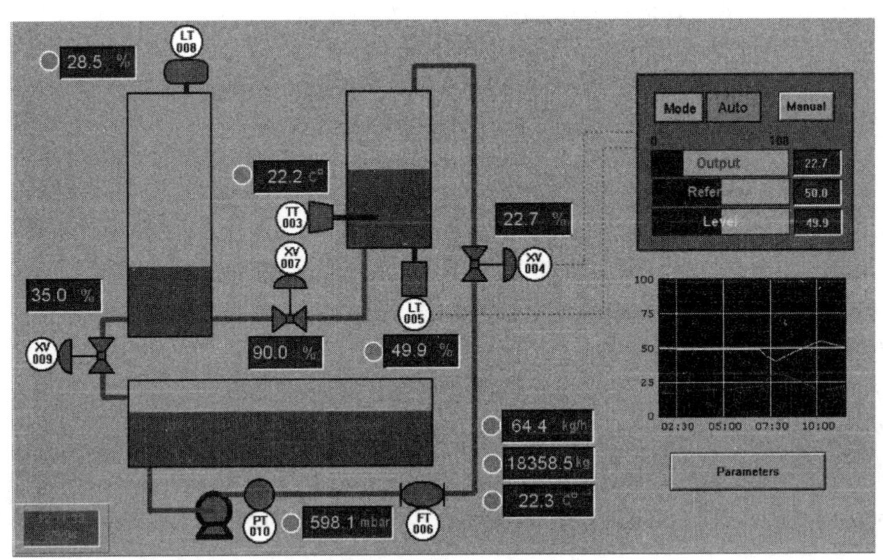

图 3－55　自动运行模式下的实时画面

本章小结

PROFIBUS 是世界上应用最成功的现场总线之一，也是能够全面覆盖工厂自动化和过程自动化应用领域的现场总线。

PROFIBUSDP 采用 RS485 双绞线或光缆传输介质、异步传输方式、NRZ 编码进行数据传输，传输速率从 9.6 kbit/s 到 12 Mbit/s。PROFIBUS 主要由 1 类主站、2 类主站、从站和网络附件设备等组成，它可以是单主站系统，也可以是多主站系统。

PROFIBUS PA 专为过程控制应用而设计，它使用同步传送技术、总线供电模式（MBP），使数字信号和设备电源通过同一根电缆传送，符合危险场合设备使用的规定，所以 PA 可以在有爆炸危险的场合使用。

现场总线控制系统其实是一个大的分散的 PLC 控制系统，也是按照周期性循环的方式进行工作的。在 PROFIBUS 控制系统中，主站之间遵循虚拟令牌总线的方式进行访问控制，令牌只有一个，在各主站之间循环传递，谁握有令牌谁就有工作的权力，该主站工作结束后，把令牌传递给下一个主站；一个一类主站拥有令牌后，开始和自己控制的从站的进行数据交换：主站把最新的该从站的输出结果发送给从站，从站则把最新的输入数据发送给主站。

在实际工作中，最常出现的问题和故障几乎都是和安装有关的，这些安装错误主要包括终端电阻设置错误、电源线布置不当、电缆走线不当或使用错误的电缆。掌握好安装技术是保证 PROFIBUS 正确使用的关键。

本章还较详细地介绍了 FISCO 概念，对在危险区域使用的设备、电缆和系统进行本质安全的设计和评估,FISCO 是一种新型计算和设计模型。和传统方法相比,其突出特点是简单和方便。

GSD 文件是一个可读的文本文件,主要内容包含制造商的名字、该设备支持的波特率、I/O模块情况以及其他必须和可选的特性数据。每个 PROFIBUS 设备都必须有相应的 GSD 文件才能加入 PROFIBUS 网络中。安装和组态一个系统是学习 PROFIBUS 的第一步,本章最后的应用实例可以为大家提供一些指导。

思考题与练习题

1. PROFIBUS 网络中主要包括哪几种设备?

2. 请简述 PROFIBUS 中设备地址的安排原则。

3. PROFIBUS 主站和主站之间、主站和从站之间是怎样进行数据交换的?

4. 如果网络运行在 1.5 Mbit/s,则 PROFIBUS DP 的最大线缆距离是多少?

5. 简要解释下列设备的作用:

① D 形连接器;

② 终端电阻。

6. 列出在现场总线电缆中引起信号反射的主要原因。

7. 在现场总线电缆上主要的干扰源有哪些? 针对这些不同的干扰,所采取的抑制干扰的技术是什么?

8. 在什么情况下,DP 网络不允许使用“分叉线路”?

9. PROFIBUS 从站必须提供的信号有哪些?

10. 试解释“D 型连接器中终端电阻”和“活动终端电阻器”的区别。

11. 请给出 3 种在现场总线网络中使用 RS485 中继器的场合。

12. 请用“T”标示出图 3-56 中终端电阻应该置为“ON”的地方。

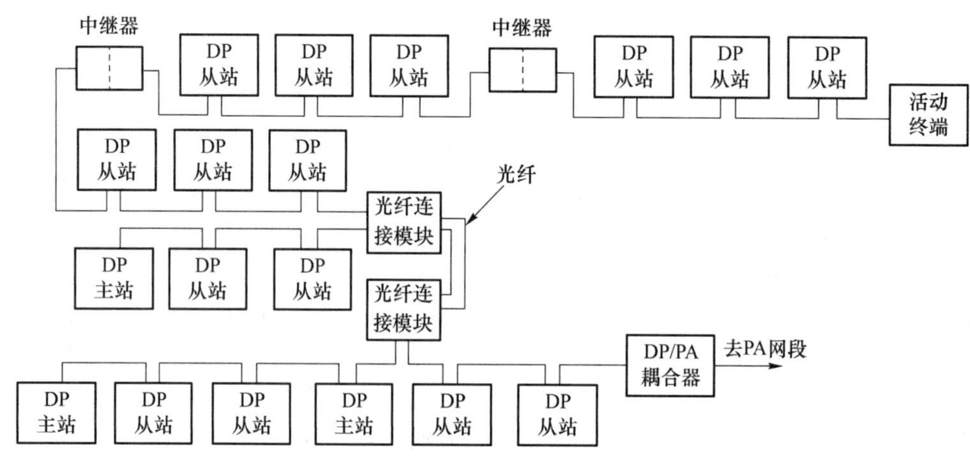

图 3-56 PROFIBUS DP 网络示意图

13. 图 3-57 所示为一个工厂的 FCS 布局图,它包括 1 个 PROFIBUS DP 主站和 40 个从站。整个系统需要 180 m 电缆,系统通信速率为 1.5 Mbit/s。试用最符合实际的方法把它们连接起来。要求画出连接线路、终端电阻和中继器。

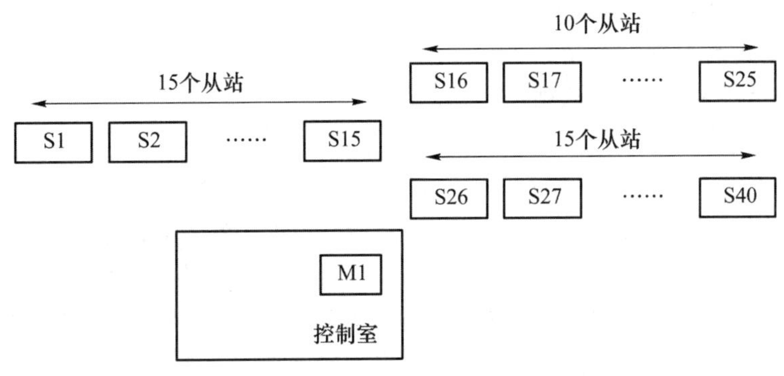

图 3－57　FCS 系统布局图

14. 图 3－58 所示为一个工厂的 FCS 布局图，该 FCS 包括 1 个主站和 20 个从站，系统在 1.5 Mbit/s 下运行，需要电缆约 300 m。对本系统有一个特殊要求是移走任何一个从站都不影响整个系统的结构。试把系统连接起来，并标示出终端电阻、中继器等。

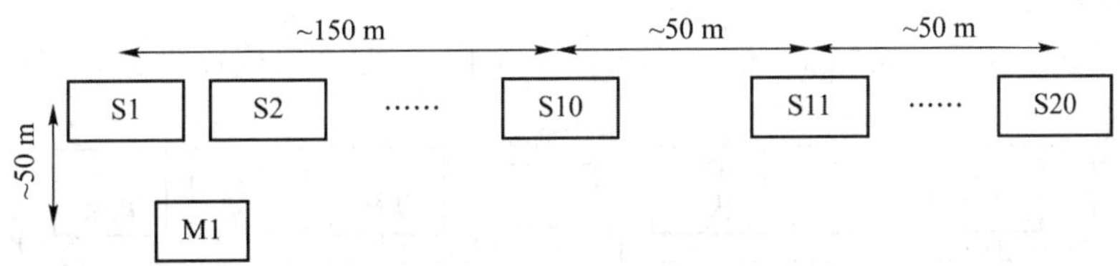

图 3－58　FCS 系统布局图

15. 试确定下列电缆和 PROFIBUS 电缆在一起安装使用时应保持的最小距离。

电缆名称	应保持的最小距离/m
AS-i 总线电缆	
为数字输出模块供电的 24 V 电源线	
为直流电源供电的单相 240 VAC 电源线	
为 PROFIBUS 变频器供电的三相 415 V 交流电源线	
两个建筑物之间的携带 PROFIBUS 信号的光纤	
连接两个接线柜之间的地线	

16. 一个 PROFIBUS 控制系统有两个控制室，这两个控制室有各自的接地系统，可能存在较大的电势差。试给出 3 种解决该问题的方法。

17. 列写出 3 种耦合器和链接模块在使用上的不同。使用这两种设备后，它们对整个网络带来了哪些限制？

18. 一个在安全区域使用的 PA 网段由 24 个从站组成。当在下列情况下使用时，试确定允许的分支线路(spur)的最大长度：

① 每个分支线路上有 1 个从站；

② 每个分支线路上有 2 个从站；

③ 每个分支线路上有 4 个从站。

在以上几种分支线路最长的情况下，其主干线路的最大长度分别是多少？

19. 一个在危险性区域使用的 PA 网段由 8 个本质安全从站组成。当在下列情况下使用

时,试决定允许的分支线路(Spur)的最大长度:

① 每个分支线路上有1个从站;

② 每个分支线路上有2个从站;

③ 每个分支线路上有4个从站。

在以上几种分支线路最长的情况下,其主干线路的最大长度分别是多少?

20. 一个工厂的非危险性区域安装有4~20 mA的仪表装置,使用的是单芯和多芯电缆。如果将来要把它们转换为PROFIBUS PA系统,请问需要考虑的最主要的因素是什么?

21. 几个相同的PA FISCO设备在一个危险区域使用,它们被安装在一根500 m电缆的最远处。每个设备消耗的基本电流为12 mA,故障电流为6 mA。该PA网段由一个FISCO耦合器驱动,该耦合器提供的电压为12 V,电流容量为100 mA。整个网段使用PA的A型电缆,该电缆的电阻为44 Ω/km。

① 试确定该耦合器所能驱动的最大的该类从站的设备数。

② 当使用这么多从站,并且允许有一个故障的情况下,整个网络的最大电压降是多少?

③ 试判断系统能否满足从站的电压要求。

22. 一个PROFIBUS网络如图3-59所示,请用“T”标示出应该设置终端电阻的地方。

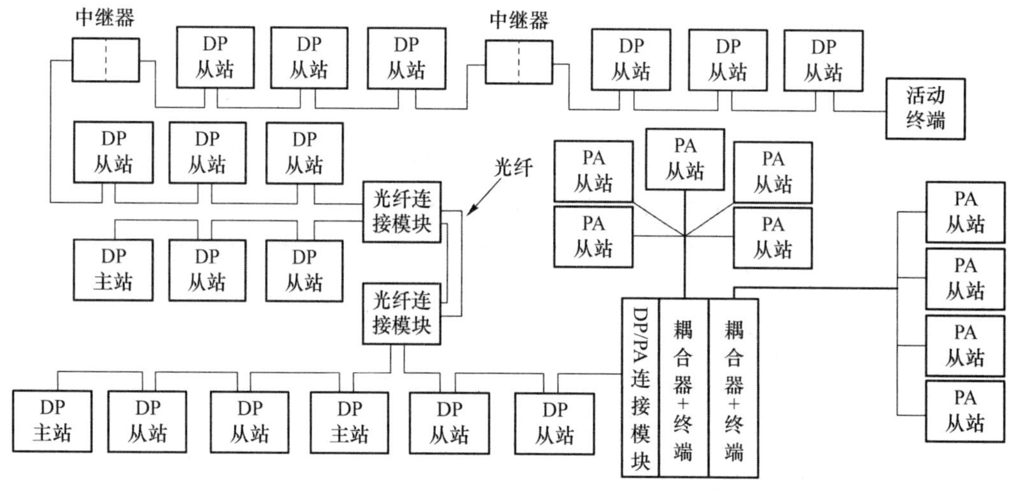

图3-59 PROFIBUS网络

23. 试分析DP和PA网段上终端电阻以及其设置的不同之处。

24. 简要解释FISCO和The High-Power Trunk的概念。它们的主要作用是什么?

25. 什么是GSD文件?它的主要作用是什么?

26. 简要解释GSD、EDD和DTM的主要特点和应用场合。

第 4 章　PROFIBUS 技术详解

本章主要对 PROFIBUS 技术进行详细讲解，学习本章之前，我想就现场总线的实际应用和详细技术学习之间的关系说几句。大家使用 PROFIBUS 组成系统去完成一个实际工程项目时，只要选择好主站、从站、软件，进行组态和程序设计就行了，一般不需要接触其技术细节。但要想真正深入掌握 PROFIBUS 技术、解决现场总线系统中出现的问题，就要使用诊断工具对系统进行检查和分析，如果不了解 PROFIBUS 的技术细节，则是不可能完成这些高水平工作的。我认为高级总线技术工程师应该既通晓系统集成，更应该了解和掌握有关现场总线技术更深层次的知识。

4.1　PROFIBUS 通信协议结构

4.1.1　现场总线通信协议模型

在现场装置之间进行完全透明和高效率的通信，以及与上层网络之间进行正确有效的沟通是现场总线通信协议最基本的要求。综合起来包括以下几方面：

① 通信介质的多样性：支持多种通信介质，以满足不同场合与环境的要求。

② 信息传递的实时性、确定性和完整性：这也是工业控制系统中的通信和民用通信的最大区别。现场总线系统中的通信不允许有较大的延时或延时的不确定性，它要求系统对控制过程中出现的任何情况都能做出快速的响应，所以它对系统实时性的要求非常苛刻；另外它的通信必须要在保证质量的情况下有确定的联系对象。

③ 可靠性：应具备各种抗干扰能力和完善的自诊断和纠错能力。

④ 互操作性：不同厂商制造的总线设备可在同一个总线系统中互相通信和操作。

⑤ 开放性：基本符合 OSI 参考模型，形成一个开放系统。

现场总线的通信协议模型是参照 ISO/OSI 开放系统互联参考模型并加以简化而建立的，这样做有利于系统的开放。现场总线通信协议模型综合了多种现场总线标准，规定了现场应用进程之间的相互可操作性、通信方式、层次化的通信服务功能划分、信息流向及传递规则。具有 7 层结构的 OSI 参考模型可支持的通信功能是相当强大的，作为一个通用参考模型，它需要解决各方面可能遇到的问题，所以需要具备丰富的功能。

在现场总线通信协议模型的制定过程中，基于其通信的实时性、确定性和可靠性的考虑，结合自身特点对其进行了简化，只采用了物理层、数据链路层和应用层，同时考虑到现场装置的控制功能和具体应用又增加了用户层。需要指出的是，在现场总线通信协议模型中，虽然没有了 OSI 的 3～6 层，但这并不是说完全抛弃了这些层的功能，而是根据实际需要和就近原则把一些有用的功能上移到了应用层，或下移到了数据链路层，这种简化是在形式上和实际内容里进行的。IEC 61158 现场总线网络协议模型如图 4－1 所示。

现场总线通信协议模型中各层的功能及定义如下：

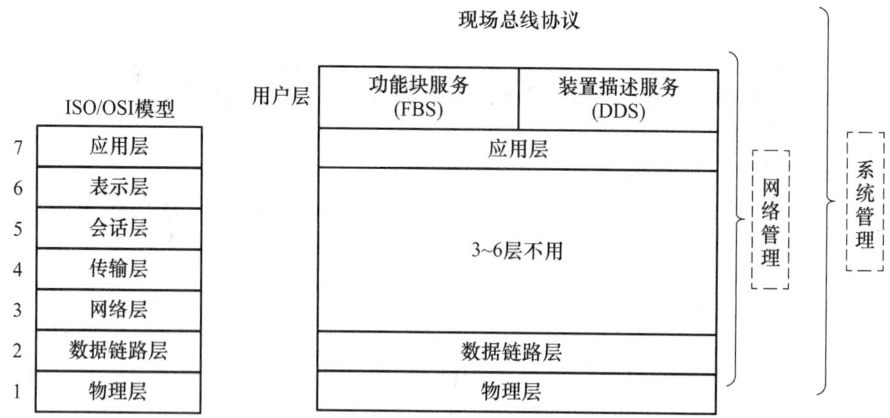

图 4-1 IEC 61158 现场总线通信协议模型

(1) 物理层(Physical Layer)

物理层提供机械、电气、功能性和规程等功能。它定义了网络信道上的信号连接方式、传输介质、传输速率,每条线路上连接仪表及装置的数量、最大传输距离、电源等,以便在数据链路实体之间建立、维护和拆除物理连接。物理层通过物理连接在数据链路实体之间提供透明的位流传输。当处于数据发送状态时,该层接收数据链路层(Data Link Layer,DLL)下发的数据信号,并将其以某种电气信号进行编码并发送;当处于数据接收状态时,将相应的电气信号编码变为二进制数,并送到链路层。

(2) 数据链路层

该层定义了一系列服务于应用层的功能和向下与物理层的接口,提供了介质存取控制功能和信息传输的差错检测功能。该层是现场总线的核心,所有连接到同一物理通道上的应用进程实际上都是通过链路层的实时管理来协调的。数据链路层分为媒体存取控制(MAC)子层和逻辑链路控制(Logical Link Control,LLC)子层。MAC 子层主要实现对共享总线媒体的"交通"管理,并检测传输线路的异常情况。LLC 子层的作用是在节点间对帧的发送、接收进行控制,同时检测传输错误。现场总线的实时通信主要由数据链路层提供,所谓实时(Time-critical)就是提供一个"时间窗",在该时间窗内,需要完成具有某个指定级别确定的一个或多个动作。为了满足实时性的要求,IEC 61158-3(链路层服务定义)和 IEC 61158-4(链路层协议规范)采用灵活性和实时性相结合的物理通道管理方法,总线存取的控制可以按照用户的需要实现集中或分散方式,使数据传输有很高的确定性和优先级。在这种方式下,物理通道被有效地利用起来,大大减少或避免了延迟。

(3) 应用层(Application Layer)

该层为用户提供了一系列服务,具有实现分布式控制系统中应用进程之间通信的功能,同时为分布式现场总线控制系统提供了应用接口的操作标准,实现了系统的开放性。应用层与其他层的网络管理机构一起对网络数据流动、网络设备及网络服务进行管理。

(4) 用户层(User Layer)

该层是专门针对工业自动化领域现场装置的控制和具体应用而设计的,它定义了现场设备数据库间互相存取的统一规则,用户使用提供的标准功能块可组成系统,完成用户的应用程序设计。它是使现场总线标准超过一项通信标准而成为一项系统标准的关键,也是使现场总线控制系统实现开放与可互操作性的关键。

为此，IEC 专门成立了一个工作组 IEC SC65C/WG7 来负责制定标准功能块，按规范制定的标准块包含 AI、AO、DI、DO 和 PID 等。为了实现互操作性，规定每个现场总线装置都要用装置描述(Device Description，DD)来说明其所有的信息。可以认为 DD 就是装置的一个驱动器，它包含所有必要的参数描述和主站所需要的操作步骤。由于 DD 包含描述装置通信所需要的所有信息，并且与主站无关，所以可以保证现场总线装置实现真正的互操作性。

4.1.2 PROFIBUS 协议结构

PROFIBUS 协议结构以 ISO/OSI 为参考模型，符合开放性和标准化的要求，也完全符合 IEC 61158 现场总线的通信模型。其协议结构模型如图 4-2 所示。

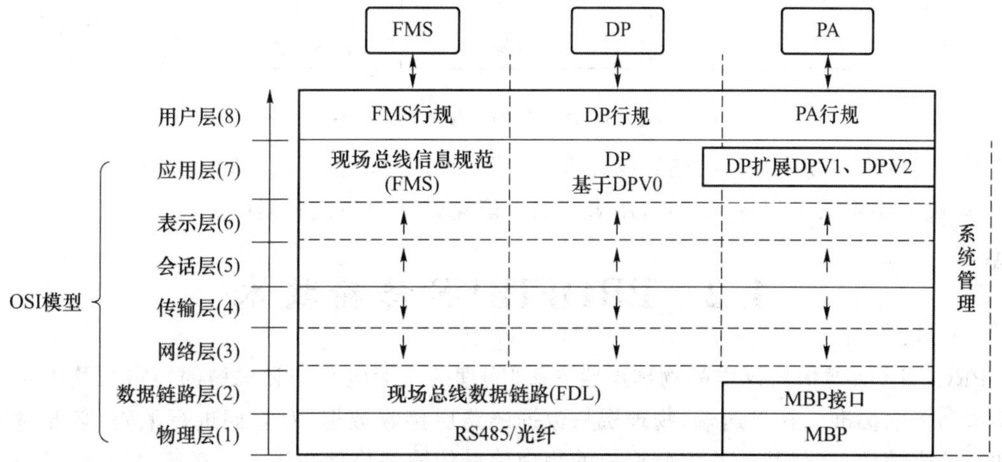

图 4-2　PROFIBUS 的协议结构

从图中可以看出，PROFIBUS 的协议结构共有 4 层：物理层、链路层、应用层，外加一个独特的用户层(或行规层)，和 IEC 61158 的协议结构模型完全相同。其 3～6 层的必要功能经过简化后，浓缩进了数据链路层和应用层中，这样做简化了协议结构，提高了数据传输效率，符合工业自动化实时性高、数据量小等特点的要求。

DP 和 PA 可以存在于同一个网络中，DP 的物理层使用 RS485/FO(Fiber Optic)、NRZ 编码、异步传输技术；PA 的物理层使用 MBP(Manchester code Bus Powered)、同步传输技术。PA 和 DP 的应用层完全相同，所以 DP 和 PA 可以互相通信。用户层是专门针对工业自动化领域现场装置的控制和具体应用而设计的，针对不同的系统管理规范和自动化设备，PI 制定了详尽的行规。

4.1.3 PROFIBUS 技术组成模块

对应 PROFIBUS 协议结构，其全部技术内容可以用图 4-3 所示的技术组成模块来表示。它组合了大量相互适配的应用/规范技术模块(包括传输技术、应用行规、集成技术等)，从而保证了宽泛应用之间的完全一致性，以适合于过程自动化、制造业自动化，以及和功能安全相关的多领域的使用要求。

图 4-3 中系统组成主要有 4 大模块。核心模块是通信技术(应用层的 DP-V0/V1/V2)，用来实现自动化系统设备之间的通信；传输技术中的 RS485/RS485-IS、MBP/MBP-IS 以及光纤传输分别用于工厂自动化、过程控制中的不同要求的场合；PROFIBUS 的行规(用户层)保

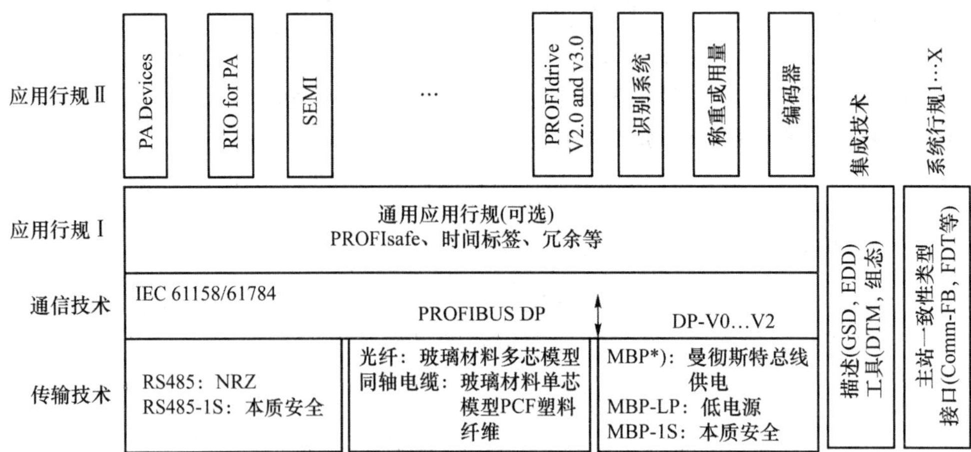

图 4-3　PROFIBUS 技术组成模块

证了不同设备供应商产品之间的互操作性，使不同行规的设备可以在同一个网络中使用；除此之外，模块中还包括工程技术工具，用来完成智能化设备的描述和集成。

4.2　PROFIBUS 传输技术

PROFIBUS 通信协议中的物理层定义了“物理的”(即电气的和机械的)特性，其中包括编码类型和传输标准。在发送端，物理层从数据链路层接收数据，对它们进行编码，必要时通过添加通信成帧信息(封装)，并将所形成的物理信号传输到物理介质上。在接收端，信号被一个或多个节点所接收，物理层先对这些数据进行译码，必要时去掉通信成帧信息，然后再把它们传输给数据链路层。PROFIBUS 提供了多种不同的传输介质和方法，表 4-1 所列为 PROFIBUS 传输技术中物理层的特性。

表 4-1　PROFIBUS 的传输技术中物理层的特性

特　性	传输技术				
	RS485	RS485-IS	MBP	MBP-IS	光纤
数据传输	数字、差分信号符合 RS485、NRZ	数字、差分信号符合 RS485，NRZ	数字、位同步曼彻斯特编码	数字、位同步曼彻斯特编码	光、数字、NRZ
传输速率	9.6 kbit/s～12 Mbit/s	9.6 kbit/s～1.5 Mbit/s	31.25 kbit/s	31.25 kbit/s	9.6 kbit/s～12 Mbit/s
数据安全性	HD=4，奇偶校验比特，起始/终止定界符	HD=4，奇偶校验比特，起始/终止定界符	前同步码，出错保护，起始/终止定界符	前同步码，出错保护，起始/终止定界符	HD=4，奇偶校验比特，起始/终止定界符
电缆	屏蔽双绞线、电缆类型 A	屏蔽、双绞 4 线、电缆类型 A	屏蔽双绞线、电缆类型 A	屏蔽双绞线、电缆类型 A	多模和单模玻璃光纤、PCF、塑料光纤
远程供电	通过附加线可用	通过附加线可用	通过信号线可用(可选的)	通过信号线可用(可选的)	通过混合线可用
引燃保护类型	无	本质安全(EXib)	无	本质安全(EXia/ib)	无

续表 4-1

特　性	传输技术				
	RS485	RS485-IS	MBP	MBP-IS	光纤
拓扑	带终端器的线形拓扑	带终端器的线形拓扑	带终端器的线形拓扑	带终端器的线形和树形拓扑或组合结构	典型的星形和环形拓扑，也可以是线形
设备数量	每段最多 32 个，整个网络最多 126 个	每段最多 32 个，用中继器时最多 126 个	每段最多 32 个，整个网络最多 126 个	每段最多 32 个，整个网络最多 126 个	每个网络上最多 126 个
中继器数量	最多 9 个	最多 9 个	最多 4 个	最多 4 个	无限制信号刷新（注意信号传播延迟）

4.2.1　RS485 和 RS485-IS

这是一种简单的、低成本的传输技术，它使用有一对导体的屏蔽双绞线铜质电缆，主要用于需要高传输速率的任务。RS485 传输技术容易使用，其总线结构允许随时增加、拆除站点或系统逐步投运而不影响其他的站点。

RS485 是一种最常用的串行通信协议。如图 4-4 所示，RS485 接口采用二线差分平衡传输方式，其一根导线上的电压值是另一根上的电压值取反，接收端的输入电压为这两根导线电压值的差值。

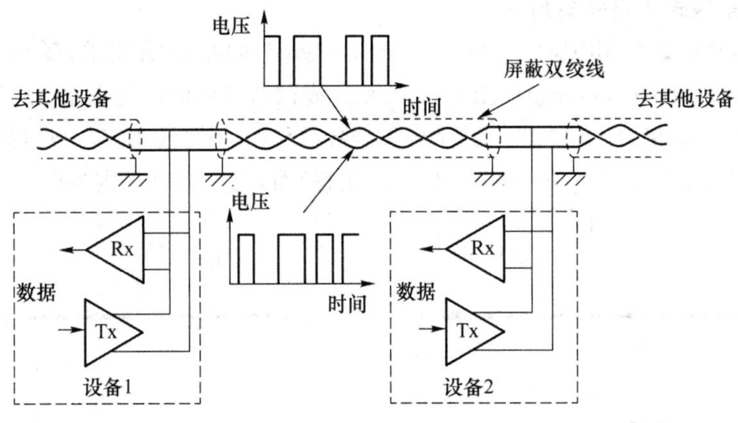

图 4-4　RS485 差分平衡电路

屏蔽双绞线线缆可以极大程度抑制电磁干扰、静电干扰和串音干扰，减少信号传输损耗，提高信号质量。差分电路的最大优点是可以抑制噪声，因为噪声会出现在两根导线上，一根导线上的噪声电压会被另一根导线上出现的噪声电压抵消。差分电路的另一个优点是不受节点间接地电平差异的影响，在非差分（即单端）电路中，多个信号共用一根接地线，长距离传输时，不同节点接地线的电平差异可能较大，有时甚至会引起信号的误读，差分电路则完全不会受到接地电平差异的影响。

RS485-IS（Intrinsiclly Safety）是一种支持在本质安全区域中使用的具有快速传输速率的 RS485。在相互连接时，为了保证安全功能，此接口规范规定所有站点必须遵守一定的电压和电流标准。在连接活动站点时,所有站点的电流总和不得超过最大允许电流值。

PROFIBUS DP 使用异步传输技术和 NRZ(Non Return to Zero)编码,NRZ 编码的二进制信号"0"或"1"的信号电平在信号持续期间维持不变。图 4-5 所示为 PROFIBUS 使用的 NRN 编码。

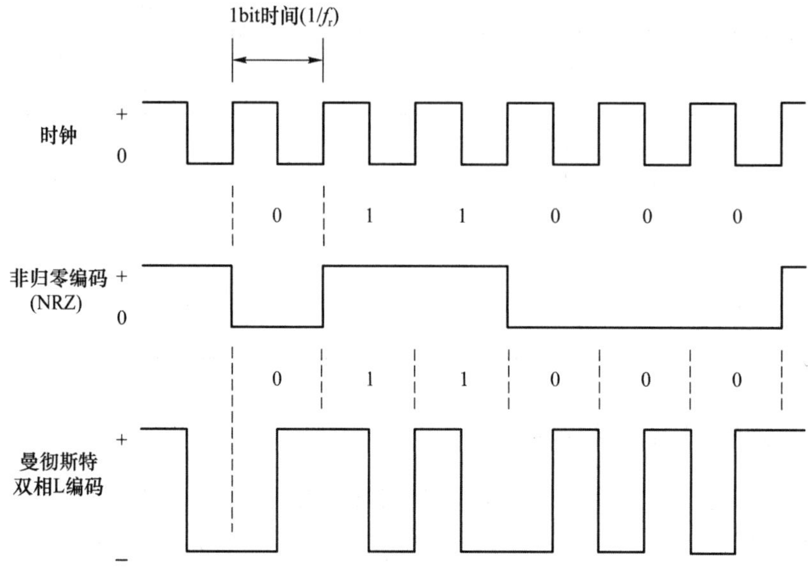

图 4-5　PROFIBUS 中使用的 NRZ 编码和曼彻斯特编码

4.2.2　MBP 和 MBP-IS

1. 同步传输格式和编码规则

PROFIBUS PA 使用 MBP(Manchester Bus Powered)同步传输技术,曼彻斯特双相 L 码(Manchester Biphase Level Coding)如图 4-5 所示。曼彻斯特编码的优点是:该信号是一种无直流的自同步信号,可以借助不同的调制技术经总线导线传输,另外还可以从自身提取同步信号。

对于在 IEC 61158-2 中所使用的不同信号(比特)而言,其编码规则如图 4-6 所示。

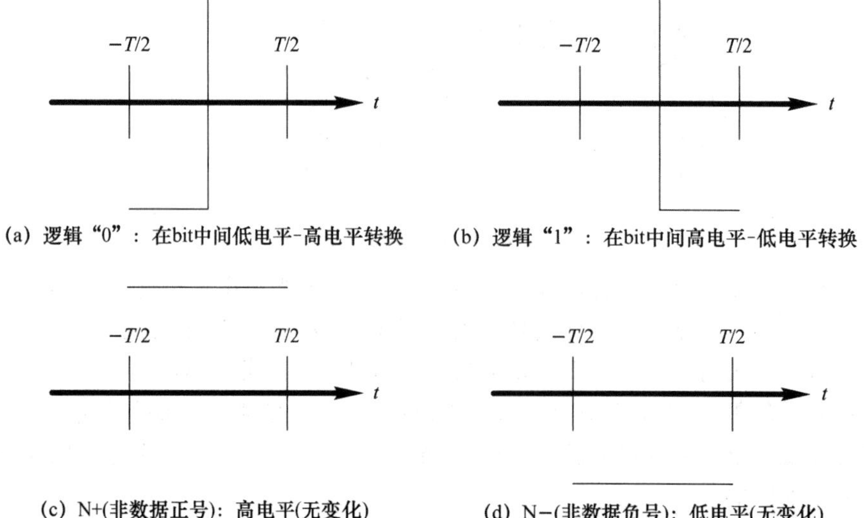

图 4-6　IEC 61158-2 编码规则

2. 同步传输技术

PROFIBUS 同步传输时物理层的帧结构如图 4－7 所示。总线链路层(Fieldbus Data Link,FDL)部分在 4.3 节讲解。

前同步码 (最多8字节)	PhL-SD (1字节)	FDL报文 (最多253字节)	CRC (2字节)	PhL-ED (1字节)

图 4－7 PROFIBUS 同步传输时物理层的帧结构

与异步数据传输不同的是,同步数据传输在物理层增加了封装,如前同步码(Preamble)、物理层起始定界符(PhL-SD(Start Delimiter))、物理层结束定界符(PhL-ED(End Delimiter))。

(1) 前同步码

为使接收器能同步接收信息,发送器首先发送一个由 1 或 0 比特序列组成的前同步码。典型值是 1 或 4 个字节。以下序列表示它如何经由总线传输:

1,0,1,0,1,0,1,0.

(2) 物理层起始定界符

符号序列 1,N+, N－,1, 0,N－,N+,0. 表示 PhL-SD 是如何发送至总线上的。PhL-SD 应发送在物理层服务数据单元(FDL 报文+CRC)之前。

仅当一个有效的 PhL-SD 被识别时,才认可所接收的信号串为物理层协议数据单元(Physics Protocol Data Unit,PhPDU)。

(3) 物理层结束定界符

符号序列 1,N+,N－,N+,N－,1,0,1. 描述依次排列的 PhL-ED 是如何在总线上传输的。该序列在 PhSDU 的最后一个字符之后即刻被发送,且表示物理层帧的结束。

假如用一台示波器记录了所发送的信号,那么观察者所见到前同步码、PhL-SD 和 PhL-ED 的信号序列如图 4－8 所示。

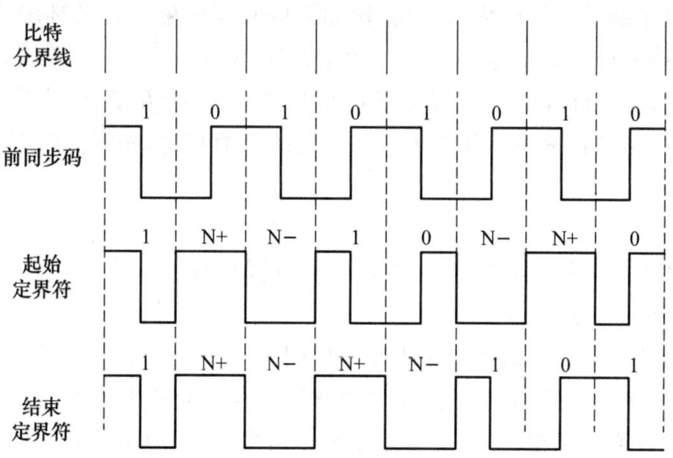

图 4－8 前同步码与定界符的信号曲线

3. PROFIBUS PA 信号传输调制波形

PA 的数据传送方式为数字式、位同步,传输波特率为固定的 31.25 kbit/s,采用曼彻斯特编码,信号幅值为±9 mA。PA 设备电源通过信号电缆远程供电,通过总线供电模式,数字信号和设备电源通过同一电缆传送,符合危险场合(Zone)设备使用的规定,所以可以在 Zone0～

Zone2 区域使用。每个 PA 装置的最小工作电压为 9 VDC,最小电流损耗为 10 mA。

PROFIBUS PA 信号传输的调制波形如图 4 - 9 所示。

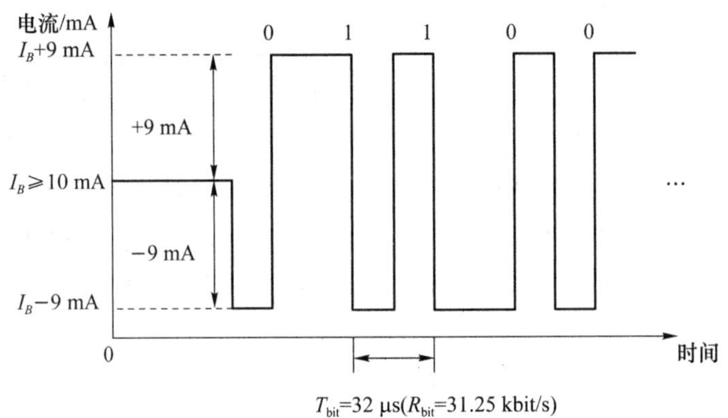

图 4 - 9 PROFIBUS PA 信号传输的调制波形

4. MBP-IS

MBP-IS 传输技术适合于在具有爆炸性气体存在的危险场合,如石油、化工和天然气行业。它通过限制供电能量的大小完成防爆控制。通过本质安全的保护措施,可以在系统工作时操作各种设备。

5. 数据链路层和物理层之间的接口

与 RS485 传输技术相比,同步传输的另一个主要变化是在第 2 层(图 4-2 中链路层 MBP 接口)控制数据传输的时钟(启动、停止)。由于 FDL 和 PhL 接口的实现不一样,同步传输提供带相应参数的不同服务原语来表明数据传输的开始或结束,以及用来启动和停止时钟。

4.2.3 光 纤

有些应用环境限制了信号电缆的使用,比如那些有高电磁干扰的环境或远距离传输的情况,使用光纤传输技术可以解决这些问题。PROFIBUS DP 的传输介质可以使用光纤。有两种光纤可供选择:塑料光纤和玻璃光纤。塑料光纤便宜,连接方便,但传输距离小于 50 m;玻璃光纤价格较贵,但传输距离可达几千米。与双绞线电缆相比,光纤传输有以下优点:

① 传输距离长;

② 抗电磁干扰;

③ 电气隔离特性好,避免了电势差和接地电流的问题;

④ 光缆重量轻,不易被腐蚀。

光纤常和其他传输介质一起构成 PROFIBUS 网络,光缆通过一个光纤链接模块(Optical Link Module,OLM)连接到网络中。像使用中继器一样,OLM 也可以把网络分成相互独立的几段。每个光纤网段需要两根光缆,一根用于传送信号,一根用于接收信号。图 4 - 10 所示为使用 OLM 连接两个网段的例子。

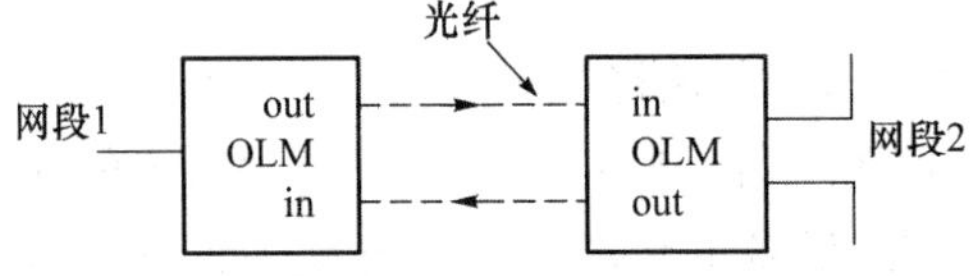

图 4 - 10 OLM 网段连接举例

4.3　数据链路层

4.3.1　数据传输服务

下面从协议结构及组成等方面详细介绍一下 PROFIBUS 的数据链路层。

PROFIBUS 的数据交换发生在主站和从站之间，而所有的这种数据交换都必须按一定的协议来完成。ISO/OSI 模型中的第 2 层，即数据链路层中就包含了对数据传输报文的一般结构描述、安全机制设置以及可能提供的服务。PROFIBUS 传输服务包括：

① 带确认的数据发送（Send Data with Acknowledge，SDA）：该服务只在 FMS 中使用。数据传输给主站或从站，然后必须发送一个确认信息作为响应。

② 带确认的数据发送和请求（Send and Request Data with acknowledge，SRD）：在一个信息循环内完成数据发送和接收。借助于 SRD 服务，PROFIBUS DP 把输出数据传送到相应的从站。如果这个从站有输入数据，则作为响应，从站把输入数据传送回主站；如果这个从站是个纯输出装置或设备，则它发回一个短报文“0xE5”作为确认报文。

③ 无确认的数据发送（Send Data with No acknowledge，SDN）：用于广播传送和多点传送的报文中。该服务把数据送往指定的一组从站或全体从站，对 SDN 服务，没有响应报文。

4.3.2　链路层的帧结构

1. 字符和位组结构

（1）异步传输

PROFIBUS DP 使用异步传输。异步传输时数据链路层的数据由一定数量的传输特征码（字符）组成。每个 PROFIBUS 的特征码（Character）按 UART（Universal Asynchronous Receive/Tranmit）格式编码，每个特征码由 11 位（bits）组成，即 1 个起始位（起始位总为 0）、8 个数据位、1 个校验位和 1 个停止位（停止位总为 1），如图 4 - 11 所示。

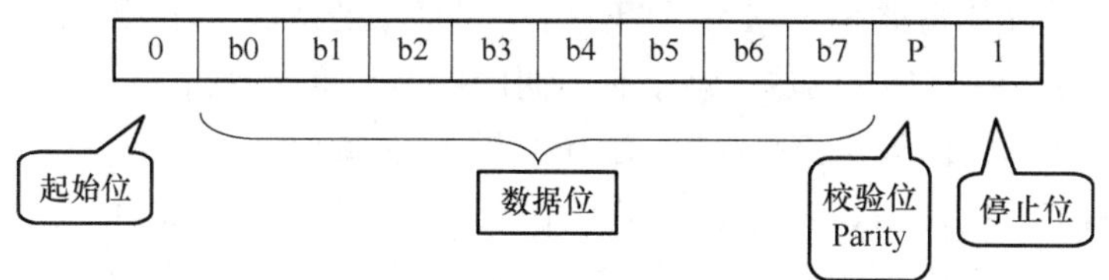

图 4 - 11　PROFIBUS 特征码组成示意图

（2）同步传输

PROFIBUS PA 使用同步传输。同步传输时数据链路层数据的每个字节用 8 位位组表示，即和原字节相同。

2. 链路层帧的一般结构

（1）异步传输

异步传输时数据链路层帧的一般结构如图 4 - 12 所示。

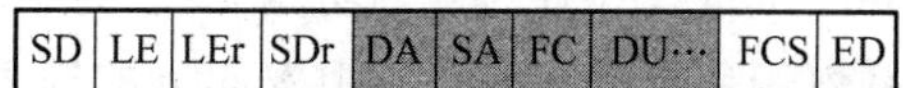

图 4 - 12　异步传输时数据链路层帧的一般结构

其中,

SD(Start Delimiter):帧头。

LE(Net Data Length):数据长度,即链路层报文部分长度,等于深颜色部分的字节数。

LEr:LE 重复。

SDr:SD 重复。

DA(Destination Address):目标地址。

SA(Source Address):源地址。

FC(Function Code):功能码,见后面的详细讲解。

DU(或 PDU,Protocal Date Unit):协议数据单元,0~244 个字节。

FCS(Frame Check Sequence):校验码,1 个字节,它等于除 SD 和 ED 域外所有各域的二进制代数和。

ED(End Delimiter, ED = 0x16):帧尾,固定为 0x16。

(2) 同步传输

同步传输时数据链路层帧的一般结构如图 4-13 所示。

SD	LE	LEr	SDr	DA	SA	FC	DU…	CRC

图 4-13 同步传输时数据链路层帧的一般结构

CRC:循环冗余校验码,2 个字节。使用特定的多项式对有效域进行计算得出的 CRC 校验码。

同步传输中的每个字节都是 8 位位组,而异步传输中的每个字节都要表示成 11 位的字符;同步传输中的报文中没有 ED,链路层数据差错检查的机制也与异步传输不一样。除此之外两者都是相同的。

3. 帧种类

不同的帧头内容反映了报文的类别。

① SD1=0x10 用于请求 FDL 状态,寻找一个新的活动的站点,帧长度固定,没有数据单元。

② SD2=0x68 用于 SRD 服务,帧中有不同的数据长度。

③ SD3=0xA2 数据单元长度固定(总为 8 字节)的帧。

④ SD4=0xDC 托肯(Token)帧,用于两个主站之间发送总线通道授权。

PROFIBUS 数据链路层的帧格式提供高等级的传输安全性,所有帧均具有海明距离

等于 4 的保证。根据第 2 章的介绍,可以知道如果海明距离等于 4,则在这些帧中可以检查出最多 3 个同时出错的位。这些出错的类型包括:字符格式出错(奇偶检验、溢出、帧出错)、协议出错、起始和终止界定符出错、帧检查字节出错和帧长度出错。

4. 功能码的含义

功能码字节用来说明帧的性质、站的类型和状态,以及在请求和响应情况下帧的功能。

对请求帧,FCB(Frame Count Bit)和 FCV(Frame Count Bit Valid)的意思如下:

FCB:帧计数比特位,可以为 0、1 或交替;

FCV:帧计数比特有效位,为 0 时,FCB 的交替功能无效;为 1 时,FCB 的交替功能有效。

FCB 和 FCV 的组合能有效避免数据交换过程中发起方的帧丢失和响应方帧重复情况的发生。其原理不再详细介绍。

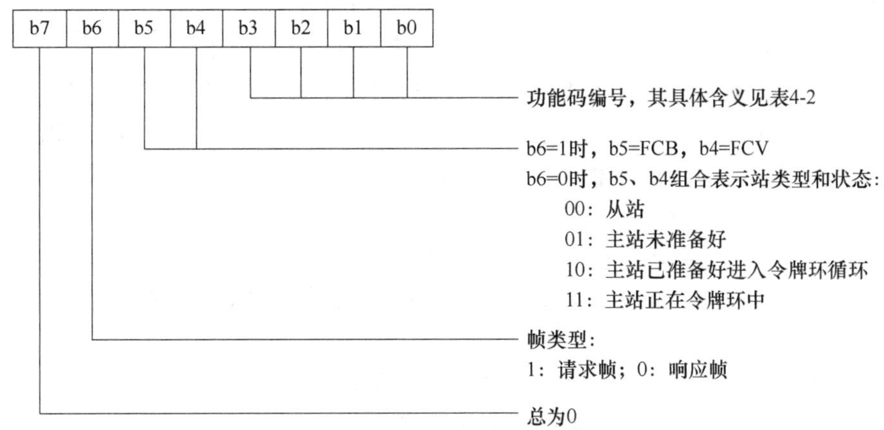

表 4-2　功能码 FC 编号及含义

Fc(0x)	请求功能（b6＝1）	响应功能（b6＝0）
0	时间事件	肯定确认：OK
1	—	否定确认：用户错误(UE)
2	—	否定确认：无响应源(RR)
3	SDA 低（仅 FMS）	否定确认：SAP 未被激活(RS)
4	SDN 低（广播和多点传送报文）	—
5	SDA 高（仅 FMS）	—
6	SDN 高（广播和多点传送报文）	—
7	SRD 多播	—
8	—	SRD 的低优先级响应(DL)
9	带应答(Reply)的 FDL 状态请求	否定确认：无响应(NR)
A	—	SRD 的高优先级响应(DH)
B	—	—
C	SRD 低（发送和请求数据）	SRD 低优先级响应异常：无源(RDL)
D	SRD 高（发送和请求数据）	SRD 高优先级响应异常：无源(RDH)
E	带应答的 ID 请求	—
F	—	—

4.4　应用层

4.4.1　应用关系

现场总线应用层(Fieldbus Application Layer，FAL)是一种应用层通信标准，它为用户程序提供访问现场总线通信环境的手段。FAL 的服务和协议由包含在应用进程中的应用实体(Application Entity，AE)来提供，而 AE 由一组面向对象的应用服务元素(Application Service Element，ASE)和管理 AE 的层管理实体(Layer Management Entity，LME)所组成。ASE 提供在一组有关应用进程对象(Application Process Object，APO)类别上操作的通信服务，这些服务从应用的角度规定了如何发出传送请求和响应，其目的在于支持用户、功能块和管理应用。PROFIBUS 的应用层规定了详细的数据传递报文规范和数据格式。

在现场总线环境下，一个应用可以划分为一组组件，组件分布于网络上的若干设备中，这些组件中的每一个都称为现场总线应用进程(Application Process AP)。AP 可以与其他 AP 进行必要的交互，以达到 AP 的功能目标。

如图 4-14 所示，应用关系(Application Relationship，AR)是两个或多个 AP 之间为了交换信息和协调它们的联合操作而存在的一种合作关系，AR 由应用协议数据单元(Application Protocol Data Unit，APDU)的交换来激活，PROFIBUS DP 使用不同类型的 AR，这些 AR 的传输特性是有区别的。

AP 使用应用关系端点(Application Relationship End Point，AREP)进行访问通信，AREP 是固定的并且被唯一指定给每个 AP，AP 提供标识符来寻找这些端点。AR 被定义为一组合作的 AREP，在两个 AP 之间可以存在一个或多个 AR，每个 AR 有唯一的 AREP。图 4-14所示是两个 AREP 之间的 AR 示例。PROFIBUS 应用层提供了多种 AR 类型，这些 AR 类型在学习报文时会用到。

(1) MS0

包括：一个 1 类主站与所有有关从站之间的应用关系；可选的一个或若干个 2 类主站与所有有关从站之间的应用关系；可选的一个或若干个从站与所有有关从站之间的应用关系。用于以下目的：

① 与 1 类主站循环交换 I/O 数据；

② 在 DP 从站之间循环交换输入数据；

③ 用于参数化、组态和诊断的非循环数据传送(1 类主站)；

④ 向一组现场设备非循环地传送命令(1 类主站)；

⑤ 向一组现场设备循环地传送同步报文(1 类主站)；

⑥ 非循环读 I/O 数据(2 类主站)；

⑦ 非循环读组态信息(2 类主站)；

⑧ 非循环读诊断信息(2 类主站)。

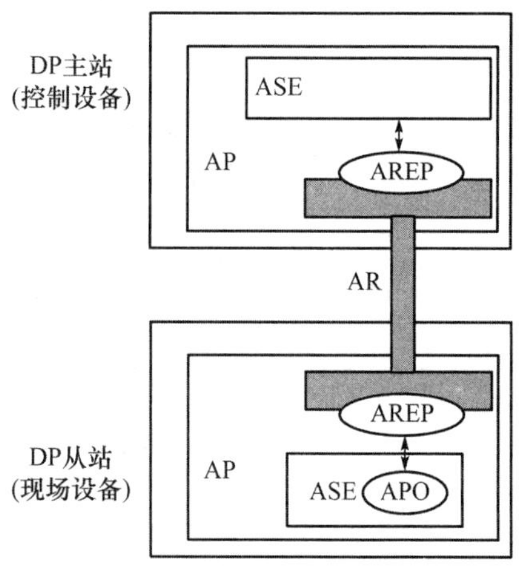

图 4-14　两个 AREP 之间的 AR 示例

(2) MS1

一个 1 类主站与一个有关从站之间的面向连接的应用关系。用于以下目的：

① 非循环读/写变量；

② 非循环传送报警；

③ 上装和/或下载装载域数据；

④ 调用非面向和/或面向状态的功能。

(3) MS2

一个 2 类主站与一个有关从站之间的面向连接的应用关系。用于以下目的：

① 非循环读/写变量；

② 上装和/或下载装载域数据；

③ 调用非面向和/或面向状态的功能。

(4) MS3

一个主站与一组有关从站之间的无连接的应用关系，用于时间的同步。

(5) MM1

一台组态设备(2 类主站)与一台有关控制设备(1 类主站)之间的无连接关系。用于以下目的：

① 上装和下载组态信息；

② 上装诊断信息；

③ 激活先前传送的组态。

(6) MM2

一台组态设备(2 类主站)与一组有关控制设备(1 类主站)之间的无连接关系，用于激活先前传送的组态。

4.4.2 PROFIBUS 版本的发展

PROFIBUS 的版本经历了从 V0、V1 到 V2 的不断发展。DP-V1 和 DP-V2 并不是单独的版本，而是 DP-V0 的扩展，可以有选择地在一台设备上实现 DP-V1 或 DP-V2。PI 保证 PROFIBUS 的新版本 100%地向后兼容，例如 DP-V0 的从站设备也可以在主站版本是 DP-V1 的系统中使用，只不过该从站没有 DP-V1 的功能；DP-V1 的从站也可以在主站版本是 DP-V0 的系统中使用，只不过该从站的 DP-V1 功能不能使用而已。DP 版本及相应功能的扩展示意图如图 4-15 所示。

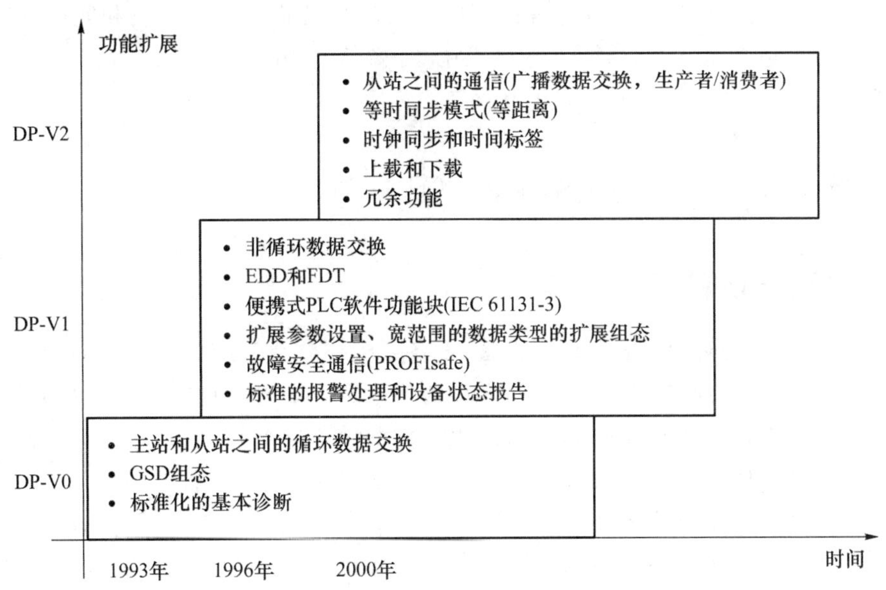

图 4-15 DP 版本及相应功能的扩展示意图

1. DP-V0

DP-V0 是 PROFIBUS DP 最基本的版本，它只能完成主站和从站之间的循环数据交换，不能适应过程控制系统中的报警处理和参数设置等功能的要求，也不能适应运动控制系统中的同步、等时控制的要求。

2. DP-V1

DP-V1 是专门针对 PROFIBUS 在过程控制领域的使用而开发的,PA 使用的就是 DP-V1。DP-V1 和 DP-V0 相比,最大的区别就是 DP-V1 增加了非循环数据交换,使其能完成过程控制中的一些非实时性的数据交换。为了能使用 DP 的扩展功能,要求主站和相应的从站必须支持 DP-V1 功能。

DP-V1 包括循环数据交换(I/O 数据)和专为过程控制而设计的非循环数据交换(变量和参数),非循环数据主要指过程参数的上下限和报警范围,以及制造商的一些特殊数据。这些数据的交换对实时性的要求不是很高,所以某个数据的交换不一定在同一个总线循环周期内完成。典型的 DP-V1 的总线循环周期如图 4-16 所示。

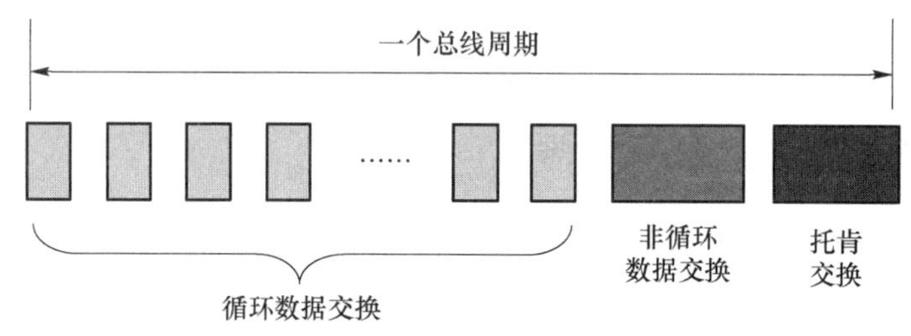

图 4-16 典型的 DP-V1 的总线循环周期

3. DP-V2

DP-V2 是为 PROFIBUS 在运动控制和对实时性、精确性要求更高的场合使用而开发的。它主要增加的功能有:从站之间的通信、等时模式、同步模式、上载/下载和冗余功能。由于 PROFIBUS 通信速度低,在运动控制中没有太多的市场应用。随着实时工业以太网 PROFINET 的快速发展,DP-V2 失去了其存在的价值。

4.5 行 规

4.5.1 应用行规和系统行规

现场总线技术使用行规(Profile)为设备、设备系列或整个系统定义特定的行为特性。换句话说,行规是一种规定或规范,在设备行规中清楚地定义了智能装置的 I/O 数据排列、操作方式和性能,对参数的测量值、附加特征、工程单位都做了详细规定,此外还对设备的工程维护、诊断功能、识别功能等复杂的应用功能也做了详细的规定。

行规是独立于任何制造商的,它只是为用户和制造商提供了某一类设备的规范。因此,PROFIBUS 允许不同厂商的同种设备进行互操作,而用户根本不用了解这些不同设备的内部区别。在一个总线系统中,只有使用了独立于制造商行规的设备,才可保证实现“互操作性”。PROFIBUS 的行规分两大类:应用行规和系统行规,应用行规又分为通用应用行规和专用应用行规。

如图 4-3 所示,PROFIBUS 的用户层由应用行规Ⅰ(通用)和Ⅱ(专用)组成,涵盖了制造商与用户之间基于特定设备应用所约定的规范。图 4-3 中右侧为跨过若干层的模块,包括用于设备描述和集成的功能工具(集成技术)及系统行规(包括接口、主站行规等),系统行规主要服务于统一的标准化系统的实现。

应用行规主要涉及现场设备、控制和集成工具,它为制造商开发与行规一致的、可互操作的设备提供规范。PI 为多类设备制定了行规，这些设备包括驱动器、编码器、数字控制器、机器人控制器、人机界面(HMI)、安全及安全诊断设备与系统、过程控制用仪器仪表(温度计、压力仪、流量计等)、执行器和控制阀等。

系统行规描述系统类别，它包含主站功能、标准程序接口可能的功能(符合 IEC 61131-3 的功能块(FB)、安全等级和 FDT)和集成工具选项(GSD、EDD 和 DTM)。

4.5.2　故障安全行规 PROFISafe

PROFISafe 是一种非常重要的应用行规。针对工业应用领域对于安全方面的苛刻要求，PROFIsafe 定义了故障安全(Fail-Safe)设备(如紧急停机按钮、安全光栅等)的行规，提供了怎样通过 PROFIBUS 与故障安全控制器通信的解决方案，从而使系统可以用于对安全性要求苛刻的场合，完成对安全要求较高的自动化任务，并达到有关安全标准 EN954 或 SIL3 (Safety Integrity Level)的要求。

PROFIsafe 的系统架构如图 4－17 所示。它使标准现场总线技术和故障安全技术合为一个系统，即故障安全通信和标准通信在同一根电缆上共存。故障安全措施封闭在相关的主站和从站模块中(F-Master，F-Slave)中。

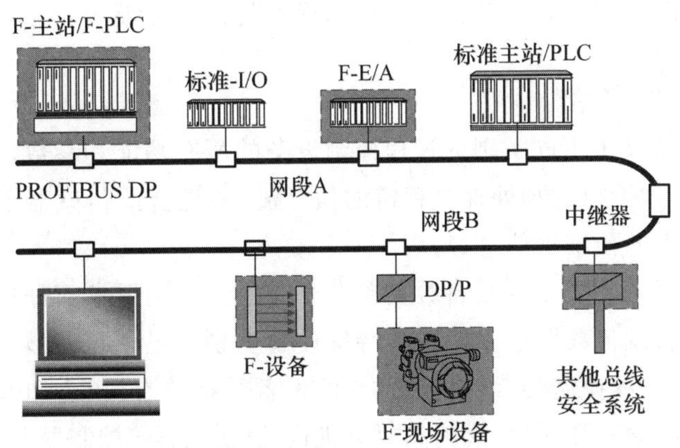

图 4－17　PROFIsafe 系统架构

如图 4－18 所示，PROFIsafe 是一种软件解决方案，在通信协议中，它作为用户层上的一个附加层，安全通信是通过标准传输系统(指 PROFINET 和/或 PROFIBUS DP)和附加在该标准传输系统之上的安全传输协议来实现的，从而使标准的 PROFIBUS 部件(如总线、ASIC 和协议等)保持不变。它可以使用 RS485、光纤或 MBP 传输技术，所有这些措施不但保证了冗余模式和 PROFIsafe 能够继续改进，而且也保证了对制造业非常重要的快速响应时间和对过程工业非常重要的本质安全操作。PROFIsafe 技术也可以在 PROFINET 中使用。

PROFIsafe 不依赖于标准 PROFIBUS 的传输可靠性措施，所以针对许多在总线通信中各种可能的错误，例如延误、数据的丢失或重复、错误的顺序、寻址或不可靠的数据等，PROFIsafe 技术采用了 4 种措施来保证安全数据传输的可靠性，这些相应的措施包括：

① F-信息(报文)的序列号(活标志 Sign-of-Life)；

② 以收据确认的定时控制(看门狗(Watchdog)以及(以收据确认的超时控制 Time-out with Receipt))；

③ 发送方与接收方之间的标志(F-地址)；

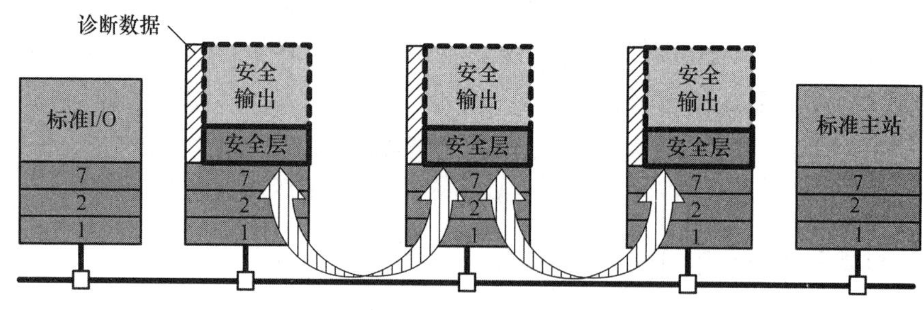

图 4-18 PROFIsafe 的故障安全模式

④ 数据完整性校验(基于 CRC(Cyclic Redundancy Check))。

这些措施与有关设备的安全集成等级监视器(Safety-Integrity-Level Monitor，SIL Monitor)巧妙结合，PROFIsafe 可以实现 SIL 3，或可超过此等级。

4.5.3 PA 行规

PA 设备的行规定义了不同类别的过程控制设备的所有功能和参数，它们包括：从传感器信号到与测量值一起被读出的预处理过程值的信号流，甚至智能传感器中的测量值的质量状态、智能执行器和阀中的预维护信息等。

PA 设备行规包括通用要求和设备数据单两个文本。通用要求部分包括所有设备类型的现行有效的技术规范；设备数据单包括一些特殊设备类别的已认可的技术规范。在 PA 行规中定义了所有通用的过程控制装置行规。主要的设备数据单有：压力和差压；液位、温度和流量；模拟量和数字量的输入和输出；阀门和执行机构；分析仪器 ；控制器。

1. 块模型

在过程控制设计中，PA 设备一般有两种类型。典型的设备是用在过程控制领域的紧凑型设备，如变送器和执行器。另外一种是模块化设备，例如通常的 I/O 模块设备。可以把紧凑型设备理解为仅有一个模块的模块化设备。

PA 用块来描述某个控制点上的一个测量点或多个测量点的特性和功能，并且通过块的组合来表达一个自动化应用。一个设备的块包括一个设备管理器(Device Management，DM)、一个物理块(Physical Block，PB)、若干个转换块(Transducer Block，TB)和功能块(Function Block，FB)，紧凑型设备的物理块只有一个。PA 设备模型如图 4-19 所示。

PA 设备中块的定义如下：

(1) 物理块

包含设备(硬件)的特征数据，例如设备名称、制造厂商、软硬件版本号、设备序列号，以及制造商的一些特殊诊断信息等。物理块所包含的信息都是独立于测量和执行过程的，这样就保证了功能块、转换块和设备的硬件无关。物理块的主要作用有：复位设备到出厂时的设定值，记录应用过程、安装信息等。每个设备中只能有一个物理块。

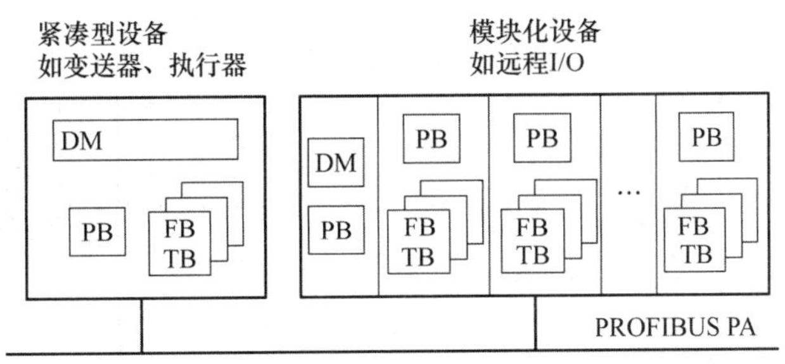

图 4－19　PA 设备模型

(2) 转换块

由传感器传送过来的信号经过处理后传递到功能块中，或由功能块过来的数据结果还原后送到执行器去，控制执行器的动作。转换块提供了一个把传感器、执行器和功能块隔离的独立接口，转换块中的数据反映的是正在采集到的现场数据或是即将输出给执行器的控制数据，包含处理所需要的所有数据，例如限值、报警值、校准、计量单位等。转换块的功能如同在 4～20 mA 技术中的情况一样，是现场仪表的组成部分。对温度、压力、流量、物位、执行器、分析仪等都有相应的 TB 规范。

(3) 功能块

对传感测量设备来说，在测量值传送到控制系统之前对其进行最终处理所需要的所有数据都包含在 FB 中；对执行器来说，在控制系统对其进行控制之前，所需要的所有数据也包含在 FB 中。功能块的功能原来在控制器中实现，现在则移至现场仪表。它的主要功能是对这些数据进行一些智能化的处理，比如对 AI、AO、DI、DO 等信号进行相应的预处理。

(4) 设备管理器

PA 设备中还包含一个设备管理器，它用来描述设备的结构和组织；另外它还包含着数据字典或数据一览表。设备中块和块中的数据存放位置、每个块中有多少项目等都是由设备管理器管理的。

一个测量传感仪表的块模型如图 4－20(a)所示，一个阀执行器的块模型如图 4－20(b)所示。

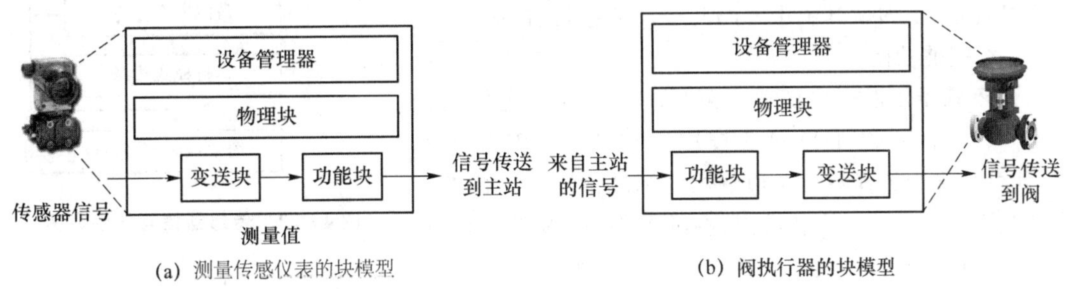

(a) 测量传感仪表的块模型　　(b) 阀执行器的块模型

图 4－20　PA 设备中的块模型

PA 设备可以是单通道的，比如一些简单的过程控制智能设备包含一个模块，模块中只有一个测量值；PA 设备也可以是多通道的，所以它有可能包含多个 TB 和 FB，一般来说，复杂的装置包含多个模块，可以提供多个测量值供用户使用。例如，智能质量流量计可以提供瞬时流量测量值，也可以提供流体的实时温度测量值，还可以告知该流体的密度是多少。多通道的 PA 设备块模型如图 4－21 所示。

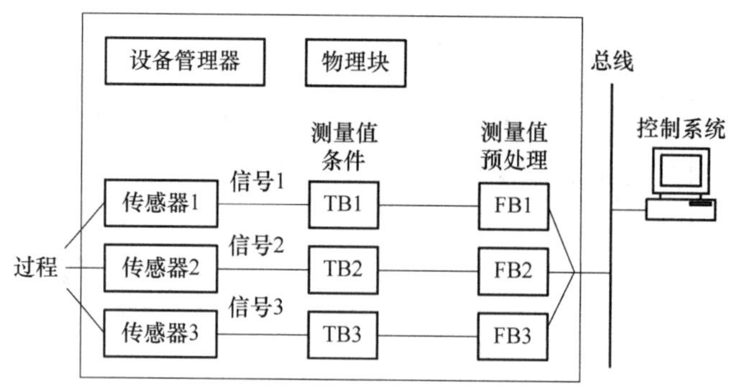

图 4-21　多通道的 PA 设备块模型

PB、TB 和 FB 等块中的参数摆放次序和语义等都在行规中进行了规定。块中的参数用来实现各种各样的功能，它们有些是必需的，有些是可选的。参数用属性来定义，这些属性包括数据类型、变量类型(输入、输出或中间变量)、通信类型(循环或非循环)等。

2. 信号链

PA 设备中信息处理的各种步骤和处理过程用信号链来表示，图 4-22 所示是传感器信号链示意图。

信号链可以划分为两个子过程：

(1) 测量(对传感器)/执行(对执行器)

该过程主要完成的功能是对参数进行校准、线性化、定标换算，它包含在转换块中。

(2) 预处理测量值(对传感器)/后处理设置值(对执行器)

该过程主要完成的功能是对参数进行筛选、限定值控制、故障安全行为、运行模式选择，它包含在功能块中。

PA 行规中对信号链中的每一步功能和参数都进行了详细规定，下面就其中主要的几个环节进行讲解。

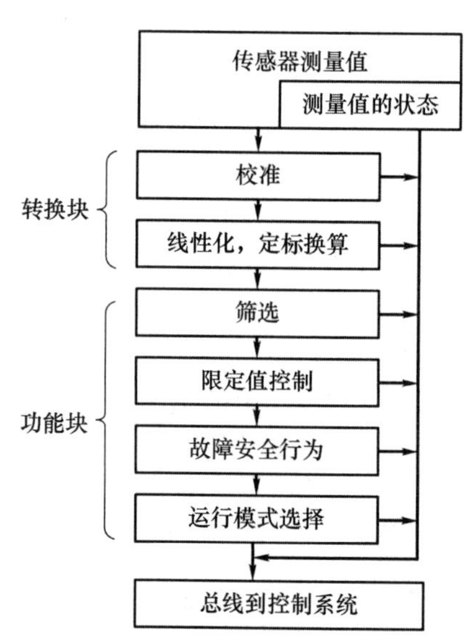

图 4-22　传感器信号链示意图

(1) 校准功能

该环节要使得输出值适合测量范围。在确定好高校准点(CAL-POINT-HI)和低校准点(CAL-POINT-LO)后，就可以确定转换后测量值输出的标准范围了。标准上限(LEVEL-HI)对应高校准点，标准下限(LEVEL-LO)对应低校准点。校准功能示意图如图 4-23 所示。

(2) 限值检查控制

该环节设置了测量参数的上限警告值、下限警告值、上限报警值和下限报警值，有了该环节，就可以检查出实时测量值是否超出限值范围。限值检查和控制环节功能示意图如图 4-24 所示。

(3) 值状态

值的状态信息被附加到测量值上，这些信息说

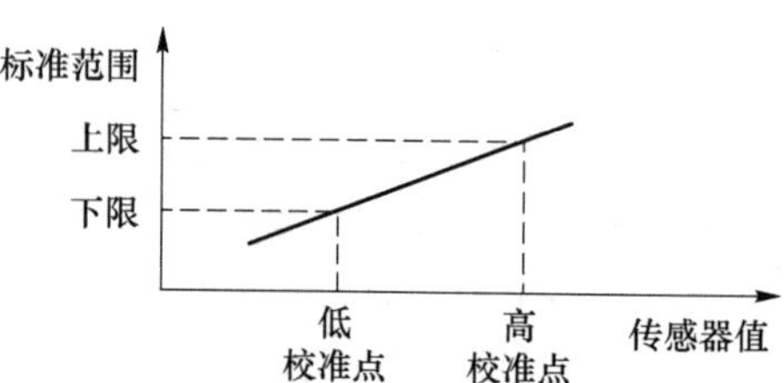

图 4-23　校准功能示意图

明了测量值的质量好坏。在指定给每个质量等级的子状态上提供的附加信息有：不好(Bad)、不确定(Uncertain)、好(Good)。

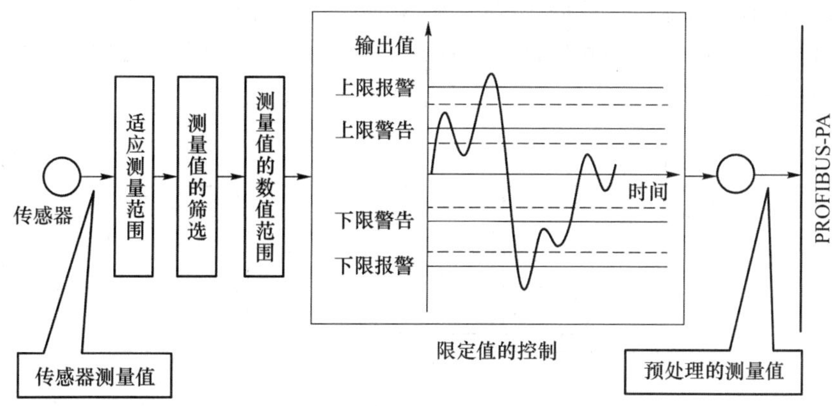

图 4 - 24　限值检查和控制环节功能示意图

(4) 故障安全特性

PA 还可以提供故障安全特性。如果在测量链中出现了错误，则将设备的输出设置为用户可以定义的值。

3. 数据及其表示方法

(1) 槽(Slot)和索引(Index)

PA 中的数据分循环数据和非循环数据，循环数据是实时测量值和测量值的质量状态，非循环数据包括测量范围、滤波时间、报警/警告上下限值、制造商特殊参数等，除制造商特殊参数不在行规中指定外，其余参数都在行规中有明确的定义。图 4 - 25 所示是一个压力变送器数据的种类和含义。

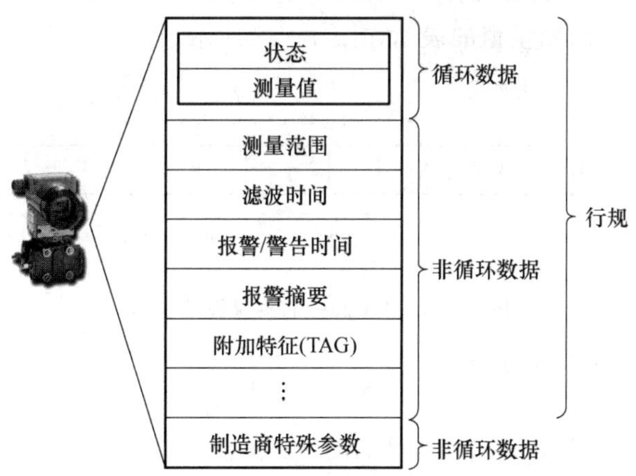

图 4 - 25　压力变送器数据的种类和含义

循环数据的交换使用 MS0 通信；非循环数据的交换使用 MS1(DPM1 和从站之间)或 MS2(DPM2 和从站之间)通信。

非循环数据的地址安排采用槽(Slot)和索引(Index)相结合的方法。槽表示模块(不一定是物理上的模块)，设备本身(头模块)就是 Slot0，从 Slot1 直到最大的 Slot254，可以对模块上的参数进行编址。索引表示属于一个模块内的数据块。每个数据块最多为 254 个字节，一个参数的索引可以取0～254之间的一个值。

槽被分配给模块,模块号从1号开始,按升序连续编排。一般来说,槽号0中索引16～40,用于存放设备本身的物理块数据,设备管理器的数据放在槽号1中索引0～13里。设备管理器用来管理这些数据的编排,并包含了所有数据编址的信息。图4-26所示是一个PA设备的数据存放排列。

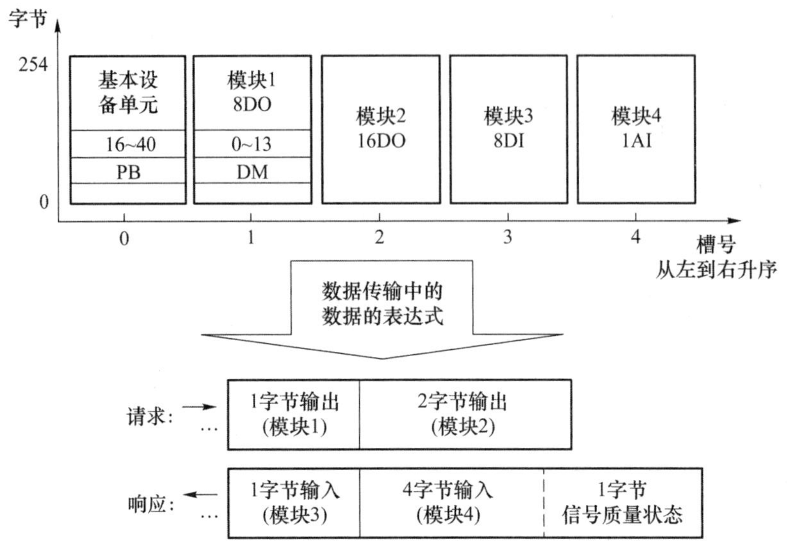

图4-26　PA设备的数据存放排列举例

(2) 信号状态

PA设备中的测量值用32位浮点数表示,另外再加上一个字节的“状态信息”,来表示参数值的质量。这样PA的测量值就有5个字节的浮点数组成,其中字节1～4为测量值,字节5为其状态信息。PA设备的测量值的表示如图4-27所示。

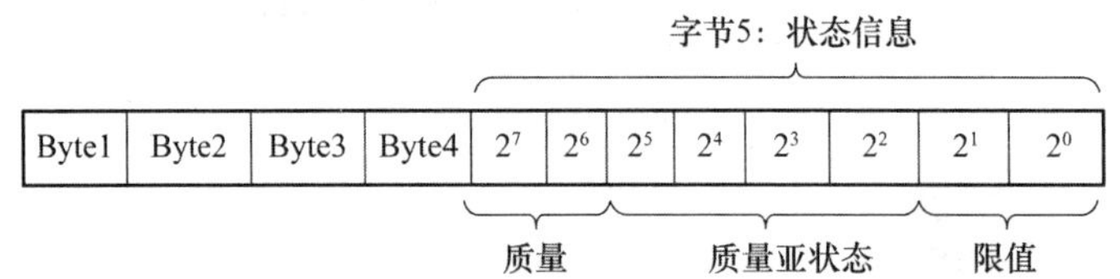

图4-27　PA设备的测量值的表示

状态信息字节中包含3部分信息。

1) 测量值质量

测量值质量包含对当前测量值的表述,使用2^7和2^6位表示:

① 2^7～2^6=00,坏值;

② 2^7～2^6=01,不确定;

③ 2^7～2^6=10,好值(non cascade);

④ 2^7～2^6=11,好值(cascade)。

2) 质量亚状态(Quality Substatus)

质量亚状态是对每项质量信息陈述的特别补充,使用2^5～2^2位表示。这里举出几个符合V3.0和V3.01状态的例子。

坏值(Status Bad)：

① $2^5 \sim 2^2 = 0010$，仪表故障(Device Failure)：仪表的某个故障影响传感器测量值时；

② $2^5 \sim 2^2 = 0100$，传感器故障(Sensor Failure)：仪表有能力辨认所出现的故障时；

③ $2^5 \sim 2^2 = 0101$，通信故障(No Communication)：通信没有提供所期望的值时。

不确定(Status Uncertain)：

① $2^5 \sim 2^2 = 0001$，最后可用值(Last Usable Value)：测量值的更新被停止时；

② $2^5 \sim 2^2 = 0100$，传感器转变不明确(Sensor Conversion not Accurate)：举例而言，倘若测量值超出或低于传感器的极限时。

好值(Status Good)：

① $2^5 \sim 2^2 = 0000$，一切正常：当测量值正确无误时，使用该状态；

② $2^5 \sim 2^2 = 0010$，主动通知报警(Active Advisory Alarm)：例如，在极限值控制的条件下，当超出或低于警戒极限时，使用该状态；

③ $2^5 \sim 2^2 = 0011$，主动临界报警(Active Critical Alarm)：例如，在极限值控制的条件下，当超出或低于报警极限时，使用该状态。

3) 限　值

极限是对质量亚状态信息的补充，使用 $2^1 \sim 2^0$ 位表示。

① $2^1 \sim 2^0 = 00$，正常范围(Not limited)：测量值处于有效的量程内；

② $2^1 \sim 2^0 = 01$，下限(Low limited)：测量值低于量程下限；

③ $2^1 \sim 2^0 = 10$，上限(High limited)：测量值超出量程上限；

④ $2^1 \sim 2^0 = 11$，固定的(Constant)：测量值可以不改变且与过程无关(例如手动方式)。

从以上讨论知道，0x80 表示测量值正常，所以在实际项目中对 PA 设备进行调试时，要经常用到 0x80。例如设置一个阀门开度时，如果把开度值的状态设置为 0x00，因为这是个坏值，所以阀门不会接收设定的开度值，便不会动作。

4.6 主站和从站的工作过程

4.6.1 主站工作模式

1 类主站有 4 种工作模式，在初始化过程中，主站驱动模式也在改变。这 4 种工作模式，以及在每种模式下主要完成的任务如下：

(1) 离线模式(Off-line)：无通信。

① 初始状态。

② 令牌交换。

③ FDL(Fieldbus Data Link)状态请求(识别新加入的站点)。

④ 主站从站之间无通信。

(2) 停止模式(Stop Mode)：主站在总线上，但不调用从站。

① 响应 2 类主站的请求。

② 其余和离线模式相同。

(3) 清除模式(Clear Mode)：从站处理器被激活，但输出处于安全状态。

① 主站对从站参数化和组态。

② 对一般从站来说,输出为“0”;对故障安全型(fail-safe)从站,从站进入安全输出模式。

③ 定期发送(大约3倍看门狗时间)全局控制报文(携带clear命令)。

(4) 操作模式(Operate Mode):读输入,写输出。

① 主站和从站之间进行循环数据交换

② 定期发送(大约3倍看门狗时间)全局控制报文(携带operate命令)

4.6.2 主站工作过程

1类主站从组态工程工具(软件)接收到它的参数配置后,就可以开始同属于它的从站进行通信了。参数配置包括从站的参数/组态数据,以及其地址等。主站通过参数化和组态检查这两个报文确认属于它的从站是否配置正确,主站只和其控制的从站进行联系。

上电后,准备好进入总线令牌环,然后做两件事:一是确定GAP,即每个主站依据自己的地址确认和其他主站之间的顺序关系;二是建立LAS(List of Active Slaves)表,即它控制的活动从站站点列表,或者有效从站列表。

1类主站通过组态时设置的波特率和属于它的从站建立通信联系,ASICs(Application Specific Integrated Circuit)使从站自动适应主站所设置的波特率。在正确地交换完参数化和组态报文后,1类主站通过读取参数诊断信息来检查从站的状况。若组态检查成功且参数化也正确,即每个从站的I/O模块配置正确,GSD文件选用正确,1类主站和从站就进入了数据交换模式。

DP从站只接收来自先前已提交参数和组态的那个主站的数据交换请求。主站使从站监控它所接收到的每一个报文,一旦发现任何不正确的通信结果或现象,则从站会通过一个高优先级的响应报文向主站发出信号,主站会立即通过诊断报文得到消息,从站会自动将它的输出设置到安全状态(仅对具有故障安全设置功能的从站)。随后主站会重新对从站进行初始化。

上电或复位后,主站和它的从站的通信顺序按地址号从小到大进行,主站之间的令牌传递也是按主站地址号从小到大进行的。

虽然从站受1类主站的控制,但每个2类主站也可以读取每个从站的诊断信息、组态和I/O数据。2类主站也可以使DP从站处于它的控制之下,在这种情况下,该从站停止与1类主站的数据交换,1类主站开始循环地读取诊断信息。当2类主站完成了与该从站的通信,则该从站通过一个特定的触发事件使1类主站重新获得对它的控制权。在1类主站对该从站进行数据交换之前,仍然要先对其进行初始化:发送参数设置报文和检查组态报文。

4.6.3 从站工作过程

从站工作过程可以用图4-28来清楚地表示,该图也称为从站状态机(State Machine)。从站状态机集成在ASICs的硬件芯片中,用户不能对它进行干预。

① Power_On:在上电时,如果需要,从站可以从2类主站接收“设置从站地址”(Set-Slave-Address)报文改变从站地址,这种从站早已被淘汰。

② Diagnosis:主站先发送诊断报文,检查从站是否在线上,并且已准备好接收参数信息。

③ Wait_Parameterization:在进入等待参数化(Wait_Prm)阶段,从站可以接收参数化报文。参数化报文中包含许多标准化的信息,如是否支持同步/锁定(Sync/Freeze)方式、是否被主站锁定以及其他用户定义的功能。

④ Wait_Configuration：接下来进入等待组态(Wait_Cfg)阶段，组态报文主要定义数据交换中输入/输出字节的数量，从站会核查该组态是否适合自己，并把结果报告给主站。

⑤ Diagnosis：在进入循环数据交换之前，诊断报文对从站状态机的状态、参数化/组态的正确与否再进行一次检查。

⑥ Data_Exchange：如果参数化报文和组态报文都被从站接受的话，说明对该从站成功完成了组态。接下来主站和从站就可以自动进入数据交换阶段了。

⑦ Watchdog：看门狗能监控系统工作过程的正常与否，防止死机或死循环的出现。从站利用看门狗功能监控总线的通信情况，保证主站处于激活状态，保证通信及过程数据一直处于更新状态。看门狗的时间是在参数配置报文中确定的，在每一次正常的通信回合后，它都能被复位。如果有意外发生，使得看门狗时间溢出，则从站状态机自动返回到 Wait_Prm 状态，并把输出设置到安全状态(根据从站是否支持故障安全模式而定)。

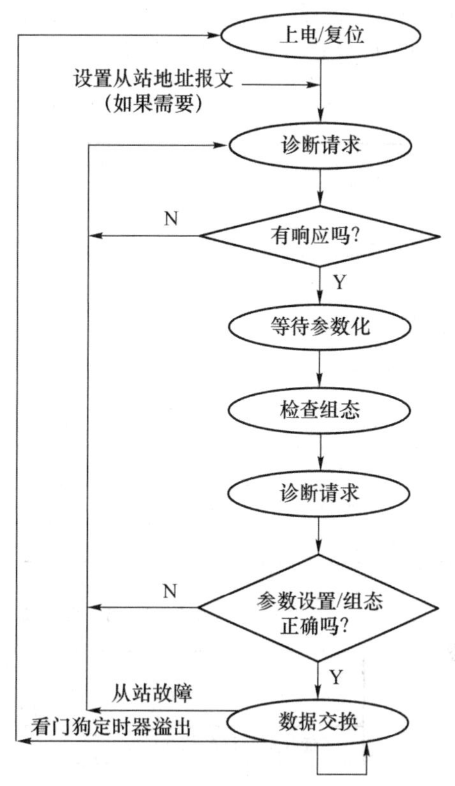

图 4-28　从站工作过程

4.7　主要报文类型和结构

4.7.1　主要报文类型

系统运行的过程其实也就是各设备之间相互通信、执行主控程序结果的过程，而设备之间的通信是基于报文实现的。

(1) 1 类主站和从站之间

主站发出请求报文，从站对主站的请求产生对应的响应报文。这些报文主要包括：诊断(Diagnosis)、参数化(Parameterization)、组态(Configuration)、数据交换(Data Exchange)和全局控制(Globe Control)报文。

(2) 2 类主站和从站之间

2 类主站和从站之间的通信功能均为可选(Optional)，除了有上述 1 类主站相同的报文外，2 类主站和从站之间的报文还包括：设定从站地址(Set Slave Address)、读取输入(Read Inputs)、读取输出(Read Outputs)和获取组态(Get Configuration)。

(3) 1 类主站和 2 类主站之间

1 类主站和 2 类主站之间主要包括实现组态数据的上装、下载，以及读取 1 类主站有关数据的报文。

各类设备相互通信时实现的功能有些是强制性的或必须的(Mandatory)，有些则是可选的(Optional)。表 4－3 所列为主/从通信时的主要报文类型和实现的功能,表 4－4 所列为主/主通信时的主要报文类型和实现的功能。

表 4－3 主/从通信时的主要报文类型和实现的功能

报文/功能	1 类主站		2 类主站		从站	
	请求	响应	请求	响应	请求	响应
数据交换	M	—	O	—	—	M
读输入	—	—	O	—	—	M
读输出	—	—	O	—	—	M
从站诊断信息	M	—	O	—	—	M
设置参数	M	—	O	—	—	M
检查组态信息	M	—	O	—	—	M
获取组态信息	—	—	O	—	—	M
全局控制	M	—	O	—	—	M
设置从站地址	—	—	O	—	—	O

表 4－4 主/主通信时的主要报文类型和实现的功能

报文/功能	1 类主站		2 类主站	
	请求	响应	请求	响应
获取主站诊断信息	—	M	O	—
开始顺序	—	O	O	—
下载	—	O	O	—
上载	—	O	O	—
结束顺序	—	O	O	—
激活参数广播	—	O	O	—
激活参数	—	O	O	—

各类设备之间的相互作用关系和使用的报文种类如图 4－29 所示。

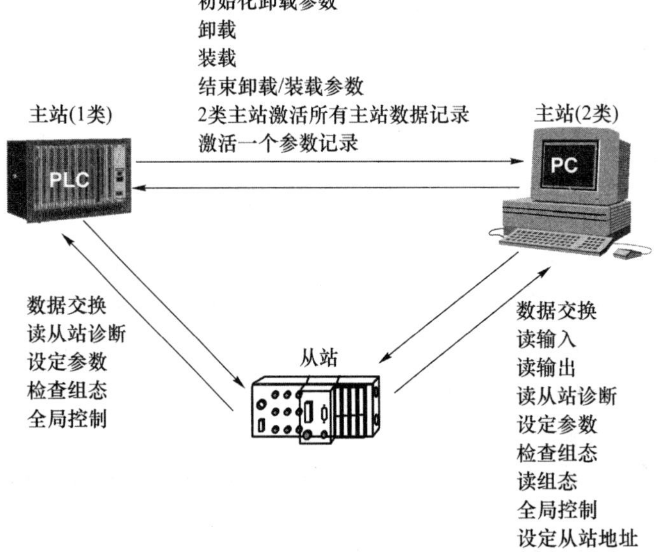

图 4－29 各类设备之间的相互作用关系和使用的报文种类

4.7.2 帧格式

PROFIBUS 异步传输和同步传输的链路层帧格式以及它们之间的区别在 4.3.2 小节中已经做了详细讲解，下面以异步传输的 PROFIBUS DP 为例介绍其帧结构，同步传输的 PROFIBUS PA 帧结构和其相同。PROFIBUS DP 标准帧格式如图 4－30 所示。

SD	LE	LEr	SDr	DA	SA	FC	DSAP	SSAP	PDU…	FCS	ED
0x68	××	××	0x68	××	××	××	××	××	××…	××	0x16

报文部分(长度LE)

图 4－30 PROFIBUS DP 标准帧格式

和图 4－12 中 PROFIBUS 链路层标准帧格式相比可知，这里多了两个字节，一个是目标服务存取点（Destination Service Access Point，DSAP），另一个是源服务存取点（Source Service Access Point，SSAP）。这是因为 PROFIBUS FMS 和 DP 的数据链路层相同，它们可以使用相同的传输网络，为了保证 DP 帧区别于 FMS 帧，所以加上了这两个特殊字节。DSAP 和 SSAP 指明了具体的服务类型，标示出了这个帧的具体含义。

有一个特殊情况，即“数据交换”报文中不使用 SAP，但利用地址字节的巧妙设计能保证明确标示出它是“数据交换”报文。“数据交换”报文省掉 2 个 SAP 字节的最大好处是节省了大量的传输时间，因为在正常工作模式下，总线上传输的报文基本上就是数据交换报文，一条报文中 2 个字节占用的传输时间虽然不多，但累计起来的数量就非常可观了。总之 ASICs 通过 SAP 保证了帧的准确接收。

在 DP 报文中的目标地址和源地址，即 DA 和 SA，它们分别为一个字节，其中低 7 位（$2^6 \sim 2^0$）表示设备地址，而 2^7 位是非常重要的位，当该位为 0 时，表示在该报文中没有使用 DSAP/SSAP，这类报文就是数据交换报文；当该位为 1 时，表示在该报文中有 DSAP/SSAP 来指定相应的服务，这时的 DA/SA 在报文中为 1××××××，这些报文是除数据交换报文以外的其他报文。

从 DP 的标准帧格式中可以看出除数据单元外，其余部分长度为 11 个字节，因为 PROFIBUS 协议中规定的帧长度（包括字头）最长不能超过 255 字节，所以 DP 通信中，数据单元长度最长为 244 字节。

主站—从站之间通信的服务点和服务类型如表 4－5 所列。

表 4－5 主站—从站之间通信的服务点和服务类型

服务类型	主站 SAP	从站 SAP
数据交换	None	None
设置从站地址	0x3E	0x37
读输入	0x3E	0x38
读输出	0x3E	0x39
全局控制	0x3E	0x3A
获取组态信息	0x3E	0x3B
从站诊断信息	0x3E	0x3C
设置参数	0x3E	0x3D
检查组态信息	0x3E	0x3E

说明:

① 主站—主站之间通信的服务点比较特殊:DSAP 和 SSAP 均为 0x36。

② 只有当从站支持该项功能时,从站 0x37 才有效,该功能基本上不再使用。

下面给出一些报文的例子,有两点需要说明:

① 例子中只给出了 LE 所计算部分的报文结构,即图 4-30 中标灰的部分;

② 大家重点了解 DA、SA、DSAP 和 SSAP 的设置,数据单元(DU)的内容比较复杂,将在后面的相关章节详细介绍。

例 4-1　1 类主站和从站之间的通信报文举例。主站的地址为 1,从站的地址为 10。

(1) 诊断请求报文

DA	SA	FC	DSAP	SSAP
0x8A	0x81	××	0x3C	0x3E

响应报文

DA	SA	FC	DSAP	SSAP	DU
0x81	0x8A	××	0x3E	0x3C	××…

(2) 参数化请求报文

DA	SA	FC	DSAP	SSAP	DU
0x8A	0x81	××	0x3D	0x3E	××…

响应报文(短确认报文 0xE5)

0xE5

(3) 组态请求报文

DA	SA	FC	DSAP	SSAP	DU
0x8A	0x81	××	0x3E	0x3E	××…

响应报文(短确认报文 0xE5)

0xE5

(4) 数据交换请求报文(DU 中为输出数据)

DA	SA	FC	DU
0x01	0x0A	××	××…

响应报文(DU 中为输入数据)

DA	SA	FC	DU
0x0A	0x01	××	××…

(5) 数据交换请求报文(DU 中为输出数据)

DA	SA	FC	DU
0x0A	0x01	××	××…

响应报文(无输入数据时为短确认报文 0xE5)

0xE5

(6) 全局控制报文

DA	SA	FC	DSAP	SSAP	DU
0xFF	0x81	××	0x3A	0x3E	××…

全局控制无响应报文

例 4-2　2 类主站和从站之间的通信报文举例。主站的地址为 0,从站的地址为 10。

(1) 设置从站地址请求报文

(开始时从站地址为 126)

DA	SA	FC	DSAP	SSAP	DU
0xFE	0x80	××	0x37	0x3E	××…

响应报文(短确认报文 0xE5)

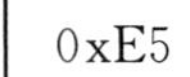

0xE5

(2) 读输入数据请求报文

DA	SA	FC	DSAP	SSAP
0x8A	0x80	××	0x38	0x3E

响应报文(DU 中为输入数据)

DA	SA	FC	DSAP	SSAP	DU
0x80	0x8A	××	0x3E	0x38	××…

(3) 读输出数据请求报文

DA	SA	FC	DSAP	SSAP
0x8A	0x80	××	0x39	0x3E

响应报文(DU 中为输出数据)

DA	SA	FC	DSAP	SSAP	DU
0x80	0x8A	××	0x3E	0x39	××…

(4) 获取组态信息请求报文

DA	SA	FC	DSAP	SSAP
0x8A	0x80	××	0x3B	0x3E

响应报文(DU 中为组态信息)

DA	SA	FC	DSAP	SSAP	DU
0x80	0x8A	××	0x3E	0x3B	××…

4.8　DP-V0 报文详解

PROFIBUSDP-V0 是最早的 DP 版本,从 PROFIBUS 应用层的应用关系类型上看,它包括 MS0 通信和 MM 通信。其中最主要的功能是实现 1 类主站和从站之间的循环数据通信。不管是对通信故障进行分析和比较,还是对通信性能进行测试和研究,在实际应用中经常面对的是 1 类主站和从站之间的通信报文,所以下面只对这些报文进行详细讲解,有关 2 类主站的报文就不再介绍了。

PROFIBUS DP 和 PA 在应用层都是一样的,在数据链路层有少许的不同。在 PROFIBUS 系统中,PA 网段最终要连接到 DP 网段,PA 网段的设备受 DP 主站的控制。请注意:本书讲解 DP-V0、DP-V1 报文时,其形式是按照异步传输的格式(图 4-30)来介绍的,同步传输时相关数据单元的内容相同。各种报文的要点都集中在数据单元中,所以在下面讲解报文的具体结构时,重点对数据单元进行详细分析。

4.8.1　参数化请求及响应报文

参数化报文在上电初始化时使用。

主站参数化请求报文确定它和从站的关系,以及从站的操作方式,主要包括通信参数、功能设定、装置参数和 ID 号。接收到该请求报文后,从站将检查这些参数和功能对该从站是否合适。必须配置的参数和功能如下:

① 是否启用看门狗:为了安全,一般情况下应激活看门狗。

② 定义最小的从站延迟响应时间 T_{SDR}:在响应主站请求之前,从站必须有一个等待时间,该时间至少为 11 个 T_{bit}。

③ 是否支持锁存/同步方式;

④ 主站是否锁定该从站;

⑤ 指定成组控制组号:进行全局控制时,指定哪些组的从站进行锁存/同步控制。

⑥ 该 PROFIBUS 装置或设备的 ID 号。

从站的响应报文非常简单,只有一个字节来对主站的请求进行确认,即短确认报文(Short Character, SC):0xE5。

同步传输时的短确认响应报文是一个 0xE5,加上 2 个字节的 CRC 循环冗余校验码(后同)。

主站的参数化请求报文的 DU 前 7 个字节是基本参数,是必须的;接下去的字节是扩展参数。DU 部分最多可以有 244 个字节。主站参数化请求报文的帧结构和含义如下:

SD	LE	LEr	SDr	DA	SA	FC	DSAP	SSAP	DU	FCS	ED
0x68	××	××	0x68	××	××	××	0x3D	0x3E	××…	××	0x16

DU 的结构如下:

前 7 个字节为必选字节	相关装置和模块的参数(可选)
1 ······ 7	8 ······ 244
DU 最少必须有 7 个字节,最多可有 244 个字节	

第 1 个字节:

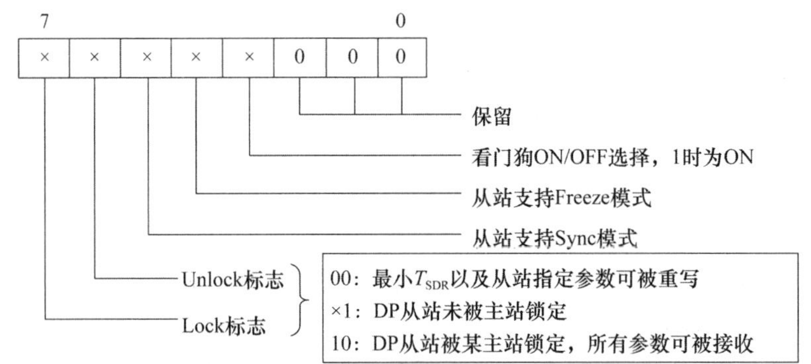

第 2 个字节:WD1。看门狗系数 1,数值范围为 0～0xFF。

第 3 个字节:WD2。看门狗系数 2,数值范围为 0～0xFF。

$$看门狗时间 = WD1 \times WD2 \times 10\ ms$$

注意,有些从站设备看门狗时间的基值为 1ms,在讲解 DP-V1 报文时会讲到。

第 4 个字节:最小的从站响应时间 T_{SDR}。标准的 T_{SDR} 为 11 个 T_{bit},所以该字节的数值一般为 0。

第 5 个字节:设备 ID 号高字节。

第 6 个字节:设备 ID 号低字节。

第 7 个字节:成组选择。该字节的每一位代表一组,所以从站可以设计为单独一组或组成多组,成组选择主要用于全局控制功能,如同步(SYNC)、锁存(FREEZE)模式等。组号从该字节最低位按顺序排列为从第 1～8 组。

DU 单元的扩展部分是可选的,用来确定与装置或模块有关的起始/操作等参数,例如设定某些操作模式或选择操作范围等。它们由 PROFIBUS 设备制造商在 GSD 文件中指定,有些缺省值也在 GSD 文件中说明。如果是 DP-V1,DU 单元的第 8～10 字节有特殊的定义,下面再详细介绍。

例 4-3　一个参数化报文 DU 的前 7 个字节的内容为:B8 01 0D 0B 80 1D A0,请解释其含义。

B8：10111000，表示从站被锁定，支持 SYNC 和 FREEZE 模式，Watchdog 为有效；

01 0D：表示看门狗时间为：1×13×10 ms，即 130 ms；

0B：表示 T_{SDR} 为 11 个 T_{bit}；

80 1D：表示该设备的 ID 号为 0x801D；

A0：10100000，表示该从站属于第 6 组和第 8 组，会参加这两组的同步或锁存的全局控制。

4.8.2　组态请求及响应报文

1. 概　述

参数化报文之后，主站发送组态请求报文给从站。组态报文的作用主要是对从站 I/O 的类型及性质进行检查确认。

从站设备的 I/O 模块大致分为两类：简单模块和特殊模块。特殊模块是指设备制造商附加有扩展信息的模块。简单模块的描述使用 1 个字节即可，特殊模块的描述可能需要多个字节。一个设备可能由多个模块组成，必须把这些模块一个个地分别描述清楚。组态报文的 DU 部分最多可以有 244 个字节。

主站把组态请求报文给从站后，从站会把得到的组态信息和其自身的 I/O 情况进行比较验证，看是否矛盾或冲突。如果主站的组态信息不正确，则从站会在下面的诊断报文中向主站报告。

从站的响应报文非常简单，和参数设置响应报文一样，它也只有一个字节来对主站的请求进行确认，即短确认报文：0xE5。

主站组态请求报文的帧结构和含义如下：

SD	LE	LEr	SDr	DA	SA	FC	DSAP	SSAP	DU	FCS	ED
0x68	××	××	0x68	××	××	××	0x3E	0x3E	××…	××	0x16

组态请求报文数据单元中的数据用来描述该从站设备的 I/O 性质、数据类型（字节/字）和数据块的一致性范围，另外，有可能一些字节用来定义特殊模块的其他扩展信息。整个 DU 的长度可达 244 个字节。

DU 就是由描述各个 I/O 标识符的字节组成的。

I/O 标识符 0	I/O 标识符 1	I/O 标识符 2	……

在具体讲解 DU 内容前，需要先讲解两个概念：标识符（Identifier）和一致性（Consistency）。

（1）标识符和模块

一个从站设备可能由若干个模块组成，但在 PROFIBUS 的 GSD 文件中对这些模块进行描述时使用的是标识符概念。

标识符是一个 PROFIBUS 设备的重要参数，一般一个或几个字节构成一个标识符，它表示了该产品在通信时输入和输出数据的宽度和特性。例如，一个 DP 从站有 8 个开关量输出，需要由主站提供这 8 个开关量的内容，那么该从站接受主站数据就是 8 位共一个字节的宽度。

而该从站的标识符就必须描述出这种特性和宽度:一个字节的输出。

大部分情况下,从站设备上的物理模块和标识符表示的数据范围相同,即标识符和物理模块是一一对应的关系。但有些从站设备则不一样,一个模块上可能有不同性质的 I/O。所以物理模块与标识符是否对应和设备制造商对 I/O 模块的定义有关。

(2) 一致性

一致性主要是针对数据交换过程中数据单元的刷新是否能被拆分来说的。例如,一个 4AI 的模块,单位是"字",如果是"数据单位一致",即"字"一致,则其每个通道可以单独更新,其每个通道的两个字节不能拆分刷新;如果是"模块一致",则 4 个通道必须同时刷新数据,每个通道不能拆分刷新,每个通道的两个字节更不能拆分刷新。

2. 简单标识符的描述

只使用一个字节即可完成对简单标识符的描述。在该字节中指定基本 I/O 的性质,如单位(字节或字)、性质(I、O、I/O 或特殊标识符)、数量和 I/O 的一致性。具体结构及含义如下:

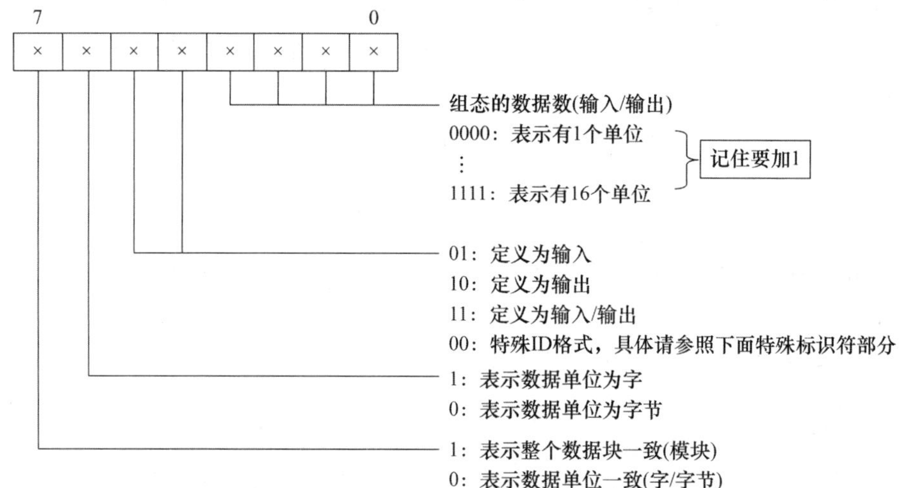

例 4-4　有一模块其 I/O 组态为:8 个字的输入,整个模块一致。试写出其组态报文的 DU 部分。

其 DU 部分为:11010111,即 0xD7。

如果第 4 位、第 5 位为 00,则表示该标识符肯定是特殊标识符,必然包含一些制造商特殊数据,要按下面的讲解描述。

3. 特殊标识符的描述

对特殊(或复杂)标识符的描述需要使用多个字节来完成。DU 部分的基本结构(只画出一个模块)如下:

ID 头字节	描述输出模块性质字节	描述输入模块性质字节	制造商特殊数据
××00××××	仅仅为输出时	仅仅为输入时	(可选)

ID 头字节:特殊 ID 格式时,头字节按该格式表述。

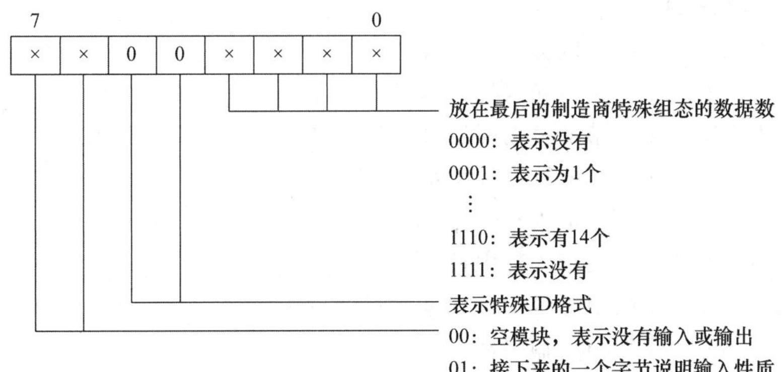

接下来的字节：一个字节来说明输出或输入模块的性质，如果是 I/O 模块，则需要用两个字节说明，但要注意顺序，输出性质说明在前，输入性质说明在后。

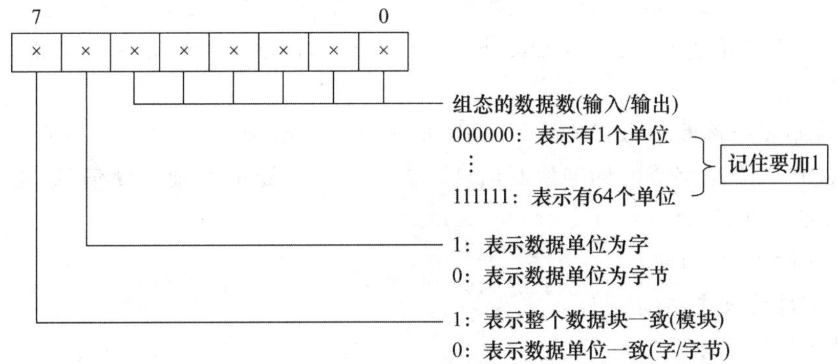

接下来的字节：为制造商特殊数据，有几个则占几个字节。

可以利用扩展字节来区分组态相同但性质不同的 I/O 模块。比如 2 个不同的 8 点输出模块，一个是继电器输出，另一个是 TTL 直流输出，它们的基本编码都是一样的，但使用时必须分清楚输出类型。制造商正是利用扩展组态中的组态特殊数据来区分它们的物理特性的。如两组组态报文的 DU 如下：

81 00 00：后面的 0x00 就表示硬件的输出为继电器形式；

81 00 01：后面的 0x01 就表示硬件的输出形式为 TTL 形式。

例 4-5　一个组态报文 DU 的字节内容为：C2 C1 03 2F 31，请解释其含义。

C2：11000010，表示为特殊 I/O 标识符，有输出和输入，有 2 个特殊数据；

C1：11000001，表示有 2 个字的输出，整个数据块一致；

03：00000011，表示有 4 个字节的输入，字节一致；

2F 31：为制造商的 2 个特殊数据。

例 4-6　有一模块其组态为：8 个字节的输出，整个模块一致，有 2 个制造商特殊数据。试写出其组态报文的 DU 部分。

其 DU 部分为：10000010，10000111，××××××××，××××××××，即 82 87 ×× ××。

后 2 个字节×× ××表示制造商特殊数据。

例 4-7　一个组态报文 DU 的内容为：00 10 10 20 20 53 53 20 20，请解释其含义。

00:00000000,特殊模块,是个空模块,没有输入/输出;
10:00010000,表示有1个字节的输入标识符,字节一致;
10:00010000,表示有1个字节的输入标识符,字节一致;
20:00100000,表示有1个字节的输出标识符,字节一致;
20:00100000,表示有1个字节的输出标识符,字节一致;
53:01010011,表示有4个字的输入标识符,字一致;
53:01010011,表示有4个字的输入标识符,字一致;
20:00100000,表示有1个字节的输出标识符,字节一致;
20:00100000,表示有1个字节的输出标识符,字节一致。

4.8.3 诊断请求及响应报文

1. 诊断请求及响应

PROFIBUS使用诊断报文可以获取故障信息。

在上电初始化以及在进入数据交换阶段之前,主站会自动发送诊断请求报文。在进入数据交换阶段后,如有异常情况发生,也要进行及时的诊断请求及响应报文的通信,以便检查分析和解决问题。

主站向从站发送诊断请求报文后,从站响应报文中会告知自己的状态和情况。从站诊断响应报文DU包含6个字节的标准诊断信息和制造商所设定的其他诊断信息(也称为扩展诊断信息)。标准诊断信息包括:

① 该从站设备的ID号;
② 该从站是否被主站锁定;
③ 锁定从站的主站地址;
④ 各种参数设置错误;
⑤ 各种组态错误;
⑥ 是否支持同步/锁存功能。

主站请求报文帧结构:

SD	LE	LEr	SDr	DA	SA	FC	DSAP	SSAP	FCS	ED
0x68	××	××	0x68	××	××	××	0x3C	0x3E	××	0x16

从站响应报文帧结构:

SD	LE	LEr	SDr	DA	SA	FC	DSAP	SSAP	DU	FCS	ED
0x68	××	××	0x68	××	××	××	0x3E	0x3C	××…	××	0x16

DU的结构:

<table>
<tr><td>前6个字节为基本诊断信息(必须)</td><td>装置诊断信息块(可选)</td><td>标识符(模块)诊断信息块(可选)</td><td>通道诊断信息块(可选)</td></tr>
<tr><td>1 ………… 6
基本诊断信息部分</td><td colspan="3">7 ………… 244
扩展诊断信息部分</td></tr>
<tr><td colspan="4">DU最少6个字节,最多可有244个字节</td></tr>
</table>

说明：装置诊断信息块、标识符诊断信息块和通道诊断信息块是由一个特定的报头来标记的，它们不一定同时出现。

2. 基本诊断信息部分

第 1 个字节：

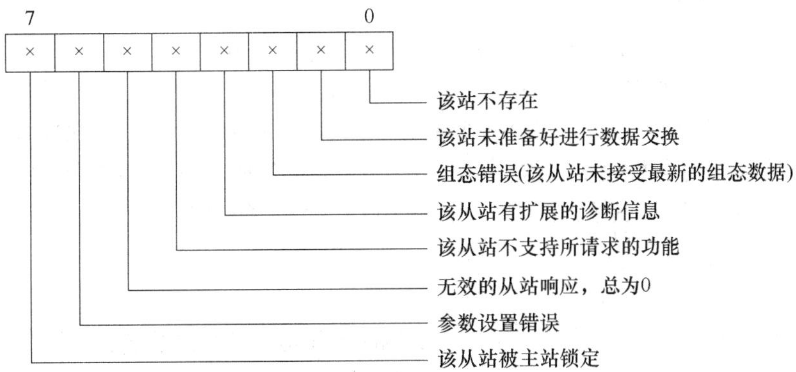

第 2 个字节：

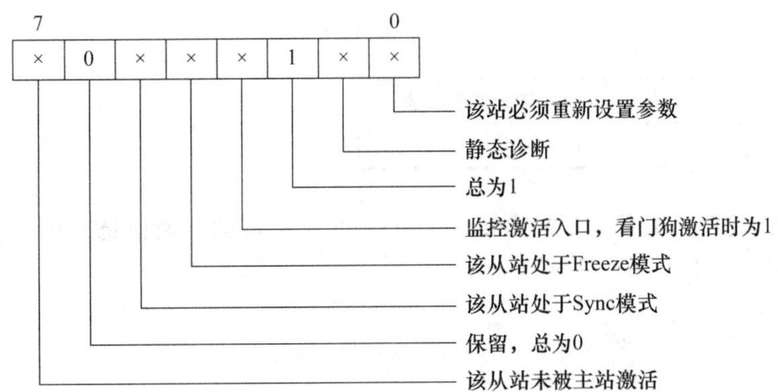

该字节的位 1 为静态诊断(Static Diagnostics)，其定义是：如果从站置位该位，即 bit1 为 1 时，表明其还未准备好接受循环数据交换。主站使用诊断报文重复访问从站，直到该位被复位。例如：当 DP 从站不能提供有效的用户数据(如端口电压驱动故障造成输入数据不正常)时，则置位该位。一旦正常，从站复位该位。主站重新进入周期性的数据交换过程。

如图 4－28 所示，在从站上电过程中，这样的机制显得尤为重要。在进入循环数据交换前的两次诊断之间的时间间隔是十分紧迫的，如果 DP 从站不能及时处理一些故障，则主站将返回初始状态，使数据交换无法进行。该机制是通过置位该位，让从站实现对总线事件的异步检验，从而可以留住主站，避免主站返回初始状态。

第 3 个字节：

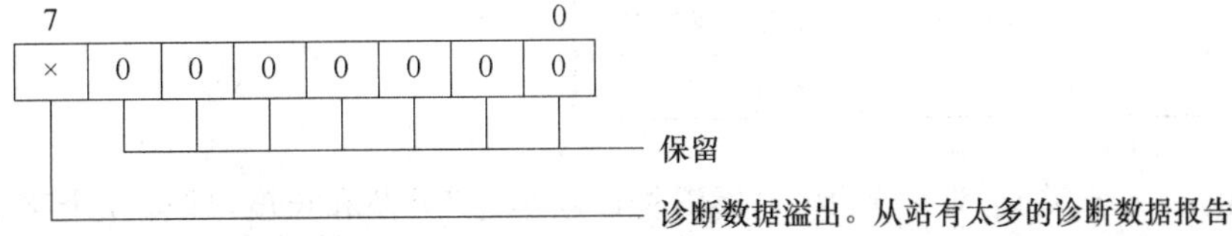

第 4 个字节：为主站地址，范围为 0～0x7D(0～125)。当其值为 0xFF(255)时，表明该从站未被任何主站控制或未进行参数设置。

第 5 个字节：该从站设备的 PROFIBUS ID 号高字节，范围为 0～0xFF。

第6个字节:该从站设备的PROFIBUS ID号低字节,范围为0～0xFF。

例4-8　一个诊断报文DU的前6个字节的内容为:06 05 00 FF 00 0B,请解释其含义。

06:00000110,表示故障为组态错误,从站未准备好进行数据交换;

05:00000101,表示该从站不支持Sync和Freeze模式,且必须重新进行参数设置;

00:表示诊断数据未溢出;

FF:11111111,表示没有主站拥有该从站,或未进行参数化;

00 0B:表示该从站的ID号为0x000B。

例4-9　一个诊断报文DU的前6个字节的内容为:42 05 00 FF 00 0B,请解释其含义。

42 05:表示故障为参数设置错误,从站未准备好进行数据交换;其余同上例。

对于基本的诊断信息,其实从前2个字节中就已经知道。附录B.11列写出了常用的诊断信息,以及解决办法。

3. 扩展诊断信息部分

一个从站设备按从大到小的顺序来说,由3部分组成,即设备(装置)→模块(标识符)→通道。扩展诊断信息部分就是描述这三部分故障情况的。

(1) 装置部分诊断信息

其结构如下:

头字节	和装置有关的诊断数据字节
00××××××	1～62字节

头字节指明"装置诊断信息"类型和长度(即有几个字节的诊断信息),该长度包括头字节。头字节结构及含义如下:

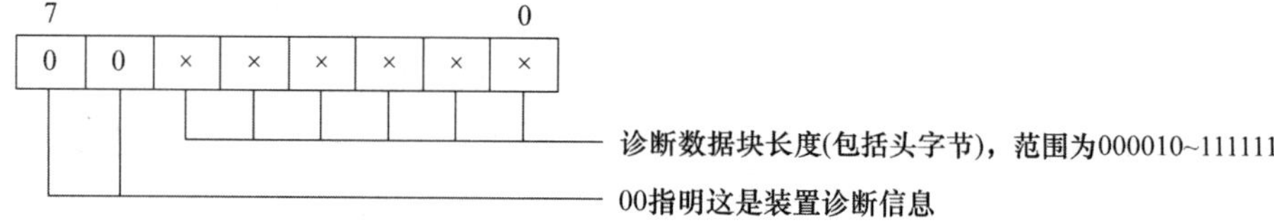

如果有装置诊断信息,则至少应该有一个字节,所以加上头字节后,头字节的数值范围为:00000010～00111111,即0x02～0x3F。实际的诊断数据字节数为1～62个。

接下来的字节就是装置诊断信息的具体内容了,由设备制造商来为每一个字节中每一位进行具体定义。

注意:在DP-V1中,装置诊断信息部分被取代,用于报警及设备状况诊断。

(2) 标识符部分诊断信息

其结构如下:

头字节	和标识符有关的诊断数据字节
01××××××	1～62字节

和上面的头字节类似,头字节指明"标识符诊断信息"类型和长度(即有几个字节的诊断信息),该长度包括头字节。头字节结构及含义如下:

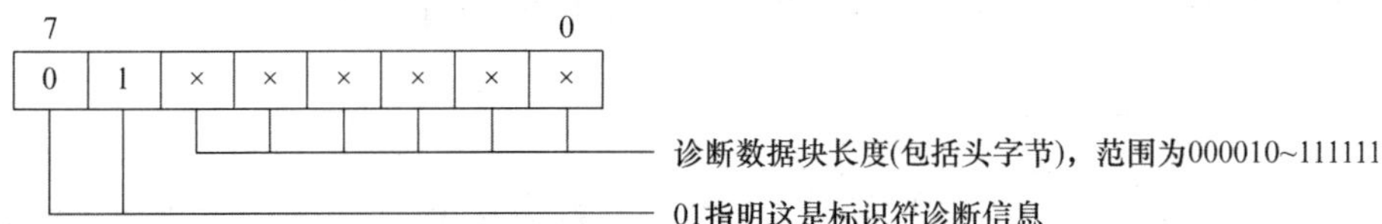

如果有标识符诊断信息,则至少应该有一个字节,所以加上头字节后,头字节的范围为：01000010～01111111,即 0x42～0x7F。实际的诊断数据字节数为 1～62 个。

接下来的字节就是标识符诊断信息的具体内容了,结构如下：

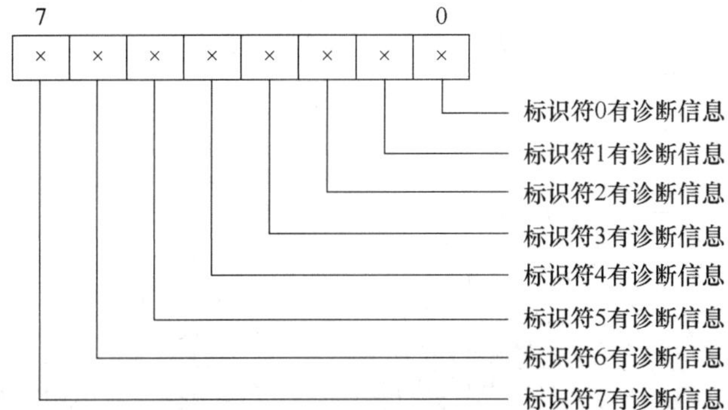

如果该设备的标识符数多于 8 个,则可以继续使用接下去的字节指明标识符号,下面再写一个字节的例子,其他类推。

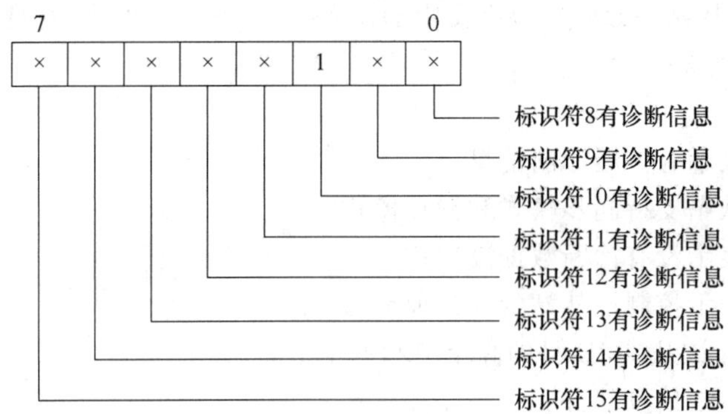

(3) 通道部分诊断信息

一个通道诊断信息由 3 个字节组成。该部分可能有多个这样的通道诊断信息,一个通道诊断信息的结构如下：

头字节	和通道有关的诊断数据字节
10××××××	2 字节(包括头字节有 3 个字节)

头字节:指明“通道诊断信息”类型和发生故障的标志符号。头字节的具体结构和含义如下：

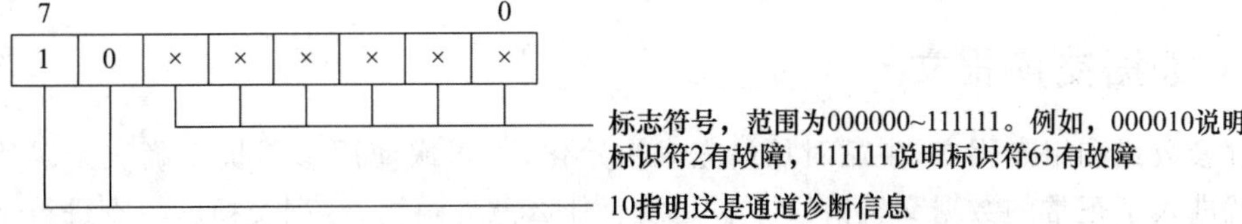

第2个字节:指明发生故障的通道号和通道字节类型,具体结构和含义如下:

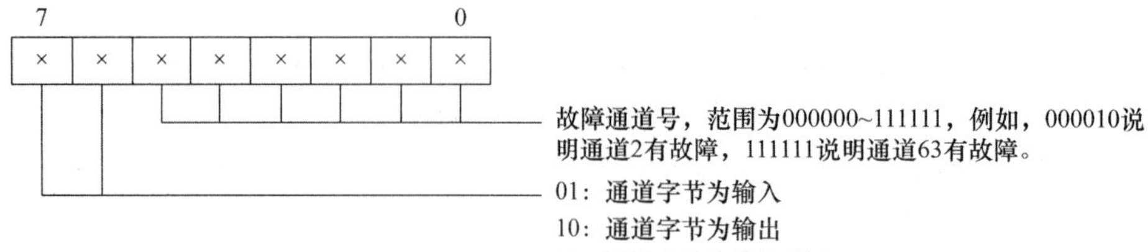

第3个字节:指明通道字节长度和故障类型,具体结构和含义如下:

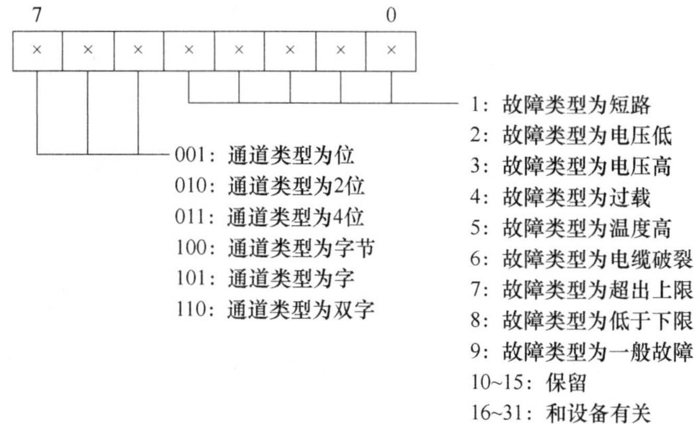

例4-10 一个从站的诊断响应报文中DU数据为:08 34 00 01 80 1D 43 80 02 87 44 A7 89 8F 26,请解释其含义。

前6个字节:

08:00001000,表示有扩展诊断信息;

34:00110100,从站支持同步模式和锁存模式;

00:00000000,表示没有诊断数据溢出;

01:00000001,表示控制该从站的主站地址为1;

801D:0x801D为该从站ID号的高字节和低字节。

接下来为控制诊断信息部分:

43:01000011,表示有标识符故障,包括本字节,共有3个字节来描述这件事情;

80:10000000,表示标识符7有问题;

02:00000010,表示标识符9有问题。

87:10000111,表示有通道故障,该故障通道在标识符7上;

44:01000100,表示该通道为输入型,发生故障的通道号为4;

A7:10100111,表示通道类型为字,故障为超出上限。

89:10001001,表示有通道故障,该故障通道在标识符9上;

8F:10001111,表示该通道为输出型,发生故障的通道号为15;

26:00100110,表示通道类型为位,故障为电缆破裂。

4.8.4 数据交换报文

通过参数化和组态报文,主站对从站完成初始化,并再次使用诊断报文确认无误后,主站和从站就进入了正常的数据交换阶段。若是没有什么意外情况,数据交换就一直进行下去,该阶段是整个现场总线控制系统的主要工作阶段。

在数据交换阶段，主站把输出数据发送给相应的从站，该数据就是根据现场输入数据和生产工艺的要求，经过用户程序计算处理后得出的控制结果；然后主站从该从站得到相应的最新输入数据。数据交换报文中的 DU 最长可以有 244 字节，具体的长度已在组态中定义。

1. 数据交换请求及响应报文

这类报文比较特殊，它们的报文中没有 DSAP 和 SSAP，因此比别的报文少 2 个字节。区分这一点的标志就是它们 DA 和 SA 的 $bit_7=1$，而其他报文的 DA 和 SA 的 $bit_7=0$。该类报文分两类，分别介绍如下：

(1) 从站有输入数据

主站请求报文帧结构（把输出数据给从站）如下：

SD	LE	LEr	SDr	DA	SA	FC	DU	FCS	ED
0x68	××	××	0x68	××	××	××	DATA	××	0x16

从站响应报文帧结构（把输入数据给主站）如下：

SD	LE	LEr	SDr	DA	SA	FC	DU	FCS	ED
0x68	××	××	0x68	××	××	0x08	DATA	××	0x16

大家注意，上面响应报文中的功能码 FC=0x08，表示这是一个低优先级的报文。

(2) 从站没有输入数据

这类从站是一个纯粹的执行器，只有控制输出，而没有输入信号。主站请求报文结构（发送输出数据）如下：

SD	LE	LEr	SDr	DA	SA	FC	DU	FCS	ED
0x68	××	××	0x68	××	××	××	DATA	××	0x16

从站响应报文结构为短响应报文格式，即只有一个字节：0xE5。

2. 异常情况报告报文

在前面介绍诊断报文时已简单介绍说，在数据交换阶段如有异常情况发生，也需要进行诊断报文的通信。从站诊断信息具有高的优先级，其实这也是控制系统的实际要求，因为当出现故障时，必须及时报告给主站。在数据交换状态下，该功能是这样实现的：从站一旦有诊断信息需要报告，它立即会把当时数据交换响应报文中 FC 字节的低 4 位置 A（高优先级响应报文），这样主站就知道了该从站有诊断信息报告，主站会在下一个总线循环周期发出诊断请求报文给该从站，而不是发送数据交换请求报文。从站收到诊断请求报文后，就可以在诊断响应报文中告诉主站发生了什么故障了。

数据交换过程中，异常情况下从站的响应报文也有以下两种：

(1) 对从站有输入数据的情况，其响应报文的帧结构如下：

SD	LE	LEr	SDr	DA	SA	FC	DU	FCS	ED
0x68	××	××	0x68	××	××	0x0A	DATA	××	0x16

(2) 对从站没有输入数据的情况，因为正常情况下从站的响应报文是一个短确认报文，所

以这时要做一些特殊处理,即让它也发送一个带 FC 和 DU 的报文给主站,DU 中一个字节的数据是一个哑数据,帧结构如下:

SD	LE	LEr	SDr	DA	SA	FC	DU	FCS	ED
0x68	××	××	0x68	××	××	0x0A	1 byte	××	0x16

主站收到该报文后,就知道了该从站出现了异常情况,而主站对 DU 中的哑数据不予理睬。

4.8.5 全局控制报文

在数据交换过程中,主站使用 SDN 服务可以对设定的从站组进行全局控制(Globe Control),全局控制报文的主要功能或类型如下:

① 报告主站的工作状态;

② 输出同步/解除同步(Sync/Unsync);

③ 输入锁存/解除锁存(Freeze/Unfreeze);

④ 清除数据(Clear Data)模式的设置。

1. 全局控制报文结构及含义

全局控制报文没有响应报文,其帧结构及含义如下:

SD	LE	LEr	SDr	DA	SA	FC	DSAP	SSAP	DU	FCS	ED
0x68	0x07	0x07	0x68	××	××	××	0x3A	0x3E	××…	××	0x16

DU 由 2 个字节组成:

第 1 个字节:

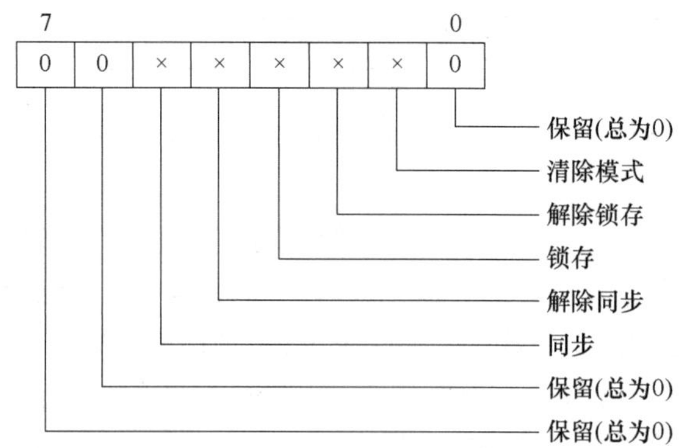

第 2 个字节:为从站成组号码设置,该字节的每一位代表一个从站组,全局控制对指定的从站组起作用。全局控制的从站成组号码设置已在参数化报文中 DU 的第 7 个字节中完成,2 字节的内容相同。当该字节的内容为 0x00 时,则指定该全局控制对所有从站有效。

说明:当全局控制报文的 DU 为 00 00 时,说明为正常操作模式,而没有任何全局控制的内容。在系统正常操作模式下,主站过一段时间就发一次 DU 为 00 00 的全局控制报文,向所有从站报告主站的工作状态。

2. 同步和锁存方式

同步方式是针对输出而言的。正常情况下,从站接收到主站发的输出数据后,立即通过数据缓冲器把它们送到了输出缓冲器，随后通过物理输出端去控制现场的执行机构。其过程如图 4－31(a)所示。

当主站发送同步控制命令后，输出数据就不能直接送到输出缓冲器了，而是先放在数据缓冲器中(见图 4－31(b))，当从站再次收到同步命令后，该数据才能被送到输出数据缓冲器，同时新的数据送到数据缓冲器中，举例说明如图 4－31(c)和(d)所示。主站发出解除同步控制命令后，系统的输出数据通道又恢复到正常情况时的状态。

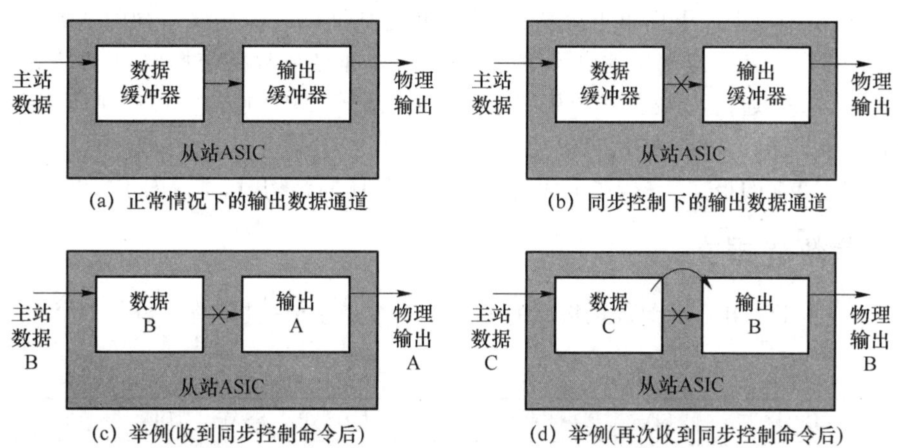

图 4－31　同步方式使用举例

锁存方式和同步方式的工作原理一样，只不过它是针对输入信号而言的。正常方式下，从站的输入数据可以直接送到主站；而在锁存方式下，从站的有关输入信号不能直接送到主站，而是必须等到下一个锁存命令才行。主站发出解除锁存控制命令后，系统的输入数据通道又恢复到正常情况时的状态。

同步和锁存方式一般用于高精度定位控制(如对驱动装置的控制)，为了获得工艺所要求的结果，就必须要求对所使用的多个输入进行同时采样，对所控制的输出进行高精度的等时控制，而不能有时间先后上的微小差别。由于受到通信速率的限制，运动控制的场合不再使用 DP 了，最好的解决方案是使用 PROFINET。

3. 自动安全操作方式报文

有些主站支持所谓的“自动清除”功能，当主站检测到从站发生故障或有异常情况后，会自动从“操作”模式切换到“清除”模式。在“清除”模式下，数据“0”会送到从站，而 DP 从站则必须将输出置于安全状态(Fail Safe)，但究竟是个什么样的安全状态则完全取决于从站的性能和设置。在大部分场合，输出一般是“0”，但在某些特殊工况下，安全输出可能是一个预先设定好的值。“清除”模式全局控制报文中 DU 的第 1 个字节为 0x02。其帧格式如下：

SD	LE	LEr	SDr	DA	SA	FC	DSAP	SSAP	DU	DU	FCS	ED
0x68	0x07	0x07	0x68	××	××	××	0x3A	0x3E	0x02	0x00	××	0x16

从“清除”模式返回正常操作模式时，主站须再发送一个报文：

SD	LE	LEr	SDr	DA	SA	FC	DSAP	SSAP	DU	DU	FCS	ED
0x68	0x07	0x07	0x68	××	××	××	0x3A	0x3E	0x00	0x00	××	0x16

这些报文是对所有从站发送的,属于全局控制的一部分,从站不需要响应。

4.9 DP-V1 报文详解

DP-V1 是基于 DP-V0 的,它处理循环数据的报文和 DP-V0 是一样的,有些报文也只是在 DP-V0 报文的基础上进行了一些扩展。它的特殊之处是加上了 MS1 和 MS2 通信,这些属于非循环数据通信的范围。下面重点讲解 DP-V1 报文中和 DP-V0 报文不同的地方。

从前面 PROFIBUS 应用层的讲解中可以知道,在非循环数据交换中,1 类主站和从站之间的通信属于 MS1 通信,2 类主站和从站之间的通信属于 MS2 通信,所以 DP-V1 的通信由循环通信 MS0 和非循环通信 MS1、MS2 组成。

像介绍 DP-V0 的报文一样,在下面讲解报文的具体帧结构时,重点对 DU 进行详细分析。

4.9.1 参数化报文

和 DP-V0 相比,DP-V1 参数化报文的 DU 多了 3 个字节,其他都一样。具体帧结构和含义如下:

SD	LE	LEr	SDr	DA	SA	FC	DSAP	SSAP	DU	FCS	ED
0x68	××	××	0x68	××	××	××	0x3D	0x3E	××…	××	0x16

其中,DU 的具体结构如下:

前 7 个字节为必选字节(同 DP－V0)	DP-V1 的 3 个状态字节	相关装置和模块参数(可选)
1 ………… 7	8 ………… 10	11 ………… 244
最少必须有 10 个字节,最多可有 244 个字节		

前 7 个字节同 DP-V0。

第 8 个字节:

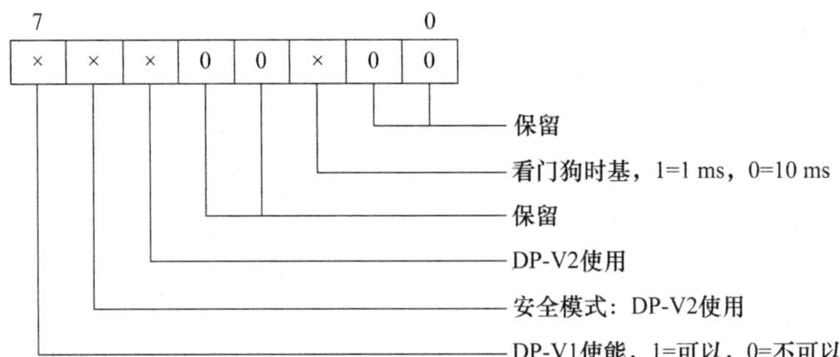

位 2:时基选择位,该位的设置可以使时基最小到 1 ms,而对 DP-V0 来说时基总是 10 ms。

位 7:该位是最重要的标识符位,当它设置为 1 后,就可建立起 MS1 通信通道。如果在 GSD 文件中没有定义非循环数据通信通道,从站就会拒绝这样的参数设置。

第 9 个字节:

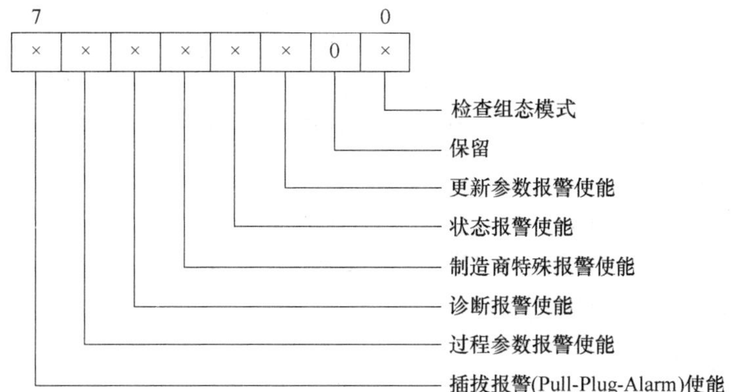

位 0：一般来说当组态错误发生时，系统就不能进入数据交换阶段了。该位设置为 1 时，表示与用途有关的检查（灵活性的），允许接受一定范围的组态错误，比如模块丢失等，允许系统进入数据交换阶段；当该位设置为 0 时，表示为一般性的检查（限制性的），不允许任何组态错误发生，或不接受和实际组态不同的组态信息。

其他报警位：（这些位设置为 1 时有效）

① 更新参数报警使能：当模块参数发生变化时给出报警信息；

② 状态报警使能：当模块状态发生改变时给出报警信息；

③ 制造商特殊报警使能：制造商可以定义一些特殊的报警信息供用户使用；

④ 诊断报警使能：当模块出现故障时给出报警信息；

⑤ 过程参数报警使能：当过程变量超限等异常情况出现时给出报警信息；

⑥ 插拔报警使能：插入或移走一个模块时给出报警信息。

第 10 个字节：

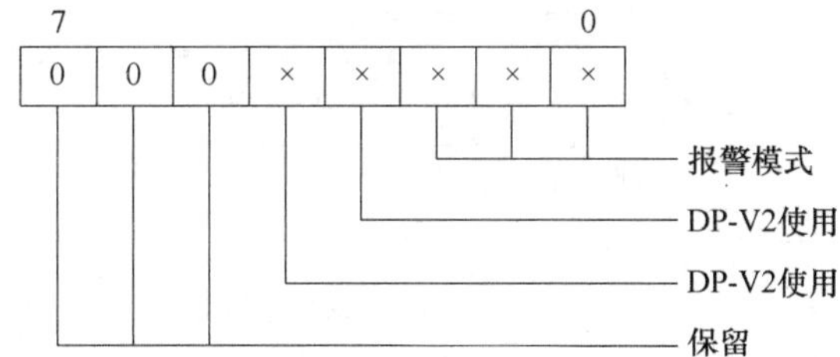

位 0～位 2：该 3 位用来定义在一个从站中总共有多少报警信息可以同时被主站处理。具体参数为：

000 为 1 个报警信息；

001 为 2 个报警信息；

010 为 4 个报警信息；

011 为 8 个报警信息；

100 为 12 个报警信息；

101 为 16 个报警信息；

110 为 24 个报警信息；

111 为 32 个报警信息。

例 4－11　一个参数化报文 DU 的前 10 个字节的内容为：B8 01 32 0B 12 34 00 C4 E0 02，请解释其含义。

B8:10111000,表示从站被锁定,支持 SYNC 和 FREEZE 模式,看门狗有效;

01 32:表示看门狗时间的系数为 1×50,时基要看下面的定义;

0B:表示 T_{SDR} 为 11 个 T_{bit};

12 34:表示该设备的 PROFIBUS ID 号为 0x1234;

00:表示没有特别的分组;

C4: 1100 0100,表示 DP-V1 有效,看门狗时基为 1 ms;

E0: 1110 0000,表示允许拔/插报警、过程报警和诊断报警;

02:同时可处理 4 个报警信息。

4.9.2　组态报文

和 DP-V0 的组态报文相比,DP-V1 组态报文中的 DU 部分的标识符肯定是属于特殊标识符那一类的。在 DP-V1 规范中,特殊标识符扩大了数据类型的确定范围,原来在 DP-V0 中制造商特定数据部分在 DP-V1 中将用于数据类型的编码。这些特殊数据字节用来进一步说明该标识符输入、输出或输入/输出的性质,该字节中数值的不同代表的 I/O 性质不同。要注意,若为输入/输出标识符时,其次序是先输出,后输入,请参考 DP-V0 该部分讲解。I/O 性质具体说明如表 4-6 所列。

表 4-6　DP-V1 中 I/O 性质说明

字节数值	I/O 性质	字节数值	I/O 性质
1	二进制数(位)	10	8 个一组的字符串(n 个字节,无 ASCII 码)
2	8 位符号整数(字节)	11	数据(7 个字节,范围 1ms～99 年)
3	16 位符号整数(字)	12	天(4 个字节,ms 形式,从午夜开始)
4	32 位符号整数(双字)	13	时差(4 个字节,ms 形式)
5	8 位无符号整数(字节)	14	天(6 个字节,若为 ms 形式,则从午夜开始;若为天形式,则从 01/01/1984 开始)
6	16 位无符号整数(字)	15	时差(6 个字节,ms 形式或天形式)
7	32 位无符号整数(双字)	16～31	保留
8	IEEE 浮点数(双字)	32～63	用户特殊指定数据
9	可见的字符串(n 个字节,每个字节 1 个 ASCII 码)	64～255	保留

例 4-12　一个组态报文 DU 的字节内容为:42 84 08 05,请解释其含义。

42:01000010,表示为特殊 I/O 标识符组态,有输入,有 2 个特殊数据;

84:10000100,表示有 5 个字节的输入,整个数据块一致;

08:00001000,表示有 4 个字节的浮点数输入;

05:00000101,表示有 1 个字节的无符号整数输入。

4.9.3　诊断报文

DP-V1 和 DP-V0 的主站诊断请求报文是相同的。在 DP-V0 从站诊断响应报文中已经定义了基本诊断信息字节(必选)和扩展诊断信息字节(可选),其中的扩展诊断信息包括 3 部分内容:

装置相关的诊断信息；

标识符相关的诊断信息；

通道相关的诊断信息。

在这里再复习一下 DP-V0 的从站响应报文帧结构：

从站响应报文帧结构：

SD	LE	LEr	SDr	DA	SA	FC	DSAP	SSAP	DU	FCS	ED
0x68	××	××	0x68	××	××	××	0x3E	0x3C	××…	××	0x16

DU 具体结构：

前 6 个字节为基本诊断信息(必选)	装置诊断信息块(可选)	标识符诊断信息块(可选)	通道诊断信息块(每个通道 3 个字节)(可选)
1 ◄-------► 6 基本诊断信息部分	7 ◄-------► 244 扩展诊断信息部分		
DU 最少为 6 个字节,最多可有 244 个字节			

在 DP-V1 中使用报警和状态信息块替代了 DP-V0 中的装置诊断信息块，所以在 DP-V1 中就没有装置信息块了。除此之外，DP-V1 诊断响应报文的其他部分和 DP-V0 相同。DP-V1 的 DU 结构如下：

前 6 个字节为基本诊断信息(必选)	报警或状态信息块(4～63 字节)(可选)	标识符诊断信息块(可选)	通道诊断信息块(每个通道 3 个字节)(可选)
1 ◄-------► 6 基本诊断信息部分	7 ◄-------► 244 扩展诊断信息部分		
DU 最少为 6 个字节,最多可有 244 个字节			

DP-V1 的报警/状态信息块有两部分内容，报警信息主要反映参数设置报文的第 9 个字节中规定的各种报警情况，当有故障出现时进行报警；状态信息主要反映系统状态、标识符状态和制造商规定的一些特殊状态的情况。这两种诊断信息并不是同时存在于同一个报文中的，即要么该报文是关于报警信息的，要么该报文是关于状态信息的。它们的报文结构以及对这两种信息的处理过程都是不一样的。下面分别对它们进行详细介绍。

1. 报警信息

像 DP-V0 中对故障信息的处理一样，在 DP-V1 中，当故障发生后，从站使用高优先级的 FC 通知主站，接着主站和从站进行诊断报文的通信。故障信息存储在该主站直到被确认且故障消失。所有现场设备支持的报警设置都是在 GSD 文件中定义好的，在上电进行参数化时对它们进行了确认。DP-V1 中报警诊断信息报文的具体结构和含义如下：

第 7 个字节(在前 6 个 DU 必选字节后，报警诊断信息的头字节为第 7 个字节)：

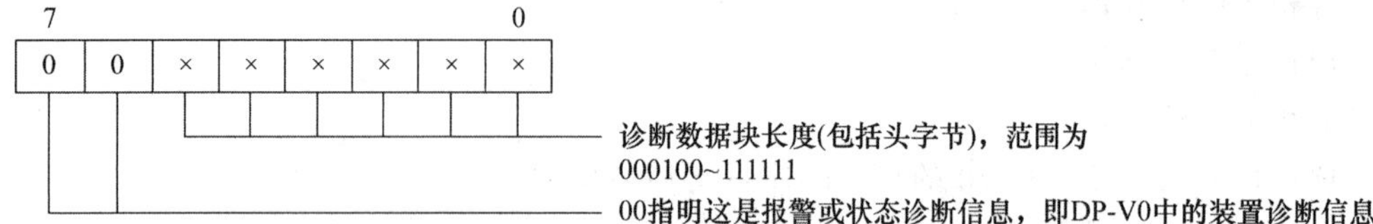

诊断数据块长度最小值为 4,是指除了头字节外,还有接下来必选的 3 个字节。

第 8 个字节:它的位 7 用来区分是报警诊断信息还是状态诊断信息。

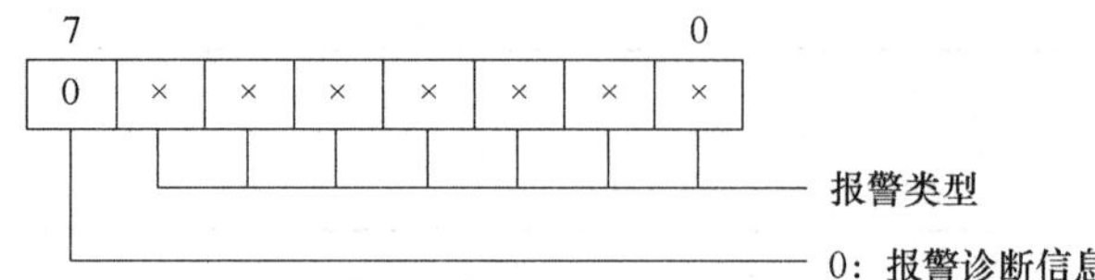

当位 7 为 0 时,指明的是报警诊断信息,这时位 0～位 6 用来指定报警信息类型:

0:保留;

1:诊断报警;

2:过程报警;

3:拔出模块报警;

4:插入模块报警;

5:状态报警;

6:更新参数报警;

7～31:保留;

32～126:制造商特殊报警信息;

127:保留。

第 9 个字节:用来指明发生故障的从站设备的槽号。范围:0～254。

第 10 个字节:用来指定报警的详细特点。

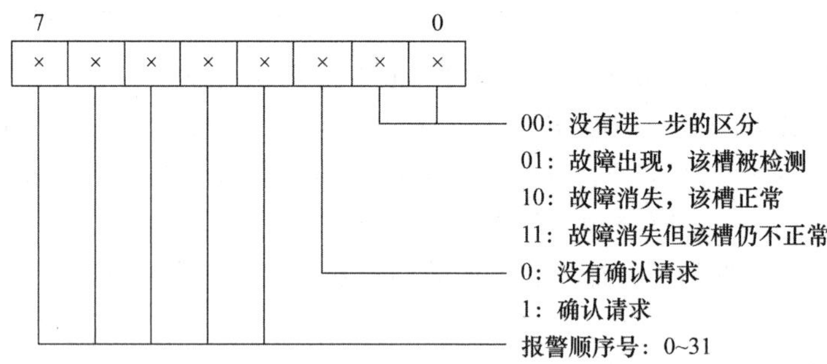

如果位 2 为 1,则表示从站通知主站这个报警需要一个另外的报警确认服务,该服务通过 MS1 来完成,可参见 4.9.4 小节中 MS1 的讲解。

第 11 个字节以后:为用户数据字节。

例 4－13 一个诊断报文 DU 中从第 7 个字节开始的数据为:04 02 01 01,试解释其含义。

04:即 00000100,表示为报警/状态诊断信息,共有 4 个字节;

02:即 00000010,表示为报警信息,类型为过程报警;

01:表示故障装置的槽号为 1;

01:表示故障出现。

2. 状态诊断信息

系统出现异常,从站仍把这种异常作为低优先级事件(响应报文中)和 1 类主站进行通信,这时就要使用状态诊断信息的报文了。在 1 类主站中状态信息是存放在系统循环缓冲器里的,所以每隔一段时间它们就要被覆盖一次。它们主要用来对系统中有关状态的情况进行统计和趋势分析。DP-V1 中状态诊断信息报文的具体结构和含义如下:

第 7 个字节(在前 6 个 DU 必选字节后,状态诊断信息的头字节为第 7 个字节):

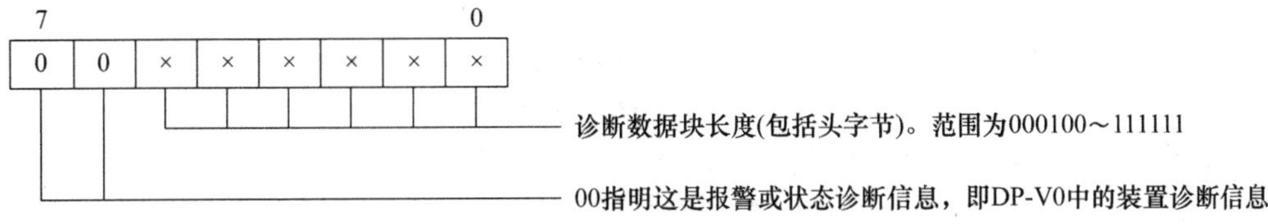

诊断数据块长度最小值为 4,是指除了头字节外,还有接下来必选的 3 个字节。

第 8 个字节:它的位 7 用来区分是报警诊断信息还是状态诊断信息。

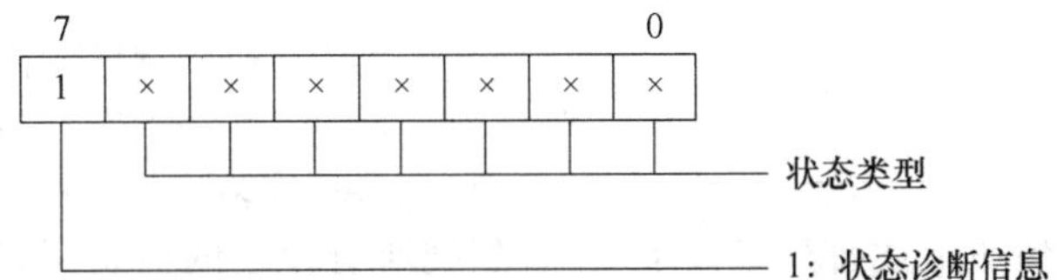

当位 7 为 1 时,指明是状态诊断信息,这时位 0～位 6 所指定的状态信息类型是:

0:保留;

1:表示在状态详细特点信息字节后是状态信息;

2:表示在状态详细特点信息字节后是模块状态信息;

3～31:保留;

32～126:表示在状态详细特点信息字节后是制造商特殊数据;

127:保留。

第 9 个字节:用来指明报告状态异常的从站设备的槽号,范围为 0～254。

第 10 个字节:用来指定状态的详细特点。

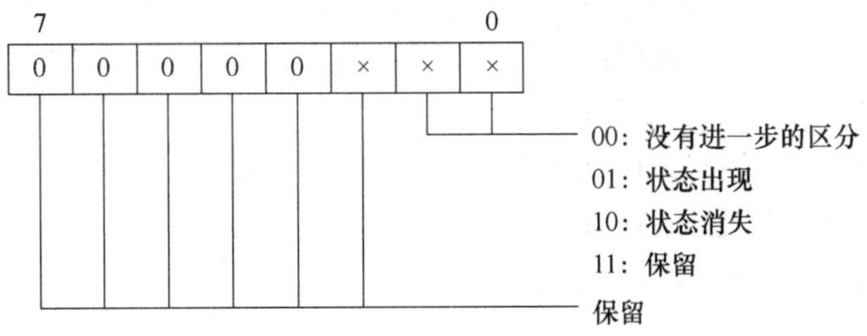

第 11 个字节以后:为用户数据字节。

特殊情况:如果第 8 个字节中的状态类型指定是 2,即模块状态信息时,则接下来的第 9 个字节不再表示从站槽号,而规定为 0。第 11 个字节以后也不再是用户数据字节,其具体结构和含义如下:

第 11 个字节:描述模块 0～模块 3 的状态。

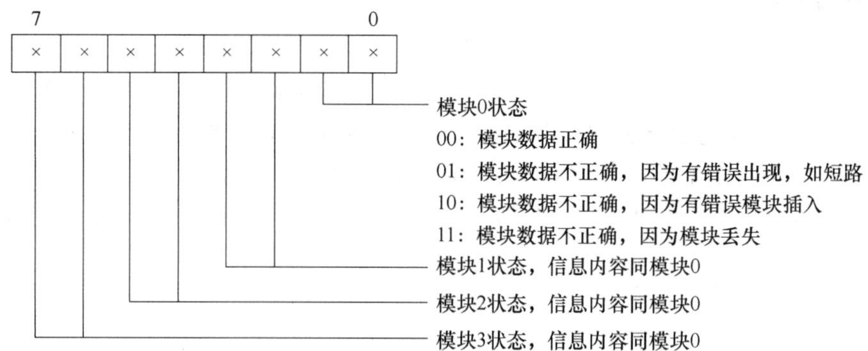

第12个字节:描述模块4～模块7的状态。

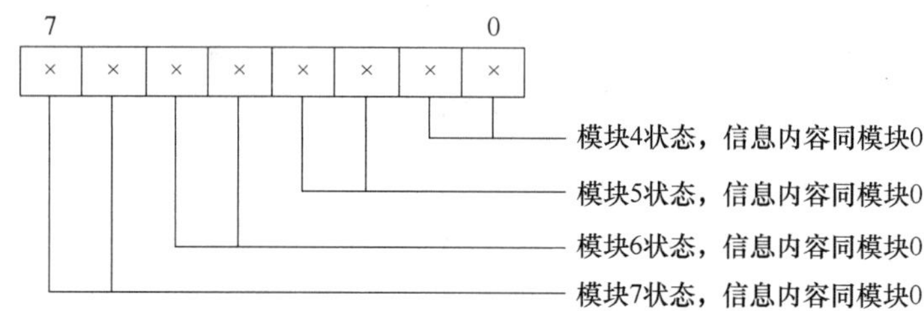

以后的字节可以仿照上述排列继续下去,直到把所有模块的信息写完。

例4-14　一个诊断报文DU中从第7个字节开始的数据为07 82 00 01 00 30 00,试解释其含义。

07:00000111,表示为报警/状态诊断信息,共有7个字节;

82: 10000010,表示为状态诊断信息,状态信息后面为模块信息;

00:状态信息后面为模块信息时,槽号固定为0;

01:状态出现中;

00 30 00:表示模块6有问题,问题类型为模块丢失,其他模块均正常。

例4-15　本例是在实验中人为制造的一个故障:将一个WAGO 750-833 DP从站的尾端模块拔掉,捕捉到的诊断报文DU的内容为08 0E 00 05 B7 56 49 00 00 00 00 00 00 00 00 07 A0 00 00 44 07 00,试解释其含义。

前6个字节为基本的诊断数据:

08:表示从站具有扩展诊断信息;

0E:表示看门狗有效,静态诊断功能有效;

05:表示该从站被5号主站控制;

B7 56:表示该从站的ID号为0xB756

项目为扩展诊断信息部分:

49:表示包括本字节在内的9个字节来说明关于模块的故障信息;

00 00 00 00 00 00 00 00:表示常规模块(最多64个)无故障;

07:表示包含本字节在内的7字节说明报警或状态的情况;

A0:10100000表示这是状态信息,且状态号为32,表示在状态详细信息后是制造商特殊数据;

00:出现状态的槽号为0;

00:表示对该状态信息没有进一步的区分;

44 07 00:表示制造商的特殊数据。

4.9.4　非循环通信 MS1 报文

DP-V1 中循环数据(I/O)的交换和 DP-V0 的相同,在此不再介绍。1 类主站和相应从站之间非循环数据(如参数上下限设定值、过程参变量值等)交换就是 MS1 通信。MS1 通信中定义了新的 SAP,主站的 SAP 都是 0x33,从站的 SAP 一个是 0x33,用于数据读写;另一个是 0x32,用于报警确认。

在循环数据交换初始化时,MS1 通道就一起建立起来了;一旦循环数据通信中止,则 MS1 通道也被关闭。一个从站同时只能和一个主站进行循环数据交换,同样地,一个从站同时也只能有一个 MS1 连接。下面详细介绍 MS1 的主要报文形式。

1. 读数据报文及工作过程

(1) 读数据报文

使用 DS-Read(Data Set Read)报文可以读取从站的非循环数据。当主站的数据读取请求报文发出后,同时开启一个内部定时器开始对该报文的执行过程进行监督,因为非循环数据的交换可能要在几个总线循环周期后才完成,所以每个总线周期主站都要对该从站进行轮询,看是否能收到从站对该报文的响应报文(数据响应报文)。如果主站发现时间超限则马上中止对该从站进行非循环和循环数据交换,该从站需要被重新参数化后才能正常工作。

因为 DSAP 和 SSAP 都是 0x33,所以 MS1 的数据读取请求报文和响应报文基本上是一样的,唯一的区别是请求报文的 DU 中没有用户数据字节部分。具体报文帧结构如下:

SD	LE	LEr	SDr	DA	SA	FC	DSAP	SSAP	DU	FCS	ED
0x68	××	××	0x68	××	××	××	0x33	0x33	××…	××	0x16

DU 的具体结构和含义如下:

第 1 个字节:

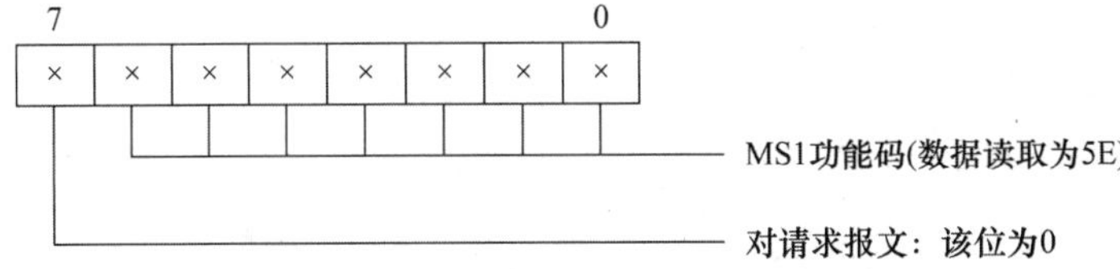

非循环数据交换功能码:这里的功能码和第 7 个字节的 FC 的英文表示相同,但意思不一样,第 7 个字节的 FC 表示整个数据交换第 2 层(数据链路层 DLL)的通信协议功能,这里的 FC 表示非循环数据通信的数据交换功能。例如,0x5E 表示非循环数据的读取,0x5F 表示非循环数据的写入。MS1 和 MS2 通信的功能码有多种,详情参见附录 B.10。

位 7:当该字节的位 7 为 1 时,表示响应报文错误,这时整个报文的结构发生变化,后面有详细介绍。

第 2 个字节:该字节指定数据所在地址的槽号。

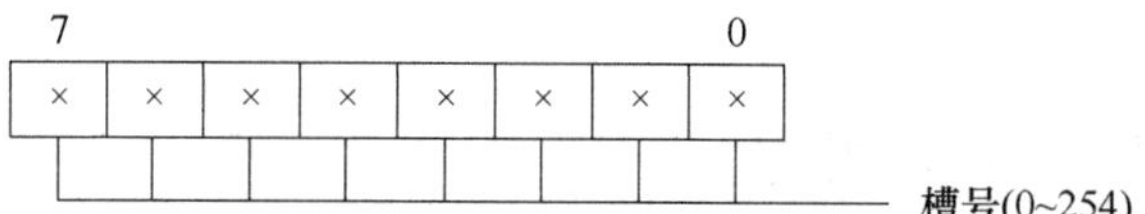

第 3 个字节:该字节指定数据存放的索引号。槽号和索引号一起决定数据存放的位置。

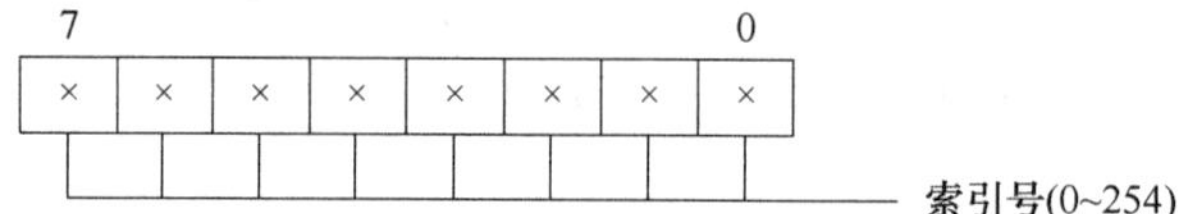

第 4 个字节:该字节指定所读取的数据的长度,即多少个字节的数据需要读取。

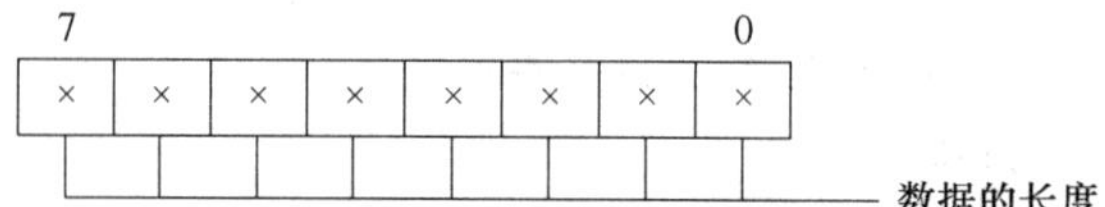

第 5 个字节:第 1 个用户数据。

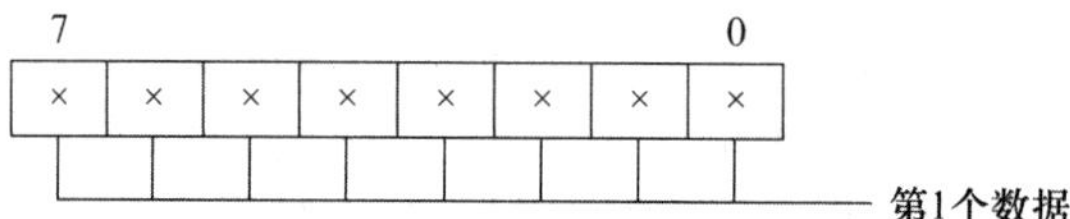

第 5 个字节以后为用户数据,请求报文没有该部分,响应报文才有该部分。

(2) MS1 通信错误时的报文

在进行 MS1 通信时,有可能发生错误,这时在响应报文中就要有所反映。这种情况下的 DU 报文结构和含义如下:

第 1 个字节:

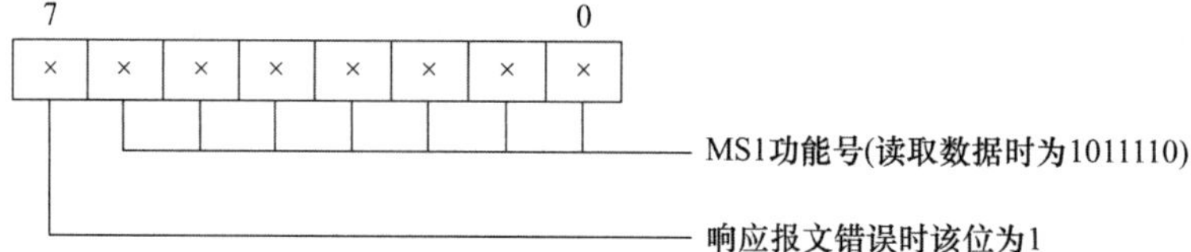

第 2 个字节:

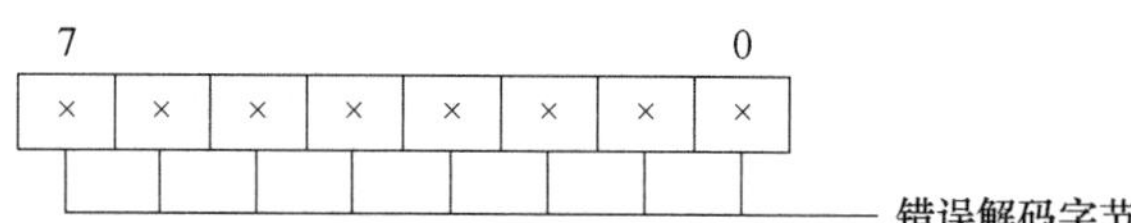

该字节所代表的意义如下:

0~127:保留;

128:DP-V1 方面的错误;

129~253:保留;

254:有关 PROFIBUS FMS 方面的错误,在此不做介绍;

255:有关 HART 方面的错误,在此不做介绍。

第 3 个字节:该字节为错误码 1。当为 DP-V1 方面的错误时,该字节的结构和含义如下:

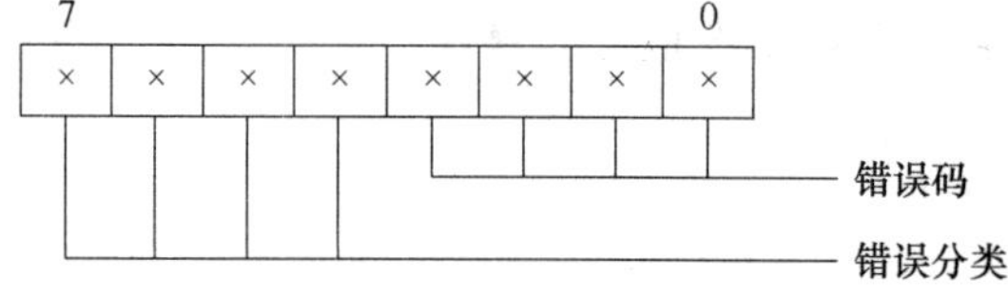

对错误分类(Error-Class)和错误码的具体说明如表 4－7 所列。

表 4－7　错误分类(Error-Class)和错误码

错误分类	错误码
0～9:保留	
10:应用类	0:读错误 1:写错误 2:模块失败 3～7:保留 8:版本冲突 9:不支持该特性 10～15:用户指定
11:存取类	0:非法的数据层号 1:写数据长度错误 2:非法的数据槽号 3:类型冲突 4:非法的数据区 5:状态冲突 6:存取拒绝 7:非法范围 8:非法参数 9:非法类型 10～15:用户指定
12:源类	0:读强制冲突 1:写强制冲突 2:源忙 3:源不可获得(Unavailable) 4～7:保留 8～15:用户指定
13～15:用户指定类	

第 4 个字节:该字节为错误码 2。当为 DP-V1 方面的错误时,该字节为用户指定。

(3) MS1 读取数据的工作过程

MS1 读取数据的工作过程可用图 4－32 表示。

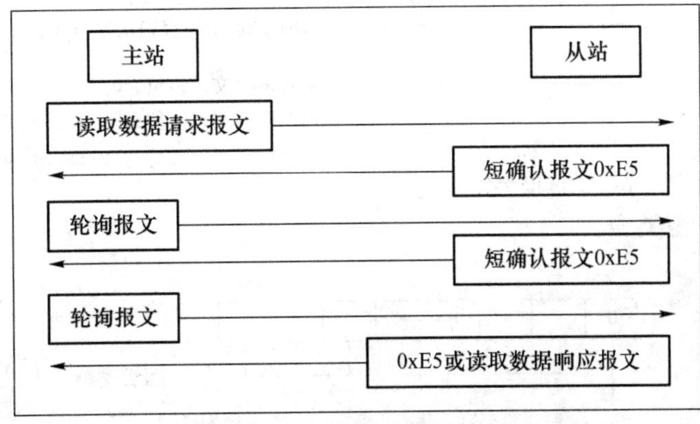

图 4－32　MS1 读取数据的工作过程

非循环数据的交换不一定是在一个周期内完成的,所以主站发出数据读取请求后,从站返回一个短确认报文;下一个周期,主站对该从站就刚才的读取数据请求报文进行轮询,看从站是否给出响应报文,若从站未给出响应报文,则继续返回短确认报文;下一个周期,主站继续进行轮询,直到从站返回响应报文,非循环数据交换才结束。

轮询报文的结构非常简单,它没有DU。读取数据报文的轮询报文帧结构如下:

SD	LE	LEr	SDr	DA	SA	FC	DSAP	SSAP	FCS	ED
0x68	××	××	0x68	××	××	××	0x33	0x33	××	0x16

2. MS1写数据报文

主站可以对属于它的并组态过的DP-V1从站进行非循环数据的写操作,数据地址也是按槽号和层号来确定的。写操作的报文和读操作的报文基本上相同,此处不再详细介绍,下面只给出写操作几种报文的DU组成,如表4-8所列。

表4-8　写操作几种报文的DU组成

报文类型	DU的字节顺序及内容
写请求报文	功能号(0x5F)、槽号、索引号、数据长度、数据
写响应报文(正确时)	功能号(0x5F)、槽号、索引号、数据长度
写响应报文(错误时)	功能号(0x5F)(但该字节位7为1,所以第1个字节的值为0xDF)、错误解码、错误码1、错误码2

错误解码、错误码1和错误码2的具体含义见MS1读数据报文部分。

MS1写数据操作的轮询报文和读取数据操作的一样。

3. 报警确认报文

过程控制中,有时需要对诊断报文中的报警进行确认。作为诊断报文的附属功能,报警确认是通过MS1来实现的。

(1) 报警确认报文

报警确认报文中从站的SAP为0x32,主站的SAP为0x33,请求报文和响应报文的区别仅在于把DSAP和SSAP的值互换。另外响应报文发生错误时的处理报文结构、含义和MS1读/写错误时的一样,此处不再赘述。请求报文的帧结构如下:

SD	LE	LEr	SDr	DA	SA	FC	DSAP	SSAP	DU	FCS	ED
0x68	××	××	0x68	××	××	××	0x32	0x33	××…	××	0x16

DU的具体结构和含义如下:

第1个字节:为MS1的功能号。

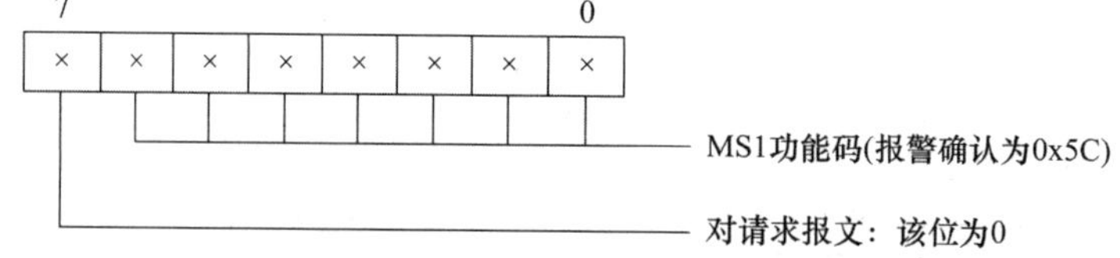

第2个字节:为发生故障的槽号。

第3个字节:报警类型。

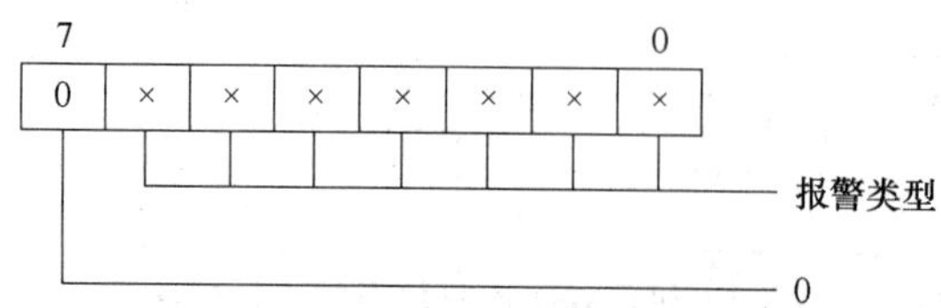

报警类型代码如下：

0:保留；

1:诊断报警；

2:过程报警；

3:拔出模块报警；

4:插入模块报警；

5:状态报警；

6:更新参数报警；

7～31:保留；

32～126:制造商特殊报警信息；

127:保留。

第 4 个字节:为报警的详细特点。

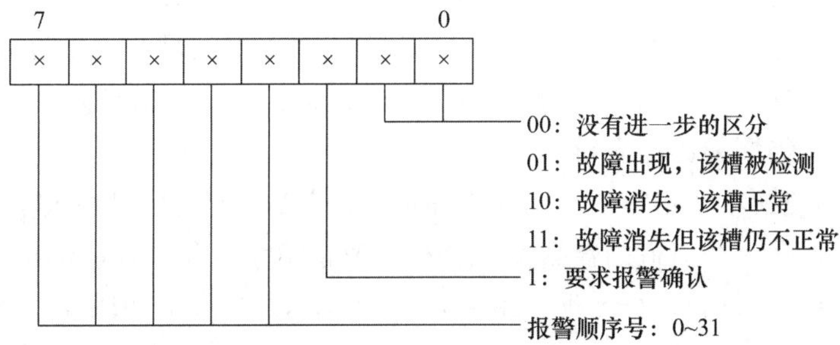

(2) 报警响应、确认的工作过程

已知在进行正常的数据交换过程中，如果从站有报警发生，则会响应一个高优先级的响应报文(FC=0x0A)。这时主站会发出诊断请求，从站就会立即回复一个诊断响应报文。对于有报警确认要求的 DP-V1 设备，主站还会进行报警确认请求，因为这属于 MS1，所以主站会进行轮询请求，直到从站给予报警确认响应。该过程可用图 4-33 表示。

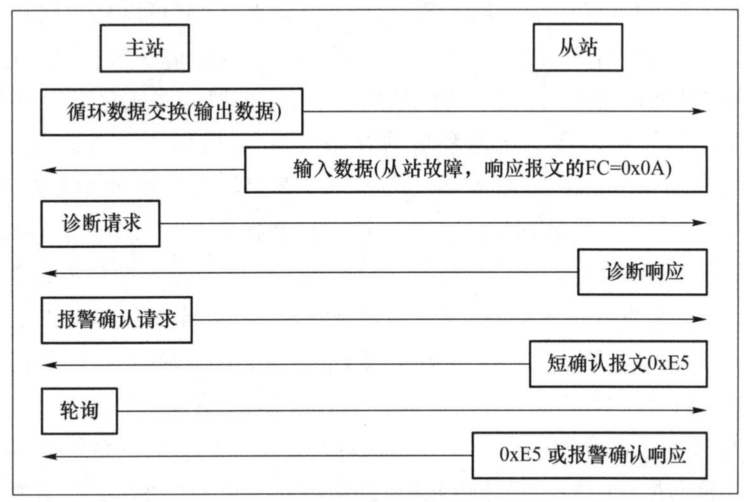

图 4-33　MS1 报警响应、确认的工作过程

报警轮询报文的结构和 MS1 读写数据的基本一样，只是 DSAP 的值为 0x32。其帧结构如下：

SD	LE	LEr	SDr	DA	SA	FC	DSAP	SSAP	FCS	ED
0x68	××	××	0x68	××	××	××	0x32	0x33	××	0x16

4.9.5 非循环通信 MS2 报文

2 类主站和相应从站之间的数据交换就是 MS2,MS2 通信为工业过程控制的实际应用提供了方便,比如可以使用 MS2 通过 HMI 进行系统的实时监控和操作,另外还可以利用 MS2 直接对设备进行必要的参数设置。对 PA 设备来说,行规 3.0 以上版本的设备必须有 MS2 通道,MS1 通道则是可以选择的。实际上,在过程控制系统中,MS2 通道被广泛地应用于非循环数据的传输。

1. MS2 的数据交换过程

2 类主站和 1 类主站不同,1 类主站有一个上电初始化的过程,通过这个过程(参数设置、组态和诊断)1 类主站可以识别和锁定属于它的从站。2 类主站没有这个过程,所以在和从站进行数据交换之前,它必须先和相应的从站建立联系,即找一个数据交换的通道。当这个通道建好后,才能进行所需要的数据交换。

非循环数据的交换不一定在一个周期中完成,一个 2 类主站可以和数个从站并行地进行非循环数据的通信,每一个通道的数据交换总是以通道请求开始,以关闭通道(或超时)结束。同样一个从站也可以同时和几个 2 类主站进行 MS2 通信,对从站来说,唯一的限制条件就是它们的内存,只要内存允许就行。

MS2 的通信过程可用图 4 - 34 表示。

2 类主站和从站之间的通信必须有一个通道,这个通道建立起来后,所有的数据交换都是自发完成的。在初始请求阶段有两个参数是最重要的,一个是发送溢出时间(Send-Timeout),一个是从站的数据服务通道 SAP。发送溢出时间是指需要多长时间从站可以响应主站的数据交换请求,它可以用来监控 MS2 通信。从站的 SAP 可以从 0 到 0x30 中间选择。

在 2 类主站的初始化请求报文中,从站的 SAP 为 0x31,该请求报文中还包括其他各种它所支持的特性和主站要求的最大的发送溢出时间。从站收到该报文后马上回复一个报文,该响应报文中包括有效的 MS2 通信通道和从站要完成 MS2 通信所必需的最小的发送溢出时间。接下来主站使用新的 SAP 进行初始化的轮询,直到从站给出初始化响应报文,至此该 SAP 才开始打开,MS2 的各种数据交换开始进行,通信的过程和 MS1 的读写过程相同。在数据交换的过程中,如果暂时没有数据交换,则主站要在每一个总线循环周期发送一个空闲的(Idle)报文给从站,以免发送溢出时间溢出,造成 MS2 中断。当数据交换结束后,主站要发送一个退出报文告知从站,从站给出一个短确认报文后,整个这一轮的 MS2 通信结束,从站的该 SAP 通道关闭,它又处于自由状态,可以作为新的 SAP 被使用。

在 MS2 通信过程中,如果发生错误,主站也会通过退出报文结束该轮的 MS2。

MS2 的所有轮询报文的格式都是相同的,以从站的 SAP=0x20 为例,其帧结构如下:

SD	LE	LEr	SDr	DA	SA	FC	DSAP	SSAP	FCS	ED
0x68	××	××	0x68	××	××	××	0x20	0x32	××	0x16

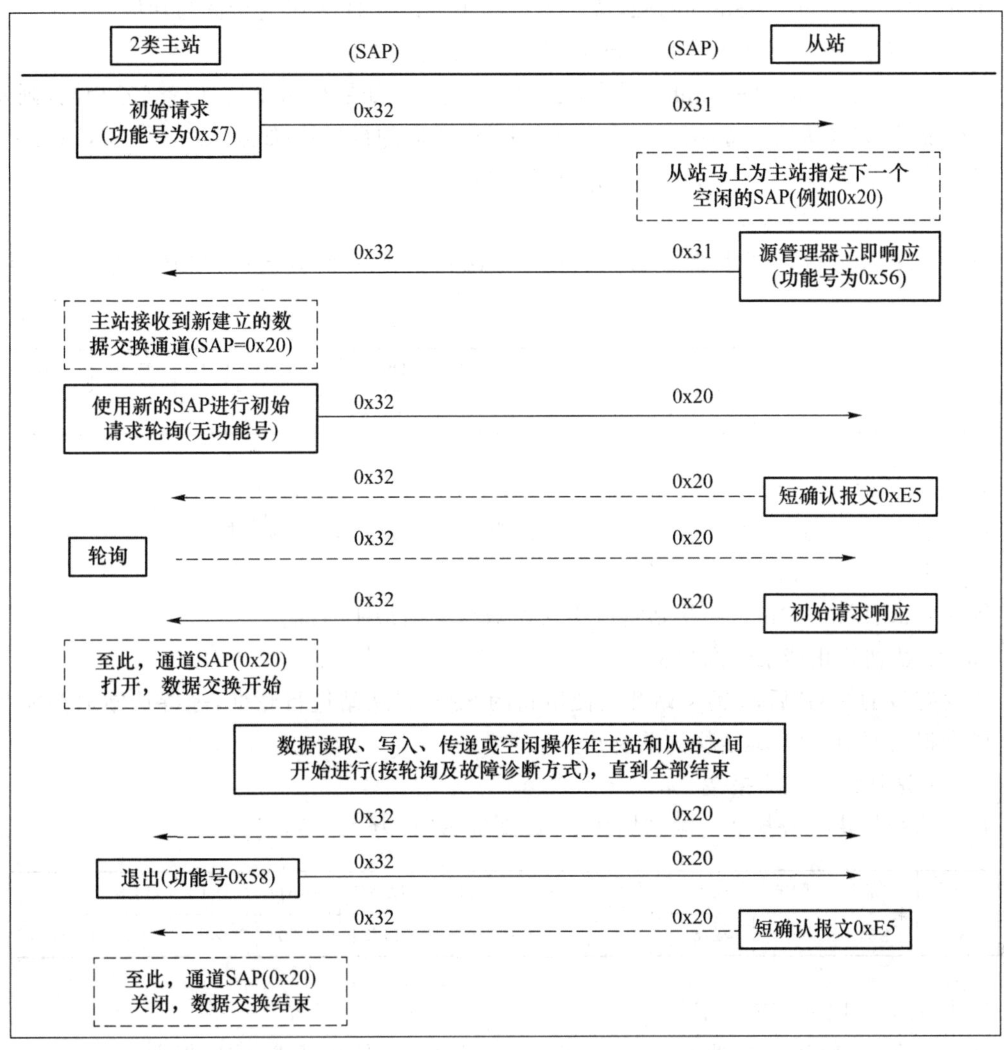

图 4－34　MS2 的通信过程

2. 初始化报文

初始化在 MS2 通信中非常重要，初始化的过程已在上面讲过，下面详细介绍它的几种报文。

(1) 初始化请求报文

2 类主站先向它要进行通信的从站索取 SAP，发出请求报文。其帧结构如下：

SD	LE	LEr	SDr	DA	SA	FC	DSAP	SSAP	DU	FCS	ED
0x68	××	××	0x68	××	××	××	0x31	0x32	××…	××	0x16

其中，DU 由以下字节组成：

第 1 个字节：MS2 通信功能码：0x57，表示该报文为初始化请求/响应报文。

第 2 个、3 个、4 个字节：保留。

第 5 个字节：Sent-Timeout，主站告诉从站它希望得到从站响应的最长时间，时基为 10 ms。

第6个字节:Feature-Supported,从站支持的服务。0001表示支持读写功能。

第7个字节:Profile-Feature-Supported,支持行规。

第8个字节:Profile-ID-Number,主站支持的行规号。如果从站支持且行规号相同,则发回相同的行规号;如果从站支持,但行规号不同,则发回不同的行规号;如果从站不支持,则发回0。

第9个字节:Add-Addr-Param,子网地址参数。

(2) 从站立即响应报文

收到主站的初始化请求报文后,从站马上为其指定一个有效的SAP。其报文帧结构如下:

SD	LE	LEr	SDr	DA	SA	FC	DSAP	SSAP	DU	FCS	ED
0x68	××	××	0x68	××	××	××	0x32	0x31	××…	××	0x16

其中,DU由以下字节组成:

第1字节:MS2通信功能码:0x56,表示该报文为初始化立即响应报文。

第2字节:有效的SAP,范围为0～0x30。

第3字节:Sent-Timeout,从站响应主站请求需要的最小时间。

(3) 主站初始化请求轮询报文

收到有效的SAP后,2类主站开始使用新的SAP对从站进行轮询,等待从站的初始化响应。轮询报文没有DU,其结构如前所述。

(4) 从站初始化响应报文

从站的初始化响应报文的帧结构如下(设新的SAP为0x20):

SD	LE	LEr	SDr	DA	SA	FC	DSAP	SSAP	DU	FCS	ED
0x68	××	××	0x68	××	××	××	0x32	0x20	××…	××	0x16

其中,DU由以下字节组成:

第1个字节:MS2通信功能码:0x57,表示该报文为初始化请求/响应报文。

第2个字节:最大的数据字节数。

第3个字节:Feature-Supported,从站支持的服务。0001表示支持读写功能。

第4个字节:Profile-Feature-Supported,支持行规。

第5个字节:Profile-ID-Number。如果从站支持主站行规且行规号相同,则发回相同的行规号;如果从站支持,但行规号不同,则发回不同的行规号;如果不支持,则发回0。

第6个字节:Add-Addr-Param,子网地址参数。

(5) 初始化响应错误时的报文

在初始化过程中,如果在响应时发现错误,则功能码的位7置1。响应报文的帧结构同上,但DU中的内容不一样,具体如下:

第1个字节:MS2通信功能码变为0xD7。表示该报文为初始化响应故障报文。

第2个字节:故障解码。

第3个字节:故障码1。

第4个字节:故障码2。

其中,第2个、3个、4个字节的内容参见MS1通信中的有关讲解。

3. MS2读写报文

MS2的读写报文结构、含义及其工作过程和MS1的基本相同，唯一的区别是DSAP和SSAP不同。MS2通信时，主站的SAP为0x32，从站的SAP为在初始化过程中指定的一个新值，范围为0～0x30。在学习过程中仿照MS1的读写报文进行相应的替换即可，此处不再赘述。

4. MS2的数据传递报文

MS2在数据传递中提供了一种在2类主站和从站之间交换用户特殊指定数据的功能。这在一些特殊应用领域(如PROFIdrive)非常有用。用户可以使用自己的行规实现一些保护功能，比如有些数据通信只能供公司内部使用等。而要想实现数据传递功能，必须先把用户行规的ID在MS2初始化时进行确认，然后才可以使用该功能。

数据传递请求报文主站的SAP为0x32，从站的SAP为在初始化时获得的SAP，响应报文和请求报文基本一样，只要把DSAP和SSAP的内容换一下位置即可。当响应发生错误时，报文结构、内容和处理方式同前面所述。MS2几种数据传递报文的DU结构和内容如表4-9所列。

表4-9 MS2几种数据传递报文的DU结构和内容

报文类型	DU的字节内容及顺序
数据传递请求报文	功能号(0x51)、槽号、索引号、数据长度、数据
数据传递响应报文(正确时)	功能号(0x51)、槽号、索引号、数据长度、数据
写响应报文(错误时)	功能号(0xD1)、错误解码、错误码1、错误码2

5. 空闲报文

空闲报文的结构非常简单，从站的SAP是初始化时获得的SAP。它的DU中只有一个字节，即MS2的功能号(空闲功能为0x48)。以从站SAP=0x20为例，空闲请求报文的帧结构如下：

SD	LE	LEr	SDr	DA	SA	FC	DSAP	SSAP	DU	FCS	ED
0x68	××	××	0x68	××	××	××	0x20	0x32	0x48	××	0x16

空闲报文的响应报文也是一个空闲报文，只是将DSAP和SSAP的内容换了一下位置。

6. 退出(Abort)报文

在MS2通信过程中或通信结束后，主站会发送一个退出报文，从站收到该报文后，返回一个短确认报文0xE5，随后由初始化建立起来的2类主站和从站之间的数据交换通道SAP关闭。退出报文的帧结构如下(以从站SAP=0x20为例)：

SD	LE	LEr	SDr	DA	SA	FC	DSAP	SSAP	DU	FCS	ED
0x68	××	××	0x68	××	××	××	0x20	0x32	××	××	0x16

DU具体结构和含义如下：

第1个字节：指定功能号，退出报文的功能号为0x58。

第2个字节：指定子网(Subnet)类型。

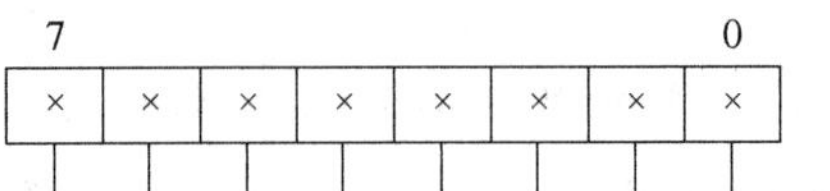

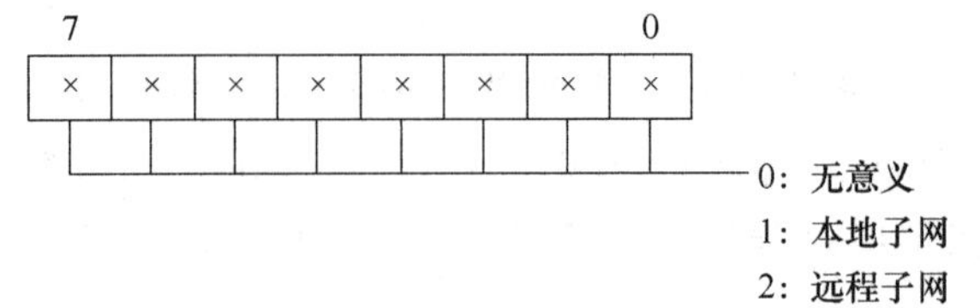

第 3 个字节:指定导致退出的协议类型和错误原因。

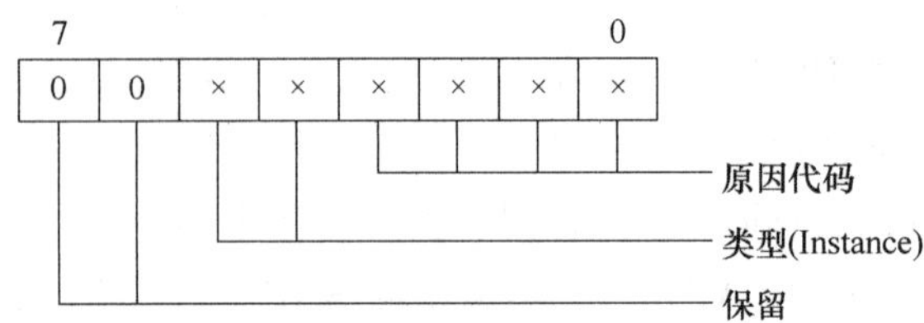

位 5 和位 4:用来指定导致退出的协议类型(Protocol Instance),具体如下:

00:FDL;

01:MS2;

10:用户;

11:保留。

位 3～位 0:用来指定导致退出的原因,具体如表 4 - 10 所列。

表 4 - 10　导致退出的协议类型和原因

类型(Instance)	原　因	名　称	含　义
FDL	1	UE	见 EN50170 第 2 部分
	2	RR	见 EN50170 第 2 部分
	3	RS	见 EN50170 第 2 部分
	9	NR	见 EN50170 第 2 部分
	10	DH	见 EN50170 第 2 部分
	11	LR	见 EN50170 第 2 部分
	12	RDL	见 EN50170 第 2 部分
	13	RDH	见 EN50170 第 2 部分
	14	DS	主站不在逻辑环中
	15	NA	远程 FDL 无响应
MS2	1	ABT-SE	顺序错误,在该状态下不支持此服务
	2	ABT-FE	非法的请求 PDU 接收
	3	ABT-TO	连接超时
	4	ABT-RE	非法的响应 PDU 接收
	5	ABT-IV	非法的用户服务
	6	ABT-STO	请求的发送时间溢出值(Send-Timeout)太小
	7	ABT-IA	非法的附加地址信息
	8	ABT-OC	等待 FDL-DATA-REPLY. con

当错误原因为 MS2 中的 ABT-STO 时，接下来的 2 个字节还要说明 Send-Timeout 的大小。

4.10　总线和信息的循环时间及估计

总线及信息的循环时间在现场总线中非常重要，虽然有关它们的大部分参数和最终用户的关系不大，但对它们进行一些了解有助于对总线系统工作原理的理解。而且在使用工具软件进行系统组态时，也需要对其中的某些参数进行设置，所以本节主要介绍总线及信息循环时间的概念及其估算方法。

4.10.1　有关总线时间的一些术语

(1) T_{bit}

T_{bit}为位时间，即总线上传送一个位所需要的时间。其值为波特率的倒数。例如，1 个 T_{bit}在波特率为 12 000 kbit/s 时，其值为 1/12 000 000＝83 ns。

(2) T_{syn}

T_{syn}为同步时间，即每个从站在接收下一个请求报文开始前必须等待的一个空闲时间。典型值为 33 T_{bit}。

(3) T_{id1}

主站在接收完最后一个响应位后，在发送下一个请求前必须等待的时间用 T_{id1}表示。该时间至少为 T_{syn}加上一个安全的余量。典型值为 75T_{bit}。

还有一个 T_{id2}，它是指主站发送完请求信息的最后一位后，没有收到从站的响应信息，而再次发送下一个请求报文前必须等待的时间。

(4) T_{SDR}

T_{SDR}为从站延迟时间，即从从站接收完主站的请求报文到它发送响应报文前必须等待的时间。$T_{SDR\text{-}min}$为最小的等待时间，其典型值为 11 个 T_{bit}。$T_{SDR\text{-}max}$为最大的等待时间，该时间和波特率有关。已经指定的 $T_{SDR\text{-}min}$和 $T_{SDR\text{-}max}$如表 4－11 所列。

表 4－11　不同的波特率对应的 $T_{SDR\text{-}min}$和 $T_{SDR\text{-}max}$　　单位：T_{bit}

波特率/(kbit·s^{-1})	9.6～187.5	500	1 500	3 000	6 000	12 000
$T_{SDR\text{-}min}$	11					
$T_{SDR\text{-}max}$	60	100	150	250	450	800

(5) T_{TD}

T_{TD}为传输延迟时间，即一个位信息从发送到接收在物理介质上所延迟的时间。它主要和电缆的长度以及中继器有关。对 DP 标准电缆来说，每 100 m 的延迟时间大约为 0.5 μs。每个中继器的延迟时间为 1 个 T_{bit}。

(6) T_{MC}

T_{MC}为信息循环时间，其值为：主站发送请求信息时间＋T_{SDR}＋从站响应信息时间。

(7) T_{BC}

T_{BC}为总线循环时间，其值为 T_{MC}加上一些时间余量。在多主站系统中，它的值为各个单

主站的 T_{MC} 相加。

4.10.2 循环时间及估计

总线及信息的循环时间和以下几个因素有关：

① 波特率；

② 从站的数量；

③ I/O数据的总量；

④ 从站需要的延迟时间。

图4-35为单主站系统的循环时间示意图。

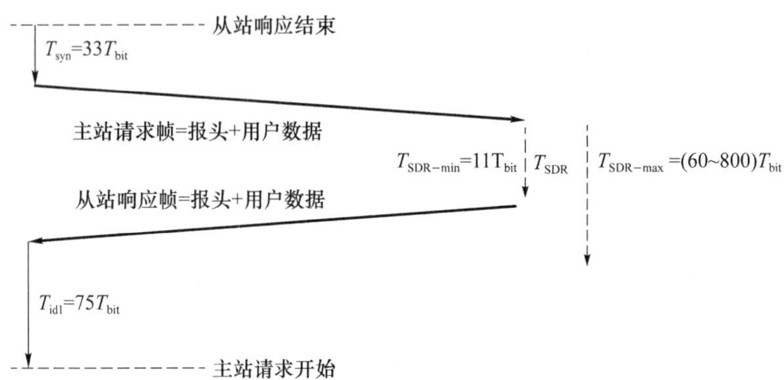

图4-35　单主站系统的循环时间示意图

PROFIBUS报文中的每一个字节的特征码都由11位组成，即一个起始位，一个停止位，一个校验位和8个数据位。对于PROFIBUS报文，每个数据交换帧中除了数据单元外，还有9个字节的报头和报尾(SD、LE、LER等)。所以信息循环时间 T_{MC} 的估算公式为

$$T_{MC}=[T_{syn}+T_{id1}+(2\times 9+\text{输入数据字节}+\text{输出数据字节})\times 11+T_{SDR}]\times T_{bit}\times \text{从站数}$$

$$=[33+75+(2\times 9+\text{输入数据字节}+\text{输出数据字节})\times 11+11]\times T_{bit}\times \text{从站数}$$

一般加20%～50%的余量。

例4-16　一个PROFIBUS系统有一个主站，连接有7个从站，每个从站都有2个字节的输入数据和1个字节的输出数据，系统的波特率为1 500 kbit/s。信息循环时间计算如下：

$T_{bit}=1/1\,500\,000=667$ ns

$T_{MC}=[33+75+(2\times 9+2+1)\times 11+11]\times 667\times 7=1\,634\,150$ ns $=1.634\,15$ ms

考虑40%的余量后：$T_{MC}=1.634\,15$ ms $\times 140\%=2.287\,81$ ms

对于 T_{BC}，则还须加上托肯报文时间(3个特征码时间)，再加上FDL请求时间(对于每个请求和响应来说为6个特征码时间)，为了考虑各种延迟，须再加一些余量。

本章小结

本章是本书的重点内容，主要讲解PROFIBUS的工作过程和DP-V0/V1报文。学习好报文对深入理解PROFIBUS核心知识，解决现场实际问题是非常有必要的，掌握报文细节是成为一个高级PROFIBUS技术工程师的必要条件。

PROFIBUS只用了ISO/OSI的第1层、第2层和第7层，另外增加了一个用户层(行规

层)，这 4 层构成了 PROFIBUS 的协议结构。

PROFIBUS 在进行数据交换时，主站之间采用的是令牌总线方式，令牌在各个主站之间按序传递；在主站和从站之间，采用的是轮询方式，哪个主站握有令牌，该主站就有权力和它控制的从站进行数据交换。这样的循环一直进行下去，从站把最新的输入数据送到主站，主站则根据用户控制程序和各有关信号的状态计算出最新的输出信号的状态，并把输出信号送到相应的从站去控制执行电器的动作，这就是 PROFIBUS 系统最基本的工作过程。

PI 为 PROFIBUS 中使用的设备都定义了行规(Profile)，行规对每个总线设备或装置的 I/O 数据、操作以及功能都进行了清晰的描述和明确的规定。行规是独立于任何一个制造商的，它保证了“互换性”和“互操作性”在现场总线技术中的实现。

DP-V0 报文主要由参数化、组态、诊断和数据交换等报文组成，参数化报文主要指定主站和从站的关系，以及指定从站的操作方式，主要包括通信参数、功能设定、装置参数和 ID 号等；组态报文则告知从站设备的详细 I/O 信息。当出现异常时，PROFIBUS DP 提供诊断信息报文，以便分析故障原因和解决问题；数据交换报文是所有报文中使用最多的报文，因为在绝大部分时间里主站和从站之间进行的就是数据的传递。

PA 用于过程控制系统。过程控制的主要特点是以模拟量控制为主，各种控制参数、报警参数较多，系统对安全性要求较高。PA 使用 DP-V1，它是 DP-V0 的扩展。在 DP-V1 中既有用于过程实时值和设备状态的循环数据交换，也有用于设定值、报警设定值等参数的非循环数据交换。DP-V1 对循环数据处理的报文和 DP-V0 是一样的，它的特殊之处是加上了 MS1 和 MS2 非周期性数据通信。在这些非循环数据交换中，1 类主站和从站之间的通信称为 MS1 通信；2 类主站和从站之间的通信称为 MS2 通信，所以 DP-V1 的通信由循环通信 MS0 和非循环通信 MS1、MS2 组成。学习 DP-V1 时，重点是学习 MS1 和 MS2 的数据交换过程和报文帧结构。

思考题与练习题

1. 和 OSI 相比，现场总线通信协议模型有什么不同？为什么？
2. 简述 PROFIBUS 的协议结构。
3. PROFIBUS DP 和 PA 在物理层分别采用的是什么编码？
4. RS485 传输的优点是什么？
5. DP 和 PA 在链路层的报文结构有何不同？
6. MS0、MS1 和 MS2 属于什么样的应用关系？
7. 行规在 PROFIBUS 协议结构中的作用是什么？行规的种类有哪些？
8. PA 设备的块模型中包括哪几种块？其作用分别是什么？
9. DP-V0 的主要报文类型有哪些？请简述它们的主要作用。
10. 简要解释下列术语：

① 令牌；

② 服务存取点。

11. DP 中 1 类主站的四种操作模式是什么？简要解释在每种模式下主站和它的从站之间的相互作用。

12. 简要解释 PROFIBUS DP 从站的看门狗定时器。

13. 几个 PROFIBUS 的报文帧如下，对每段报文帧试完成：

(a)

0x68	0x05	0x05	0x68	0x8A	0x81	0x5D	0x3C	0x3E	0xD2	0x16

(b)

0x68	0x0C	0x0C	0x68	0x88	0x81	0x7D	0x3D	0x3E	0x98	0x01	0x0A	0x0B	0xB7	0x60	0x01	0xC7	0x16

(c)

0x68	0x05	0x05	0x68	0x28	0x01	0x7D	0x00	0x01	0xA7	0x16

(d)

0x68	0x07	0x07	0x68	0xFF	0x81	0x54	0x3A	0x3E	0x02	0x00	0xDF	0x16

① 指出每个字节的功能；

② 指出该报文的种类；

③ 和该报文相关的站点地址是什么？

④ 这些报文希望的响应报文是什么？

14. 一个组态报文的数据单元包含下面 3 个字节，请解释他们的含义。

0xD1	0x23	0x70

15. 一个从站只有一个模块，它的 I/O 特性如下：

① 1 个字节的输出，字节一致；

② 3 个字节的输入，且全部一致；

③ 3 个字节的制造商特殊数据：0x00，0x03，0x80

试写出其组态报文中的数据单元的内容。

16. 使用报文分析工具捕捉到的一段报文如下，试解释它的详细含义。

Adr	SAP	Fc	DataLen	Data
01←10	3E←3C	08	06	12 05 00 01 B7 60

17. 在建立起一个网络后，一个从站未和主站进行数据交换。捕捉到的诊断报文如下：

Adr	SAP	Fc	DataLen	Data
01←16	3E←3C	08	06	00 0C 00 02 80 1D

请问：从站和主站的地址是什么？为什么该从站不和主站进行数据交换？

18. 简要解释当一个正在进行循环数据交换的从站出现问题后，它是如何向主站报告的？主站随后又是如何处理的？

19. 全局控制报文可以完成哪些任务？

20. DP-V1 中有哪些通信类型？

21. 在 PA 装置的数据链中，有一个测量值的信息质量字节，该字节的作用是什么？当该字节为 0x80 时，它表示什么意思？

22. 一个 DP-V1 从站由 DP-V1 主站控制。该从站的 ID 为 0x4523，不需要“同步”和“锁存”模式，看门狗时间为 25 ms，该从站有两个固定的模块：

① 一个 2 字节的模拟量输入模块，数据类型为 16 位字的无符号数。

② 一个 4 字节的模拟量输出模块，数据类型为 16 位字的无符号数。

即使出现组态错误，我们也希望该从站与主站进行数据交换。该从站只使用过程报警和诊断报警，主站在同一时间能处理的故障报警数为 1 个。

① 写出该从站的可能的参数化报文 DU；

② 写出该从站的可能的组态报文 DU；

③ 如果开始时从站没有模块插入，写出从站的诊断响应报文 DU。

23. 发给一个 DP-V1 从站的组态请求报文的数据单元如下：

0x81	0xC1	0x07	0x41	0xC1	0x07	0x81	0x27	0x09

试分析其每个字节中每一位的含义。

24. 一个 DP-V1 从站的诊断响应报文的数据单元如下：

0x08	0x0C	0x00	0x01	0x80	0x6A	0x49	0x00	0x01	0x00	0x00	0x00

0x00	0x00	0x00	0x14	0x82	0x00	0x00	0x00	0x00	0x02	0x00	0x00

0x00	0x00	0x00	0x00	0x00	0x00	0x00	0x00	0x00	0x00	0x00

试分析其每个字节中每一位的含义。

25. 进行 MS2 通信时，是如何建立通信联系的？

26. 试讨论显著影响 PROFIBUS DP 网络总线循环时间的因素。

第5章　PROFINET系统及应用

进入21世纪后，现场总线技术已经在工业控制网络中显示出了强大的生命力和优势，那么为什么还要发展和使用工业以太网?

首先，现场总线国际标准IEC 61158不是一个十分成功的标准，其第2版发布后，围绕它的争议就没有间断过。IEC 61158给出的是多个现场总线技术并存的结果，不同的总线技术造成了工业控制网络之间在选择和使用上的种种不便。

虽然现场总线技术是开放的，其互换性和互操作性都很好，但这是针对某一种现场总线技术而言的，不同的现场总线技术之间虽说可以通过网关进行互联互通，但设备和装置之间的互换性和互操作性基本上就丧失了；现场总线的数据吞吐能力也比较低，在底层应用还问题不大，但在一些实时性要求较高的场合，或在企业网络的高层实施信息综合管理时，现场总线技术就显现出了它的局限性。所以，功能更强大、技术更普及、标准更统一的工业网络成为业界共同的追求。

其次，既然大家的想法是一致的，那什么样的网络技术能满足这样的要求呢? 显然以太网是首选。以太网技术经过多年的发展，特别是在因特网中的广泛应用，其技术更为成熟和完善。以太网和TCP/IP的结合成为IT行业中事实上的标准，得到了广大产品制造商和用户的普遍认同。以太网及TCP/IP技术不仅被广大用户了解和掌握，其软硬件产品也非常丰富，且价格低廉、品质优良。以太网技术还在飞速发展着，主流以太网已变为100 Mbit/s和1 000 Mbit/s，甚至10 GMbit/s也已使用。以太网数据传输速率高，满足了实时控制和工业信息化的需求。现在绝大多数企业的局域网都使用以太网，如果在工业网络中也使用以太网技术，则可以使信息集成更为方便和简单，同时也使得电子商务、电子制造的实现更加方便，最重要的是整个工业控制网络的结构变得简单(一网到底)。

IEC 61158第4版主要是为适应实时以太网的发展而修订的，但最终还是出现了用户不愿看到的情况。在第4版中，依然是多种实时以太网技术并存的局面，这和原来IEC 61158前3版中多种传统现场总线技术并存的情况一模一样。所以在巨大的商业利益和其他因素影响的标准之争中，不要期望有一个统一的技术标准这种理想情况出现。在实时工业以太网时代，还是谁的技术好、服务好，谁就能占有更多的市场份额，而一些实时工业以太网技术虽然挤进了IEC 61158国际标准，但最终仍避免不了被市场淘汰的结果。

必须指出，实时工业以太网还不能完全代替传统现场总线技术，在很多工业自动化应用领域，现场总线技术仍将发挥作用。

本章主要讲解实时工业以太网的典型代表——PROFINET基础知识和系统应用。

5.1　PROFINET基础

5.1.1　概　述

1999年，PROFIBUS国际组织(PI)开始研发工业以太网技术——PROFINET，由于其背后强大的自动化设备制造商——西门子的支持和PROFIBUS的成功运行，2000年底，PROFINET作为第10种现场总线列入了IEC 61158标准中。

PROFINET基于工业以太网技术、TCP/IP和IT标准，是一种开放的实时以太网技术，同时它可以无缝集成现有的现场总线系统（不仅仅包含PROFIBUS）。PROFINET的应用从工业网络的底层（现场层）到高层（管理层），从标准控制到高端的运动控制，PROFINET中还集成了工业安全（Safety）和网络安全（Security）功能。

按照最初的开发目标，PROFINET技术主要由PROFINET IO和CBA两大部分组成，它们基于不同实时等级的通信模式和标准的Web及IT技术，实现所有自动化领域的应用。

PROFINET IO主要用于完成制造业自动化中分布式I/O系统的控制，通俗地讲，PROFINET IO完成的是对分散式（Decentrial Periphery）现场I/O的控制，它做的工作就是PROFIBUS DP做的工作。带PROFINET接口的智能化设备可以直接连接到网络中，而简单的执行器和传感器可以集中连接到远程I/O设备上，通过I/O设备连接到网络中。PROFINET IO基于实时通信和等时同步通信实现控制器（相当于PROFIBUS中的主站）和设备（相当于PROFIBUS中的从站）之间的数据交换。PROFINET控制系统的数据交换周期在毫秒范围内，在运动控制系统中，其抖动时间可控制在1 μs之内。

PROFINET CBA（Component-Based Automation）适用于基于组件的机器对机器的通信，通过TCP/IP协议和实时通信满足在模块化设备控制中的实时要求。CBA技术是一种实现分布式（Distributed）装置、机器模块、局部总线等设备级智能模块自动化应用的概念。形象来说，PROFINET IO的控制对象是工业现场分布式I/O点，这些I/O点之间进行的是简单的数据交换；而CBA的控制对象是一个整体的装置、智能机器或系统，它的I/O之间的数据交换在它们内部完成，这些智能化的大型模块之间通过标准的软件接口相连，进而组成大型系统。

考虑到实际应用情况和市场情况，PI已不再支持CBA的发展，所以现在统一使用PROFINET来代表所有PROFINET IO相关的内容，而不再使用PROFINET IO的表述了。

5.1.2 PROFINET和PROFIBUS的主要区别

PROFIBUS和PROFINET是完全不同的两种技术，没有关联。PROFIBUS属于传统的现场总线技术，而PROFINET属于实时工业以太网技术，之所以这两种技术经常被一起提及，是因为它们都是PI推出的现场总线技术，而且兼容性好。在未来它们会并存下去。表5-1所列是对两者在主要性能和技术指标方面进行的简单比较。

表5-1 PROFINET和PROFIBUS的比较

项　目	PROFINET	PROFIBUS
最大传输速率	100 Mbit/s	12 Mbit/s
数据传输方式	全双工	半双工
典型拓扑方式	星形	线形
一致性数据范围	254字节	32字节
用户数据区长度	最大1 440字节	最大244字节
网段长度	100 m	12 Mbit/s时100 m
诊断功能及实现	有极强大的诊断功能，对整个网络诊断的实现简单	诊断功能不强，对整个网络诊断的实现困难

续表 5-1

项　目	PROFINET	PROFIBUS
主站个数	任意数量的控制器可以在网络中运行，多个控制器不会影响 I/O 的响应时间	DP 网络中一般只有一个主站，多主站系统会导致循环周期过长
网络位置	可以通过拓扑信息确定设备的网络位置	不能确定设备的网络位置

从表 5-1 可以看出，PROFINET 在通信速度、传输数据量等方面远超过 PROFIBUS，但 PROFIBUS 能够满足大部分工业自动化实际应用的需要，其真正的短板是在运动控制领域。在对控制精度有苛刻要求的运动控制领域，PROFINET 的 IRT 技术和极高的传输速度，使系统可以达到循环周期 250 μs 和抖动时间小于 1 μs，这是 PROFIBUS 所不能完成的任务。

在网络拓扑方面，符合工业自动化领域需求的是线形串行连接，这也是现场总线技术得到规范应用的最大优势。但 PROFINET 的典型拓扑结构是星形连接，这样在底层一对一的物理连接，势必造成安装成本的增加和安装操作的不便。虽然也可以通过集成有交换机的 2 端口设备实现线形串行连接，但这并不是真正意义上的串行线形连接，一旦哪个设备停电，则后面的整个网络就会中断。但 PROFINET 支持多种拓扑结构，从某些方面来讲也是它的一个优势。

在系统的报警处理和故障诊断方面，PROFINET 有其不可比拟的优势。其整个网络使用一种协议，并基于以太网连接在一起，所以非常容易实现对整个网络的诊断。PROFINET 还可以借助 IT 中的许多成熟技术实现一些功能，这也是 PROFIBUS 不能比拟的。

PROFIBUS 和 PROFINET 都有最适合自己使用的场合和领域，但 PROFINET 作为一种新技术，将是自动控制系统的发展趋势。

5.1.3 PRFOFINET 能做什么？

在工业控制过程中，不同的应用对象对通信实时性的要求也不同，比如一些过程参数的设定值、报警上下限设定值就没有特别的实时性要求；实际过程参数采样值和控制值除循环更新外，还必须满足一定的实时性(一般要求小于 10 ms)要求；而对运动控制系统来说，对实时性的要求更高，并且对抖动时间(Jitter)也有要求，这种情况下，必须采用等时同步控制方式才能解决问题。

实时工业以太网技术必须满足自动化控制网络的所有要求：

① 小数据量的高效、高频率的数据交换；

② 实时通信；

③ 等时同步；

④ 现场总线的线形网络结构。

PROFINET 基于以太网通信标准，并把它改造为可进行缩放的模型，对不同的应用采取不同的通信方案，解决了在同一个系统中满足所有不同级别实时通信要求的问题。其通信性能等级如图 5-1 所示，采用的技术和具体应用场合如下：

① 使用 UDP 和 IP，解决非苛求时间的数据通信，如组态、参数赋值、非实时数据传输等；

② 使用软实时(Soft Real Time，SRT)技术，解决苛求时间的数据通信，如自动化领域的实时数据；

③ 使用等时同步实时(Isochronous Real Time，IRT)技术，解决对时间要求严格同步的数

据通信，如运动控制。

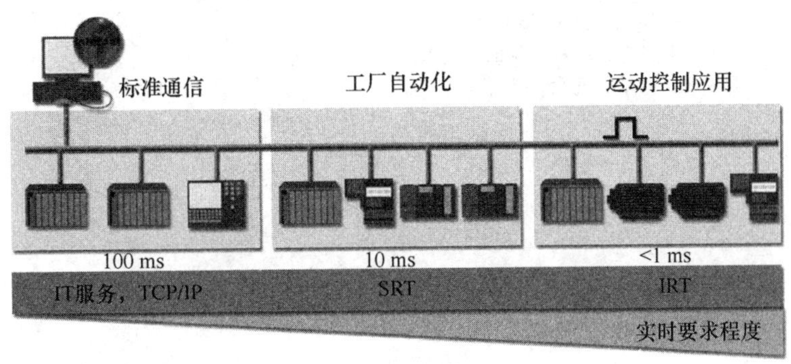

图 5-1 PROFINET 的通信等级

PROFINET 包含了 UDP/IP、RT 和 IRT 通信技术。RT 交换数据的时钟周期达到了 10 ms 量级，适合于工厂自动化分布式 I/O 系统；等时同步实时通信能够使时钟周期达到 1 ms 量级，所以适合于运动控制系统。

5.1.4 PROFINET 设备类型及一致性分类

1. 设备类型

PROFINET 中主要有以下几种设备：

① 控制器（Controller）：一般由 PLC 来担任该角色，系统运行时，自动循环执行 PLC 中的用户控制程序。它相当于 PROFIBUS DP 中的主站。

② 监视器（Supervisor）：用户可以使用监视器进行组态、编程，然后把它们下载到控制器中；它也可以用来对系统进行诊断、分析。它相当于 PROFIBUS DP 中的 2 类主站。

③ 设备（Devices）：它们是分散于控制现场的各种装置、设备或子系统，相当于 PROFIBUS DP 中的从站。

2. 一致性分类

根据所具备的功能不同，各设备被分为 3 类：CC-A（Conformance Classes）、CC-B 和 CC-C，如图 5-2 所示。

① CC-A：提供 PROFINET 最基本的功能，如 RT 通信、基于以太网的通信、简单的报警和诊断功能等，PROFINET 无线功能只能在 CC-A 中实现。

② CC-B：在 CC-A 的基础上，增加了基于简单网络管理协议的（Simple Network Management Protocol，SNMP）网络诊断功能、基于链路层发现协议（Link Layer Discovery Protocol，LLDP）的网络拓扑信息功能等，特别为过程控制使用的系统冗余功能包含在 CC-B 中，定义为 CC-B(PA)。

③ CC-C：在 CC-B 基础上，增加了基于硬件支持的宽范围的等级功能及等时同步控制的 IRT 功能。

CC-A 类设备不具备 IRT 的功能，所以不能参与等时同步控制。在进行工程设计时，首先要根据任务的需求，选择符合要求的 PROFINET 系统设备和网络组件。

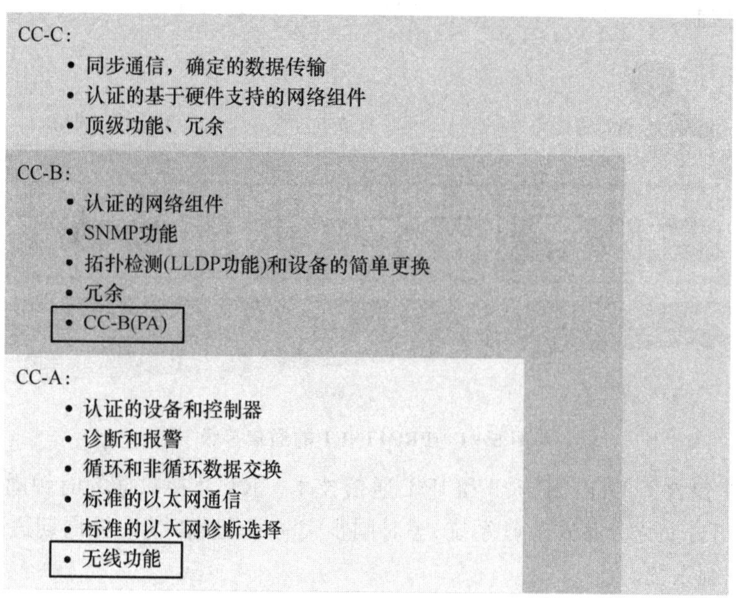

图 5-2 PROFINET 设备的一致性分类

5.2 PROFINET 系统工作原理

5.2.1 实时控制系统的循环数据交换原理

讲到控制系统的工作原理，其实就是了解和学习其数据交换机理。

对于一般工业自动化应用场合，PROFINET 基于 RT 或 SRT 技术实现数据交换，其实时协议按照提供者/消费者模型进行实时数据传输。PROFINET 系统中的控制器和设备既可以作为提供者，也可以作为消费者。循环数据由提供者以固定的间隔(Fixed Grid)发送给消费者，传输时数据未经保护，也不需要消费者确认。消费者在规定的监视时间内未收到任何数据，则会向应用传递一个相应的差错报文。PROFINET 循环数据交换原理如图 5-3 所示。

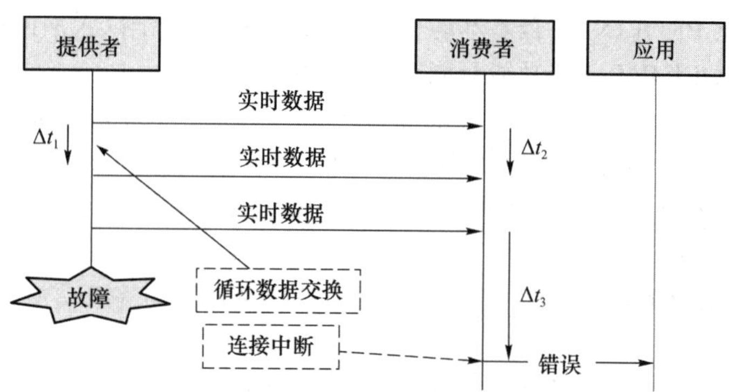

图 5-3 PROFINET 循环数据交换原理示意图

PROFINET 循环数据交换遵循下列规则，这也是提供者和消费者模型的通用规则：

1) 循环数据交换是面向连接的，其连接的建立和清除由较高层次的协议来完成。

2）提供者不直接接收消费者的确认信息，也不接收差错信息。在相反的消费者通道上，它可以收到一个隐含的确认信息（参见 6.7.3 小节）。

3）只有长度未超过以太网数据包总长度（包括所有的协议首部）的报文才能在提供者和消费者之间传递，所以循环实时数据交换不支持数据的分段和合段（再组装）。

4）在提供者和消费者本身，数据的用户接口以缓冲模式进行操作。如果提供者的应用刷新速率大于发送间隔，则传送给消费者的值不一定全部是最新值；如果提供者的应用刷新速率小于发送间隔，则传送给消费者的值全部是最新值。

5）几个时间概念

① Δt_1：为每个提供者指定的发送时间间隔。该值是一个适当的最小值，但不能比所允许的值小；它也可以是一个较大的值。

② Δt_2：每个消费者规定提供者的发送数据到达时间间隔。消费者使用 Δt_2 监视提供者数据正常到达的常规传送，Δt_2 和 Δt_1 存在一定的对应关系；考虑到传送时间元素，应该比 Δt_1 稍大一点。

③ Δt_1 和 Δt_2 由相应设备的特性在组态时确定。

④ Δt_3：消费者监控时间间隔。通过 Δt_3 监控数据的收到情况，一般来说，Δt_3 和 Δt_2 的关系为：$\Delta t_3 = n\Delta t_2$。当监控时间超过 Δt_3 时，消费者就要向应用发送相应的出错报文。

简而言之，PROFINET 循环数据交换原理是：控制器和设备既是提供者，也是消费者；作为提供者，控制器（PLC）定时向设备（远程 I/O）发送最新计算出来的输出（Output）数据，设备（远程 I/O）定时向控制器（PLC）发送最新的输入（Input）数据；作为消费者，控制器使用设备给它的最新输入数据进行逻辑计算，设备使用控制器给它的最新输出数据通过输出端子驱动被控对象，完成自动控制任务。

5.2.2 等时同步系统的实时通信原理

在运动控制系统中，RT 方案还远远不够。运动控制系统要求循环刷新时间小于 1 ms，循环扫描周期的抖动时间不大于 1 μs。为此，PROFINET 在快速以太网的第 2 层协议上定义了基于时间间隔控制的传输方法 IRT；另外，PROFINET 的同步使用 PTP 技术实现，而且对其进行了扩展，从而实现了更高的时间控制精度和更好的同步。

1. PTP

要满足运动控制对实时性的要求，必须使参与控制的各个节点的时钟准确同步，以便使网络各节点上的控制功能可以按一定的时序协调动作，即网络上的各节点之间必须有统一的时间基准，才能实现动作的协调一致。

在由多个节点连接构成的网络中，每个节点一般都有自己的时钟。IEEE 1588 定义了一种精确时间协议（Precision Time Protocol，PTP），它的基本功能是使分布式网络内各节点的时钟与该网络的基准时钟保持同步。IEEE 1588 精确时间同步是基于组播通信实现的，根据时间同步过程中角色的不同，该系统将网络上的节点分为主时钟节点和从时钟节点。提供同步时钟源的时钟为主时钟，它是该网段的时间基准；而与之同步、不断遵照主时钟进行调整的时钟称为从时钟。一个简单系统包括一个主时钟和多个从时钟，一般来说，任何一个网络节点都可以担任主时钟或从时钟，但实际上主时钟由精度最高的节点担任。从时钟通过周期性地交换同步报文实现和主时钟之间的同步。

在需要精确同步的 IRT 通信中，PROFINET 使用基于 IEEE 1588 的精确透明时钟协议

(Precision Time Clock Protocol,PTCP),通过周期发送的 Sync 同步帧和启动时使用的 FlollowUP 帧、DelayReq 帧、DelayRes 帧,自动精确地记录传输链路的所有时间参数(包括确定线路上的延迟、发送方和接收方发送装置的延迟等),从而实现系统同步。建立同步网络是由 PROFINET 中的专用集成电路(Application Specific Integrated Circuit,ASIC)实现的,控制器一般作为主时钟节点。

2. 等时控制

如图 5-4 所示,对 I/O 信号而言,输入信号从设备中采集,经过在设备中的背板总线传输周期(T1、T7),准备在 IRT 周期开始时在 PROFINET 中传输(T3、T5);经过控制器应用程序计算(T4)得出的输出信号经过 PROFINET 网络传输(T3、T5)给相应的设备后,也要经过设备中的背板总线传输周期(T2、T6),然后到达输出点输出。不同设备、不同参与同步控制的 I/O 点,如何实现精确的“同时输入采样”和“同时输出刷新”呢?

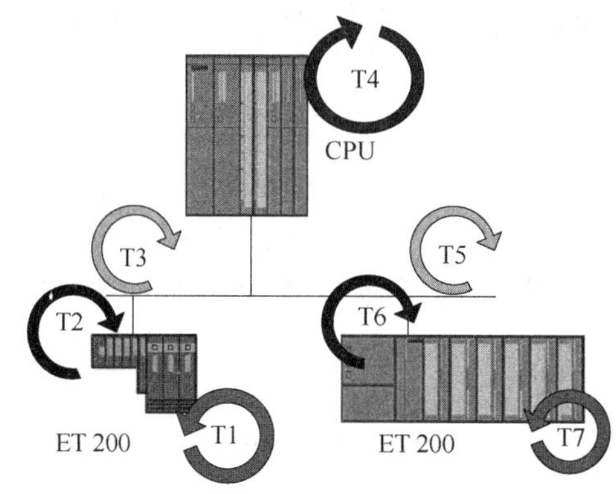

图 5-4　I/O 信号在网络中的传输过程

图 5-5 所示为等时模式的处理过程(和国际标准中的叙述相比,对图 5-6,以及下面的概念进行了简化处理),图中:

T_IO_Input(Time IO Input):获取设备输入信号的时间,包括最小的信号准备时间、电子模块转换时间、背板总线的传输时间。一般来说,T_IO_Input 的选择对于所有的输入模块都是相同的,以最慢的模块为基准来定义该时间。

T_IO_Output(Time IO Output):设备获取输出信号的时间,包括所有节点的循环数据传输的最短时间,以及设备背板总线传输时间、信号准备时间和电子模块转换时间。

TDC(Time Data Cycle):应用数据周期时间,包括用来传送输入和输出的等时同步数据周期的所有部分。

在 PROFINET 中,严苛的抖动控制是通过“等距”的概念实现的。

控制器在所选择的段(Phase)内通过发送时钟(Send Clock)来决定同步化点。关于发送段和发送时钟的概念参见 5.4.2 小节。

PROFINET 使用具有等距功能的 SYNCH Event 服务向设备的应用指出已经开始了一个新的等时同步发送周期,该隐式服务同时也能表明是否接到了一个有效的 Sync 同步帧。参与等时同步模式功能的所有设备,通过 SYNCH Event 来同步其输入和输出行为。以等时同步模式运行的设备中的状态机关系如图 5-6 所示。

当 SYNCH Event 的信号到来时,控制器集中读取上一个周期最新的所有同步域中的输入信号,并经过网络传输到控制器;同时把上一周期所有的输出结果经过网络传输到各 I/O 设备集中

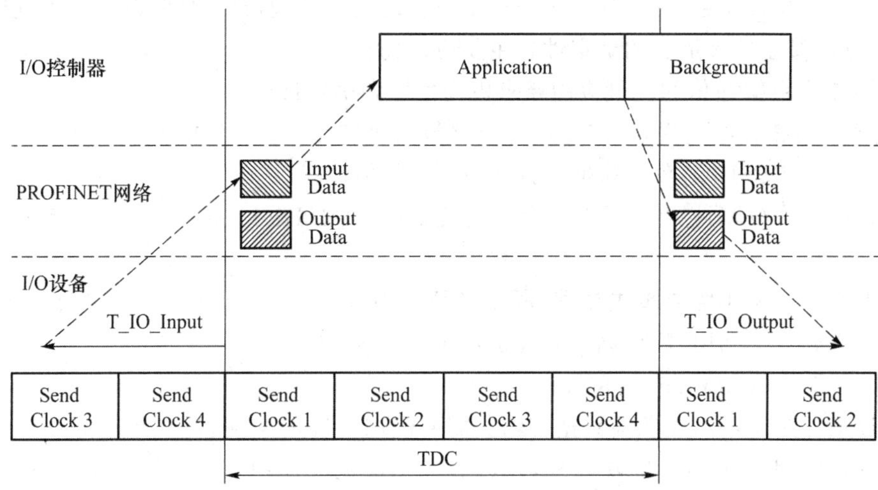

图 5-5　等时模式工作过程

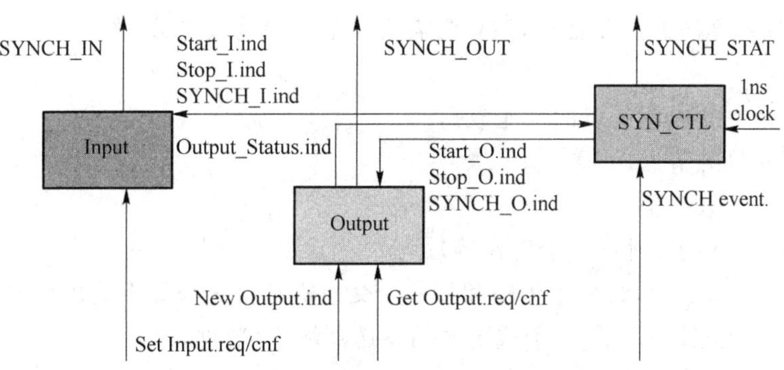

图 5-6　以等时同步模式运行的设备中的状态机关系

输出。本周期内控制器经过应用程序计算后所得的最新的输出结果先发送到各设备中存储起来，在下一个循环周期集中输出。PROFINET 实现了要求最为严苛的等时控制功能。

等时应用控制使用的"Global Cycle Counter"时基为 1 ns，可控制来自 SYNCH Event. ind 的信号精度小于 1 μs，满足了抖动小于 1 μs 的等时实时控制的要求。

3. IRT 的分类

PROFINET 的实时功能有 RT 和 IRT，分为 3 种实时类型(Real Time Category，RTC)。

RTC1 即 RT，适合周期性数据传输，可以满足大部分工厂自动化的应用要求。不需要特殊的硬件支持，对交换机没有特殊要求。具有 RT 功能的 PROFINET 是集成 I/O 系统的最优解决方案，该解决方案可使用设备中的标准以太网以及市场上可购买到的工业交换机作为基础架构部件。

RTC2 和 RTC3 都是 IRT，需要特殊的硬件支持，分别用于实现高性能的控制任务和运动控制任务。IRT 分为两种，一种是 IRT High flexibility(高度灵活性)，即实时类型 2(RTC2)；一种是 IRT Top performance(顶级性能)，即实时类型 3(RTC3)。大约在 2011 年前后，已不再发展实时类型 2(RTC2)了，所以现在的 IRT 指的就是实时类型 3(RTC3)。

(1) IRT High flexibility(RTC2)

数据通过预留的带宽传输，所以需要使用特殊的交换机，但在组态时不需要对通信进行路径规划。它不是等时控制系统,其应用介于工厂自动化和运动控制之间,既可以保证数据的实时通信,也可以保证具有足够的确定性。主要应用场合如下:

① I/O 生产数据通信的大量应用要求极高性能和确定性时;

② 线形网络拓扑结构中,许多节点的 I/O 数据通信要求极高性能时;

③ 有大量 UDP/IP 的数据和生产数据一起并行传输时。

当设备或网络故障,以致于同步功能不能完成时,IRT High flexibility 会自动降级转换为 RT 通信。

由于 RTC2 的帧不需要事先规划,所以必须对 IRT 的预留通道保留一些余量,但这样会造成带宽达不到最佳利用,数据循环时间也不十分准确。

(2) IRT Top performance(RTC3)

适合运动控制应用的周期性数据传输。需要使用特殊的交换机,在组态时需要对通信进行调度。它除了具有 RTC2 的功能外,还具有优化带宽的作用。配合等时功能,可以完成时间苛刻的运动控制任务。

与 RTC2 相比,RTC3 在组态时,必须有一个清晰的通信规划,这需要在系统组态时完成。这是一种基于规划算法的优化任务,该算法需要几个主要输入参数,即

① 网络拓扑;

② 传输路径中的通信节点的性能数据;

③ 源节点和目的节点;

④ 需要传输的数据量;

⑤ 连接路径的组态属性(冗余传输等)。

通过相应的计算之后,每一个传输和每一个交换机都会获得如下输出数据:

① 接收位置(数据)和(或)一个或更多的发送器端口(数据);

② 传送的精确时间点;

③ 当对周期进行分割时,分配的通信周期的确定阶段。

在通过工程设计系统(博途软件)计算后,参数化数据在各相应站点分配。

组态的拓扑信息用于通信规划,I/O 数据在定义的传输路径上传输,每一个通信节点的每一个数据报文的发送和接收点都得以保证。RTC3 可以对预留的带宽进行优化,使带宽达到最佳的使用。

4. IRT 通道

网络环境下的通信实时控制,除严格的同步外,各节点的通信调度与媒体访问控制方式必须具有严格的确定性,以此来保证对时间要求苛刻的控制任务的完成。在传输 IRT 帧时,有可能发生 RT 帧塞入,所以会造成 IRT 数据一定的抖动。PROFINET 使用一种间隔控制器(Interval Controller)把传输周期分成不同的区间,实现了严格的 IRT 数据传输的确定性。如图 5-7 所示,在 IRT 的循环周期中,时间被分成两部分,即时间确定的等时通信部分和开放的标准通信部分。对时间要求苛刻的实时数据在时间确定性通道中传输,而对时间要求不高的数据(如 RT、UDP/IP 报文)在开放性通道中传输。IRT 通道就像专门留给实时数据的专用高速公路,即使它再空闲,别人也不能使用。

图 5-7 中:

① 红色时间间隔:传输 IRT 帧(RTC3 帧)的时间间隔。时间间隔的大小由站点数和周期数的多少决定。无苛刻时间要求的帧被 ASIC 缓存下来,直到绿色时间间隔开始传送。

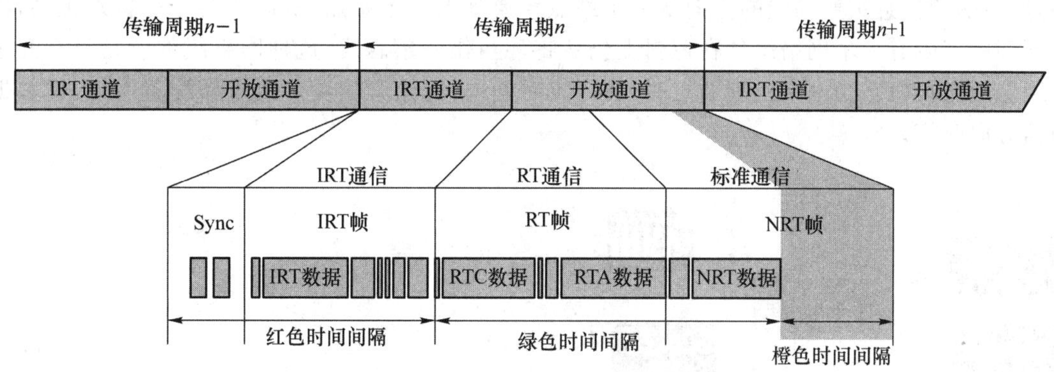

图 5-7　IRT 总线循环时间分配示意图

② 绿色时间间隔：传输 RT 帧（RTC1 帧）（包括循环实时数据（RTC）和非循环实时数据 RTA），以及遵照 IEEE 802.1P 分配了优先级的非实时（Non Real Time，NRT）帧。携带优先级的 NRT 帧的传输时间不能持续到橙色时间间隔。

③ 橙色时间间隔：该时间间隔内只能发送 NRT 帧，其传输任务在传输周期结束前终止。该时间间隔必须足够大，以使至少一个具有最大长度的以太网帧能够得到完整的传输。

等时同步数据传输的实现基于硬件，具备此功能的 ASIC 具有针对实时数据的循环同步和数据间隔控制功能。基于硬件的实现方案能够满足极高的时序精度控制要求，同时也释放了承担识别 PROFINET 通信任务的 CPU 的负担。

5.2.3　PROFINET 网络结构

基于以太网技术的网络拓扑有多种形式，常见的有星形、树形、环形，典型代表是星形。线形网络最适合于在工业控制系统中使用，但传统以太网中很少有线形网络拓扑。PROFINET 支持包括线形在内的所有网络拓扑形式。

1. 星形网络

所有的站点连接到中央信号分配器（交换机）上，形成了星形结构网络。在星形网络中，各站点出问题不会影响其他站点设备的使用，但中央的交换机出现故障会造成整个星形网络的瘫痪。星形网络如图 5-8 所示。

星形网络的主要优点是：增加或去除站点灵活；容易管理、监控和诊断网络；有源网络组件集中在一个地方，所以容易应对不利的环境因素，如温度、污染等，另外单独供电也容易实现。主要缺点是：因为从交换机到各站点之间是一对一的物理连接，所以布线麻烦，成本高。

2. 树形网络

把几个星形网络连接在一起就组成了树形网络。在树形网络中，可能会混合使用铜缆和光缆。交换机基于地址进行信息路由，实现相互间的通信。树形网络的级联深度以及网络的总扩展能力仅受通信链路信号传播时间的限制。使用树形网络，一个交换机可以作为一个星形网络的分配器，把复杂的系统分割成独立的几个部分。树形网络如图 5-9 所示。

树形网络的主要优点是：由于局部的数据通信可以限制在星形网络内，所以整个网络的传输能力强，数据安全性高；网络层次清晰；网络整体可靠性高。

3. 环形网络

当对网络的可靠性有较高要求时，可以使用具有冗余功能的环形拓扑网络。在环形网络中,所传输的信息按照固定的方向从一个站点传递到下一个站点,所以需要一种特殊机制,以保证环中至少有一个网络组件在逻辑上仍然将环当作一条总线,这种网络组件就是具有冗余管理器的交换机。当网络出现断点时,在一定时间内,冗余管理器可以重新配置网络,使数据通信方向改变。

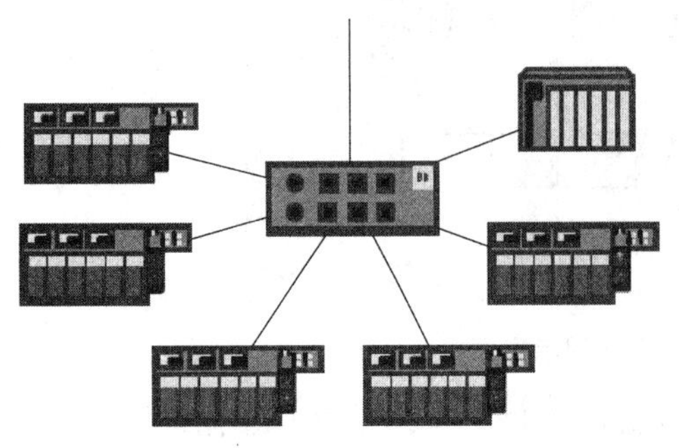

图 5-8　星形网络拓扑

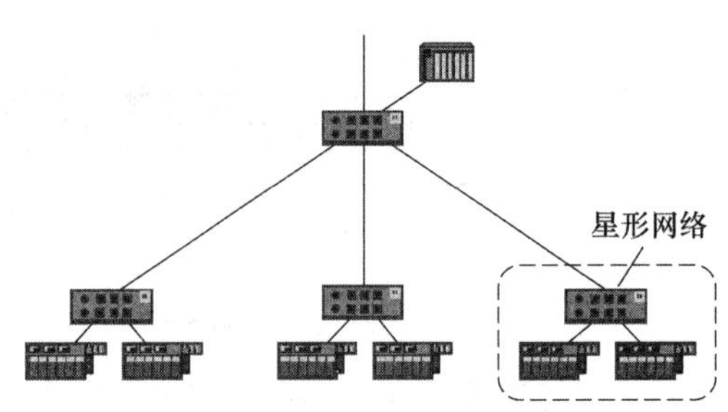

图 5-9　树形网络拓扑

4. 线形网络

在 FCS 中,最常用的网络拓扑形式是总线形,但以太网中没有纯粹的线形网络拓扑。线形网络结构的优点非常突出,比如:布线成本最低,网络安装简单,更换设备容易等。PROFINET 借助集成在各个设备中的交换机实现了线形网络结构。但和 PROFIBUS 相比,PROFINET 线形结构中的某个设备断电时,整个后面的网络就会瘫痪,所以它不适合用在各站点需要单独断电维护的工业控制系统中。另外,当信息在线形网络中传递时,每经过一个交换机就延迟一会儿,所以只有那些对时间要求不高的系统才可使用线形网络。

PROFINET 线形网络拓扑如图 5-10 所示,每个设备中都集成了交换机。

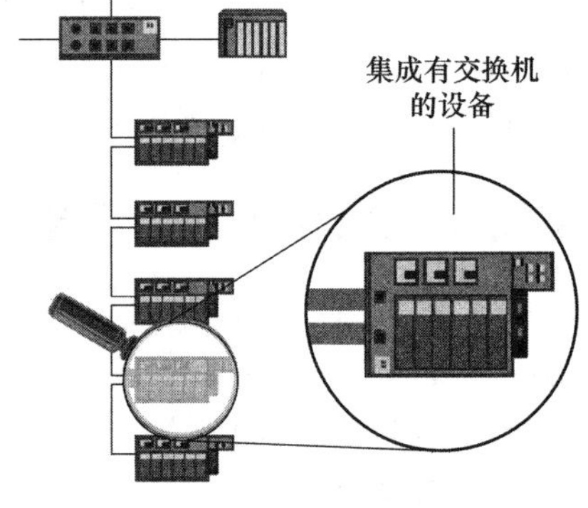

图 5-10　线形网络拓扑

5.3　PROFINET 安装技术

5.3.1　电气网络传输介质和连接

1. 电　缆

(1) 电缆的电气传输标准

PROFINET 网络中,有线电气网络的信号传输是通过对称的铜质电缆完成的。将来的 PROFINET 会支持千兆以太网标准,目前 PROFINET 支持 2 对导线的百兆以太网 100Base-TX。在 ISO/IEC 11801 中总共定义和标准化了 5 类(1~5)双绞线,随着类别号的增大,双绞线的传输特性也随之提高。PROFINET 电缆特性必须符合 CAT5 的要求。

工业上一般使用的是 2 对 STP,如图 5-11 所示,导线通过颜色来标识:黄色/橙色的一对用来发送,白色/蓝色的一对用来接收。双绞线总是实现发送器和接收器之间的点对点连接,为了保证传输质量,传输链路只应当由一段电缆组成。在特殊情况下(如使用两条机柜连入线），传输链路则可能由 3 段组成。

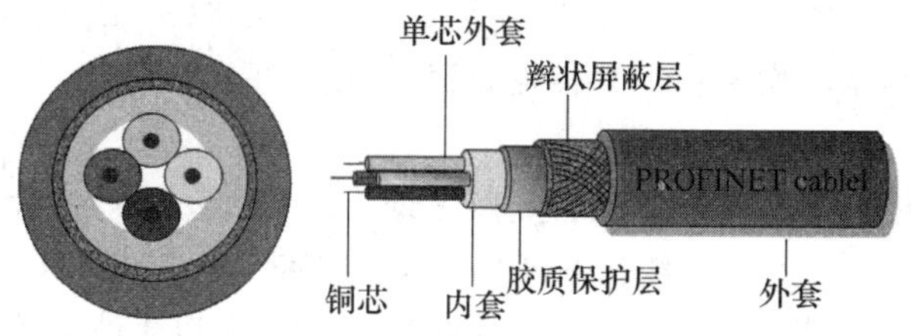

图 5－11　PROFINET 标准 A 型电缆及截面

PROFINET 电气传输标准如表 5－2 所列。

表 5－2　PROFINET 电气传输标准

特　征	参　数	特　征	参　数
标准	IEC 61158	最大分段长度	100 m
电缆类型	2 对对称的屏蔽铜缆	最大分段数	3
电缆类	100Base-TX，CAT5	连接	RJ45 插塞接头，M12 接头
特征阻抗	100 Ω	最大连接数	每个连接 6 对接头/插座
传输速率	100 Mbit/s		

（2）IE FC 电缆

工业以太网快速连接（Industrial Ethernet Fast Connect，IEFC）系统可以保证 PROFINET 系统的快速、方便、可靠的现场装配。

利用 IE FC 剥线工具可以一次性剥去一个精确长度的电缆外皮和编织屏蔽层。使用剥好的电缆可以快速地连接 IE FC RJ45 引出插座或插塞接头，不需要特殊的工具，就可以可靠地连接 FC RJ45 插塞接头的绝缘刺破触点。同时电缆的外部屏蔽层和 FC RJ45 接头的接地金属片装置紧紧相连，之后通过引出插座和设备地连接在一起，满足一致接地的要求。IE FC 系统可以显著节约安装时间和成本，减少安装出错的机会。

IE FC 电缆为 2×2 的径向对称性结构电缆，并有特殊的设计用于快速连接；该类电缆具有两层屏蔽层，因此特别适合在有电磁干扰的工业环境中使用。FC TP 标准电缆使用实心导体，FC TP 拖缆和船用电缆使用绞扭的导体。这些电缆的性能超过了 CAT5。

FC 4×2 电缆适合于 8 芯布线，即在一条电缆中连接 100 Mbit/s 以太网的两条网络连接线，这种电缆也可以扩展到需要 8 芯电缆的 1 000 Mbit/s 网络。

还有一种 FC 混合电缆，其中 4 芯用于数据传输，4 芯用于电源线。

针对不同的应用情况，有多种 IE FC 电缆可以选择，其类型简述如下：

① IE FC 标准电缆 GP2×2（A 型）：标准的总线电缆，采用实心导体，适合于快速装配的特殊设计，如图 5－11 所示。

② IE FC 标准电缆 GP4×2 和 IE FC 软电缆 GP4×2：用来设计 8 芯布线系统，具有吉比特承载能力。8 芯布线可以实现两条以太网连接。

③ IE FC 软电缆 GP2×2（B 型）：软总线电缆，用于需要偶尔移动的特殊应用。

④ IE FC 拖缆 GP2×2（C 型）：很柔软的总线电缆，用于需要偶尔移动的特殊应用。

⑤ IE FC 扭转电缆 GP2×2（C 型）：很柔软的总线电缆，用于需要经常移动的特殊应用（如机械手）。

⑥ IE FC 船用电缆 2×2:特别用于船上的总线电缆。无卤素,船级社认证。

⑦ IE FC 混合电缆:柔性总线电缆,为站点提供通信线路(2×2)和电源线路(2×2),可以把数据和电源同时供给现场设备。电源传输是经过隔离的。

(3) IE TP 软线

IE TP 软线用来把数据终端连接到工业以太网 FC 布线系统,它们适合于在较低的 EMC 环境使用,比如控制室等。这些电缆比较柔软,容易装配。它们必须符合 ISO/IEC 11801 和 EN 50173 的 CAT5 或 CAT6 的标准。因为不是 FC 电缆,所以剥线时使用普通的以太网线剥线工具。需要注意的是,两个设备之间可以接入的双绞线的最大长度是 10 m。

2. 连接器

(1) IE FC RJ45 连接器

FC RJ45 连接器可以快速地连接 2×2 芯 FC 电缆,并将其简单、可靠地连接到数据终端和网络组件上。FC RJ45 连接器具有坚固的金属外壳,防止数据通信受到干扰。两个数据终端/网络组件的距离可以达到 100 m。有两种 FC RJ45 连接器可供使用,最常用的是 180°(直形)电缆引出插座,一种是 90°(角形)电缆引出插座。

打开 FC RJ45 连接器的外壳,里面有彩色标记,可指示安装者正确地把线芯插入正确的刀形端子中,之后压紧使其与导线可靠接触。因为集成有 4 个绝缘刺破型触点,所以 FC RJ45 连接器可以很容易连接 FC 电缆,防止接线错误和故障。

数据终端(如交换机)外壳上带有一个固定夹(支架),可减轻接头和安装电缆的应力负荷。

RJ45 连接器(包括 FC 型、IP67 防护型和一般 RJ45 连接器)如图 5-12 所示,其端子分配和导线分配如表 5-3 所列。

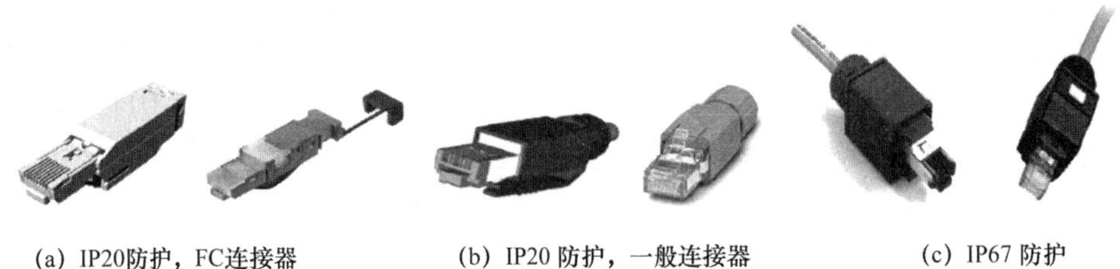

(a) IP20防护,FC连接器　　(b) IP20 防护,一般连接器　　(c) IP67 防护

图 5-12　RJ45 连接器

表 5-3　RJ45 和 M12 连接器的端子分配和导线分配

端子信号	功　能	导线颜色	RJ45 连接器端子分配	M12 连接器端子分配
TD+	发送数据+	黄	1	1
TD−	发送数据−	橙	2	3
RD+	接收数据+	白	3	2
RD−	接收数据−	蓝	6	4

(2) M12 连接器

在防护等级要求较高的环境中,达到 IP67 防护等级要求的 M12 连接器是必需的。它带有一个 D-coding,适合数据传输使用的 M12 连接器是在 IEC 61076-2-101 中标准化的。使用 M12 时,设备一端使用插座,而 M12 接头装配在电缆上。M12 连接器的防护等级高,但使用不便,占用空间多。

M12 连接器如图 5－13 所示，其端子分配和导线分配如表 5－3 所列。

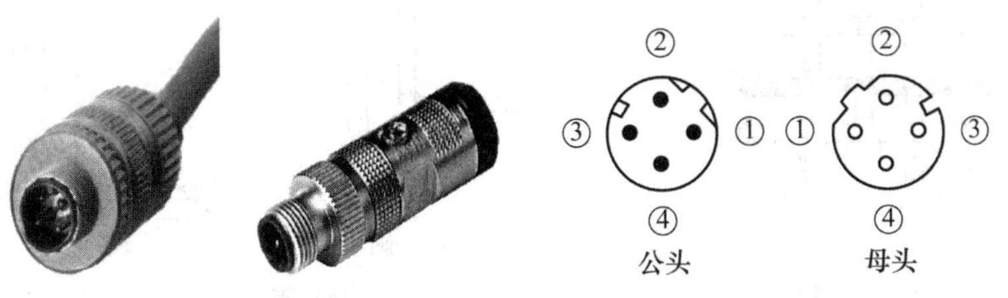

(a) IP67防护，M12连接器 (b) 端子分配和D编码

图 5－13 M12 连接器

(3) 混合连接器

如果现场设备在连接中同时需要 24 V 电源，则可选择使用 IE FC 混合电缆，但相应地也必须使用混合连接器，这样布线的成本可以大大减少。24 V 端子也设计为快速连接，这意味着可以把 4 根截面积为 1.5 mm^2 的导线与一条屏蔽以太网电缆一同接到一个插塞接头中。混合接头主要用在项目组 SCALANCE W 无线模块中。混合布线连接器如图 5－14 所示。

图 5－14 混合布线连接器

(4) IE FC 引出插座

IE FC 引出插座用来把 IE FC 电缆和 IE TP 电缆相连。有两种引出插座可用：一种是用于 4 芯 FC 电缆的；一种是模块化引出插座，用于 8 芯 FC 电缆，用在两条 100 Mbit/s 的以太网中，或一条 1 000 Mbit/s 的以太网中。

3. 电缆安装及装配注意事项

(1) 安装注意事项

① 电缆间距：参考 3.3.3 小节中的电缆分类，相同类型的电缆可以放在一起铺设，不同类型的电缆要保持最小的规定距离。

② 不同种类电缆的铺设：受条件限制，不同类型的电缆在一起铺设时，必须使用相互隔离且接地良好的金属管道(或桥架)。

③ 交叉：不同种类的电缆交叉时要使用直角交叉的规则。

④ 电缆进入控制柜接地要求：在开关柜的入口处，进入开关柜的所有电缆的屏蔽层都要连接到等电势焊接导体上，也就是务必让屏蔽层通过大小适当的区域连接到功能地上，如图 5－15(a)所示。为此，很多供应商提供了专用安装部件，以避免由移动造成的电缆损坏，务必在接地导体上对电缆进行机械固定。

⑤ 电缆进入控制柜要求：不允许其他电缆和屏蔽层裸露处的 PROFINET 电缆平行铺设，如图 5－15(b)所示。

⑥ 避免电缆过分弯曲：对于单一弯曲，弯曲半径的典型值不应小于电缆直径的 10 倍。

⑦ 避免电缆过分挤压和扭曲。

⑧ 避免锋利的线槽或控制柜边沿划伤电缆。

⑨ 在可能的情况下，留出一定的余量。

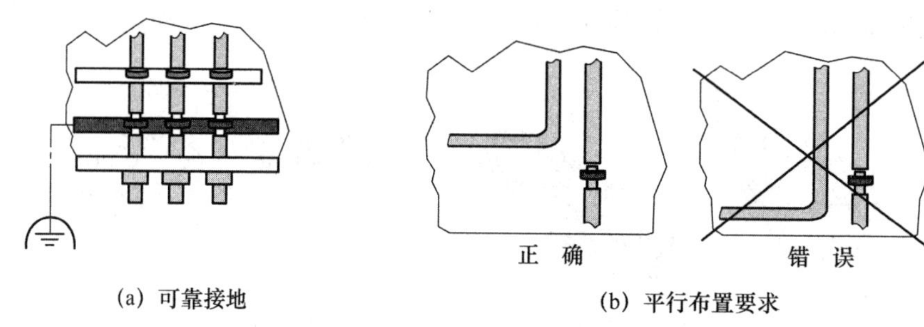

(a) 可靠接地　　(b) 平行布置要求

图5-15　电缆进入控制柜布线要求

(2) 装配注意事项

1) 使用快速连接系统

强烈建议使用配套的FC电缆和连接器,并使用相应的剥线工具。

2) 正确选择连接器

RJ45和4针的M12连接器是最常用的连接器。必须选择类型合适的连接器,以满足装配需求。在开关柜内IP20环境中,使用RJ45连接器;在对接口防护有更高要求(IP65/67)的情况下,可使用具有推拉式外壳的RJ45连接器或M12连接器。

3) 成对使用电缆线的发送对和接收对

要将成对的两根线一起使用,即总是将黄、橙(发送对)作为一对一起使用,将白、蓝(接收对)作为一对一起使用。

4) 屏蔽层接地

每个设备的电缆屏蔽层一定要接地,这一般通过连接器实现。另外,设备务必也要接地。

5) 连接器的装配

装配连接器时,要确保屏蔽层恰当连接。屏蔽层和信号线之间不应该有任何连接。

合上连接器时请小心,否则可能损坏芯线或引起短路。

如果重新组装连接器或者二次移动连接器,应该剪掉电缆端线,并重新剥线。否则,有可能造成接触不良。

6) M12连接器的使用

在恶劣的工业环境中,4针M12连接器被频繁使用。M12连接器的连接技术因制造商的不同而有所差异,但螺丝固定技术和绝缘防护技术是其主要方面。

① 确保剥好的电缆及屏蔽层规格和使用的连接器相符。

② 务必将芯线颜色和连接卡编号正确配置。

③ 在M12连接器上连接屏蔽层时,通常将金属织网向后压到金属套管上,要在套管上套上一个垫圈,以便密封连接器。确保屏蔽线不和垫圈接触,以及屏蔽层和数据线之间没有短路。

④ 要确保连接器内的芯线在安装螺纹外壳时不被扭曲。

⑤ 如果连接器不能顺利地插接,请检查连接器是否有问题,比如插针是否变形。如果有问题,则要更换这个连接器。

7) 等电势连接

等电位连接是为整个系统提供相同的接地电位,这样就不会有均衡电流流经电缆屏蔽层。

使用铜质电缆或者镀锡接地柱作为等电势导体。将等电势导体与接地螺丝或接地柱连接起来,实现系统以及系统组件之间的等电势连接(见图 5-16),注意等电势连接要有足够的接触面积。

屏蔽层是 PROFINET 铜质电缆的重要组成部分,它屏蔽来自环境的电磁干扰,保护电缆中的数据芯线不受影响。为了确保屏蔽层可以充分实现这一功能,一定要将它和车间的等电势系统连接起来。

在电势差比较大的地方,最好的办法是使用光缆。

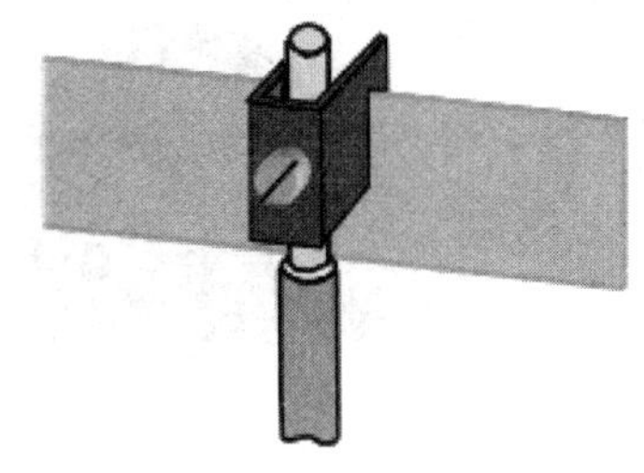

图 5-16　等电势连接

5.3.2　光缆及其连接

1. 光　缆

PROFINET 支持 100BaseFX,所以传输介质可以使用光缆。在电磁干扰严重或长距离传输时,光缆显示出不可比拟的优越性,比如不受电磁干扰影响、带宽比铜缆大、重量比铜缆轻、不需要避雷措施、能很好地防止窃听等。

PROFINET 提供了 4 种光缆:

① 塑料光纤;

② 塑料包层石英光纤;

③ 全二氧化硅多模光纤;

④ 全石英单模光纤。

在 PROFINET 中,玻璃光缆没有塑料光缆使用普遍。组装精细的玻璃光纤是高度精确的工作,必须经过专业培训的人员使用专门的工具才能完成。使用玻璃光缆时通常采用加工好的现成光缆,这样的光缆虽然很可靠,但也很昂贵。可以从制造商那里买到各种长度的现成光缆。

依据应用的需要,光缆的设计分为两种:

① B 型光缆:固定或活动性的场合。

② C 型光缆:特殊应用,如永久性运动、振动或扭转场合。

由于光信号在光纤上传输时的衰减,光纤的最大长度是有限制的,当然这也受到光信号波长的影响。一些光纤的典型数据如表 5-4 所列。

表 5-4　光纤纤芯、线径及传输距离的典型值

光纤类型	纤芯直径/μm	保护套直径/μm	传输路径(典型值)
塑料光纤(POF)	980	1 000	达到 50 m
塑料光纤(PCF)	200	230	达到 100 m
多模	50 或 62.5	125	达到 2 000 m
单模	9 或 10	125	达到 14 000 m

PROFINET 使用的光缆类型主要有:标准光缆、室内用光缆、软光纤拖曳光缆和船用双工光缆。标准光缆及截面如图 5-17 所示。

2. 光缆接头和连接

如图 5-18 所示,SC-RJ(Subscriber Connector- Registered Jack)连接器符合 IEC 874-19 规范。它外形为方形,尺寸小,组装精度高。

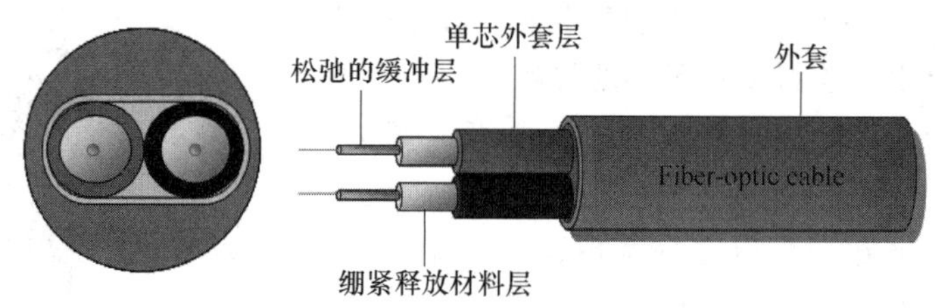

图 5-17　标准光缆及截面

基础型的连接器适用于防护等级为 IP20 的环境,在开关柜或电气室内,使用基础型的连接器。在恶劣的环境状态或需要 IP65/68 防护等级的应用场合中,则要使用 SC-RJ 推拉型连接器。对于 PROFINET 光纤网络(玻璃或塑料),通常选用 SC-RJ 型连接器。SC-RJ 连接器是一种全双工连接器,该连接器的两根插针分别用于接收和发送数据,插针由外壳包裹,总是作为一个整体进行插拔。

图 5-18　光缆的 SC-RJ 和 SC-RJ 推拉型连接器

3. 光缆安装和装配注意事项

① 保持端面清洁:连接器的光学端面被污染后,会降低信号传输的可靠性和质量。在将它连接到 PROFINET 设备上以前,要清洁它的光学端面。可以使用防尘保护帽保护未使用的连接器和插座,准备装配的时候再去掉保护帽。

② 连接器有 SC-RJ、SC-RJ 推合式等,要根据待连接的设备、防尘防水(IP 防护等级)的环境要求,以及所用的光缆,选择适合的连接器。

③ 对于多模光纤,通常使用 50/125 μm 型和 62.5/125 μm 型。注意:从不同网段连接传输线时,务必将线型相同的网段放在一起。否则,在网段接合处将由于光纤芯线的直径不同带来额外的连接麻烦。

④ 装配玻璃光纤电缆必须使用这些专门的工具,还必须要接受专门的操作培训。

⑤ 塑料光缆可以按照说明自己装配。PROFINET 光缆在外皮上印了标志,以此来指示传输方向。在把连接器的发送部分和接收部分装入外壳中时,要保证连接正确。

⑥ ST 连接器是带卡销的单芯线连接器。对一对光纤芯线进行连接时,由于是分根单独进行的,所以须特别注意对发送光纤和接收光纤的正确分配。

5.3.3　网络部件

PROFINET 中的所有设备都使用有源部件相连,PROFINET 中的有源网络部件主要有交换机和路由器,交换机是组成 PROFINET 网络的核心设备。交换机把各个控制器和设备连接在一起组成小的子网,而路由器则可以连接各个小的子网组成大的网络。

1. 交换机

交换机允许多个端口之间的并发通信,其每个端口都分配一个 MAC 地址,端口之间的数据通信是硬件实现并且是交换机内部电路的一部分,也称为交换矩阵(Switch Matrix)。当一个数据帧进入交换机的某个端口时,端口的网络适配器将该帧的 MAC 地址转换成具体的交换机端口地址,对帧的转发采用了高效的交换逻辑,然后将其传送到其目的端口。因此,交换机的数据通信基于静态的端口到 MAC 地址的关联。交换机的工作原理如图 5-19 所示。

交换机支持全双工模式,即能够同时通过一个端口发送和接收帧,以全双工模式连接到以太网端口的站点永远也不会检测到冲突的存在,吞吐量超过原来的一倍。

交换机的种类主要有存储转发(Store and Forward)式和直通(Cut Through)式。如图 5-20 所示,存储转发技术是将转发的帧完全接收好放入缓存后再发送至目的端口,这样在转发帧之前可首先进行差错检测,把那些出错的帧丢掉,所以转发延迟时间较长;直通交换技术是在收到帧中的目的地址字段后就开始把它和交换机中的转发表比较,查找到目的地址后就直接将帧转发到目的端口。直通式技术延迟时间短,但没有差错检测机制,可能把一些坏帧也转发出去,所以会浪费一些带宽。混合式交换机(Hybrid Switch)集成了存储转发式(可靠的帧传输)和直通式(低延时)的优点,它为每个端口设置错误率门限,错误率超过时,从直通式改为存储转发式,错误率低于该门限时,又自动从存储转发式改为直通式。

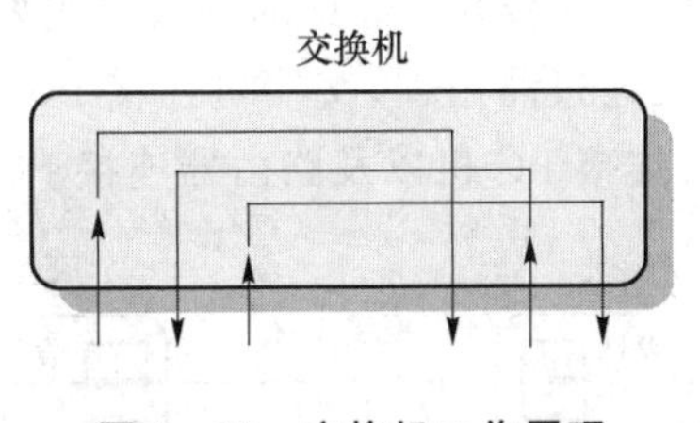

图 5-19　交换机工作原理

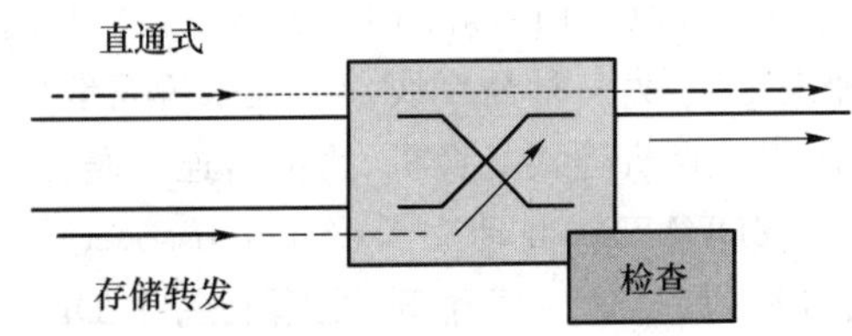

图 5-20　存储转发式和直通式交换机工作原理

交换机技术是支撑实时工业以太网的主要技术。

2. 路由器

路由器(Router)有时也称网关(Gateway),它属于网络层的网络互联设备,其主要功能是进行路由选择和分组转发。转发时,路由器读取分组的网络层协议头(如 IP 头),根据其目的地址信息(即 IP 地址,包括网络号和主机号),选择合适的路由,并把该分组信息传递到下一个路由器或最终的目的主机。所以路由器和交换机最主要的区别是,以太网交换机利用目的节点 MAC 地址作为其转发决策,而路由器则利用协议报头中的网址作为其转发决策。

路由器可以将两个不同的子网相连,依据 IP 地址可以确定数据包的发送路由。PROFINET 的实时通信不能越过一个网络的限制,它只能在同一个网络中运行,所以路由器不能应用在 PROFINET 的实时通信中。

3. 交换机必须具备的功能

PROFINET 中的交换机必须具备以下功能:

① 支持符合 ISO/IEC 8802-3 的以太网(10~100 Mbit/s)。

② 支持符合 IEEE 802.1D、IEEE 802.1P 和 IEEE 802.1Q 的以太网。对 PROFINET 来说,交换机在接收报文后小于 10 μs 的时间内将其传递,并且必须满足支持 4 个优先权等级的要求。

③ 符合存储器容量规定。存储器的容量应能承受在所有端口上若干毫秒的满负荷(每个端口可接收 12 500 B/s)。

④ 支持冗余。交换机是一个有源部件,在其失效后会导致其后面的系统的瘫痪,因此重要场合的冗余支持是必要的。

⑤ 支持标准化的诊断路径。

⑥ 支持全双工模式。

⑦ 支持自协商功能

自动协商(Auto-negotiation)允许一个设备向链路远端的设备通告自己所运行的工作方式,并且侦听远端通告。自动协商的目的是给共享链路的两台设备提供一种交换信息的方法,它们互相交换参数,并利用这些参数使各自支持的基本通信数据相适应,自动配置使其在最优能力下工作。

自动协商的内容主要包括双工模式、传输速率以及流控等参数。一旦协商通过,链路两端的设备就锁定在同样的双工模式和传输速率。

⑧ 支持自动交叉功能。

MDI(Media Dependent Interface)是快速以太网 100BASE-T 定义的与介质有关的接口。用集线器连接网络接口卡时,其发送和接收对通常是相互连接的;而集线器之间连接时,通常需要一条跨接电缆,其中的发送和接收对是反接的。MDI 是正常的 UTP 或 STP 连接,而 MDI-X 连接器的发送和接收对是在内部反接的,这就使得不同的设备(如集线器-集线器或集线器-交换机)可以利用常规的 UTP 或 STP 电缆实现背靠背的级联。常见的网线也主要分两种,一种是正线,另一种是反线。一般来说正线用于交换机连接路由器,交换机连接 PC 机;而反线则用于交换机连接交换机、路由器连接路由器、PC 机连接 PC 机以及路由器连接 PC 机。

所谓 MDI/MDIX 自动交叉(Autocrossover),或跳线自适应、自适应线序等,是指支持 MDI/MDIX 自动适应的端口允许用户从任何一个端口连接到工作站、服务器或其他路由器交换机时,不需改变通常的双绞线连接方式,正线反线都可以正常工作,如图 5-21 所示,这样就能避免接错输入/输出线而导致的故障,对用户来说,安装简单很多。这种方式也称为 1∶1 电缆接线方式。PROFINET 中的交换机必须支持这种方式。

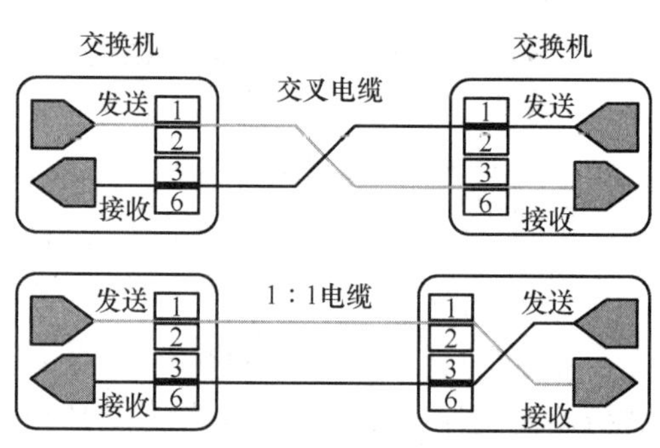

图 5-21 自动交叉和 1∶1 电缆接线

5.4 PROFINET 网络组态基础

组态一个 PROFINET 网络时,必须了解和学习一些基础知识和术语,包括 GSD 文件、系统数据传输周期及设备数据刷新时间、设备名称和地址分配等。

5.4.1 GSD 文件

和 PROFIBUS 一样,PROFINET 中设备的特点也是由 GSD 文件来描述的。在 GSD 文件中,设备的特性(特性参数等)、各模块的数量及类型、模块参数、诊断文本等都有详细的规定。

1. XML

和 PROFIBUS 中的 GSD 不同,PROFINET 的 GSD 是用 XML 来编写的。可扩展标记语言(eXtensible Markup Language,XML)与 HTML 一样,都是标准通用标记语言(Standard Generalized Markup Language,SGML)。XML 是 Internet 环境中跨平台的,依赖于内容的技术,是当前处理结构化文档信息的有力工具。XML 是一种简单的数据存储语言,它使用一系列简单的标记描述数据,而这些标记可以用简便的方式建立。XML 易于掌握和使用,在工业以太网中得到了广泛应用。

使用 XML 的主要好处是:

① 它是关于数据描述的开发标准;

② 在 IT 领域被广泛接受;

③ 不依赖于制造商,免费获得编译器;

④ 通过 XML schema,可使用随标准工具一起提供的范例数据;

⑤ 借助标准工具,XML 文件可转换为其他格式;

⑥ 可以获得处理 XML 文件的数字工具。

制造商可从 PI 获得描述 PROFINET 现场设备的 XML schema,这有助于 GSD 的开发者了解哪些数据必须登入,以及以哪种格式登入,使得创建和检查 GSD 文件变得容易。

2. 设备标识

如图 5－22 所示,PROFINET 设备都有唯一的设备 ID(Device-Ident-Number),其中的 16 位是设备制造商的标识符,由 PI 指定给每个制造商。另外 16 位是设备标识符,由每个制造商自己指定,用来表明设备类和设备族。在启动过程中,设备比照自己所存储的 ID 来校验由控制器所提供的 ID。ID 也包含在 GSD 文件中。

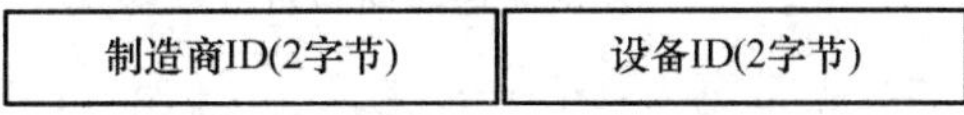

图 5－22　PROFINET 的设备标识

例如,SIEMENS 公司的 ID 为 002A,ET200S 系列设备 ID 为 0301;WAGO 公司的 ID 为 011D,WAGO-I/O-SYSTEM 750/753 系列设备 ID 为 02EE。

3. 命名规则

GSD 文件的命名规则是:

GSDML-[GSD schema version]-[manufacture name]-[name of device family]-[date]. xml

其中:

① GSD schema version:所使用的 GSD schema 版本号。

② manufacture name:制造商名字。

③ name of device family:GSD 中所描述的设备族。

④ Date:GSD 发布的日期,格式为:yyyymmdd。

举例:Phoenix Contact 公司的 IL 系列 PROFINET IO 设备的 GSD 文件名字如下:

GSDML-V2. 1-Phoenix Contact-IL PN BK DI8 DO4 2TX-V2. 0-20100811. xml

PROFINET GSD 文件的名字比 PROFIBUS 的长,文件大小约为 PROFIBUS GSD 文件的 20 倍。另外与 PROFIBUS 不同的是,PROFINET 增加了子模块的标识符,所以设备的编址会更加详细。

5.4.2 数据刷新时间和传输周期

1. 发送时钟时间(Send Clock)和带宽(Bandwidth)

发送时钟时间就是 PROFINET 通信所定义的最小时间间隔,它是一个时间基准,可以根据具体使用的设备来确定发送时钟。发送时钟时间一般取决于网络中刷新时间最快的那个设备的刷新时间,表示设备在一个确定的时间内提供新数据的能力,这个时间在 GSD 文件中被定义为“最小时间间隔”(MinDeviceInterval),其值为某个整数和基本时间单元 31.25 μs 的乘积,即

$$t_{SendClock}=\text{SendClock Factor}\times 31.25\ \mu s$$

其中,SendClock Factor 为发送时钟因子。对于 RTC1 的 CC-A 和 CC-B 类设备,其最大值为 4 096,对应的时间值为 128 ms;对于 CC-C 设备,其最大值为 32,对应的时间值为 1 ms。

发送时钟时间被分割为传输实时数据的时间间隔和传输非循环(如 UCP/IP)数据的时间间隔。这种分割的比例形成了相应带宽的百分比配置,如图 5-23 所示。

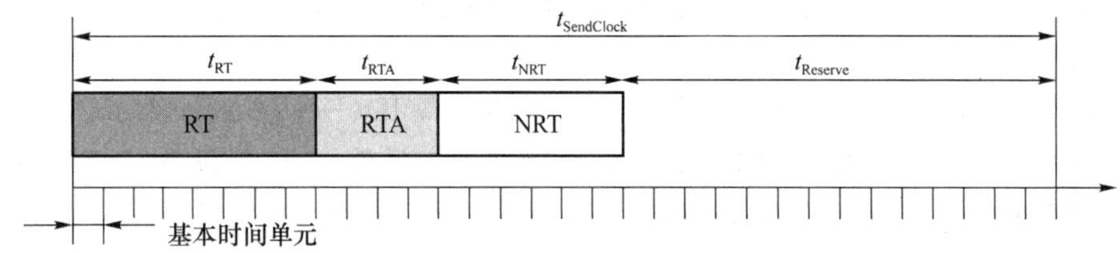

图 5-23　发送时钟时间和带宽分割

图 5-23 中:RT、RTA 的数据带宽为:$(t_{RT}+t_{RTA})/t_{SendClock}$,NRT 的数据带宽为:$t_{NRT}/t_{SendClock}$。

2. 刷新时间(Refresh Time)和减速比(Reduction Ratio)

刷新时间就是每个设备发送一次数据给控制器所需要的时间间隔。每个设备都有自己的刷新时间,它需要和减速比一起确定。刷新时间在组态时确定。

并不是所有数据都需要高速的传输,所以不同的设备数据发送频率也可以不同。对实时性要求低的数据通过一个基于发送时钟时间的缩放比例进行传输。减速比用来指示一个帧被发送的频度,或一个设备和控制器交换数据的频度。

各设备的刷新时间按下式计算:

$$\text{设备刷新时间(或发送时间间隔)}=\text{发送时钟时间}\times 2^n$$

其中,n 为缩放比例,2^n 为缩放系数,也称为减速比。刷新时间最快的那个设备的 n 为 0,减速比为 1。

对于 CC-A 和 CC-B 设备:减速比的值最低为 1、2、4、8、16、32、64、128、256、512。

等于 CC-C 设备:减速比的值最低为 1、2、4、8、16。

在 RT-UDP 应用中,减速比的值最低为 1、2、4、8、16、32、64、128、256、512～16 384。

3. 发送段(Phase)

一个发送段对应于发送时钟时间,是传输周期的进一步划分。发送段的典型值为 1～4 个。根据所选择的缩放比例的不同,循环数据的发送分配到各个发送段(Phrase)之中。

发送段个数=最大刷新时间/最小刷新时间。

发送段长度=传输周期/发送段个数。

4. 帧发送偏移(Send Offset Frame)

一个帧被发送时的那个总线循环开始的相关发送偏移,为 250 ns 的整数倍。可以事先确定把一个帧分配进入各个发送段的顺序,进一步优化发送过程。

5. 传输周期(Transmission Cycle)

控制器最大的缩放对应的就是传输周期,它对应于那个数据刷新时间最长的设备。在一个传输循环周期中,所有的设备都从控制器那里收到了新的输出数据,所有的设备也都将其最新的输入数据发送给了控制器。

6. 看门狗时间(Watchdog Time)

在组态时,每个设备需要设置一个看门狗时间。数据刷新时,如果某次刷新时间超过了看门狗时间,则会报错。看门狗时间一般取值为 3 倍(缺省值)的设备刷新时间。受网络拓扑形式不同或其他 NRT 报文传输的影响,设备的数据刷新时间也会不同,所以可以适当增大看门狗时间,以避免其不正常溢出。

举例:一个 PROFINET 系统有 3 个设备。系统发送时钟为 1 ms(对应于发送时钟因子 SendClock Factor 为 32),所以发送段(Phase)也为 1 ms。发送段时间和发送时钟是按下式计算的:

$$T_{\text{Phase}} = T_{\text{SendClock}} = \text{SendClock Factor} \times 31.25\ \mu\text{s} = 32 \times 31.25\ \mu\text{s} = 1\ \text{ms}$$

设备 1 要求的循环刷新时间最短,为 1 ms;设备 2 的缩放比例为 1,减速比为 2^1,所以其刷新时间为 2 ms;设备 3 的缩放比例为 2,减速比为 2^2,其刷新时间为 4 ms。传输循环周期由 4 个发送段组成,传输循环周期为最大的 I/O 设备刷新时间:

$$T_{\text{Cycle}} = \text{MAX(ReductionRatio)} \times \text{Send Clock Factor} \times 31.25\ \mu\text{s} = 4\ \text{ms}$$

PROFINET 帧的传输过程如图 5-24 所示。

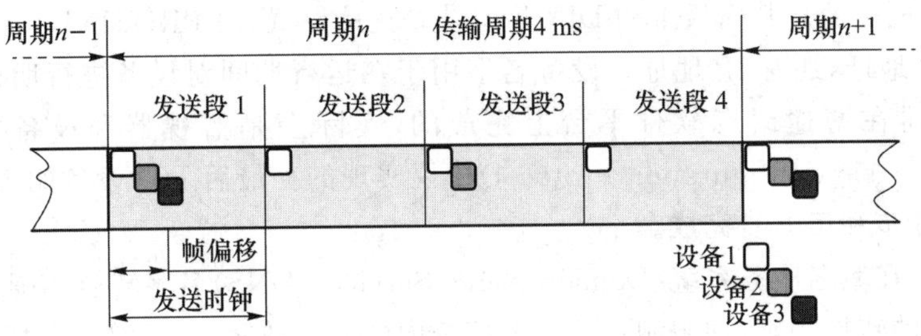

图 5-24　PROFINET 帧的传输过程

5.4.3 从系统组态到运行的工作过程

PROFINET 和 PROFIBUS 是两种完全不同的技术,但由于都属于 PI,所以为在最大程度上保护用户的权益,除在系统无缝集成等方面有全面的考虑外,在最终用户的使用和操作上,特别是对系统的组态过程,两者是非常相似的。

图 5-25 所示为一个 PROFINET 系统从组态到运行的整个过程的简单示意图。

第 1 步和第 2 步:对西门子的 PROFINET 系统来说,使用博途创建一个新项目,然后开始对 PROFINET 系统进行组态。组态的过程包括配置控制器,对其分配名称和 IP 地址;建立 PROFINET 网络;添加各 I/O 设备到 PROFINET 网络中(相当于把相应设备的 GSD 文件从库中拖曳到 PROFINET 网络上),并先规划其 IP 地址。

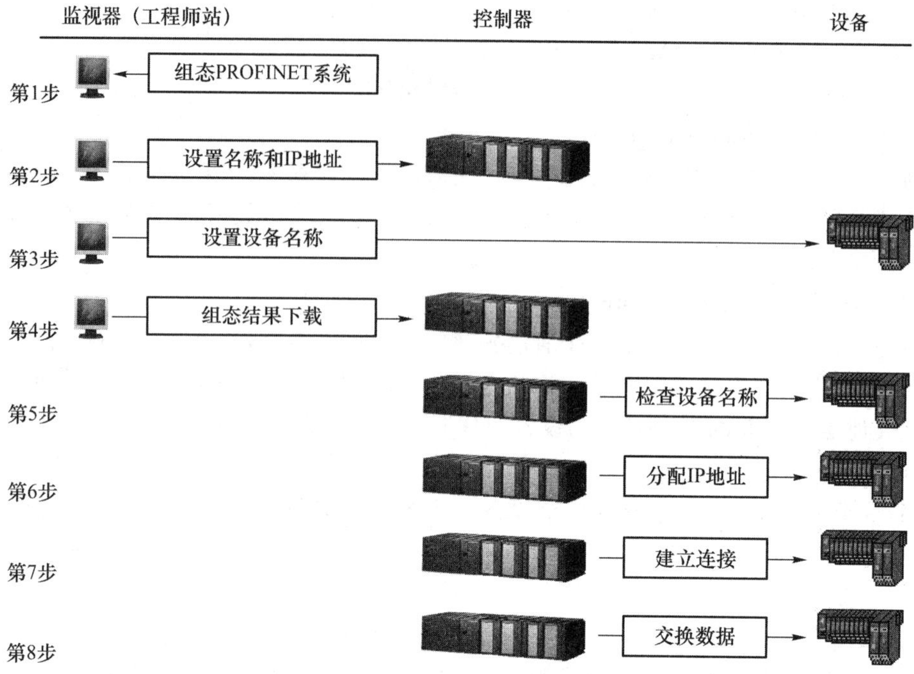

图 5-25 PROFINET 系统从组态到运行的整个过程

每个设备的数据刷新时间和看门狗时间可以由组态平台自动计算，也可以根据需要手动设定。

第 3 步：分配 IO 设备名称。PROFINET 设备和 PROFIBUS 从站最大的区别就是地址设置。DP 从站的地址通过其面板上的 DIP 开关设置直接设置；而 PROFINET 设备既有固化在设备中的 MAC 地址，还有 IP 地址。设备名字用于在运行期间对设备进行明确的标识，其设置是使用监视器在博途组态软件平台上完成的，实际上是监视器和设备之间通过 DCP (Discovery and basic Configuration Protocol)协议实现的。最后 I/O 设备的 IP 地址和 MAC 地址绑定在第 5 步和第 6 步完成。

设备名称可在域名服务系统(Domain Name Services，DNS)名字转换范围内自由设置，但必须符合 DNS 的转换规则，即限制在 240 个字符内(字母、数字、连字符)，无特殊字符。

第 4 步：组态完毕后，把组态好的全部内容下载到控制器中。如果需要编写控制程序，则需要用户在 OB1 块中完成。

第 5 步和第 6 步：控制器使用 IT 领域中广为人知的 DCP 和 ARP(Address Resolution Protocol)，通过检查设备名称首先确认其所控制的设备，然后为其分配最终 IP 地址。过程如下：

控制器收到组态结果后，它的上下关系管理器(Context Management，CM)假设设备已经具有了 IP 地址(即第 1 步中先规划的 IP 地址)，首先检查该名字的设备是否已经存在，如果存在且该 IP 地址没有冲突时，则将该 IP 地址绑定到对应的 MAC 地址的设备上。

由控制器发起的 ARP、DCP 请求和设备响应序列如图 5-26 所示。

PROFINET 也可以使用 IT 领域的另外一个标准协议 DHCP(Dynamic Host Configuration Protocol)，即动态主机组态协议来对设备进行地址分配。这时要单独使用一个专用的服务器进行地址分配，该服务器直接为设备分配 IP 地址。与 DCP 相反，设备在 DHCP 中主动请求一个地址。关于 DHCP 及其专用的服务器,此处不再赘述。

在相同子网内的 IP 地址有 DCP 协议进行分配,如果现场设备和控制器在不同的子网,则由单独的 DHCP 服务器设置 IP 地址。

第 7 步:系统启动,控制器和设备之间建立连接。包括建立应用关系和各种通信关系,对设备进行参数配置。这类似于 PROFIBUS 中的上电过程中的参数化和检查组态环节。PROFINET 中的所有联系都是基于虚拟的应用关系 AR 的,只有两者之间存在 AR,才有可能进行对话。具体干什么事情,则要在 AR 基础上再建立各种通信关系 CR。详见 6.2 节的相关部分。

第 8 步:如果在建立连接的过程中没有问题,则进入正常的循环数据交换过程。控制器把最新的经过计算后的输出数据给相应的设备,而设备则把最新的输入数据给控制器。这类似于 PROFIBUS ,但不同的是 PROFINET 中的报文交换是全双工的,它们的通信受时间监控。

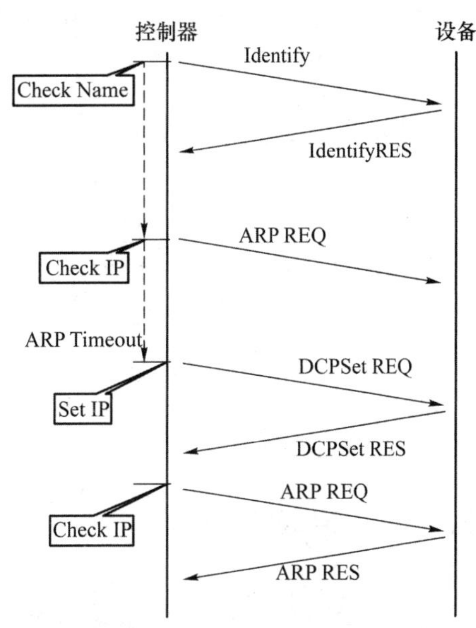

图 5-26 检查设备名字和分配 IP 地址序列

从系统组态到系统运行的过程也可用图 5-27 形象地示意。

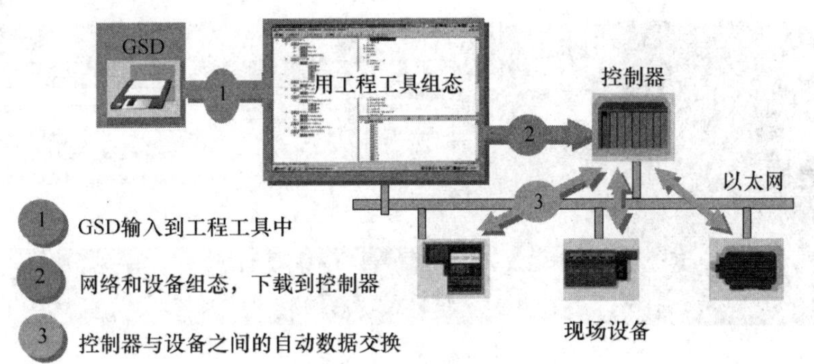

图 5-27 PORFINET 的组态到运行过程示意图

5.5 组态一个简单 PROFINET 网络

5.5.1 系统组成及架构

1. 系统组成

采用 S7-1500 系列 CPU1516F-3 PN/DP 作为 PROFINET 网络的 I/O 控制器,它有 2 个 PROFINET 接口,1 个 DP 接口。在本系统中,1 个 PROFINET 接口用于下载组态结果和程序,1 个 PROFINET 接口用于连接 PROFINET 网络。

BECKHOFF 公司的 BK9103、WAGO 公司的 WAGO750-370、SIEMENS 公司的 ET200S 作为 I/O 设备,交换机使用 SIEMENS 公司的 SCALANCE-X208。

2. 系统架构

ET200S、WAGO750－370、BK9103 与控制器通过交换机 SCALANCE-X208 组成星形结构，如图 5－28 所示。

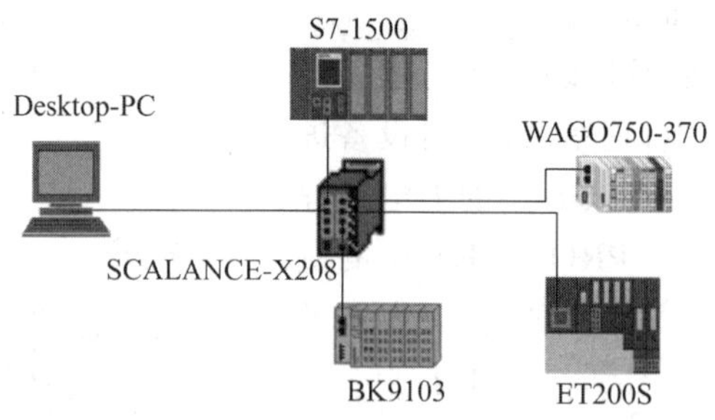

图 5－28　系统架构

5.5.2　组态过程

1. 组态控制器

1）双击桌面上的图标，打开 TIA Portal V19 软件。

2）新建一个工程，按照方便查找的路径存放，并给工程命名，例如 PROFINET_config，如图 5－29 所示。

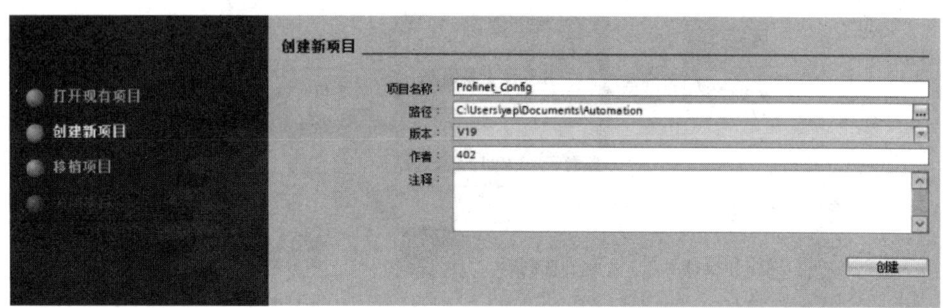

图 5－29　新建工程

3）在 TIA Portal V19 主界面中，打开 PROFINET_config，然后单击“组态设备”按钮，再单击“添加新设备”选项，根据 CPU 型号及订货号添加新设备，如图 5－30 所示。

4）选中 CPU1516F-3 PN/DP，设备名称命名为“Controler”，单击“添加”后进入组态画面。

5）在组态过程中，添加的 GSD 要与其硬件的订货号一致，CPU1516F-3 PN/DP 的组态画面如图 5－31 所示。

① 机架 UR(在 TIA Portal 软件中自动添加完成)。

② 在槽 0 中添加 PM 电源。

③ 在槽 1 中 CPU 自动添加完成。

④ 从槽 3 开始按实际硬件顺序添加 I/O 模块，例如 AI、AQ、DI、DQ。

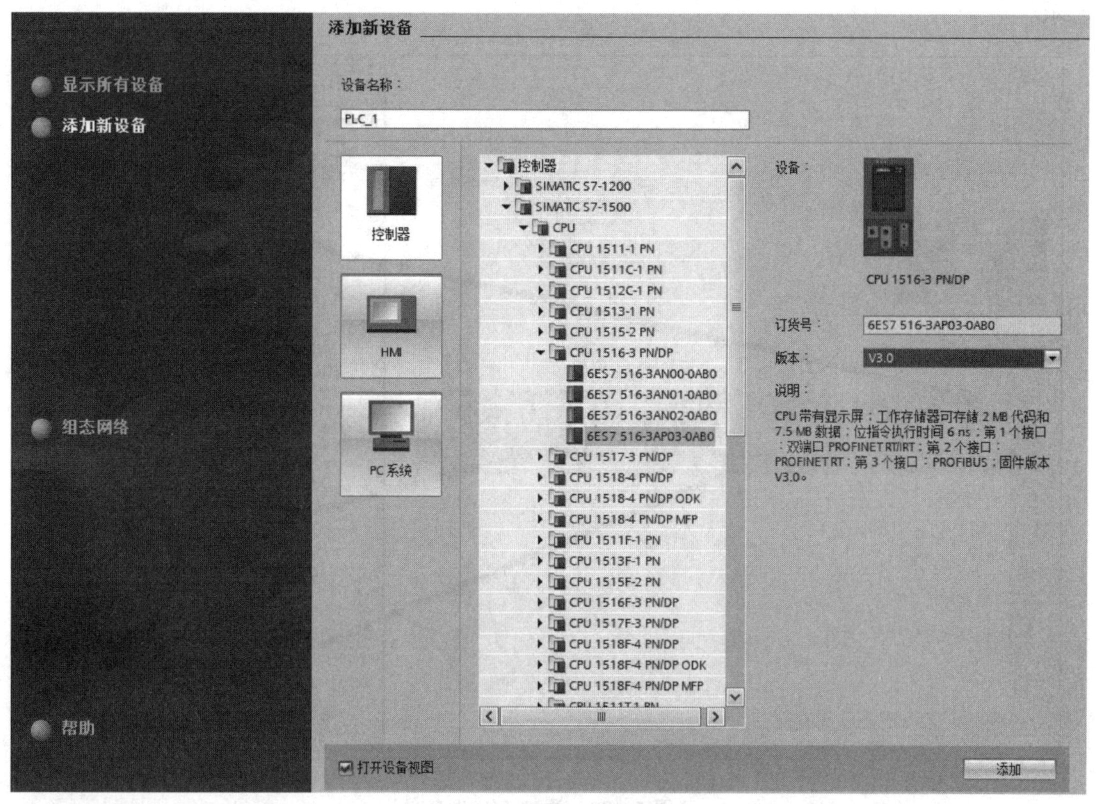

图 5-30　CPU 型号

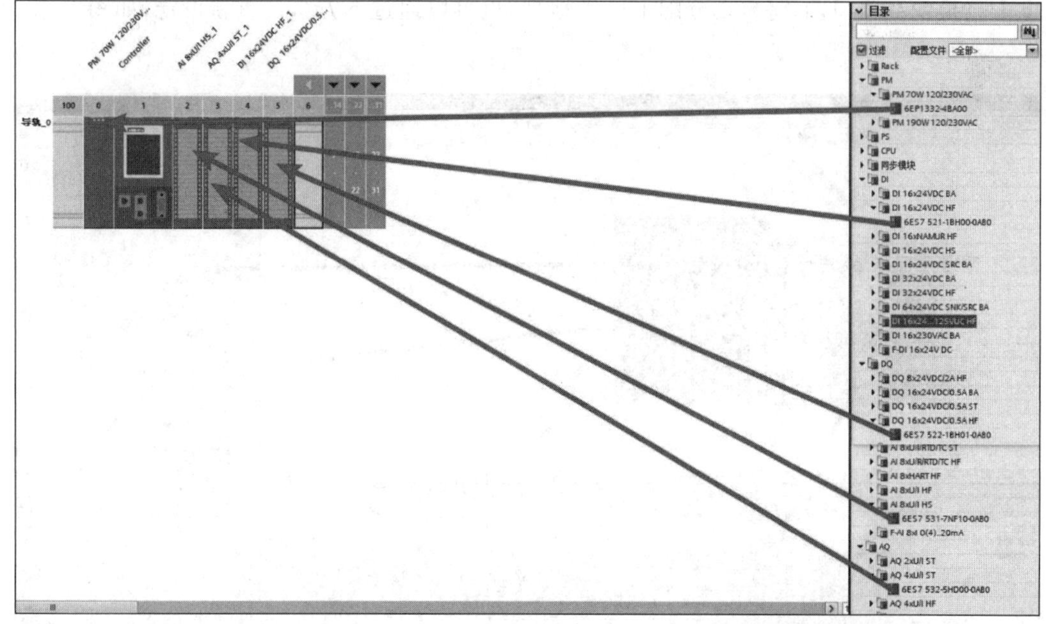

图 5-31　CPU1516F-3 PN/DP 的组态画面

2. 组态设备

① 在网络视图中，从右侧硬件目录中找到 I/O 设备的 GSD 文件，添加到组态，如图 5-32

所示。

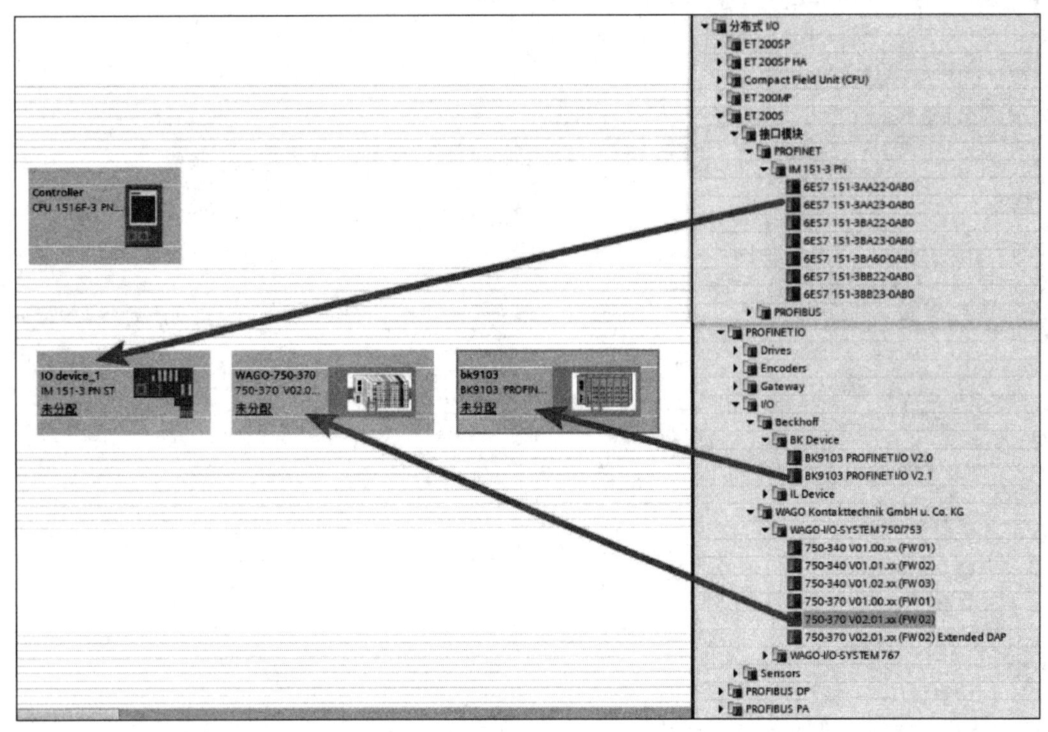

图 5-32　添加 I/O 设备

② 组态 I/O 设备。双击 I/O 设备进入“设备视图”界面，按照实际硬件型号，从硬件目录拖曳 I/O 模块到窗口内，将自动分配 I/O 点地址，也可以通过下方窗口重新设定，如图 5-33～图 5-35 所示。

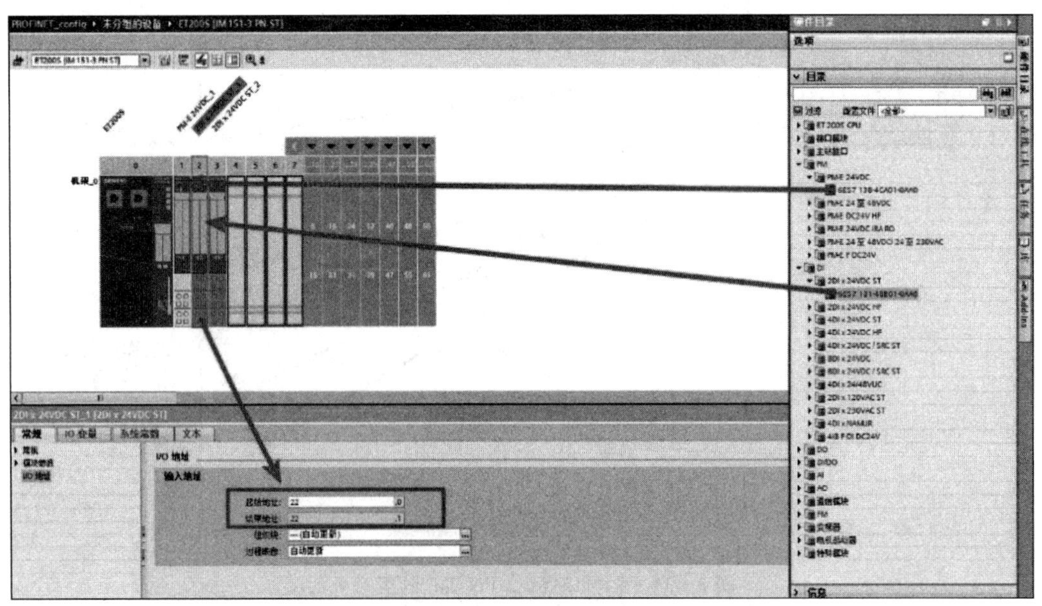

图 5-33　组态 ET200S

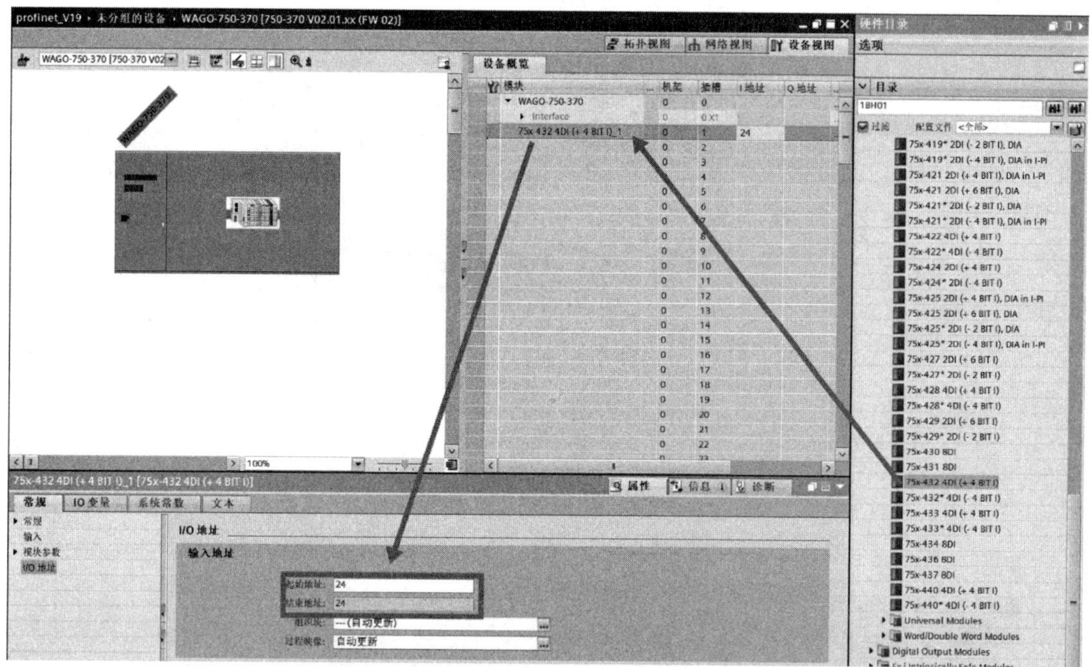

图 5-34　组态 WAGO750-370

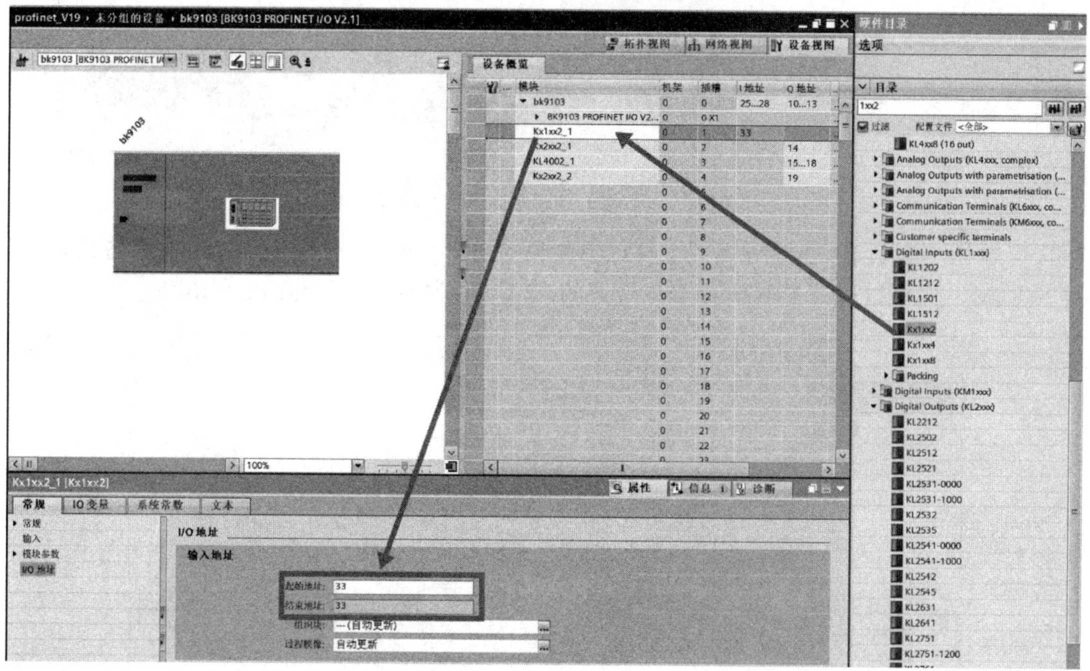

图 5-35　组态 BK9103

3. 建立 PROFINET 系统

① 在网络视图中，右击 S7-1500 的 PROFINET 接口，选择“添加 I/O 系统”选项，并将系统命名为 PROFINET IO-System，如图 5-36 所示。

② 将 I/O 设备添加到 I/O 系统，如图 5-37 所示。

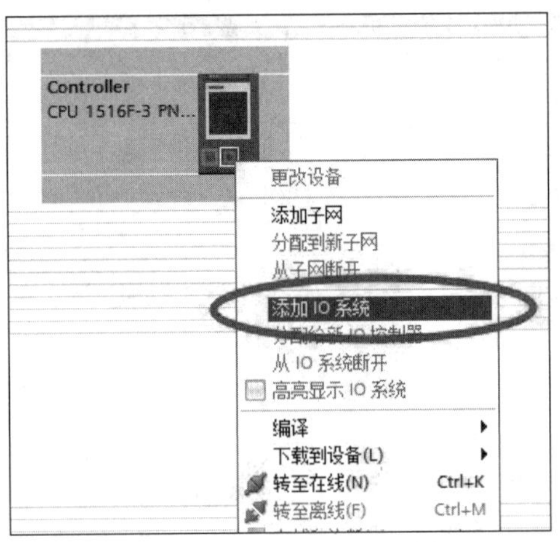

图 5-36　添加 I/O 系统

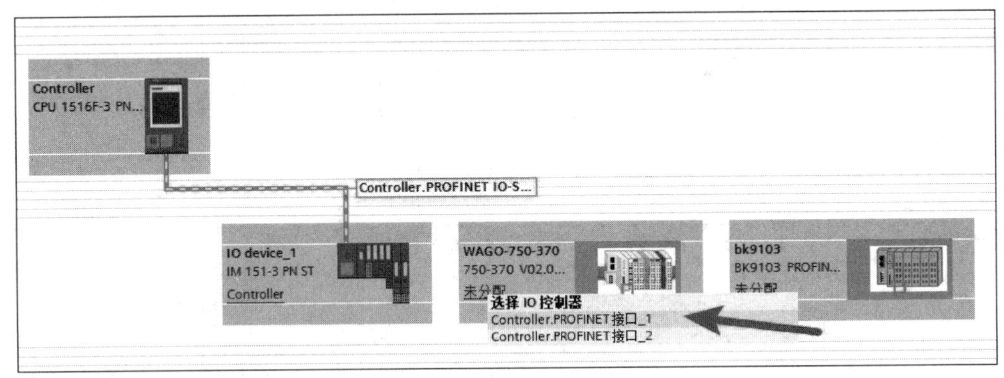

图 5-37　将 I/O 设备加入 I/O 系统

③ 单击 I/O 设备,在下方属性中可以修改设备名称,如图 5-38 所示。单击设备的接口,在下方属性中,可以修改控制器和 I/O 设备的 IP 地址,如图 5-39 和图 5-40 所示。

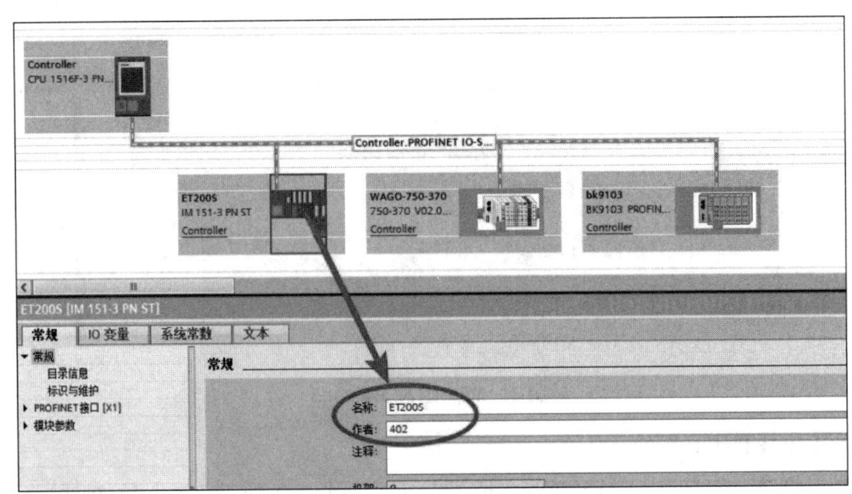

图 5-38　修改设备名称

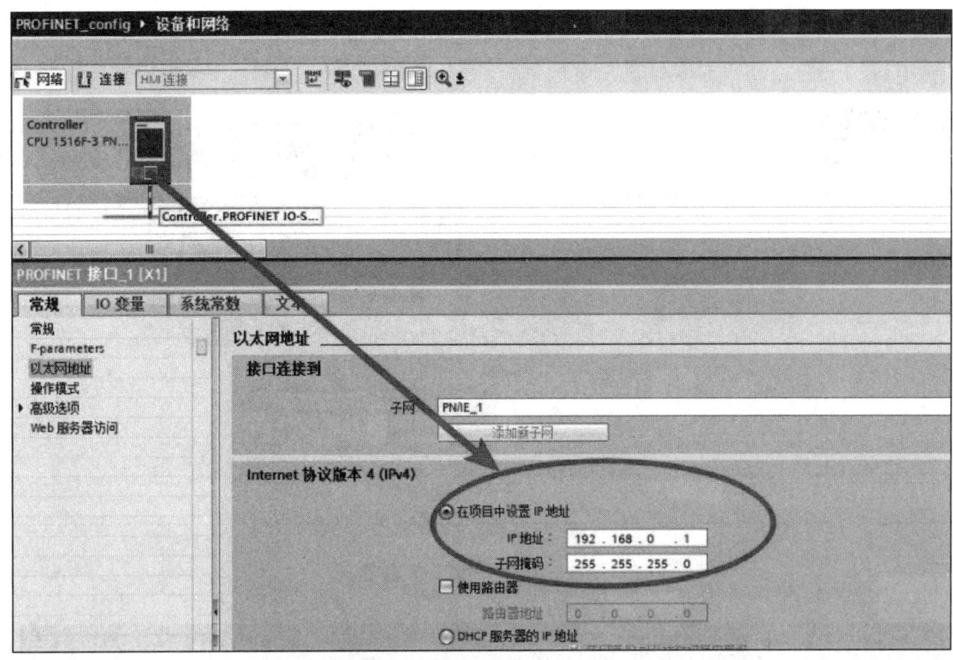

图 5-39　在 S7-1500 中修改 IP

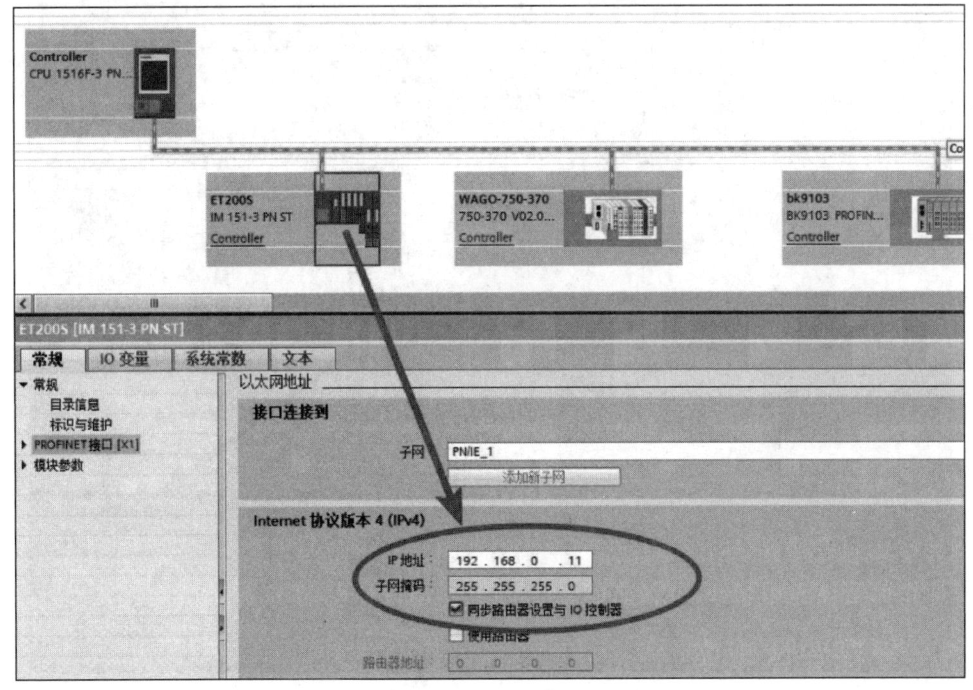

图 5-40　在 I/O 设备中修改 IP

4. 分配设备名称

在网络视图内，右击 PROFINET，选择“分配设备名称”选项，如图 5-41 所示。进入搜索设备界面，选择要分配的 I/O 设备，搜索到设备后，单击“分配名称”按钮，如图 5-42 所示。

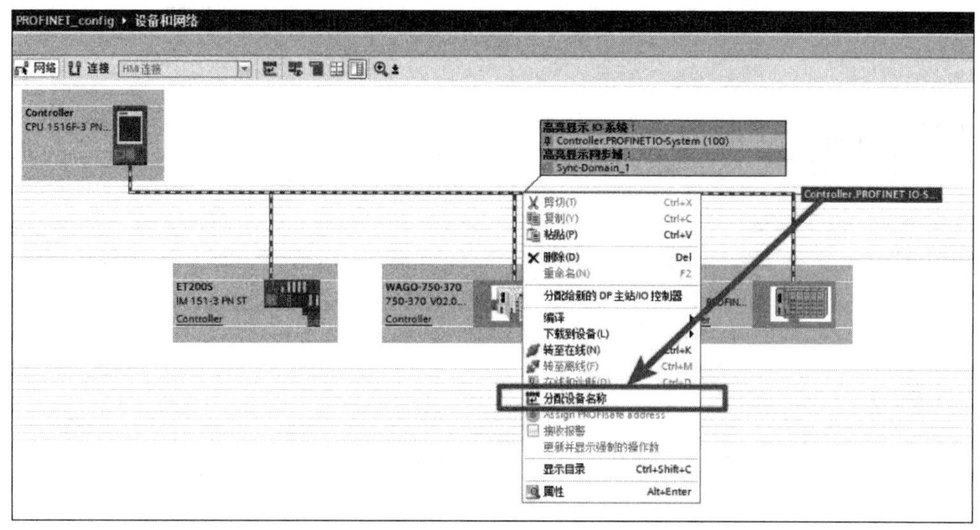

图 5 - 41　分配设备名称

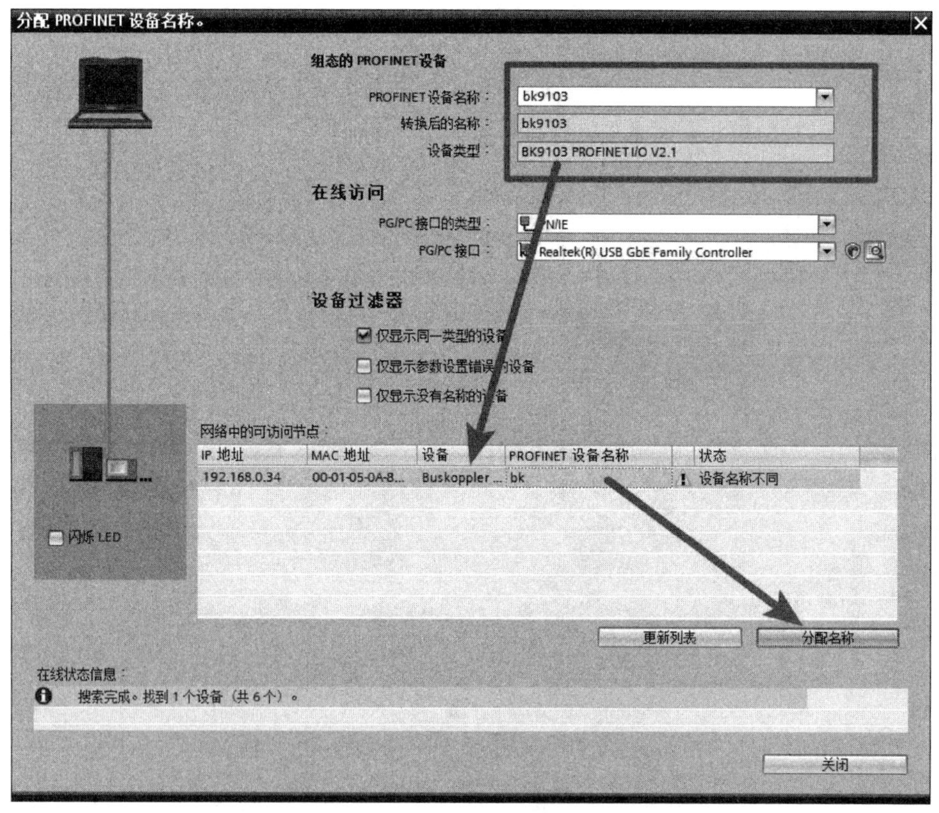

图 5 - 42　搜索设备与分配名称

5. 下载组态

组态完成后保存编译组态信息并将其下载到控制器中。选择 TCP/IP 下载方式，单击图标，如图 5 - 43 所示。下载后再单击在线图标 转至在线，系统运行效果如图 5 - 44 所示。

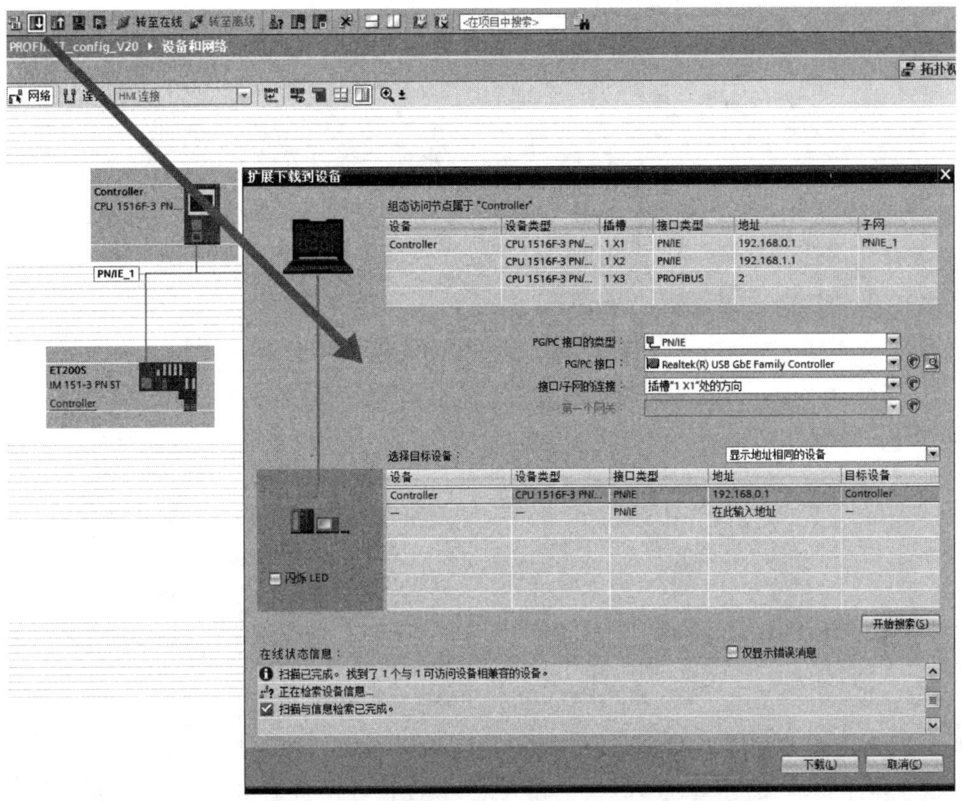

图 5-43　下载时搜索设备

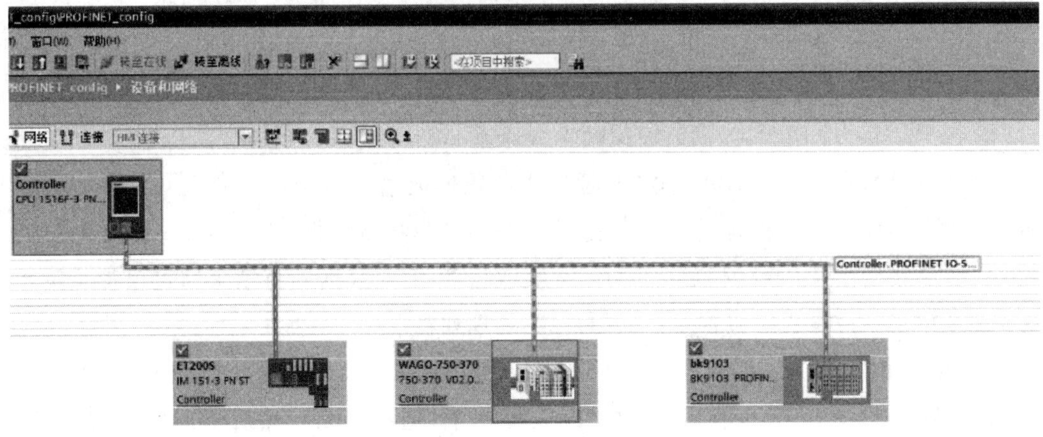

图 5-44　在线监控

5.5.3　系统运行

编写一段简单程序来说明 PROFINET 系统的运行。

通过 WAGO750-370 设备上的 I1.0 控制自身的 Q2.0，并且使用定时器 T5，延时 5 s 控制 BK9103 设备上的 Q0.1；同时通过 WAGO750-370 设备的模拟量输入通道采集数据存放到 DB11 中，进行处理后通过 BK9103 的模拟量输出通道输出；两个设备的地址分配情况如

图 5-45 所示,DB11 中的地址分配情况如图 5-46 所示。

...	模块	机架	插槽	I 地址	Q 地址	类型	订货号
	▼ bk9103	0	0	260...263	256...259	BK9103 PROFINET I...	BK9103
	▶ Interface	0	0 X1			bk9103	
	Kx1xx2_1	0	1	0		Kx1xx2	
	Kx2xx2_2	0	2		0	Kx2xx2	
	KL4002_1	0	3		260...263	KL4002	
	Kx2xx2_1	0	4		18	Kx2xx2	

模块	...	机架	插槽	I 地址	Q 地址	类型	订货号
▼ WAGO-750-370		0	0			750-370 V02.01.xx...	750-370
▶ Interface		0	0 X1			WAGO-750-370	
75x-432 4DI (+4 BIT I)_1		0	1	1		75x-432 4DI (+4 BI...	75x-432
75x-455 4AI, 4-20 mA_1		0	2	264...271		75x-455 4AI, 4-20 ...	75x-455
75x-530 8DO_1		0	3		1	75x-530 8DO	75x-530
75x-531 4DO (+4 BIT O)_1		0	4		2	75x-531 4DO (+4 ...	75x-531

图 5-45　设备地址分配情况

名称	数据类型	起始值	保持	从 HMI/OPC...	从 H...	在 HMI ...	设定值
▼ Static			☐	☐	☐	☐	☐
■ 采集数据1	Word	16#0	☐	☑	☑	☑	☐
■ 设定数据1	Word	16#2710	☐	☑	☑	☑	☐
■ 采集数据2	Word	16#0	☐	☑	☑	☑	☐
■ 设定数据2	Word	16#4E20	☐	☑	☑	☑	☐

图 5-46　DB11 中地址分配情况

使用 TIA Portal 中的 LAD 语言在组织块 OB1 中编制一段程序实现上述功能。该程序中包含设备数字量输入(连接钮子开关的输入端)和设备数字量输出(连接有指示灯输出的端子),也包含模拟量输入(模拟量输入端连接信号源)和模拟量输出(可以观察模拟量输出端的数据),并需要在 DB11 中为相应存储单元分配地址。程序设计如图 5-47 所示。

程序解析:当连接 I1.0 的钮子开关按下时,I1.0 接通,Q2.0 输出点亮第一个指示灯,同时触发定时器开始计时;5 s 计时时间到,定时器输出有效,中间继电器 M0.0 为"1";M0.0 使 Q0.1 输出点亮第二个指示灯,同时模拟量输入通道 IW264 将采集到的数据传送给"DB11. 采集数据 1"并存储;存储在"DB11. 设定数据 1"中的数据通过模拟量输出通道 QW260 输出;模拟量输入通道 IW268 将采集到的数据传送给"DB11. 采集数据 2"并存储;最后将存储在"DB11. 设定数据 2"中的数据减去"DB11. 采集数据 2"中的数据并将结果通过模拟量输出通道 QW262 输出。该段程序包含了数据的采集、处理和输出。

程序编写完成,检查无误后,将其分别下载到 CPU1516F-3 PN/DP 中。前面组态信息已下载,此时只须下载程序块,在 TIA Portal 主界面中,选中 Main,然后单击图标下载,如图 5-48 所示。

下载完成后,PLC 开始运行程序,然后可以进行在线调试。打开 OB1 菜单栏,单击图标进行在线监视程序的运行,可以手动控制钮子开关,观测输出指示灯是否按程序要求的结果输出,模拟量输出数据也可以在变量表中进行在线监测。

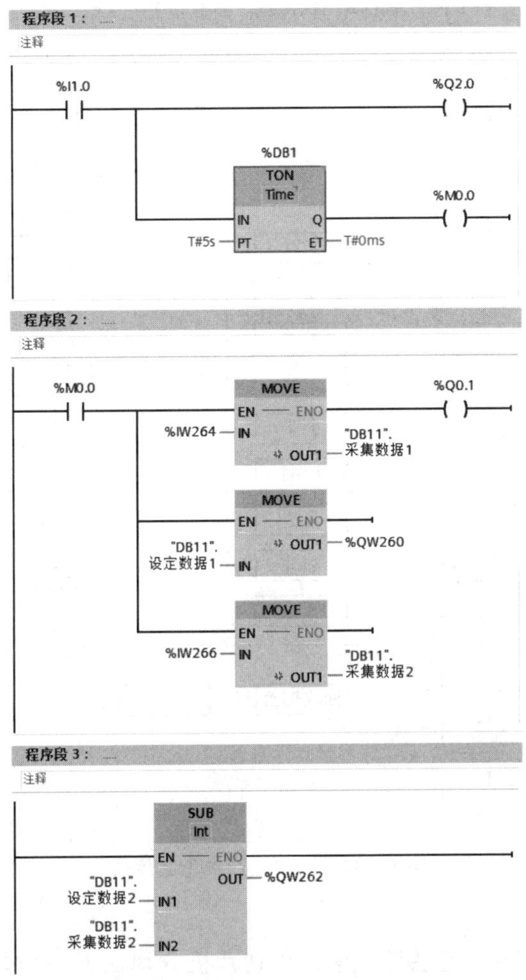

图 5 - 47　简单程序设计举例

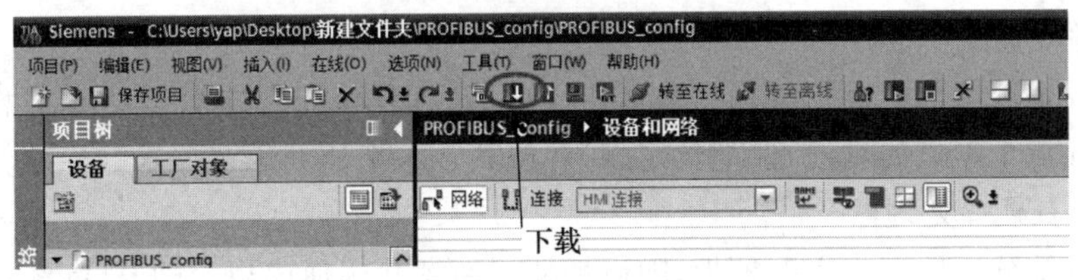

图 5 - 48　程序块的下载

5.6　烟厂制丝线 PROFINET 控制系统

5.6.1　工艺流程

烟草行业制丝生产线分布范围大，对自动化和信息化程度要求高，是典型的制造业生产流水线，非常适合现场总线控制系统的使用。整条制丝生产线分为：叶片处理段、叶丝处理段、原梗及梗丝处理段、掺配加香工艺段、干冰烟丝处理段等几个工艺段，由于烟草加工工艺需求不同,各厂在工艺段划分及设备选型方面略有区别。制丝生产线工艺流程如图5-49所示。

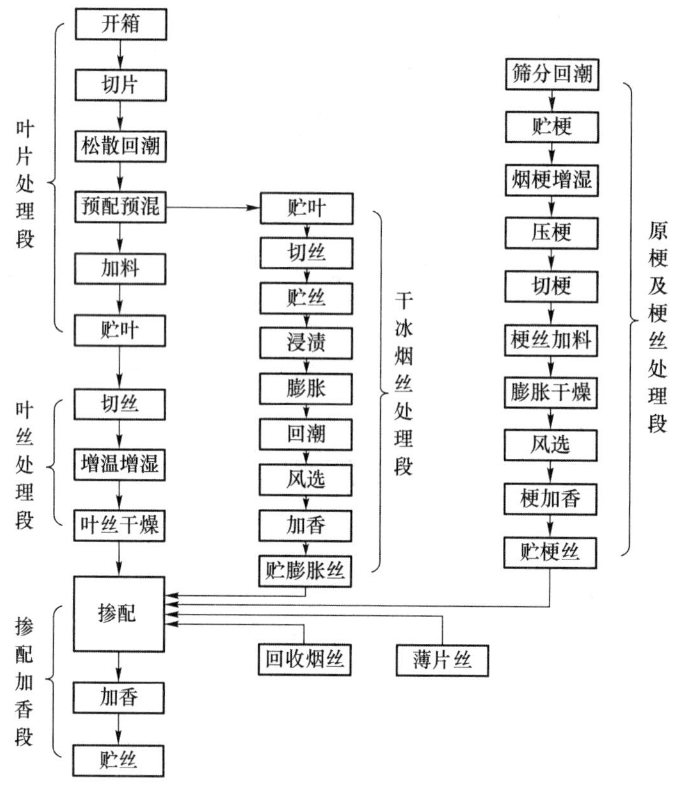

图5-49　制丝生产线工艺流程

(1) 叶片处理段

标准规格的烟箱在开箱工位去除包装后由切片机分切成大小均匀的烟块,烟块进入松散回潮滚筒内加温加湿松散成可耐加工的烟片,混配后的烟片经加料设备按比例加入料液后送入贮叶柜。

(2) 叶丝处理段

位于恒温恒湿间的贮叶柜将烟片送入切丝机切成烟丝,切后的烟丝经增温增湿后送入薄板烘丝机或气流干燥机内烘炒,使烟丝定型,并使其含水率达到工艺要求的标准。

(3) 原梗及梗丝处理段

原梗经过筛分后回潮进入贮梗柜,随后烟梗再回潮并压梗成规定的厚度,经切梗丝机切削形成梗丝,梗丝按比例加料后进入膨胀干燥工序,去除水分,处理后的梗丝经就地风选出杂物、梗签后加入香料,进入贮梗丝柜贮存。

(4) 干冰烟丝膨胀处理段

切丝机将烟叶切成一定宽度的烟丝并贮存,按批次将烟丝送入浸渍器内经液态二氧化碳浸渍后在常温下形成干冰烟丝,然后在高温气体里迅速升华膨胀,经过加水回潮后,形成膨胀烟丝,此时烟丝体积增大,提高了填充值,降低了焦油含量。

(5) 掺配混丝段

从烘丝机出来的烟丝,按照一定的比例掺配梗丝、膨胀丝、薄片丝和回收烟丝,混合后的烟丝按比例加入香精香料,进入贮丝柜存贮。在出料端将烟丝按照相应的牌号,由喂丝机将烟丝送到卷包车间。

除此之外，顺着物料处理的方向，在不同工艺段之间都配置大容量贮柜类设备。这样一方面可以满足混合、平衡、缓冲等工艺需求，另一方面也使不同的工艺处理段生产设备相对独立。即使某个生产处理段设备故障停机甚至掉电，也不会影响其他工艺段生产线设备的正常运行。生产工艺还包括了流量、水分、温度、配比掺对等过程参数的精确控制以及设备的连锁启停控制。

5.6.2　系统功能

系统功能分为三大部分，即控制部分、监控部分和管理部分。

(1) 工作方式和控制功能

集控系统有本控和远控之分，工作方式分为手动控制方式、自动控制方式和禁止方式。在“本控”和“手动”状态下，分布式 I/O 箱上的启动/停止按钮控制单台电机，各设备无联锁，可单独启停某一台设备，控制电磁阀的开启、电动调节阀和阀门定位器的开度等；“本控”“自动”方式下通过现场操作终端对工艺段进行操作，并由 PLC 实施控制。

“远控”自动方式下，通过监控计算机对工艺段进行操作并由 PLC 实施控制，由集中监控层来完成。需要进行本控/远控状态的切换时，通过编程实现集中监控层和控制层控制参数及设备状态的一致性，同时保证各自数据的安全性，这样可保证生产可以连续进行，不需要重新启动，所有回路控制参数切换前后一致，不会出现突变。

(2) 监控功能

系统要求具备完善的监控功能，包括设备运行状态、监测与执行器工作组态、网络工作状态、过程参数、故障诊断、各类报价信息以及设备的管理信息等。

监控接收 MES 系统或车间信息管理系统下达的生产调度计划、工艺配方参数等信息，按计划组织生产流程；根据分组加工实际需求选择最佳工艺路线；监视生产设备运行状态、物料流转状况；采集和显示生产线上的过程生产数据和故障报警信息；控制生产线各关键工艺参数；记录重要工艺参数实时数据，以趋势图和报表形式反馈相应信息，同时按设定规则存储到关系数据库，为信息管理系统数据统计分析提供基础数据；具备增强的系统安全管理，根据用户角色分配相应级别的操作权限，与信息管理系统集成的安全登录认证和操作日志记录实名制等。

(3) 数据管理及处理功能

通过网络实时采集各关键工艺参数显示并记入过程归档数据库，采集工艺质量数据、车间生产状态、设备运行状况、设备故障信息记录入实时数据库，按时间序列存储，通过 SPC 等专业统计分析软件或图表分析控件按需求显示过程数据，为过程控制提供及时准确的质量评估和生产状态评估，形成生产报表和质量分析报表等。这些信息可以打印输出，还可以通过 Web 服务器对外发布。系统还接收信息化系统下达的生产任务调度等信息，分解成生产批次任务，下发到各个生产工艺段，完成生产管理。

(4) 信息管理功能

制丝电控系统作为企业信息化系统重要组成部分，连接企业信息化系统与底层控制系统，起着承上启下的重要作用。应完成对整个成品烟丝生产过程的所有物流和信息流的统一监控、管理和调度，进行汇总统计分析，向企业信息化系统反馈信息。实现车间生产数据的收集、处理、存储、加工，传送，使之转化为各种信息，为上层管理提供统计、组织、协调、决策依据，提升生产管理水平。

(5) 扩展功能

要求在车间设备级网络和管理层网络等层面上都具有良好的扩展功能。

5.6.3 系统总体集成

总体集成系统架构共分三层，即现场设备层、集中监控层、生产管理层。

制丝线控制系统总线网络总体架构示意图如图5-50所示。

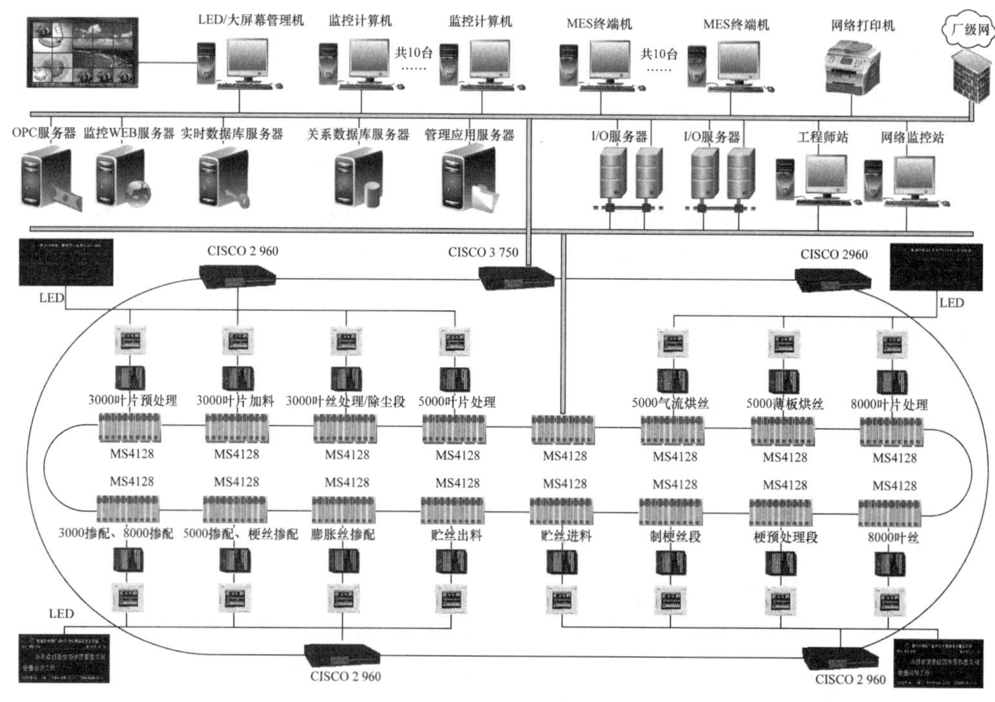

(a) 生产管理层和集中监控层

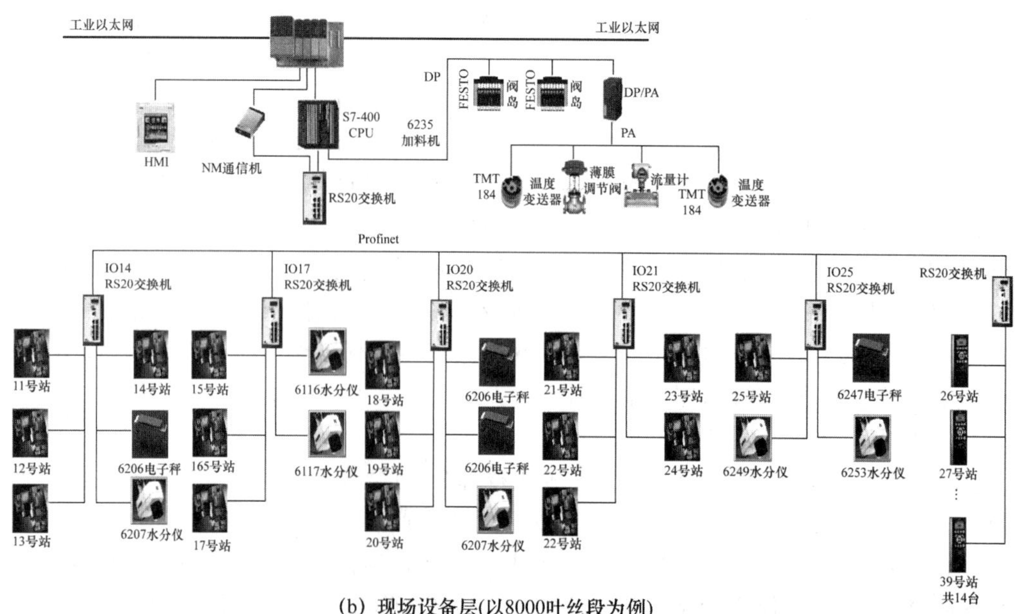

(b) 现场设备层(以8000叶丝段为例)

图5-50 制丝线控制系统总线网络总体架构示意图

1. 集中监控层

集中监控层如图 5－50(a)所示。

(1) 组　成

主要由主干网交换机、监控计算机、I/O 数采服务器、工程师站、网络监控站、实时数据库服务器和以太网网络器件组成。

(2) 作　用

PROFINET 光纤环网把各工艺段的主控制器 PLC 连接起来，实现对制丝线整个现场的数据采集、报警、控制、连锁等功能，完成设备层与管理层的数据交换。该层为控制系统的人机交互接口，实现整线集中控制操作、监视、报警显示、记录、分析等功能。

(3) 网络架构

集中监控层共配套 16 个赫斯曼 4128 交换机，将制丝线所有工艺段的主控制器 PLC(皮带秤、切丝机除外)连接成工业以太网光纤环网。交换机之间通过多模光纤组成的 1 000 M 环网，作为监控层与控制层间的通信链路。环网配有冗余的电源，冗余的介质，保证主干网络稳定可靠的通信。

各工艺段内通过控制器 CPU 的 PROFINET 接口进行网络通信，工艺段间及与上位监控系统通过 CP443-1 工业以太网卡进行网络通信，保证这两个网络分别在物理上处于不同的网段上。

(4) 中控室设备(监控层)

配置 4 台互为冗余的 I/O 服务器，负责与控制系统进行数据通信，获取 PLC 中的设备数据，并传送给实时数据库服务器及管理应用服务器。

实时数据库服务器用于采集、归档过程数据，并将数据保存在实时数据库中，可实现对质量数据的追溯功能。

工程师站和网络监控站都配置有双网卡，它们通过一块网卡从赫斯曼 4128 交换机接入制丝车间监控层主干环网；另一块为千兆以太网卡，接入到生产管理环网中。工程师站上配套网络监控软件，实时显示整个网络运行状态、流量、端口连接等信息，方便维护人员监控整个网络状态。

2. 生产管理层

生产管理层如图 5－50(a)所示。

(1) 组成及架构

中控室配套 1 个 CISCO 公司的 3750 系列交换机，在现场配置 4 台 2960 交换机构建管理层光纤环网；配置 2 台关系数据库服务器、1 台管理应用服务器，分别接入管理层交换机。

管理应用服务器运行系统服务端应用程序，关系型数据库用来存放关系型数据(如管理数据、统计数据)；管理计算机主要用于各台服务器的日常维护工作。

数据库及管理系统采用分布式 C/S 架构，该架构基于 MICROSOFT 公司的. NET 框架，并具备与厂级计算机网络连接功能。

(2) 作　用

将设备监视与控制及管理统一集成在一个平台上，实现对制丝车间生产的集中调度、工艺标准的统一管理、生产过程的质量评估及设备管理。通过数据管理系统的统计分析，对采集的信息进行归类、整理和综合分析，向下对生产过程作统一的调度，并对各个生产环节、现场关键设备及工艺点进行监视、控制和管理，以实现生产管理、工艺管理、设备管理、质量管理等目的；

向上作为企业的MES的一个子系统,为企业及时了解生产过程、制定战略决策提供重要依据。

3. 设备控制层

设备控制层如图5-50(b)所示,以8000叶丝工艺段为例讲解。

(1) 组　成

设备控制层主要由PLC电控柜、分布式I/O站、各种开关(按钮、光电开关、接近开关)、现场操作终端、变频器、红外水分仪、电磁阀阀岛、温度传感器、流量计、压力计等智能仪表以及独立单机设备等组成。

(2) 作　用

对每个工艺段,根据工艺控制要求,实现对水分、温度、流量等工艺参数的调节控制,以及对电机启停、阀的通断等控制;设备层系统设计应满足柔性加工工艺的要求,各控制段既能整段开机,又能分工艺段开机,满足生产灵活性的需求,达到节能降耗的目的。

(3) 网络架构

① 控制器:每个工艺段主控制器统一采用SIEMENS 416-3DP/PN,配置32点DI和32点DO,同时还配置CP443-1(带防火墙增强型)AD网卡(PROFINET)、2块电池和1块程序存储卡。

② 现场I/O设备:主要有带PROFINET接口的远程I/O设备子站ET200S、皮带秤、变频器、软启动器等;支持PROFIBUS DP协议的定位阀阀岛、加料机等;支持PROFIBUS PA协议的流量计、温度变送器、压力变送器、调节阀等。

③ 网络架构:设备层采用PROFINET总线控制方式。I/O子站(带ET200S 151-3通信模块)、皮带秤、变频器、软启动器等设备直接连接到赫斯曼RS20系列交换机上组成星形PROFINET网络;带DP接口的定位阀阀岛、加料机等通过主PLC上面的PROFIBUS DP接口接入网络;支持PROFIBUS PA协议的流量计、温度变送器、压力变送器、调节阀等则通过DP/PA耦合器接入DP网络,然后连接到主控制器中。

在可靠通信距离内的节点之间采用工业双绞线以太网电缆连接,对于超出可靠通讯距离的节点之间采用光纤连接。以太网可靠的网段电缆长度不超过100 m,可有效防止由于传统级联造成连锁性网络故障,导致生产停车。

本章小结

实时工业以太网将是未来工业控制网络的主体,其技术基础是以太网和TCP/UDP/IP协议,PROFINET就是基于这两种技术的实时以太网技术。

PROFINET和PROFIBUS DP的有非常多相似的地方。它主要由控制器(相当于DP主站)和设备(相当于DP的从站)组成,可应用于分散型I/O自动化,以及运动控制的应用场景。两者相比,PROFINET在系统刷新周期、等时同步技术IRT的应用、系统故障诊断等方面有着不可比拟的优势。

PROFINET采用可以进行缩放的通信模型,对不同的应用采取不同的通信方案,非常巧妙地解决了在同一个系统中满足所有不同级别的实时通信要求的问题。它的通信性能等级是:使用UDP/IP,解决非苛求时间的数据通信,基于因特网的一些标准协议在PROFINET中得到了广泛应用;使用软实时(SRT)技术,解决一般工业自动化实时控制的需求;使用等时同步实时(IRT)技术,解决对时间要求严格同步的数据通信。

PROFINET 基于提供者/消费者模型进行数据交换。控制器和设备既是提供者,也是消费者。作为提供者,控制器(PLC)定时向设备(远程 I/O)发送最新计算出来的输出(Output)数据,设备定时向控制器发送最新的输入(Input)数据;作为消费者,控制器使用设备给它的最新输入数据进行逻辑计算,设备使用控制器给它的最新输出数据驱动被控对象,完成自动控制任务。

由于和 PROFIBUS 是完全不同的两种技术,所以 PROFINET 的安装技术也有很大不同。PROFINET 网络基础基于交换机技术,其典型拓扑结构为星形连接,也不需要终端电阻。FC 系统同样也适合于 PROFINET,其电缆安装规范和 PROFIBUS 系统相同。

PROFINET 中设备地址的设置和 PROFIBUS 完全不同。PROFIBUS 从站地址在装置面板上手动设置,PROFINET 设备的地址有两个,一个是固定的 MAC 地址,一个是 IP 地址。组态时,需要基于设备名称,使用 DCP 和 ARP 确认 IP 地址,绑定 MAC 地址。

本章最后给出了 PROFINET 在工业生产过程中的应用范例,通过工程实例,可以了解其控制系统的组成及具体应用。

思考题与练习题

1. PROFINET 和 PROFIBUS DP 的主要区别体现在哪些方面?
2. PROFINET 的通信等级是如何划分的?不同的通信等级主要为完成什么样的任务而设计?
3. PEOFINET 的主要设备类型有哪些?
4. 按一致性分类,PROFINET 设备分哪几类?每种类型的主要功能有哪些?
5. 简述提供者和消费者模型的工作过程。
6. PROFINET 是如何解决"运动控制严苛时间要求"问题的?
7. IRT 采用什么技术实现了同步控制和等时控制?
8. PROFINET 的拓扑形式有哪些?典型的拓扑结构是什么?
9. PROFINET IO 的连接器主要有哪些类型?
10. PROFINET 电缆中有几对线?每对线的作用是什么?是按什么颜色区分的?
11. 使用 FC 技术的好处是什么?
12. 试解释以太网中自协商和自动交叉功能的特点。
13. 试解释集线器、网桥、交换机和路由器的作用和特点。
14. 共享式网络和交换式网络最大的区别是什么?
15. PROFINET 实时控制中使用的交换机有什么基本要求?
16. PROFINET 的 GSD 文件和 PROFIBUS 的 GSD 文件,其最大区别是什么?
17. PROFINET 设备地址设置和 PROFIBUS 从站地址设置有什么不同?
18. 试解释发送时钟、刷新时间、减速比、发送段、循环周期和看门狗的概念。

第6章　PROFINET 技术详解

6.1　PROFINET 的设备模型

1. 基本组成

学习设备模型才能理解 PROFINET 现场设备内 I/O 数据的编址。PROFINET 包含 2 大类设备：

① 紧凑型设备：I/O 在出厂时已经固定，用户不能更改；

② 模块化设备：用户可以自主定义 I/O 的使用。

现场设备的各种技术和功能已有设备供应商在 GSD 文件中描述清楚，此外，PROFINET 设备模型的表示通过设备访问点（Device Access Point，DAP）来实现，也可以认为 DAP 就是以太网接口和处理程序连接的总线接口。

PROFINET 的设备模型增加了子槽的分级，使得设备地址的定义更加详细和灵活。模块通过槽来寻址，子模块通过子槽来寻址。模块化设备和紧凑型设备的区别是紧凑型设备（虚拟模块/子模块）对槽/子槽有固定的定义，且不允许修改。模块和子模块都可以热插拔。

PROFINET 设备模型如图 6－1 所示。

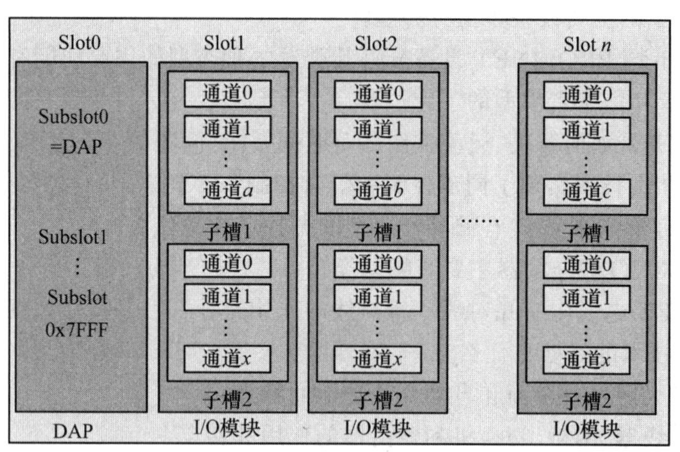

图 6－1　PROFINET 设备模型

(1) 槽

槽描述了模块化设备中单个 I/O 模块或逻辑单元等组件或功能的结构。槽模型是通过数字引用的抽象地址模型，实际的硬件模块或虚拟的功能单元可能占用多个槽。槽的设备特性在 GSD 中规定。

槽的编号范围是 0～32 767(0x7FFF)，之间可以有间隔，一个槽上可以有若干个子槽。

DAP 在 GSD 中描述，一般使用 Slot 0/Subslot 0 来描述。

(2) 子　槽

子槽描述了槽中硬件单元或逻辑单元等组件或功能的结构。一个子槽上可以有若干个通道,这些通道可以是输入和/或输出数据元素的进一步细分。可以通过子槽号 1～32 767 (0x7FFF)寻址子槽。

每个子槽只能分配给一个控制器进行写访问及交换报警信息,但允许多个控制器进行读访问。

子槽号 0 与 AlarmType(报警类型)中的 Pull 一起使用以寻址设备内的某个模块,即用来表示特殊情况"pull module"下的模块,这意味着"实际"子槽 0 不存在,且不应包含 I/O 通道、诊断或记录数据。

(3) 通　道

通道指定了具体的输入/输出数据的结构,它们是输入和/或输出数据元素的进一步细分。

I/O 数据(通道)在槽/子槽内定义,在实际应用中,对通道的使用有两种方式:

① 一组通道作为一个整体单元来考虑,它们被指定给一个控制器。例如一个子模块上的 4 个通道组合在一起,分配给一个控制器。

② 每个通道可以单独操作,它们以比特级的模式指定给不同的控制器。例如一个子模块上的 4 个通道可以分别作为单独的对象指定给不同的控制器。这种情况下,分配给不同控制器的每个 I/O 组必须位于不同的子槽上。

2. API

在应用进程环境中,一个应用可以被划分为若干部分,并被分布到网络上的若干台设备。这些部分的每一个被称为应用进程(Application Process,AP),一台设备可以有几个 AP。每个单一的 AP 用一个 AP 标识符(Application Process Identifier,API)来唯一地标识。每个 AP 应通过 API (x)(0<x≤0xFFFFFFFF)来寻址。

每个设备应至少有一个 API = 0 的缺省 AP(Default AP),缺省 AP 提供与设备有关的信息,是制造商特定的。

应用进程概览如图 6-2 所示。

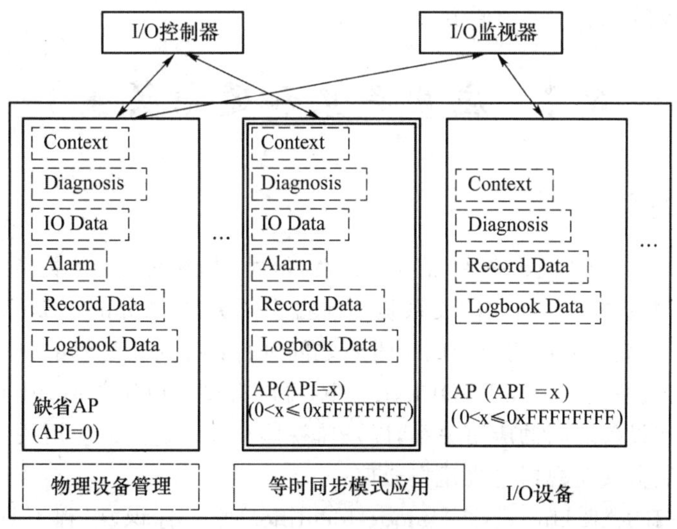

图 6-2　应用进程概览

一个AP可以被分布到几个槽和子槽。图6-3所示为设备的AP、数据元素、槽和子槽之间的关系。这些灰色的逻辑框用以说明不存在“实际的”子槽0。

子槽0x8000～0x8FFF用来编址子槽上的接口和端口，它们可以分布在所有槽上，但在某个槽上不应存在一个子槽号的重复使用。子槽0x8000～0x8FFF仅在API 0中使用。

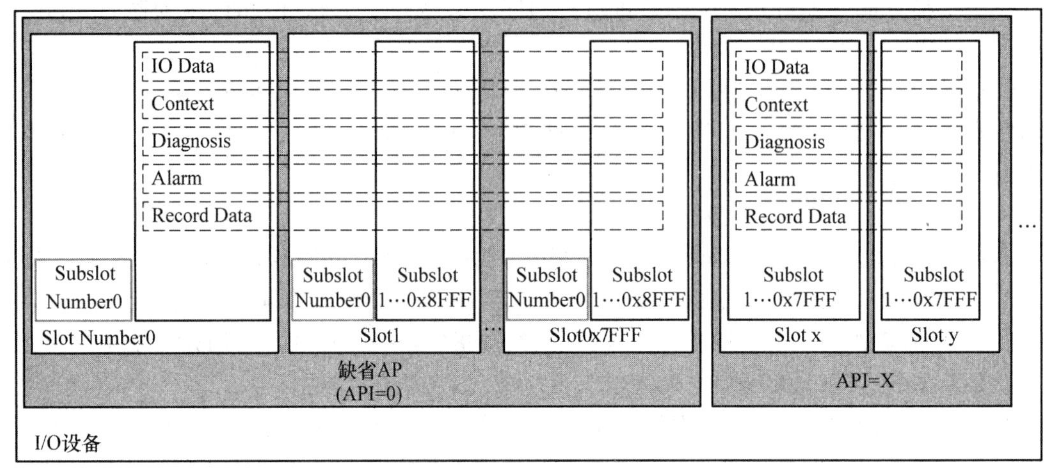

图6-3 设备中AP、数据元素、槽和子槽的关系

另外，除了制造商和行规特定的地址模型的使用外，索引Index 0～0x7FFF由设备制造商使用，用于在所寻址的AP范围内的用户特定记录数据元素。

3. 设备模型

总结上述内容可以看出，PROFINET设备是由下列元素分层组成的：

① 一个或多个设备实例；

② 每个设备实例包括一个或多个由其API引用的应用进程；

③ 每个API包括一个或多个槽；

④ 每个槽包括一个或多个子槽；

⑤ 每个子槽包括一个或多个通道。

6.2 应用关系和通信关系

6.2.1 应用关系

PROFINET中的数据交换和信息交换是通过各种通信关系(Communication Relationship,CR)来实现的。而通信关系是建立在应用关系(Application Relationship, AR)之上的。应用关系是允许通信通道上两个设备之间进行数据交换逻辑的、虚拟的因素，真正的数据交换通过通信关系完成。在PROFINET中，可以有多个应用关系，但至少必须有两个应用关系，即控制器和设备之间的应用关系，以及监视器和设备之间的应用关系。设备的响应是被动的，它等待控制器或监视器与之建立通信。

AR由ARUUID(AR Universal Unique Identifier)唯一标识，工程工具为特定的系统组态和每个设备生成全局唯一的16字节的标识符(UUID)，从控制器角度看，每个设备的ARUUID是不同的。

使用应用关系，控制器/监视器能执行如下任务：

① 从设备读输入值；

② 向设备写输出值；

③ 从设备接收报警事件（中断）；

④ 从/向设备读/写非周期数据（记录）。

PROFINET 控制器、监视器和设备之间的应用关系、通信关系及其完成的功能如图 6－4 所示。

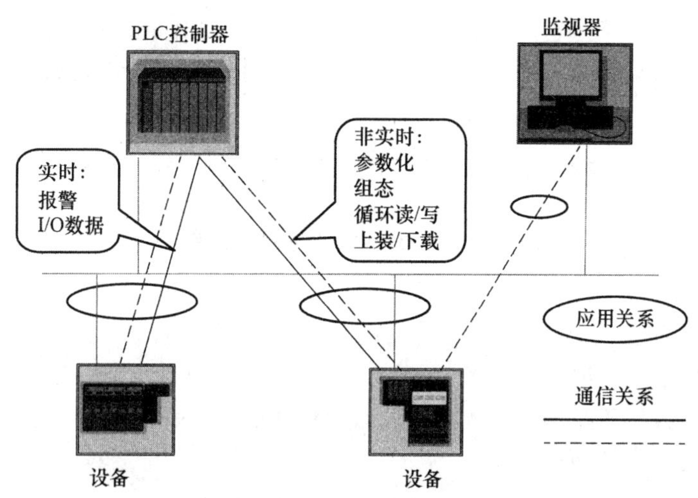

图 6－4　PROFINET 控制器、监视器和设备之间的应用关系、通信关系及其完成的功能

6.2.2　通信关系

1. 数据元素和通信关系类型

（1）数据元素

PROFINET 中有 3 种数据元素：

① 记录数据：包括参数化、诊断信息、运行日志、组态信息、标识信息，以及设备制造商定义的记录数据元素等，通过非循环通信传送。

② I/O 数据：通过确定的设备、槽、子槽和通道来引用，用于输入/输出数据的循环交换。

③ 报警数据：包括系统定义的事件（如模块的插入或拔出）、用户定义的事件（如被控制系统检测到的诊断报警或过程报警等），通过实时通信非循环方式传递。

（2）通信关系类型

每个应用关系中可以有多个通信关系，通信关系的多少由 FrameID 和 EtherType 决定。以下 3 种通信关系是最基本的：

① 记录数据通信关系：它是最先建立起来的通信关系，用来传递组态数据、启动参数、诊断数据等对时间要求不苛刻的数据。

② I/O 数据通信关系：用来在控制器和设备之间循环交换实时 I/O 数据。I/O 数据通信关系使用上下关系管理（Context Management，CM）来建立。

③ 报警数据通信关系：用来传递报警信息，是非循环的。报警数据通信关系使用上下关

系管理来建立。

位于控制器和设备软件栈中的关系管理贯穿于通信关系的建立过程,关系管理使用槽、子槽模型来寻址数据元素。

PROFINET 的各种通信关系如图 6-5 所示。

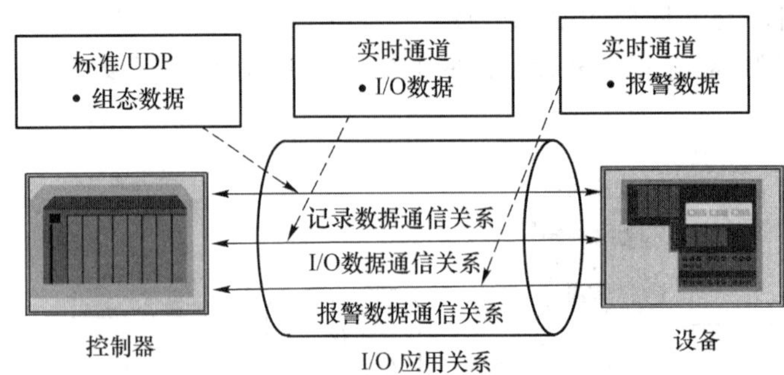

图 6-5　PROFINET 的各种通信关系

2. 记录数据通信关系

(1) 记录数据类型

记录数据通信关系在记录数据客户端(典型的是控制器)和记录数据服务器(典型的是设备)之间建立,记录数据的非循环发送是通过记录数据通信关系实现的。记录数据中传输的数据和读写性质如表 6-1 所列。

表 6-1　记录数据中传输的数据和读写性质

数据类型	内　容	读/写(R/W)
记录数据元素	记录	R/W
诊断数据元素	诊断数据	R/W
I/O 数据元素	I/O 数据	R
I/O 数据替代值	替代值	R/W
标识数据元素	标识数据	R/W
AR 数据	AR 特定数据	R/W
日志数据	日志数据	R/W
物理设备数据	设备数据	R/W
组态数据	组态数据	R/W
期望模块和插入模块间的差别	正确组态和实际组态之间的差别	R/W

(2) 记录数据特性

记录数据通信关系有如下特性:

① 非循环的(Acyclic);

② 双向的(Bi-direction);

③ 一对一(One-to-one);

④ 面向连接(Connection-oriented);

⑤ 排队的(Queued);

⑥ 证实的(Confirmed);

⑦ 客户机/服务器模式(Client/Server);

⑧ 使用顺序计数器(Sequence Counter)重复监视。

3. I/O 数据通信关系

I/O 数据通信关系的任务是交换控制器和设备之间的数据,这也是 PROFINET 最主要的工作内容。消费者在建立 I/O 数据通信关系时,会传输下列参数:

① 待传输的 I/O 数据元素列表,以及 I/O 数据元素的结构,建立槽和子槽的列表元素;

② 一些发送(或传输)参数(发送时钟、缩放比例、发送段和序列等)。

I/O 数据通信关系的特性如下:

① 缓冲器-缓冲器:如果需要,每侧可向本地存储器写入数据,或从本地存储器读出数据;

② 非证实的:数据消费者不发送显式确认,但会通过反方向的 I/O 数据消费者状态(IO Consumer State,IOCS)隐含地报告;

③ 支持提供者/消费者模式:消费者监视通信,重复监视通过对 RT 帧中的周期计数器(Cycle Counter)进行评估来完成;

④ 循环的:I/O 数据以一个固定的循环周期发送,更新速率可随设备不同而不同。同样,发送时间间隔也可不同于接收时间间隔。

I/O 数据 CR 的方向总是从提供者到消费者,提供者总是只在一个通信关系上发送数据。这些数据总是被指定为某个子模块,也就是说,必须指定至少一个子模块来发送 I/O 数据。如果在不同的应用关系上需要相同的数据,则必须创建另一个 I/O 数据通信关系。

同一种 I/O 数据元素的传输值具有一定的长度,子模块与控制器之间的传输通道确保了 I/O 数据元素的一致性传输,PROFINET 不支持 I/O 数据元素间的一致性。

4. 报警数据 CR

设备使用报警数据 CR 向控制器发送报警信息,其特性如下:

① 非循环的(Acyclic):出现报警时报告。

② 排队的(Queued):数据被保存在临时存储器,并立即转发给应用。

③ 证实的(Confirmed):每个请求都有显式的确认。发送方必须在确定的时间内得到来自协议层或用户层的确认,或者接收一个差错报文。在得到确认之前,发送方可以发送多次报警信息。

④ 有向的(Directed):报警发送从报警源到接收者,并由源监视该传输过程。

⑤ 安全的(Secure):重复监控由顺序计数器保证。

报警数据 CR 属于非循环服务,它不支持数据的分段和组装,报警必须由同一帧传输。

建立报警 CR 时,必须规定源和接收器的所在端。原则上,控制器和设备都可以作为源和接收器来工作,但一般情况下,控制器作为接收器,而设备作为源。

6.3 PROFINET 通信协议模型

1. 数据更新过程

PROFINET 通信方式采用提供者(Provider)和消费者(Consumer)模型,数据提供者(如现场连接各传感器的 I/O 设备等)把信号传送给消费者(如 PLC),然后消费者根据控制程序对数据进行处理,再把输出数据返给现场的消费者(如连接各执行器的 I/O 设备等),数据更新的过程如图 6-6 所示。

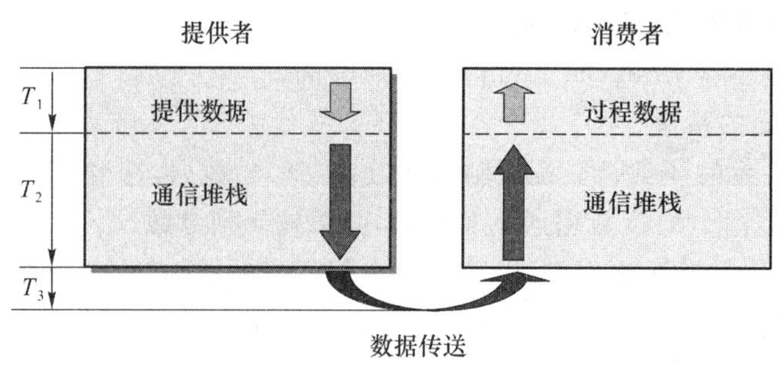

图 6－6　PROFINET 中数据更新过程

下面分析影响数据循环周期(实时性)的因素，以及提高响应速度(缩小循环时间)的方法。图 6－6 中，T_1 是数据在提供者处检测采集和在消费者处进行输出处理的时间，这段时间与通信协议无关；T_2 是数据通过提供者一端的通信栈进行编码和消费者一端的通信栈进行解码所需要的时间；T_3 是数据在介质上传输所需要的时间。一般来说，对于 100 Mbit/s 的以太网，T_3 这段时间几乎可以忽略不计。由此看出，解决工业以太网实时性的关键技术就是减少数据通过通信栈所使用的时间。

2. 通信协议模型

PROFINET 通信协议模型和 OSI 模型的对比如图 6－7 所示。

ISO/OSI	PROFIHET	
7b	PROFINET 服务(IEC 61784) PROFINET 协议(IEC 61158)	
7a	无连接 RPC	
6		
5		
4	UDP(RFC768)	
3	IP(RFC791)	
2	IEEE 802.3 全双工，IEEE 802.1P优先标识	IEC 61784-2增强型实时
1	IEEE 802.3 100BASE-TX，100BASE-FX	
	非实时	实时

图 6－7　PROFINET 通信协议模型和 OSI 模型的比较

从图 6－7 可以看出，PROFINET 物理层采用了快速以太网的物理层；数据链路层采用的也是 IEEE 802.3 以太网标准，但采取了一些改进措施来实现其实时性要求；网络层和传输层采用了因特网；OSI 中的第 5 层、第 6 层未用。PROFINET 的传输帧结构和以太网和因特网关系极大，接下来 6.4 节和 6.5 节讲解以太网和因特网的基本知识。

针对影响实时性的关键因素，在 PROFINET 实时通信中，对通信协议栈进行了改造。它抛弃了 UDP/IP，使帧的长度大大减少，通信栈需要的时间缩短使得传输周期可以变短。它采用了 IEEE 802.3 优化的第 2 层协议，以及由硬件和软件实现的自己的协议栈，从而实现了不同等级要求的实时通信。实时通信没有使用第 3 层 IP 协议，所以失去了路由功能。但借助于 MAC 地址，PROFINET 实时通道保证了不同站点能够在一个确定的时间间隔内完成对时间要求苛刻的数据传输任务。

通过对协议栈的改造，PROFINET 实时协议保证了周期数据（I/O 数据）和控制消息（报警）的高性能传输。

6.4　以太网和 IEEE 802.3

6.4.1　以太网的产生

以太网起源于 20 世纪 60 年代后期到 70 年代早期夏威夷大学 Norman Abramson 开发的 ALOHA（无线电传输）网络，ALOHA 将 Oahu 的主要大学校园网站与夏威夷群岛四个以上的其他大学校园用无线电相连，通过一种争用（Contention）技术，实现了网络上的多个节点使用同一个信道进行通信，它们可以在有数据要发送的任何时候发送数据。该方法没有提供允许一个节点检测是否有另一个节点正在发送数据的机制，也没有对可能发生的冲突（Collisions）进行处理的过程，所以当两个或多个节点同时试图发送数据时就会发生冲突。由于没有机制来处理同时传送数据的不可测事件，所以 ALOHA 网络需要多次传送。

以太网（Ethernet）是一种局域网（LAN）协议，它是 20 世纪 70 年代中期由 Xerox、Intel，以及 DEC（数据设备公司）在 Xerox 的 Palo Alto 研究中心（PARC）联合开发的。在 ALOHA 的基础上，PARC 的 Bob Metcalfe 和 David Boggs 开发了一种采用带碰撞检测的载波侦听多址访问（CSMA/CD）协议的网络来连接办公室的计算机、打印机等办公设备，并将该网络命名为以太网。所谓“以太”是早期人们认为存在于真空中，作为电磁波传播介质的一种物质，即发光的以太（Luminiferous Ether）。1887 年，著名的 Michalson - Mloey 实验否定了以太的存在。以太网的发明者给它起这个名字，一方面是表明该网络是以 ALOHA 为基础开发的；另一方面是表明该网络的一个特点：像以太充斥在空间任何地方一样，数据被网线送往每一个节点，这类似于原来人们认为的电磁波在以太中的传播。

1980 年，DEC、Intel 和 Xerox 共同发布了一个厂商标准，即以太网的 DIX1.0 版（以 3 家公司的首字母命名）。1982 年，又联合发布了 DIX2.0 版。以太网虽然很成功，但它却不是一种被接受的局域网技术国际标准。2.3.2 小节已介绍过，IEEE 802 标准委员会致力于制定局域网标准，其中的 IEEE 802.3 子委员会本想将 DIX2.0 作为它的标准，但 DIX 联盟想继续保留其专利权，为了避免侵害专利的行为，IEEE 对 DIX2.0 进行了修改，产生了 IEEE 802.3 规范。由于 IEEE 在美国和国际标准化权威机构的影响，IEC 802.3 最终成为 ISO 的标准 ISO 88023。

由于 IEEE 802.3 是以 DIX2.0 为基础的，所以这两种以太网的规范非常相似，但它们在电缆、收发器功能、和帧格式等方面都有明显的区别。严格地说，符合 DIX2.0 标准的网络才是真正的以太网（Ethernet），但现在除了 Ethernet Ⅱ 报文帧以外，我们听到的、看到的和使用的以太网都指的是 IEEE 802.3。

6.4.2　以太网物理层

1. 10 Mbit/s 和 100 Mbit/s 以太网

IEEE 802.3 标准定义了 20 余种以太网，分类的依据主要是传输介质和波特率的不同。它使用如下通用的格式来命。

信号速率(Mbit/s)带宽(基带或宽带)—长度(米)或电缆类型

图 6-8 所示是命名的举例。

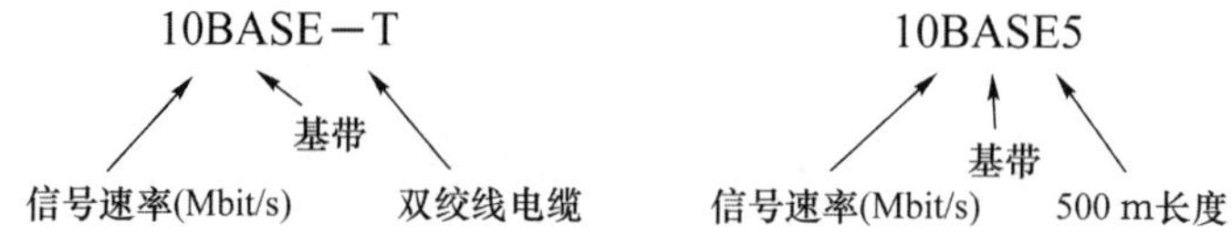

图 6-8　IEEE 802.3 局域网命名举例

除了一种以太网(10BROAD36)是宽带网络外,其他类型的以太网都是基带网络。所谓宽带指的是在一条线上有多个信道(即信号频率),不同的数据可以通过使用不同的信道在同一物理介质上传播,宽带采用 PSK 相移键控编码;基带是指在一条线上只有一个信道,所有的数据传输只能使用这个信道。10 Mbit/s 以太网基带传输采用 MANCHESTER 编码。10BASE5 是最早也是最经典的以太网标准。1990 年发布的 10BASE-T 是以太网发展史上的一个里程碑,它在双绞线上实现了 10 Mbit/s 的数据传输。随着对网络速度要求的不断提高,10 Mbit/s 以太网已被淘汰。

1995 年通过了快速以太网标准 IEEE 802.3u(1998 年 IEEE 802.3u 并入了 IEEE 802.3),其规范概要如表 6-2 所列。

表 6-2　IEEE 802.3u 快速以太网规范概要

类　型	100 Mbit/s 描述	特　点
100BASE-TX	传输介质:两对 5 类 UTP 或者 STP; 拓扑:星形; 最大网段长度:100 m; 连接器:5 类兼容的 8 针模块(RJ-45); 媒体访问控制:CSMA/CD; 网络直径:当使用一个Ⅰ类或Ⅱ类转发器时为 200 m;当使用两个Ⅱ类转发器时为 205 m;当使用 UTP/光纤的混合电缆和一个Ⅰ类转发器时为 261 m;当使用 UTP/光纤的混合电缆和一个Ⅱ类转发器时为 289 m;当使用 UTP/光纤的混合电缆和两个Ⅱ类转发器时为 216 m; 杂项:全双工运行	主流百兆以太网技术;使用 4B/5B 编码、NRZI 编码和 MLT-3 编码机制;对电缆要求苛刻,所有的部件必须保证是 5 类兼容的
100BASE-T4	传输介质:4 对 3 类以上 UTP; 拓扑:星形; 最大网段长度:100 m; 连接器:8 针模块(RJ-45); 媒体访问控制:CSMA/CD; 网络直径:当使用一个Ⅰ类或Ⅱ类转发器时为 200 m;当使用两个Ⅱ类转发器时为 205 m;当使用 UTP/光纤的混合电缆和一个Ⅰ类转发器时为 231 m;当使用 UTP/光纤的混合电缆和一个Ⅱ类转发器时为 304 m;当使用 UTP/光纤的混合电缆和两个Ⅱ类转发器时为 236 m; 杂项:半双工运行	支持级别较低的电缆;使用 8B/6T 编码机制;必须使用全部的四对导线;不支持全双工

续表 6-2

类 型	100 Mbit/s 描述	特 点
100BASE-FX	传输介质:双股 62.5/125 多模光纤; 拓扑:星形; 最大网段长度:412 m(半双工)或 2 000 m(全双工); 连接器:ST,SC 或 FDDI 媒体接口连接器; 媒体访问控制:CSMA/CD; 网络直径:当使用一个Ⅰ类转发器时为 272 m;当使用一个Ⅱ类转发器时为 320 m;当使用 UTP/光纤的混合电缆和一个Ⅰ类转发器时为 231 m;当使用两个Ⅱ类转发器时为 228 m;当使用 UTP/光纤的混合电缆和两个Ⅱ类转发器时为 236 m; 杂项:设计主要用于互联快速以太网的转发器	使用 4B/5B 编码和 NRZI 编码机制;一股光缆用于发送数据,一股用于接收,支持全双工。拥有和 100BASE-TX 相同的信号系统

100BASE-T4 使用 3 类 UTP(Unshielded Twisted Paired),它使用 UTP 中的全部 4 对线,其网段的最大长度为 100 m,它不支持全双工通信。100BASE-TX(Twisted eXtended Specification)所使用的是 5 类 UTP,在半双工和全双工模式下,网段的最大长度都是 100 m。100BASE-FX 的传输介质是光纤,其网段的最大长度在半双工模式下为 412 m,在全双工模式下可达到 2 000 m。

对以太网速度的追求从未停止过,从 1998 年开始陆续发布了吉位(千兆位)以太网 1000BASE 系列,从 2002 年开始陆续发布了万兆以太网 10GBASE 系列。在对网速要求较高的场合已大量使用千兆以太网。

现在的工业以太网技术都是基于快速以太网技术开发的,在工业控制网络的应用领域,我们接触到的都是百兆以太网。PROFINET 使用的是 100BASE-TX 和 100BASE-FX。

2. 100M 以太网使用的编码

(1) 相关编码技术

在通信网络中,接收端需要从接收的数据中恢复时钟信息来保证同步,这就需要线路中所传输的二进制码流有足够多的跳变,即不能有过多连续的高电平或低电平,否则无法提取同步信息。

10M 以太网使用的是 Manchester 编码。Manchester 编码可以保证线路中码流有充分的跳变,因为它是用电平从"−"到"+"的跳变来表示"1",用电平从"+"到"−"的跳变来表示"0",但是这种编码方式的效率太低,编码效率是 50%,即当数据传输速率为 10 Mbit/s 时,就需要 20Mbaud 的信号传输速率,所以对系统和设备提出了较高的要求。

电缆百兆以太网(100BASE-TX)发送码流时,先进行 4B/5B 编码和 NRZI(Non-Return-to-Zero Inverted Code)编码,再进行 MLT-3 编码,最后再上线路传输。光缆百兆以太网(100BASE-FX)用的是 4B/5B 编码和 NRZI 编码组合方式,为了转换为光信号,采用了强度调制技术:"1"用一个光脉冲表示,"0"用无脉冲或极小强度的光脉冲表示;千兆以太网用的是 8B/10B 编码与 NRZ 编码组合方式;万兆以太网用的是 64B/66B 编码。

(2) MLT-3 编码(Multi-Level -3 Transmit Code)

在数据传输速率为 100 Mbit/s 的情况下,使用 4B/5B 编码后的调制速率为:100 M×(5/4)=125 Mbaud,所以此编码的效率是 100/125×100%=80%。4B/5B 编码的目的就是让码流产生足够多的跳变,同时又提高了效率。为保证发送站点和接收站点之间的同步,百兆以太网在进行 4B/5B 编码后还需要进一步编码:4B/5B 码流的每个码被当作一个二进制值并使用 NRZI 来编码(相关 NRZI 和 4B/5B 编码技术见 2.1.3 小节)。

4B/5B+NRZI 编码的方案可以用在光纤介质上,但在 UTP 或 STP 上传输 125 MHz 的信号时,信号在传输过程中衰减过大,为此采用和 MLT-3 编码结合的方案来解决该问题。

在 100BASE-TX 中,进行编码的步骤大致是先经过 4B/5B 编码,再把经过扰码器后的 NRZI 扰码信号(NRZ)变换为三电平的 MLT-3 编码信号。使用扰频技术是为了产生一个更一致的频谱分布,为 MLT-3 做准备。

其实,4B/5B 编码映射的规则是由 MLT-3 码的特点来决定的。MLT-3 码的特点逢"1"跳变,逢"0"不跳变。为了让 4B/5B 编码后的码流中有足够多的跳变,就需要编码后的码流中有尽量多的"1"和尽量少的"0"。MLT-3 具体的编码规则如下:

1) 如果下一个输入为"0",则电平保持不变;

2) 如果下一个输入为"1",则电平产生跳变,此时又分两种情况:

① 如果前一输出为"+1"或"-1",则下一个输出为"0";

② 如果前一输出为"0",则下一个输出的信号极性和最近的一个非"0"相反。

MLT-3 编码示例如图 6-9 所示。

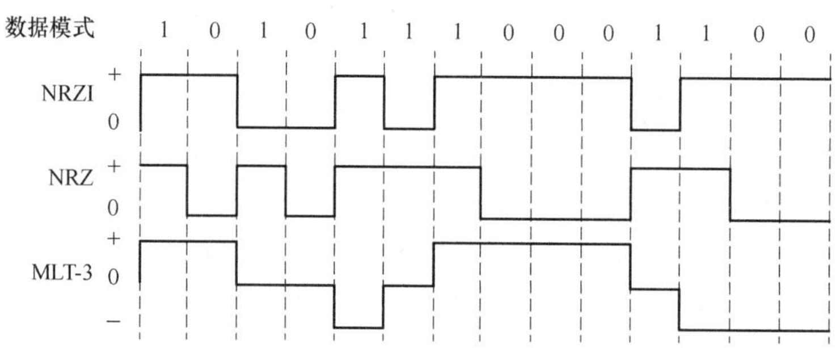

图 6-9 NRZI、MLT-3 等编码举例

MLT-3 是具有三电平波形(+1、0、-1)的编码,一个由 1 组成的长序列产生输出信号的最高频率,此时信号不断重复 1、0、-1、0 模式,这种模式的周期长度为 1/4 时钟频率,所以降低了信号跳变的频率。当 4B/5B 编码后,最高的传输速率为 125 MHz 时,经过 MLT-3 后,会变成 31.25 MHz 的信号,即原来的 1/4。一般情况下,这样的结果是将传输信号的能量集中在 30 MHz 以下,所以减少了由于干扰而产生的问题。另外,在相同的数据传输速率下,不要求更宽的带宽传输介质。

6.4.3 以太网数据链路层

1. 全双工以太网介质访问控制方式

以太网的数据链路层分为媒体访问控制(MAC)子层和逻辑链路控制(LLC)子层。

MAC 子层的主要功能包括数据帧的封装/卸装,帧的寻址和识别,帧的接收与发送,链路的管理,帧的差错控制等。MAC 子层最重要的一项功能是仲裁介质的使用权,即解决网络上的所有节点共享一个信道所带来的信道争用问题。

LLC 子层的主要工作是控制信号交换及数据流量(Data Flow),解释上层通信协议传来的命令并且产生响应,以及克服数据在传送的过程中可能发生的种种问题。各种不同的 MAC 都使用相同的 LLC 子层通信标准,使更高层的通信协议可不依赖局域网络的实际架构。

IEEE 802.3 以太网使用的 CSMA/CD 的介质访问方式，在 2.2.3 小节已做过介绍。IEEE 802.3X（已并入 IEEE 802.3）中定义的全双工以太网（Full-Duplex Ethernet）100BaseTX 和 100BaseFX 的 MAC 层虽然还是 CSMA/CD，但结果却有很大的不同。

在全双工方式下，使用 2 对介质的 UTP 或 STP 电缆时，电缆的一对用于传输数据，另一对用于接收数据，点到点之间可以同时发送和接收数据。在该方式下，各站点都必须配置成全双工通信工作模式，并且其物理介质规范也必须满足全双工通信工作模式的要求。全双工方式只能在两个站点间点到点的链路上使用，这时没有别的站点来竞争对链路的访问权，所以也不会产生冲突。

全双工以太网仍然使用以太网帧格式、同样的最小帧长、同样的物理层协议，只是采用了具有可以分割冲突域和自协商功能的交换机，所以在全双工下的 MAC 层，交换机屏蔽了 CSMA/CD。它的优点是：吞吐率是半双工的 2 倍；不再需要载波监听和冲突检测，所以也没有因为冲突而带来的站点的重传；站点和交换机之间的距离也不再受最短帧长（512 字节）的限制，而纯粹考虑的是链路的物理特性。其缺点是：全双工必须是点到点的链路，也就是说中间不能有转发器；另外也可能出现站点发送过快的情况，这时可通过使用暂停帧（Pause Frame）来进行流量控制。所以全双工方式的互联设备要求使用局域网交换机，需要能够暂时缓存站点发送的帧，而不能使用共享式集线器。

2. 以太网帧格式

IEEE 802.3 帧中的所有域与 DIX 以太网帧格式几乎是完全相同的。历史上，网络设计者和用户一般都把类型域和长度域使用上的差别作为这两种帧格式的主要差别。DIX 以太网不使用 LLC，使用类型域支持向上复用协议；IEEE 802.3 用长度域取代了类型域，所以需要使用 LLC 实现向上复用。以太网帧的格式发展过程大致经历了以下几个阶段：

① 1980 年，DIX 制定了标准 Ethernet Ⅰ。

② 1982 年，DIX 又制定了标准 Ehternet Ⅱ，即 ARPA 标准。Ethernet Ⅱ取代了 Ethernet Ⅰ。

③ 1982 年，IEEE 开始研究 Ethernet 的国际标准 802.3。1983 年，Novell 推出了基于 IEEE 802.3 原始版开发了专用的 Ethernet 帧格式，即 Raw 版。

④ 1985 年，IEEE 公布了 Ethernet 802.3 的 SAP 版本以太网帧格式。现在已很少使用。

⑤ 1985 年，IEEE 又公布了 Ethernet 802.3 的 SNAP(SubNetwork Access Protocol)版本以太网帧格式。

几种以太网的帧格式如图 6－10 所示。特别说明：图中数字指的是字节数。

图 6－10 中，

① 前导码：7 个字节，表示数据流的开始，每个字节都是“1”和“0”的交替代码 10101010。它用于通知接收端即将有数据到来，使接收端能够利用编码的信号跳变来同步时钟。

② 帧前定界符（Start Frame Delimiter，SFD）：1 个字节，用来指示数据帧的开始，该字节编码形式为 10101011。

③ 目标地址和源地址：接收方和发送方的 MAC 地址，分别为 6 个字节。

④ 类型/长度：2 个字节。

⑤ 数据域：长度为 0～1 500 个字节，但为了碰撞检测的需要，如果数据区的长度小于 46 字节，则自动在后面增加填充段（Padding）（使用字符 0）补齐。

⑥ CRC 码：4 个字节。循环冗余校验码 CRC 校验的范围从目的地址开始到数据域结束。

Ethernet Ⅱ 帧与 802.3 Raw 的标准有两个不同。DIX 不使用帧前定界符 SFD，它把前

8 个字节作为一个整体,用于同步成为前导码。前 8 个字节在功能上对 Ehternet Ⅱ帧和 802.3 的“前导码(7 个字节)+帧前定界码(1 个字节)”标准帧是没有区别的,只是所使用的名称不同。另一个不同是 Ethernet Ⅱ类型字段指明帧中数据字段使用何种特定的想通过以太网传输的协议。常用的上层协议类型有 IP:0x0800、ARP:0x0806、SNMP:0x814C。2 个字节的 IEEE 长度字段在帧中所占的位置与 DIX 类型字段一致,用来指明数据域的长度。

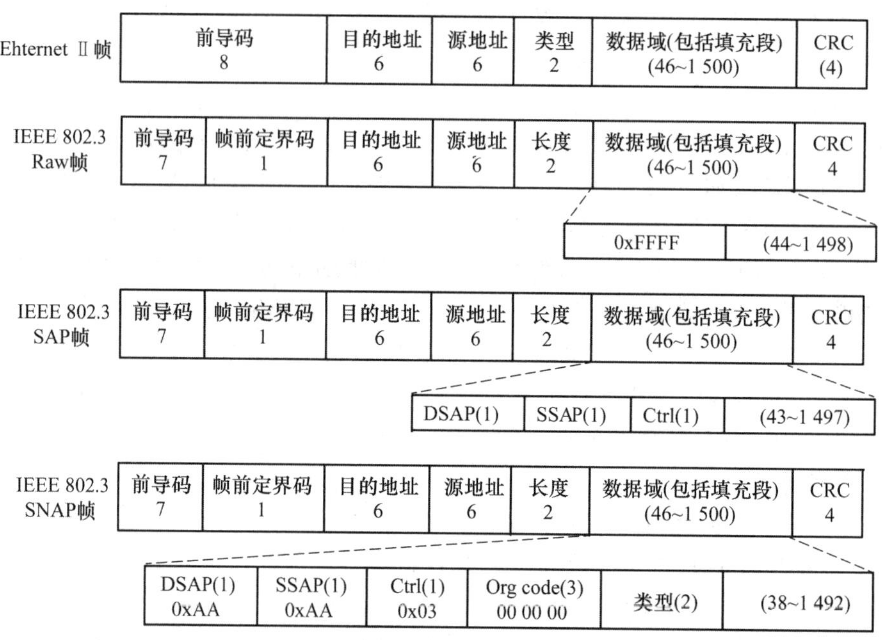

图 6-10 以太网 MAC 帧格式

IEEE 完成 DIX 类型字段任务则要依靠 802.3 之后的其他协议头。为了区别 802.3 数据帧中所封装的数据类型,引入了 IEEE 802.2SAP 和 SNAP 的标准。它们都工作在数据链路层的 LLC 子层,通过在 802.3 帧的数据字段中划分出被称为服务访问点(SAP)的新区域来解决识别上层协议的问题,这就是 802.2LLC 的 SAP 标准。LLC 标准包括两个服务访问点,源服务访问点(SSAP)和目标服务访问点(DSAP)。每个 SAP 只有 1 个字节长,其中仅保留了 6 bit 用于标识上层协议,所能标识的协议数有限。因此,又开发出另外一种解决方案,在 SAP 帧格式的基础上又新添加了一个 2 个字节长的类型域(同时将 SAP 的值置为 AA),从而使其可以标识更多的上层协议类型,这就是 IEEE 802.2SNAP。

在 1995 到 1996 年间,IEEE 802.3X 任务组为支持全双工操作对已有标准作了补充。帧格式方面的最大变化是:MAC 控制协议使用 DIX 以太网风格的类型域来唯一区分 MAC 控制帧与其他协议的帧。这是 IEEE 802 委员会第一次使用这种帧格式。只要该任务组把 MAC 控制协议对类型域的使用合法化,就能把任何 IEEE 802.3 帧对类型域的使用合法化。IEEE 802.3X 在 1997 年成为 IEEE 通过的协议。这使原来“以太网使用类型域而 IEEE 802.3 使用长度域”的差别消失。IEEE 802.3 经过 IEEE 802.3X 标准的补充,支持这个域作为类型域和长度域两种解释,两者都是“IEEE 802.3 格式”。作为类型域用法标准化的一部分,IEEE 承担了为类型域设定唯一值的责任(原来是 Xerox 对类型域赋值)。

IEEE 没有分配小于 1 536(即 0x0600)的数作为协议类型代码,而数据字段的最大值为 1 500 个字节,所以一台设备可以很容易从源地址之后的 2 个字节来判断是哪种类型的帧,如果值为 1 536(十进制)或更高则为类型字段,意味着是 Ethernet Ⅱ帧;如果从源地址之后的 2 个字节小于 1 536,则可确定是长度字段,为 IEEE 802.3 帧。

Ethernet Ⅱ帧是目前使用最广泛帧格式,特别是在数据传输上。PROFINET 使用该帧格式完成数据的传输。

3. 数据优先权和服务质量

(1) 虚拟局域网

使用交换机技术可产生虚拟局域网(Virtual LAN,VLAN),通过 VLAN 技术,一个扩展的 LAN 可以被分割成几个逻辑上处于不同位置的虚拟网络,每个虚拟网络被分配一个标识,帧只在具有相同 VLAN 标识的网段间转发,从而可以限制广播帧的扩散范围。

与物理连接的 LAN 节点不同,组成 VLAN 的节点并非在物理上连接到同一媒体,它们使用特殊的软件将交换机中的几个端口,在虚拟的意义上连接在一起,所以 VLAN 的策略非常适合动态的网络环境。VLAN 还可以减少拥塞和隔离的问题,并提高网络的安全性。

(2) 几个标准

数据优先权(Data Prioritization)和服务质量(Quality of Service,QoS)是和数据链路层相关的两个概念。数据优先权涉及为数据帧分配优先级,而 QoS 涉及为具体的传输建立确定的参数(确定性问题)。为了解决拥塞、竞争等问题,除了保证有足够的带宽外,还必须保证传输延时(即等待时间)是可预测和有保障的,这就是 QoS 的实质。

为此,IEEE 开发了一些数据链路层协议。1998 年,IEEE 批准了一些链路层定义扩展帧格式的标准,如 IEEE 802.3AC (带有动态 GVRP 标记的 VLAN 标准,已作为 IEEE 802.3 的一部分)、IEEE 802.1Q(专为以太网而开发的 VLAN 标准,以支持以太网上的 VLAN 标记)、以及 IEEE 802.1P(有关流量优先级 LAN 第 2 层的 QoS/CoS(服务分类) 协议)等。VLAN 协议允许将一个标示符或 Tag 插入以太网帧中,以表示此帧属于 VLAN 帧。它允许帧根据位置分配到本地组中。这提供了多种便利,如方便网络管理,允许组成工作组,以增进网络安全,提供一种方法以限制广播域等。

(3) VLAN 帧

IEEE 802.1Q 为以太网提供了数据优先级的解决方案。网络设备利用 VLAN ID 来识别报文所属的 VLAN,根据报文是否携带 VLAN Tag 以及携带的 VLAN Tag 值对报文进行处理。

为了具备这种功能,需要在原有以太网帧的源地址和类型域之间插入一个 4 个字节的 802.1Q 的头,VLAN 标记的头两个字节由“802.1Q 标记类型”组成。TPI 的值为 0x8100 时说明该帧使用了 VLAN 标记。由于附加了 VLAN 标记,标准以太网帧的最大长度由原来的 1 518字节增加到 1 522 字节。带 VLAN 标识符的以太网帧格式如图 6-11 所示。

使用 IEEE 802.1Q 后解决了优先级的问题,但必须考虑由此而带来的和标准 802.3 设备的不兼容问题。

图 6-11 中的 VLAN 4 字节内容如下:

① TPI:标签协议标识符(Tag Protocol Identifier),用来判断本数据帧是否带有 VLAN Tag,长度为 2 个字节,缺省取值为 0x8100。

② P:Priority,表示报文的 802.1P 优先级,长度为 3 bit,用以设定以太网帧的优先权级别。

③ CFI:标准格式指示位(Canonical Format Indicator)。长度为 1 bit。标识 MAC 地址在不同的传输介质中是否以标准格式进行封装,取值为 0 表示 MAC 地址以标准格式进行封装,

为 1 表示以非标准格式封装,缺省取值为 0。

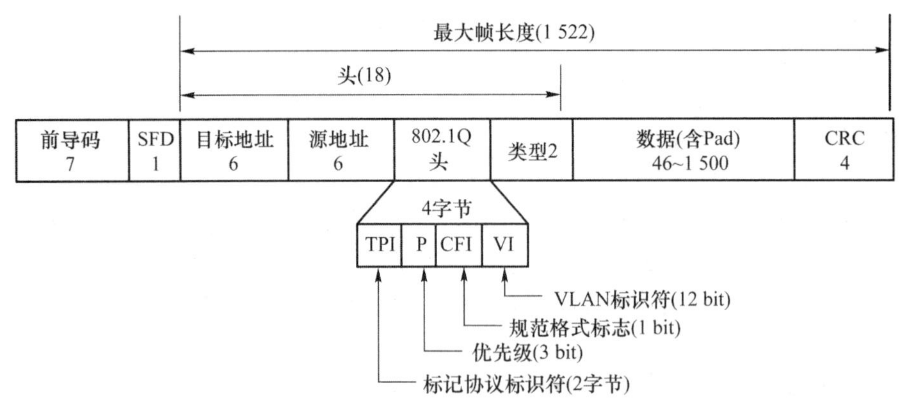

图 6-11 带有 IEEE 802.1Q 头的 IEEE 802.3 帧格式

④ VI:VLAN ID,标识该报文所属 VLAN 的编号,用以唯一标示该帧属于哪一个 VLAN。长度为 12 bit,取值范围为 0~4 095。由于 0 和 4 095 为协议保留取值,所以 VLAN ID 的取值范围为 1~4 094。

4. MAC 地址

网络的绝对寻址要求每一个站点本身都必须有可以访问的地址,这个地址就是 MAC 地址,或硬件地址、以太网地址、网卡地址,它用来定义网络设备的位置。每一个以太网接口必须配置一个固定的且全球范围内都明确的(Unequivocal Worldwide)MAC 地址,它通常是由设备生产厂家烧入网卡的 EPROM 中。

如图 6-12 所示,MAC 地址的长度为 6 位,其中 24~47 位为组织唯一标识符(Organizationally Unique Identifier,OUI),从 IEEE 组织获得,是识别 LAN 节点的标识。0~23 位由厂家自己分配。

在 IEEE 802.3 中,IEEE 规定字节的最高位在最右边,所以 MAC 地址中的最高位 40 表示该地址是单播地址还是多播地址:如果为 0,则表示站点为单播地址;如果为 1,则表示多播地址,即为多地址的一组站点;如果地址的内容全为 1,则表示该帧为广播帧,该帧发给网络上的所有站点。次高位 41 表示该地址是全局地址还是局部地址:该位为 0 时表示全局地址;为 1 时表示局部地址。全局地址由 IEEE 分配,这样可以保证世界上没有任何两个节点地址是相同的;局部地址可以自行分配,只要保证网络内部没有两个节点地址是一样的就行了。

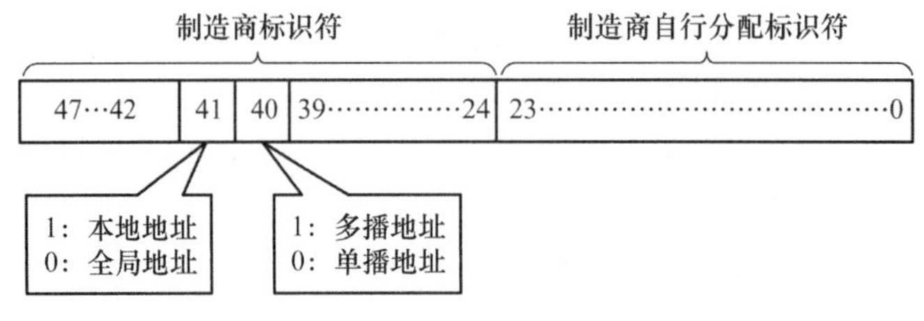

图 6-12 以太网地址

对 PROFINET 设备来说,PI 为用户提供自己的 OUI:00-0E-CF-××-××-××。小型设备制造商不一定申请自己的以太网地址,而向 PI 申请使用 PI 的 OUI 即可。对于大型设备制造商,可申请自己的 OUI,每个制造商可以制造总数为 2^{24},即 16 777 214 个不同的设备。

特殊的 MAC 地址有：

① FF-FF-FF-FF-FF-FF：广播地址；

② 01-EF-CF-00-00-00：PI 设备的多播地址；

③ 01-80-C2-00-00-0E：LLDP 的多播地址。

6.5　因特网与 TCP/UDP/IP 协议

6.5.1　概　述

1. 因特网

作为对苏联发射第一颗人造地球卫星做出的响应，1957 年，美国国防部组建了高级研究计划署（Advanced Research Project Agency，ARPA）。1969 年，ARPA 建立了一个早期的互联网 ARPANET，基于分组交换的 APRANET 技术最初连接了 4 个节点——斯坦福研究院、加州大学圣巴巴拉分校、加州大学洛杉矶分校和犹他大学。这时候的因特网就是 ARPANET。

在 1983 年，为了应对日本政府超级计算机计划的挑战，美国国会授权国家科学基金会（The National Science Foundation，NSF）资助美国国家超级计算机中心的建立和运行。到 1985 年末，在美国全国范围内建立了 6 个这样的中心，这些中心同时连接到 ARPANET。超级计算机中心联网后，为了向研究人员提供从其所在研究机构到这些中心的直接便利的访问，1986 年，NSF 开始资助建设国家骨干网。最后，该网络发展成为一个三层网络，包括骨干网、若干区域或中级网络，以及高等院校的局域网。到 20 世纪 80 年代，其他政府机构如能源部、国家宇航局也开始组建自己的专用网络，这些网络都与 NSFNET 相连。最后，所有这些政府资助的网络就形成了所谓的因特网，所以因特网由许多不同的网络组成，而不能说 NSFNET 就是因特网。

随着 NSFNET 的日益盛行，商业团体很快意识到这里面蕴藏了巨大商机，但 NSFNET 的运营策略使它不能用于商业，而只限在教育研究中使用，所以在 20 世纪 90 年代早期诞生了商业因特网交换中心（Commercial Internet eXchange，CIX）以满足商业市场日益增长的需要。CIX 是由商业联盟和非营利的区域网络提供者组成的合资机构。1990 年 ARPANET 退役，因特网日益提高的商业化程度也导致了 NSF 在 1995 年 4 月 30 日停止了 NSFNET 骨干网的服务。

最初，因特网就是 APRANET，随后因特网又演变为由 NSFNET 连接的许多网络的集合，现在 ARPANET 和 NSFNET 都让位于商业化的因特网，后者已将因特网从网络集合转变为全球范围的公众网络。

2. TCP/IP

TCP/IP 的历史和 ARPANET 的发展紧密相关。当时为了解决网络互联的问题，人们制定了一系列的协议，其中最重要的协议就是传输控制协议/因特网协议（Transmission Control Protocol/Internet Protocol，TCP/IP）。规范地说，TCP/IP 实际上是一个庞大的协议族，如图 6-13 所示，它不仅包括网络层和传输层的协议，也包括应用层的一些协议。ARPANET 最初的设计基于网络控制协议，它基于以下两个原则：一是物理网络不完全可靠；二是网络协议不能依赖于特定的硬件或软件。非可靠物理网络的假设初看上去非常奇怪，但我们已经知道 ARPANET 是国防部的一个计划,因此认为物理网络有可能会被不可预知的事件毁坏,这样的设计要求可保证即使遭受核打击也能正常通信。正是这种高可靠性和高健壮性的要求大大促进了 TCP/IP 的发展;而不依赖特定的硬件和软件的原则,则使得 TCP/IP 可广泛地应用在各种硬件和软件平台上。

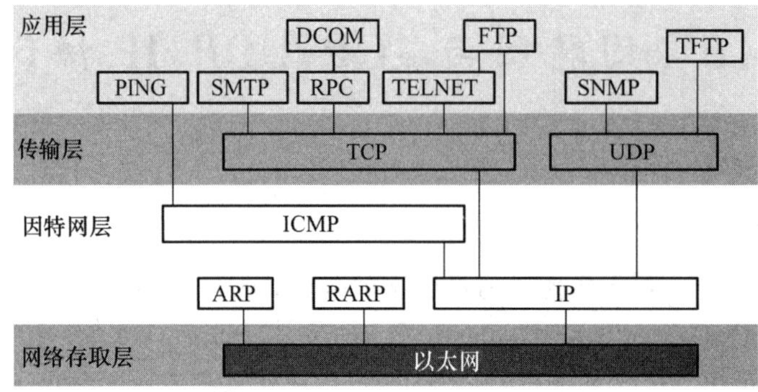

图 6-13　TCP/IP 协议族

TCP/IP 的基本规范是由因特网之父 Vinton G. Cerf 和 Robert E. Kahn 在 1974 年共同编写的,他们还拓展了网关的思想。TCP/IP 开发的思路是互联不同的分组网络,以使主机无须知晓将其连接起来的中间网络的有关信息。到 1982 年,ARPA 将 TCP/IP 定为 ARPANET 的协议族,同时国防部也宣布其为军用标准。这产生了互联网的第一个定义,即互联的网络集合,特别是使用 TCP/IP 的网络集合,而因特网就是连接起来的 TCP/IP 互联网。20 世纪 80 年代,UNIX 绑定了 TCP/IP,NSF 也命令组成 NSFNET 的所有 NSF 资助的超级计算机中心和计算机网络都将 TCP/IP 作为它们的网络通信协议,所有这一切基本上确定了 TCP/IP 在网络通信协议中事实上标准的地位。

3. TCP/IP 与 OSI 的比较

TCP/IP 的发展比 OSI 模型要早几年,两者都有相同的设计目标,即为了实现异构计算机网络之间的协同工作。OSI 模型和协议一开始就是作为国际标准来设计的,但其过于庞大和复杂,实现起来比较麻烦,实际上其中有些层的设置并不是那么有必要。而 TCP/IP 不是这样,因为它是美国国防部的一个研究计划,所以 TCP/IP 并没有预计要成为国际标准,但令人始料不及的是它却成了网络互联事实上的标准,其协议被广泛采用。而专门作为标准而设计的 OSI 参考模型,尽管已经证明对于讨论计算机通信网络非常有用(如果不包含会话层和表示层的话),但却没有被广泛使用。

实际上 TCP/IP 也没有什么模型,只是后来人们要把它和 OSI 模型进行比较,才比照着 OSI 的相应层的定义建立了 TCP/IP 参考模型。TCP/IP 模型和 OSI 模型的层次比较如图 6-14 所示。

由于 TCP/IP 协议体系早于 OSI 模型,所以 TCP/IP 并没有特意设计成像 OSI 模型似的分层结构,它也不完全符合 OSI 的 7 层模型。从图 6-14 看出,TCP/IP 只有 4 层,但最下面的网络接口层实际上不是通常意义上的层,它仅仅是网络层和底层的接口。TCP/IP 协议本身并没有数据链路层和物理层,在实际应用时,它借用了其他通信网络上的数据链路层和物理层,TCP/IP 协议通过它的网络接口和这些通信网络连接起来。正因为如此,TCP/IP 才能作为因特网的基础,在多种局域网(如以太网)、多种广播网(如公共数据网)中广泛应用。

	OSI层次	TCP/IP层次	包含的协议
7	应用层	应用层	SNMP FTP TFTP Telnet DFS Finger DNS SMTP BOOTP POP
6	表示层		
5	会话层		
4	传输层	端到端的传输层	UDP TCP
3	网络层	因特网层	IP
2	数据链路层	网络接口层	网络接口卡
1	物理层		传输媒体

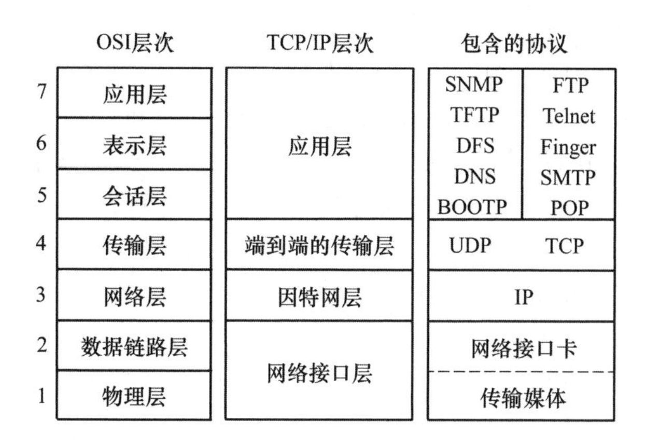

图 6－14　TCP/IP 模型和 OSI 模型层次比较

6.5.2　TCP/IP 各层的功能

1. 网络层

(1) IP 协议

网络层要实现的功能是把数据包由源节点送到目的节点。要实现这一功能，网络层需要解决报文格式定义、路由选择、阻塞控制和网际互联等一系列问题。TCP/IP 中的网络层基于无连接的不可靠数据报文服务(Unreliable Datagram Service)，每个数据报文都必须包含目的节点的地址。

其工作原理是：源节点的传输层把要传输的数据流分为一个个的数据报文(Datagram)交给网络层；网络层根据一定的算法，为每个数据报文单独选择路由；每个数据报文沿所选择的路由到达目的节点后，由目的节点的网络层拼装成原始的数据报文，然后上交给目的节点的传输层。

该层的核心是因特网协议 IP。IP 协议不保证服务的可靠性，它不提供任何核查或追踪功能，不检查报文的遗失或丢弃，端到端的差错控制及数据报流的排序等工作都由高层协议负责。

IPv4 数据报格式如图 6－15 所示。

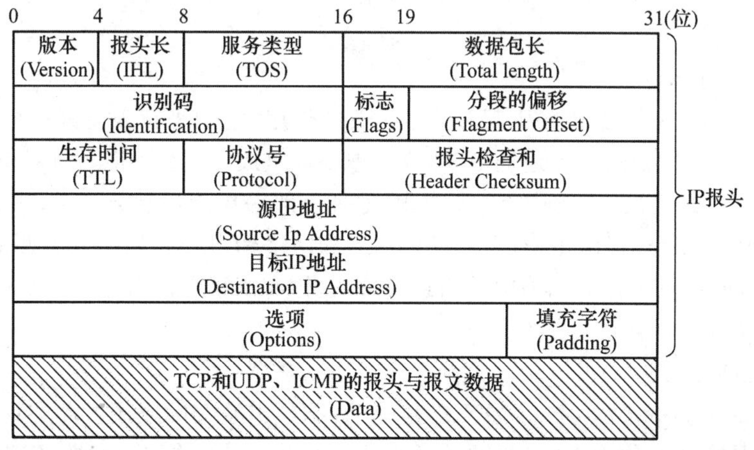

图 6－15　IPv4 数据报格式

图6-15中:

① 版本号(Vision):4 bit。现在的版本号为4。

② 报头长度(Internet Header Length,IHL):4 bit。4 bit可表示的最大十进制数是15,报头长度的单位为4字节,所以IP报头的最大长度为15×4字节=60字节,当没有后面的“选项”时,其值为5(典型值),这时的报头长度为5×4字节=20字节。

③ 服务类型(Type of Service,TOS):1字节。表示IP服务的质量,当其值为0、1、2时,表示优先级服务。在PROFINET中,为0。

④ 数据包长度(Total Length):2字节。

⑤ 识别码(Identification,ID):2字节。每当发送一个IP数据包,识别码的值就加1,到65535时,正好循环一回。

⑥ 标志(Flags):3 bit。IP数据包分段处理标志。在PROFINET中,不使用分段处理,所以其值为0。

⑦ 分段的偏移(Fragment Offset):13 bit。指明被分割的数据处于原始数据报的什么位置,以8字节为单位。PROFINET中,该字段域为0。

⑧ 生存时间(Time To Live,TTL):1字节。原指IP数据报在网络中正常存在的时间,以秒为单位。在实际使用中,表示IP数据报实际可以通过的路由器的个数。由传送IP数据报的主机赋予初始值,每通过一个路由器就减1,当其为0时,就将该帧丢弃。值的范围为:1～255。

⑨ 协议号(Protocol):1字节。表示上层协议的代号。例如:使用TCP时为0x06,使用UDP时为0x11。

⑩ 报头检查和(Header Checksum):2字节。

⑪ 源IP地址(Source Address):4字节,即发送端IP地址。

⑫ 目标IP地址(Destination Address):4字节,即接收端IP地址。

⑬ 可选项(Options)和填充项(Padding):在PROFINET中未使用。不含这两项,IP协议报头为20字节。

⑭ 数据域(Data):包括上层报头在内的数据。

(2) IP地址

1) IP地址的组成

IP地址在因特网的数据传输中起着非常重要的作用,它用来在因特网中标识节点位置的节点地址。IPv4(版本4)的节点地址由32位二进制数组成,分为4组,每组8位,中间用圆点隔开。因为我们很难读懂二进制数字,所以IP地址一般采用十进制数表示,如204.163.25.39就是一个IP地址。IP地址由主机标识(Host ID)和网络标识(Network ID)两部分组成,网络ID对网络编址,而主机标识对网络中的站点编址,这样有利于将许多站点连成一个组,从而更加方便地找到实际的计算机。

2) IP地址的分类

IPv4地址又分为5类(A、B、C、D、E),其中A、B、C类有实际应用。A类地址最高的1位为0,B类地址最高的2位为10,C类地址最高的3位为110。在A～C类IP地址中,明确规定了哪个部分表示网络ID,哪个部分表示主机ID。网络ID长,网络中留给主机的地址数就少;网络ID短,网络中留给主机的地址数就多。

D类地址是为多播设计的,地址范围为224.×.×.×～239.×.×.×。E类地址是为未来应用定义的，其地址范围为 240.×.×.×～255.×.×.×。

IP 地址的分类如图 6-16 所示。A、B、C 类网络的地址范围如表 6-3 所列。

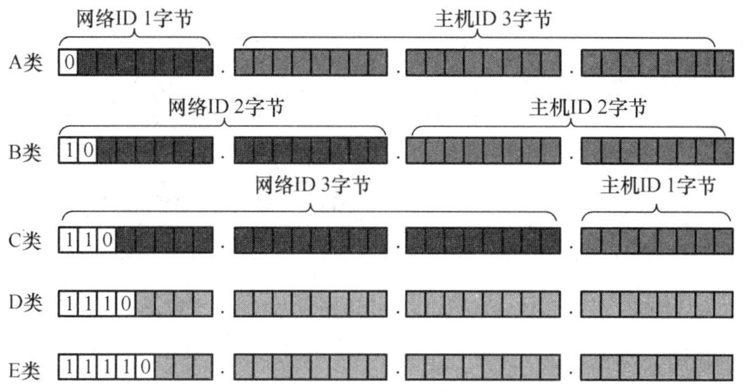

图 6-16　IP 地址的分类

表 6-3　IP 网络类型、地址范围和相应的子网掩码

网络类型	IP 地址范围	网络 ID	主机 ID	子网掩码
A	0.0.0.0～127.255.255.255	1B	3B	255.0.0.0
B	128.0.0.0～191.255.255.255	2B	2B	255.255.0.0
C	192.0.0.0～223.255.255.255	3B	1B	255.255.255.0

说明：表中 IP 地址范围中的地址不全是有效的 IP 地址，有些地址有特殊用途，如广播地址、回环地址和保留地址等。

3）子网掩码

使用子网是为了减少 IP 的浪费。因为随着互联网的发展，越来越多的网络产生，有的网络多则几百台设备，有的只有区区几台，这样就浪费了很多 IP 地址。为了提高 IP 地址的使用效率，可以把一个网络通过子网掩码（Subnet Mask，SM）划分为多个子网。通过交换机相连的设备都处于同一个子网内，一个子网内的所有设备相互之间可以直接通信。在同一个子网内所有设备的子网掩码都是相同的，子网在物理上受路由器的限制。

子网掩码的引入可以将 IP 地址中的网络部分掩盖掉，从而把 IP 地址中的网络部分和实际站点部分分开，提高了搜索效率。

子网掩码的组成就是把代表网络地址的部分均置位 1，把表示主机部分的各个 bit 都置为 0，所以可以明确地标识出网络部分的地址到何处为止。

和 A、B、C 类网络对应的子网掩码如表 6-3 所列。

举例：若一个 B 类 IP 地址为：142.128.32.140，SM 为：255.255.255.0，则该 IP 地址中的网络 ID、子网 ID 和主机 ID 的划分如图 6-17 所示。

（3）其他重要协议

除 IP 外，作为对 IP 的补充，网络层还包括其他一些重要协议：ARP、RARP、ICMP 和 IGMP 等。

① 地址解析协议（Address Resolution Protocol，ARP）：用于在已知 IP 地址的情况下确定物理地址。

② 反向地址解析协议（Reverse Address Resolution Protocol，RARP）：用于在已知物理地址的情况下确定 IP 地址。

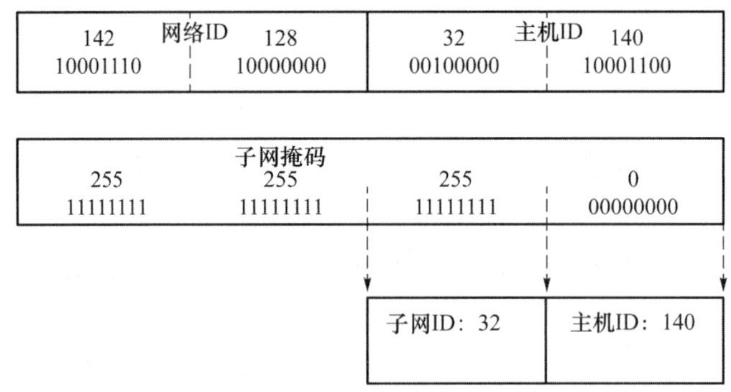

图 6-17　网络 ID、子网 ID 和主机 ID 的划分

③ 因特网控制消息协议(Internet Control Message Protocol,ICMP):主要负责因路由问题而引起的差错报告和控制,也可用于网际测试。它是封装在 IP 数据报中传输的,它部分弥补了 IP 在可靠性方面的缺陷。

④ 因特网组管理协议(Internet Group Management Protocol,IGMP):用于多目的传送设备之间的信息交换协议。

⑤ 简单网络管理协议(Simple Network Managment Protocol,SNMP):为了实现远程网络管理,SNMP 定义了一套管理信息存储、传递的标准,使得各种设备可以被统一管理。

2. 传输层

(1) 端口概念

在 Internet 上,各主机间通过 TCP/IP 或 UDP/IP 协议发送和接收数据包,各个数据包根据其目的主机的 IP 地址来进行互联网络中的路由选择。可见,把数据包顺利地传送到目的主机是没有问题的,但大多数操作系统都支持多程序(进程)同时运行,那么目的主机应该把接收到的数据包传送给众多同时运行的进程中的哪一个呢?

传输层与网络层在功能上的最大区别是传输层提供进程通信能力,其基本目的是为通信双方的主机提供端到端的服务,从这个意义上讲,网络通信的最终地址就不仅仅是主机地址了,还包括可以描述进程的某种标识符。为此,TCP/IP 或 UDP/IP 协议使用了协议端口(Protocol Port)概念,用于标识通信的进程。

端口是一种抽象的软件结构(包括一些数据结构和 I/O 缓冲区)。应用程序(即进程)通过系统调用与某端口建立连接(Binding,即绑定),之后传输层传给该端口的数据都被相应进程所接收,相应进程发给传输层的数据都通过该端口输出。

每个端口都拥有一个称为端口号(Port Number)的整数型标识符,用于区别不同端口,该端口号可用于寻址。由于传输层的两个协议 TCP 和 UDP 是完全独立的两个软件模块,因此各自的端口号也相互独立。

端口号可分为 3 大类:公认端口(WellKnown Ports)、注册端口(Registered Ports)和动态和/或私有端口(Dynamic and/or Private Ports)。其中,公认端口号从 0～1 023,它们紧密绑定于一些服务,通常这些端口的通信明确表明了某种服务的协议。例如,TCP 的端口 21 绑定 FTP,25 绑定 SMTP,23 绑定 Telnet,80 绑定 HTTP;UDP 的端口 161 绑定 SNMP。

对 PROFINET 来说,TCP 和 UDP 绑定的端口号都相同,分别是:34962(即 0x8892)绑定 PROFINET RT,34963 绑定 PROFINET RT 多播,34964 绑定 PROFINET RT 上下文管理。

传输层协议要具备寻址、建立连接、拆除连接、流控制和缓存、多路复用、崩溃恢复等一系列功能。

(2) TCP 和 UDP

传输层协议有两种:传输控制协议(TCP)和用户数据报协议(UDP)。

1) TCP

TCP 提供的是面向连接的、端到端的可靠的通信协议。TCP 速度慢、效率低,但可靠性和安全性高。TCP 通常和无连接的 IP 一起使用。TCP 的报头格式如图 6-18 所示。

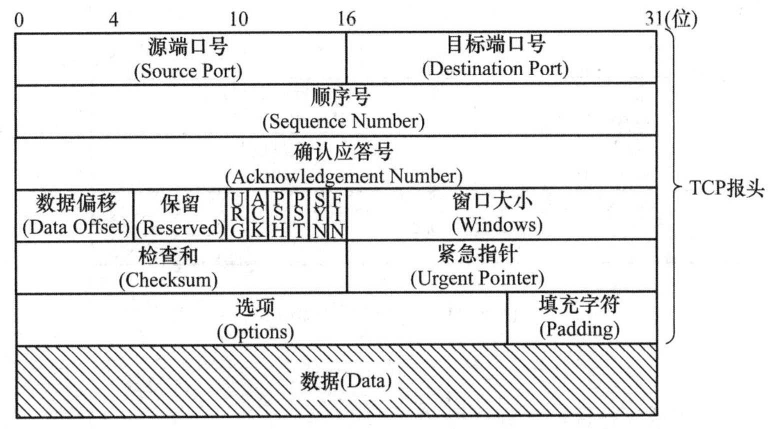

图 6-18　TCP 报头格式

图 6-18 中:

① 源端口号(Source Port):2 字节,即发送端端口号。

② 目标端口号(Destination Port):2 字节,接收端端口号。

③ 顺序号(Sequence Number):4 字节,标识数据的到达顺序并保证可靠性。

④ 确认应答号(Acknowledgment Number):4 字节。包的肯定确认应答号。

⑤ 数据偏移(Data Offset):4 bit,表示由 TCP 所传送的数据是从什么地方开始的,单位是 4 字节。

⑥ 保留段(Reserved):6 bit,全为 0。

⑦ 标志代码位(Code Bit):6 bit。

- URG(Urgent Flag):为 1 时,表示包中有需要紧急处理的数据。
- ACK(Acknowledgment Flag):为 1 时,表明确认应答号的字段有效。
- PSH(Push Flag):为 1 时,表明应当尽快把数据传输给应用程序;为 0 时,表明允许数据在缓冲器内存放一段时间。
- RST(Reset Flag):为 1 时,表示要强制切断连接。
- SYN(Synchronize Flag):为 1 时,表明有确立连接的请求,这时就要把顺序号的初始值作为顺序号字段的值,以便开始通信。
- FIN(Fin Flag):为 1 时,表明这是通信的最后分段。

⑧ 窗口大小(Windows):2 字节,用于流控制。

⑨ 检查和(Checksum):2 字节。

⑩ 紧急指针(Urgent Pointer):2 字节,指示必须紧急处理的数据所存放的场所。URG 为 1 时有效。从 TCP 报头后的数据开始,到由此紧急指针所指出的长度(字节数)的数据,就是必须紧急处理的数据。

⑪ 可选项(Options)和填充项(Padding):在 PROFINET 中未使用。

2) UDP

UDP 是传输层上与 TCP 并行的一个独立协议,它和 IP 一样是无连接的协议,所以它的效率高,但不可靠。每个 UDP 报文中除了包含用户发送的数据外,还有报文的目的端口号和源端口号,从而 UDP 可以把报文传送给正确的接收者。UDP 适合在简单的交互场合使用。

UDP 的报头格式如图 6-19 所示。UDP 要比 TCP 简单很多,PROFINET 使用 UDP/IP 完成非实时数据的传输任务。

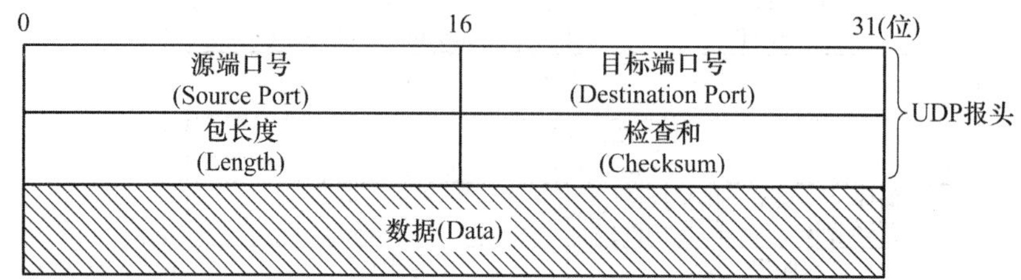

图 6-19 UDP 报头格式

在图 6-19 中:

① 源端口号(Source Port):2 字节,发送端端口号。

② 目标端口号(Destination Port):2 字节,即接收端端口号。

③ 数据包长度(Length):2 字节,包括 UDP 报头和数据长度,单位为 8 字节。

④ 检查和(Checksum):2 字节。

(3) 套接字(Socket)

应用层通过传输层进行数据通信时,TCP 和 UDP 会遇到同时为多个应用程序进程提供并发服务的问题。

区分不同应用程序进程间的网络通信和连接,主要有 3 个参数:通信的目的 IP 地址、使用的传输层协议(TCP 或 UDP)和使用的端口号。将这 3 个参数结合起来,与一个"插座"套接字绑定,就形成了一个套接字接口。应用层和传输层通过套接字接口,区分来自不同应用程序进程或网络连接的通信,实现数据传输的并发服务。

套接字可以看成两个程序进行通信连接的一个端点,是连接应用程序和网络驱动程序的桥梁。套接字在应用程序中创建,通过绑定与网络驱动建立关系。此后,应用程序送给套接字的数据,由套接字交给网络驱动程序向网络上发送(Send 服务);或计算机从网络上收到与该套接字绑定 IP 地址和端口号相关的数据后,由网络驱动程序交给套接字,应用程序便可从该套接字中提取接收到的数据(Receive 服务);完成相关的服务后,可以清除连接(Close)。网络应用程序就是这样通过套接字进行数据的发送与接收的。

3. 应用层

TCP/IP 的高层为应用层,它不像 OSI 划分的那么细致和明确,但这也正是它简单、易实现的优点。应用层有很多协议来满足不同应用的需要,常见的和 TCP 对应的有远程仿真终端协议(Telnet)、文件传输协议(FTP)、简单邮件传输协议(SMTP)和邮件协议(POP)。基于 UDP 的应用层协议有普通文件传输协议(TFTP)、网络文件系统(NFS)、简单网络管理协议(SNMP)、自举(引导)协议(BOOTP)和域名服务(DNS)。

上述应用层的一些协议也会在实时工业以太网中应用到。

6.6　PROFINET 通信通道及使用的协议

1. 通信通道

PROFINET 的通信通道如图 6－20 所示，从中可以清晰地看出非实时通道和实时通道的构成。

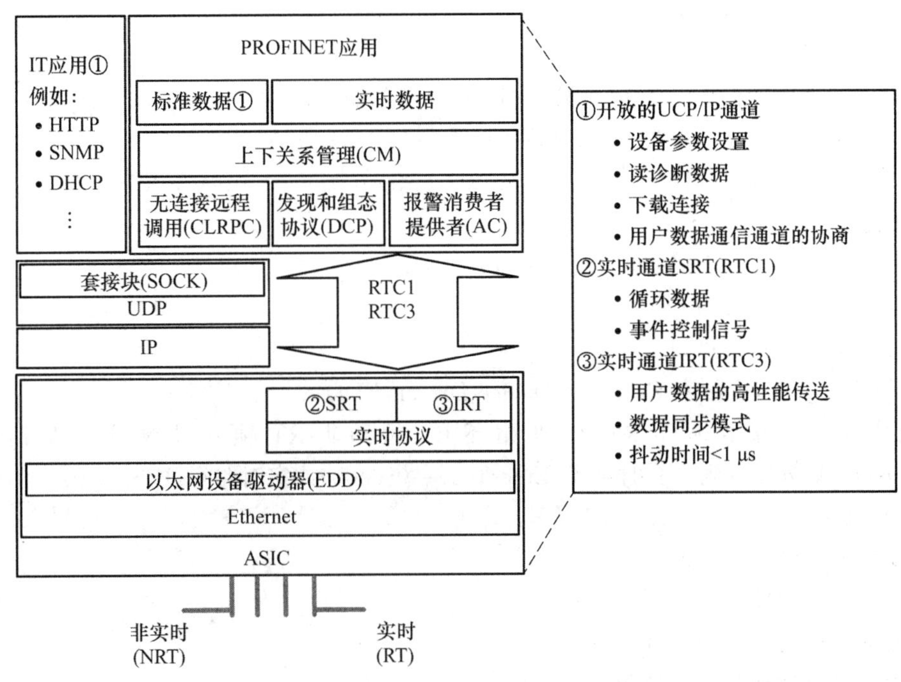

图 6－20　PROFINET 的通信通道

图 6－20 中，标准 IT 的应用层协议可用于 PROFINET 和 MES、ERP 等高层网络的数据交换；开放的标准 UDP/IP 通道可用于设备的参数化、诊断数据读取；软实时（SRT）通道用于高性能的数据通信，如循环数据传输和事件控制信号等；等时同步实时（IRT）通道用于抖动时间小于 1 μs 的严苛时间要求的运动控制系统。

2. 几个块的说明

图 6－20 中几个块的说明如下：

(1) 上下关系管理（Context Management，CM）

为了允许所有数据能够进行交换，必须确定应用与通信的关系。上下关系管理的任务就是根据所接收的组态数据，在控制器与设备之间或在监视器与设备之间建立应用关系。上下关系管理使用 PROFINET 设备模型来寻址。

其主要任务是：

① 应用关系的初始化；

② 通信关系的初始化；

③ 为通信关系设置相关通信参数，如超时和处理模式；

④ 实现数据交换的明确标识；

⑤ 发布 GSD 文件中描述的参数。

(2) 无连接远程调用(Connectionless Remote Procedure Calls,CLRPC)

无连接远程调用可以提供:

① 无连接远程调用的实现;

② 与高层 CM 的接口;

③ 与低层套接块的接口。

(3) 报警消费者提供者(Alarm Consumer Provider,ACP)

ACP 主要执行下列任务:

① 报警处理;

② 为了与应用进行 I/O 数据交换,在以太网设备驱动器(Ethernet Device Driver,EDD)与 CM 之间高速传送 Buffer-Lock 服务和 Buffer - Unlock 服务。

(4) 发现和组态协议(Discovery and basic Configuration Protocol,DCP)

功能包含:

① 经由以太网分配 IP 地址和设备名称;

② 与高层 CM 的接口;

③ 与低层套接块的接口。

(5) 以太网设备驱动器(Ethernet Device Driver,EDD)

它提供发送和接收循环 RT 帧、非循环 RT 帧和非 RT 帧的机制,并根据所接收的 EtherTypes,EDD 分配其到非实时路径(EtherType=0x0800)或实时路径(EtherType=0x8892)。

(6) 套接块(Socket Interface,SOCK)

① 发送和接收 UDP 帧;

② 与高层无连接远程调用接口;

③ 低层接口是一个套接抽象接口。

3. 传输通道功能及主要协议

(1) 非实时通道

系统启动总是由 CM 通过非实时路径来完成的,此外,非严格时间要求的数据(如读、写记录等)也通过非实时路径。

UDP 通道也用来实现实时循环/非循环数据的跨子网传输。

(2) 实时通道循环部分

用户 I/O 数据交换总是通过 ACP 的实时通道来进行的,此外,还完成对通信关系的监视任务,如当重要的通信关系发生问题时,必须非常快速地将进程切换至安全状态。

(3) 实时通道非循环部分

完成对实时性要求高,但不需要循环交换的信息的处理。这些数据包括:

① 报警(重要诊断事件);

② 通用管理功能,如不含 IP 参数的名称分配、标示和 IP 参数的设置等;

③ 时间同步;

④ 使用符合 IEEE 802.1 AB 的底层发现协议(Low Level Discovery Protocol,LLDP)的邻居识别,即每个站给其毗邻的邻居发送一个帧,将自己的 MAC 地址、设备名称和发送此帧的端口号告诉其邻居。

⑤ 用于管理网络组件内介质冗余的协议。

PROFINET 使用的主要协议如表 6-4 所列。

表 6-4 PROFINET 使用的主要协议

数据类型	协 议	服务/功能
标准数据	UDP	设备的参数化
		诊断数据的读取
		加载/读与过程有关的信息
		实时循环/非循环数据的跨子网传输
	IP	在互联网络中传输数据
	DHCP	IP 地址自动分配
	DNS	管理基于 IP 的网络逻辑名字
	SNMP	管理网络节点(服务器、路由器、交换机等),包括状态和统计信息的读取或通信错误的检测
	ARP	把 IP 地址映射到对应的 MAC 地址
	ICMP	Internet 控制信息协议,用于传输错误信息
实时数据	RT 协议	I/O 数据的循环传输
		中断(报警数据)的非循环传输
	DCP	分配 PROFINET 的设备 IP 地址和名字
	LLDP	邻居识别,与直接邻居交换自身的 MAC 地址、设备名字和端口号
	PTCP	时间同步
	MRP	管理网络组件介质冗余

6.7 PROFINET 帧结构详解

6.7.1 帧的主要类型

1. 实时循环帧结构

实时循环(Real Time Cyclic,RTC)帧主要用于相同子网内的 I/O 数据交换。

从图 6-6、图 6-7 和图 6-20 中知道提高通信的实时性主要通过优化通信栈来实现。PROFINET 通过软件的方法来实现实时通信功能,采取的主要措施是:去除一些协议层(UDP/IP),减少帧长度;采用 IEEE 802.1Q 标准,增加对数据流传输优先级处理环节;增加特殊标志字节,提高通信双方传输数据的确定性,把数据传输准备就绪的时间减至最少。PEOFINET 把实现 RTC 功能的标志嵌入以太网的帧结构中,如图 6-21 所示。

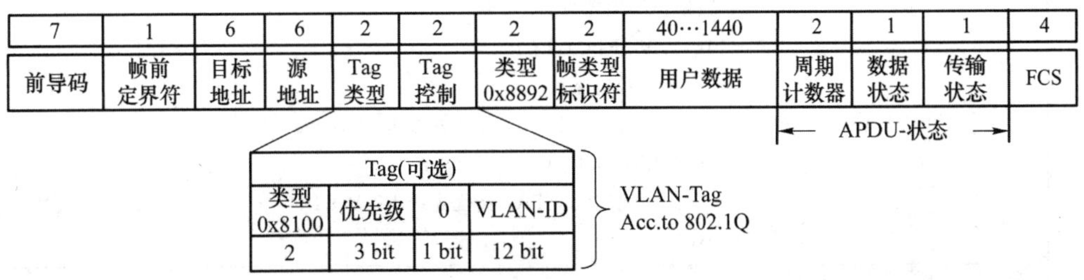

图 6-21 PROFINET RTC 帧结构

为了完成 RT 数据的优先传输,IEEE 802.1Q 的 VLAN 标志插入 RTC 帧中,VLAN 由

4 个字节组成,其中有表示优先级的 3 个位。在 RT 帧中有两个最重要的协议元素:一个是以太网类型(Ether Type),PROFINET 使用以太网类型的 0x8892 表示该帧是 RT 帧,该类型是由 IEEE 指定的区别于其他协议的唯一标准;另外一个是帧 ID 码(Frame ID),它用来编址两个设备间的特殊的通信通道,仅使用 Frame ID 就可以快速选择和识别 RT 帧而不需要任何多余的帧头标志。这两种协议元素是提高 PROFINET 实时性的重要手段。

在一个循环数据包的末端是应用协议数据单元状态(APDU - Status),它是评价数据全局有效性的附加信息。它提供冗余信息并评价诊断状态(数据状态、传输状态),还规定了提供者的周期信息(周期计数器),以便于确定其更新率。它由以下 3 个元素组成:

① 周期计数器(2 个字节):该值仅是一个数字值,可用于确定帧的时效性。与冗余数据传输状态一起使用,可以检测重复的帧。提供者在每个周期内以 31.25 μs 为增量将周期计数器增加 1,并将其插入帧中。消费者在接收帧时通过检查周期计数器,可以确定数据的时效性和任何传递操作。

② 数据状态(1 个字节):显示发送方的状态。

③ 发送状态(1 个字节):RTC1 的传输状态总为 0;仅对 IRT 的 RTC3 通信有意义。

RTC1 和 RTC2 都使用 RT 帧结构,它们的实时优先级都为 6。

PROFINET 实时帧的协议组成部分如表 6 - 5 所列。

表 6 - 5　PROFINET 实时帧的协议组成部分

协议组成部分	含　义
前导码 (Preamble)	数据包的开始部分 7 字节“1”和“0”交替的序列,用于接收器同步
SFD	帧前定界码(10101011) 字节尾部的两个“1”确定数据包目的地址的开始
目的地址 (Dest Addr)	数据包的目的地址 六字节中的前三字节标识制造商,其他由制造商按照需要指定
源地址 (Src Addr)	数据包的源地址或发送器地址
VLAN Tag 类型	长度段或数据包的类型 ID 值小于 0x0600:IEEE 802.3 长度块 值为 0x0600:Ethernet Ⅱ 类型块 值为 0x8100:数据包包含一个 VLAN TRID
VLAN Tag 控制	VLAN 标签协议标识符
用户优先级	数据包的优先级 0x00:IP (RPC),DCP 0x01～0x04:保留 0x05:低优先级 RTA, 低优先级 RTA_UDP 0x06:RTC1, RTC2, RT_UDP 　　高优先级 RTA, 高优先级 RTA_UDP 0x07:保留
CFI	符合规则的格式指示符 0:以太网 1:令牌环网

续表 6-5

协议组成部分	含　义
VLAN ID	对 VLAN 标识 0x000:传输有优先权的数据 0x001:标准设置 0x002～0xFFE:自由使用 0xFFF:保留
以太网类型 (Type)	跟在 VLAN 之后,对网络协议类型进行标识 0x8892:PROFINET 的 RTC, RTA, DCP, PTCP, MRRT 0x0800: IP (UDP, RPC, SNMP, ICMP) 0x0806: ARP 0x88E3: MRP 0x88CC: LLDP
帧类型标识符 (Frame ID)	主要帧类型的标识: 0x0100～0x06FF:RTC3(非冗余),单播、多播 0x0700～0xFFFF:RTC3(非冗余),单播、多播 0x8000～0xBBFF:RTC1,单播 0xBC00～0xBFFF:RTC1,多播 0xC000～0xF7FF:RT_UDP,单播 0xF800～0xFBFF:RT_UDP,多播 0xFC01:报警(高) 0xFE01:报警(低) 0xFEFC:DCP-Hello-ReqPDU 0xFEFD:DCP-Get-ReqPDU, DCP-Get-ResPDU DCP-Set-ReqPDU, DCP-Set-ResPDU 0xFEFE:DCP-Identify-ReqPDU 0xFEFF:DCP-Identify-ResPDU
协议数据单元 (PDU)	实时数据在帧里传输的数据的用法和结构没有具体定义。 PROFINET:I/O 数据,还包括提供者状态和消费者状态。 如果实时帧的长度小于 64 字节,则实时数据的长度必须扩展到最少 40 字节
APDU 状态	应用协议数据单元状态 实时数据帧的状态
周期计数器 (Cycle Counter)	周期计数器:在 big endian 格式下,每增加 1 代表时间增加 31.25 μs 对发送器:每经过一个发送周期,发送器就将计数器加 1 对接收器:通过计数器的值可以看出追赶过程
数据状态 (Date Status)	bit0:(状态) 0:次要的。标识冗余模式中的次通道 1:主要的。标识冗余模式中的主通道 bit1、bit3、bit6、bit7:0 bit2:(数据有效性) 1:数据有效 0:数据无效(仅在启动阶段允许) bit4:(过程状态) 0:生成数据的过程处于不活动状态 1:生成数据的过程处于活动状态 bit5:(问题指示器) 0:问题存在。已发诊断信号,或诊断正在运行 1:无可知的问题

续表 6-5

协议组成部分		含　义
	传输状态 (Transfer Status)	传送状态 bit0～bit7:0
FCS		帧检验序列 32位校验和。对整个以太网帧进行循环冗余校验(CRC)

2. 实时非循环帧结构

实时非循环(Real Time Acyclic,RTA)主要用于报警发送和报警确认,其帧结构如图6-22所示。

前导码	SFD	目的地址	源地址	VLAN	类型	帧类型标识符	RTA Header	报警数据	FCS
7	1	6	6	4	0x8892	2	12	32~1 432	4

图 6-22　RTA 帧结构

该帧中增加了一个12字节的RTA"头",减少了4字节的APDU状态,所以填充字节最多为32,一般PDU中的字节数为64。报警确认帧有多个类型,PDU结构也不相同,详细见6.7.4小节报警处理部分。

3. UDP/IP 通道的 RTC 和 RTA 传输

实时循环和实时非循环数据的传输除了可以走实时通道外,还可以走UDP/IP通道。这种情况应用于不同子网之间的数据交换。

比如在一些网络中或系统扩展情况下,可能需要在不同子网之间交换数据,但是RT(RTC和RTA)帧都是基于帧ID标示0x8892,不能跨过子网寻址,为实现不同子网之间的数据交换功能,PROFINET给出了另外的RT类型:RT-Class-UDP。这种类型的数据传输走的是UDP/IP通道,可以跨子网通信。

RT-Class-UDP帧结构是在图6-21、图6-22中分别更改以太网类型为0x0800,然后接着加上28字节的UDP/IP头。数据单元字节范围更改:图6-21中更改为:12～1 412;图6-22中更改为:4～1 404。RT-Class-UDP帧结构如图6-23所示。

RT-Class-UDP帧的传输通常不带VLAN标志。

前导码	SFD	目的地址	源地址	类型	IP/UDP	帧类型标识符	PDU	APDU状态	FCS
7	1	6	6	0x0800	28	2	12~1 412	4B	

(a) RTC-Class-UDP帧结构

前导码	SFD	目的地址	源地址	类型	IP/UDP	帧类型标识符	RTA Header	报警数据	FCS
7	1	6	6	0x0800	28	2	12	4~1 404	4

(b) RTA-Class-UDP帧结构

图 6-23　RT-Class-UDP 帧结构

4. 等时同步实时帧结构

如图 6－24 所示，等时同步实时(IRT)即实时类型 3(RTC3)的帧是基于时间同步的通信，它具有明确的传输时间点。IRT 帧由其在传输周期中所处的位置、帧类型标识符(Framel ID)和 Ethertype 0x8892 明确确定。IRT 帧基本上和 RTC 帧相同，与 RTC 帧相比，它不需要使用 VLAN 标签进行优先级分配。

前导码	SFD	目的地址	源地址	类型	帧类型标识符	IRT数据	APDU	FCS
7	1	6	6	0x8892	2	40~1 440	4	4

图 6－24　IRT 帧结构

图 6－24 中，RTC3 帧的 Frame ID 为 0x0100～0x7FFF，帧中的 IRT 等时同步实时数据长度上限为 1 440 字节，如果数据较短，需要使用填充字节填满至 40 字节。在实际系统中，传输的数据量通常非常少，一般都是 64 字节的帧。

5. 非实时(NRT)帧结构

在 PROFINET 中，名称和地址分配等过程使用的是基于 IT 的标准协议 ARP 和 DCP(见 6.7.2 小节)，除此之外，非实时(None Real Time，NRT)服务(如启动过程中的建立连接、通信关系的建立)、读服务(诊断数据，以及标识和维护数据(I&M))、写服务(设备相关信息)都需要非实时的信息交换。NRT 帧结构如图 6－25 所示。

在 NRT 中，VLAN 是可选项，一般情况下不使用，但设备必须支持“使用”或“不使用”VLAN 这两种情况。

前导码	SFD	目的地址	源地址	类型	IP/UDP	RPC	NDR	数据	FCS
7	1	6	6	0x0800	28	80	20	最大1 318	4

图 6－25　NRT 帧结构

6.7.2　系统启动及建立连接

1. 系统启动过程

系统启动是在 NRT 路径上通过 UDP/IP 来完成的。主动的控制器启动被动的设备，控制器指定所要循环发送的数据(带或不带缩减比系数)，而且还定义了各个模块的选项(如测量范围、允许的诊断、筛选(Filter)次数等)。

在系统启动时，控制器使用一个连接帧来建立和设备之间的 AR。在建立 AR 时，控制器完成了以下工作：

① 把有关 AR 的参数传递给设备；

② 建立 I/O 数据 CR，并把 CR 的参数传递给设备；

③ 建立报警 CR，并把其 CR 的参数传递给设备；

④ 设备模型的匹配。

PROFINET 系统启动工作靠交换几组报文来完成，具体的启动过程如图 6－26 所示。

控制器使用连接序列(Connect Sequence)发起启动过程，传递建立 AR 和各种 CR 所需要的参数。在连接请求成功后，设备中的循环状态机启动，以监视通信关系。如果在连接请求期

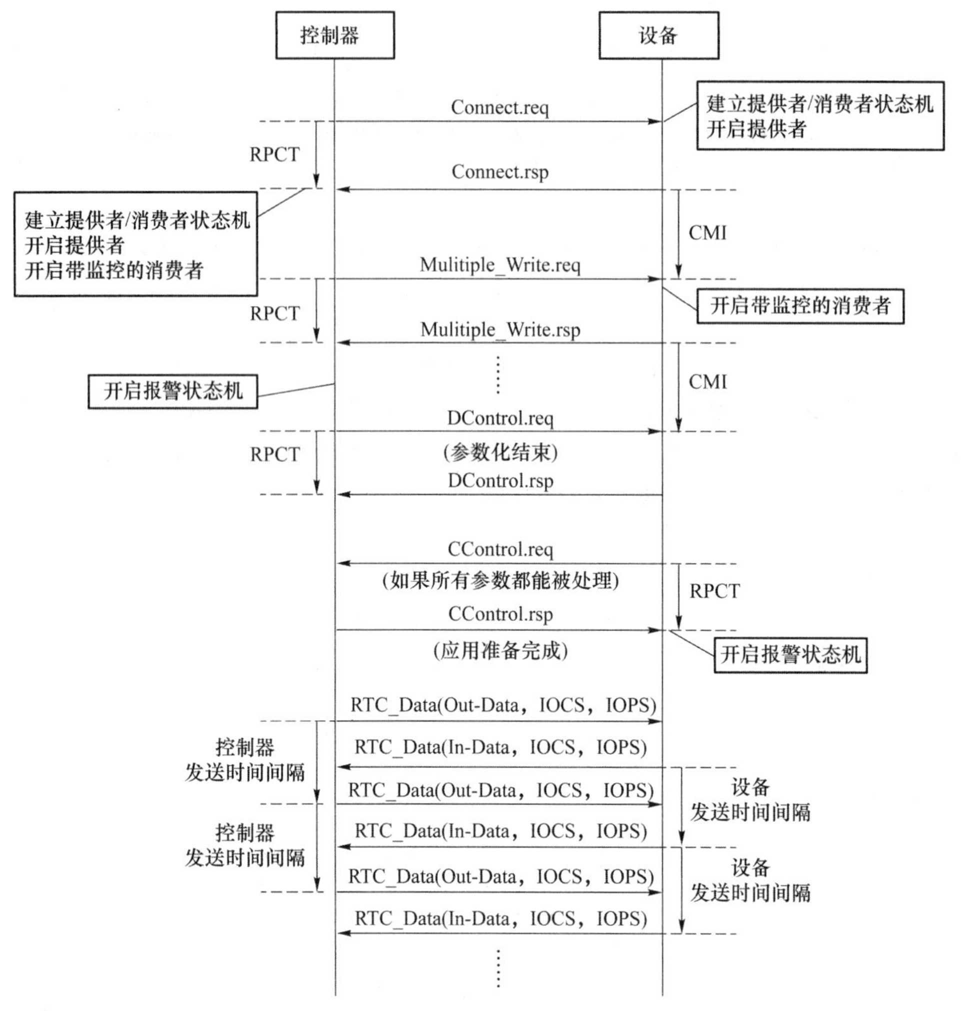

图6-26　PROFINET的启动过程

间发生错误(如期望的子模块不存在),则设备将该状态放在随后的“Connect. rsp”中。

从控制器或设备发送的每个. req帧被相应的发起者使用远程过程调用定时器(RPCT)进行监视,直到相应的. rsp帧到达为止;每个发送的. rsp帧由发起者使用上下关系管理解除激活(Context Management Inactivity,CMI)定时器进行监视,直到下一个. req帧到达为止。如果这些定时器中任意一个超时,则AR被释放。

随后,控制器使用写请求(Write Request)启动参数化过程,即设备模型匹配。代表过程参数接口的各子模块被参数化为特定的子槽。所有的参数都下载到设备中后,控制器使用控制命令“EndOfPrm”(DControl. req)使参数化过程结束。

当控制器发送的所有参数都已被成功处理,并且数据有效时,设备中所有数据结构都已创建并已完成必要检查,则设备以控制命令“Application Ready”(CControl. req)确认AR和CR建立完成,在控制器对CControl. req作出肯定的响应后,控制器和设备之间就进入到循环的I/O数据交换阶段了。

如果接收了“EndOfPar. rsp”帧,但控制器仍未收到来自设备的有效输入数据,并且CMI>0,则控制器向设备发送触发帧(索引号0xFBFF)以维持该AR。直到ApplicationReadyTimer

(ART)超时或接收到有效的输入数据为止。如果 ART 超时，则控制器取消启动尝试。

在启动过程中，上下关系管理器的任务就是根据所接收的组态数据，在控制器和设备之间或监视器和设备之间建立应用关系和通信关系。

2. 连接请求(Connect Request)

使用连接请求，控制器(或监视器)发起与设备的连接请求，以建立所有的应用关系和通信关系，检查组态的子模块标识符是否匹配。控制器传输的数据如下：

① 基于 API、槽、子槽、模块 ID、子模块 ID 的需要传输的 I/O 数据对象列表；

② 发送时钟、减速比、发送段和帧发送偏移；

③ 监视时间(CMInactivity Timeout)；

④ 会话密钥(Session Key)，对于每个新的 Connect. req，会话密钥递增；

⑤ I/O 数据的实时类别；

⑥ 报警优先级。

连接请示报文的帧结构如图 6-27 所示。

P	SFD	Dest Addr.	Src Addr.	VLAN	Ether Type	IP UDP	RPC	NDR	AR block	CR Input	CR Output	Exp SubM	…	Exp SubM	Alarm CR	FCS
7	1	6	6	4	2	28	80	20	58+name	66+…	66+…	36/42		36/42	26	4

可选

图 6-27　Connect Request 报文帧结构

图 6-27 中：

① 以太网首部见表 6-5。

② VLAN 是可选字段，非实时通信一般不包含此字段，详见 6-25。

③ Ether Type 为 0x0800(IP)，用于 NRT 通信。

④ IP/UDP 首部：见图 6-15 中 IP 协议报头格式(20 字节)和图 6-19 中 UDP 协议报头格式(8 字节)。

⑤ 远程过程调用(Remote Procedure Call，RPC)。

远程过程调用是一种通过网络从远程计算机程序上请求服务，而不需要了解底层网络技术的协议。远程过程调用协议假定某些传输协议(如 TCP 或 UDP)存在，为通信程序之间携带信息数据。在 OSI 网络通信模型中，远程过程调用跨越了传输层和应用层。远程过程调用使得开发包括网络分布式多程序在内的应用程序更加容易。

远程过程调用采用客户机/服务器模式。请求程序就是一个客户机，而服务提供程序就是一个服务器。首先，调用进程发送一个有进程参数的调用信息到服务进程，然后等待应答信息。在服务器端，进程保持睡眠状态直到调用信息到达为止。一个调用信息到达后，服务器获得进程参数，计算结果，发送答复信息，然后等待下一个调用信息。最后，客户端调用过程接收答复信息，获得进程结果，然后调用执行继续进行。

远程过程调用协议的 UDP 端口号为 111。

远程过程调用首部如表 6-6 所列，包含服务 ID(Connect)、接口、所选择的对象，以及用于重复的有关参数。数据按“big endian”(摩托罗拉格式)或“little endian”(Intel 格式)表示，如果用“little endian”格式存储字和双字，则最先传输最低有效位字节。

表 6-6　远程过程调用 RPC 首部

N	Octet N	Octet $N+1$	Octet $N+2$	Octet $N+3$	类　型	字段名
0	04	p	flg	00	UInteger8 UInteger8 UInteger8	版本 4(无连接 RPC) p:信息包类型(0 = Req, 1 = Ping, 2 = Resp, 4 = Work, 5 = nocall, 6 = rej, 7 = ack, 8 = canc, 9 = Fack, 10=CncAck) Flg:32=idempot,4=fragm,2=lastf
4	d	00	00	sh	UInteger8 UInteger8	d: 0=big_endia,16=little_endian sh: Serial High
8	tl_0	tl_1	tl_2	tl_3	 UInteger32 UInteger16 UInteger16 Octet[2] Octet[6]	对象 UUID(16 字节) tl:时间低(DEA00000) tm:时间中(0x6C97) thv:时间高和版本(0x11D1) cl:时钟[2](0x82,0x71) nd:实例,设备,制造商
12	tm_4	tm_5	thv_6	thv_7		
16	cl_0	cl_1	nd_0	nd_1		
20	nd_2	nd_3	nd_4	nd_5		
24	tl_0	tl_1	tl_2	tl_3	 UInteger32 UInteger16 UInteger16 Octet[2] Octet[6]	接口 UUID(16 字节) tl:设备=DEA00001,控制器=DEA00002 tm:时间中(0x6C97) thv:时间高和版本(0x11D1) cl:时钟[2](0x82,0x71) nd:节点[6] (00-A0-24-42-DF-7D)
28	tm_4	tm_5	thv_6	thv_7		
32	cl_0	cl_1	nd_0	nd_1		
36	nd_2	nd_3	nd_4	nd_5		
40	tl_0	tl_1	tl_2	tl_3	 UInteger32 UInteger16 UInteger16 Octet[2] Octet[6]	活动 UUID(本地)(16 字节) tl:时间低 tm:时间中 thv:时间高和版本 cl:时钟[2] nd:节点[6]包含 MAC 地址
44	tm_4	tm_5	thv_6	thv_7		
48	cl_0	cl_1	nd_0	nd_1		
52	nd_2	nd_3	nd_4	nd_5		
56	bt_0	bt_1	bt_2	bt_3	UInteger32	bt:服务器引导时间
60	ifv_0	ifv_1	ifv_2	ifv_3	UInteger32	ifv:接口版本(1)
64	sqn_0	sqn_1	sqn_2	sqn_3	UInteger32	sqn:序列号
68	op_0	op_1	ih_0	ih_1	UInteger16 UInteger16	op:操作编号 (0=连接,1=释放,2=读,3=写,4=控制) ih:接口提示(0xFFFF)
72	ah_0	ah_1	lb_0	lb_1	UInteger16 UInteger16	ah:活动提示(0xFFFF) lb:主体的长度
76	fn_0	fn_1	0	sl	UInteger16 UInteger8	fn:分段号 sl:serial low
80	续接:表 6-7　NDR Data Req 或表 6-12NDR Data Res					

⑥ 请求 NDR:网络数据表示(Network Data Representation, NDR)是为了满足 RPC 块的数据表示规则,它包含数据块的大小,其数据表达式的格式与 RPC 首部的格式相同,需要

20 字节。请求报文中的 NDR 数据如表 6－7 所列。

表 6－7　NDRDataReq

N	Octet N	Octet $N+1$	Octet $N+2$	Octet $N+3$	类　型	字段名
0	$amax_0$	$amax_1$	$amax_2$	$amax_3$	UInteger32	amax:ArgsMaximum
4	$alen_0$	$alen_1$	$alen_2$	$alen_3$	UInteger32	alen:ArgsLength
8	$mcnt_0$	$mcnt_1$	$mcnt_2$	$mcnt_3$	UInteger32	mcnt:最大计数(与 ArgsMaximum 具有相同值)
12	0	0	0	0	UInteger32	Offset
16	$acnt_0$	$acnt_1$	$acnt_2$	$acnt_3$	UInteger32	acnt:实际计数(与 ArgsLength 具有相同值)
20	续接:表 6－21　WriteReq 或 表 6－25　ReadReq 或 表 6－8　ConnectARBlockReq 或 表 6－23　ControlBlockConnect/Release					

⑦ 请求 AR block:主要包含此连接的唯一标识符,控制器的标识符、某些标签和 MAC 地址、用于规定系统启动监视时间的“CMInactivityTimeout factor”,编码采用摩托罗拉格式。请求报文中的 AR 块如表 6－8 所列。

表 6－8　ConnectARBlockReq

N	Octet N	Octet $N+1$	Octet $N+2$	Octet $N+3$	类　型	字段名
0	0x01	0x01	$blen_0$	$blen_1$	Uinteger8 UInteger8 UInteger16	请求 btyp blen:块长度
4	verh(1)	verh(0)	$atyp_0$	$atyp_1$	UInteger8 UInteger8 UInteger16	verh:版本高(1) verl:版本低(0) atyp:AR 类型 (1＝单一,2＝共享,3＝CIR,4＝Cred,5＝Dred,6＝SV)
8	tl_0	tl_1	tl_2	tl_3	UInteger32 UInteger16 UInteger16 Octet[2] Octet[6]	ARUUID(组态工具) tl:时间低 tm:时间中 thv:时间高和版本 cl:时钟[2] nd:节点[6]
12	tm_4	tm_5	thv_6	thv_7		
16	cl_0	cl_1	nd_0	nd_1		
20	nd_2	nd_3	nd_4	nd_5		
24	sk_0	sk_1	ma_0	ma_1	UInteger16 Octet[6]	sk:会话密钥 ma:通信发起方 MAC 地址
28	ma_2	ma_3	ma_4	ma_5		
32	tl_0	tl_1	tl_2	tl_3	UInteger32 UInteger16 UInteger16 Octet[2] Octet[6]	通信发起方对象 UUID tl:时间低(DEA00000) tm:时间中(0x6C97) thv:时间高和版本(0x11D1) cl:时钟[2]0x82,0x71 nd:节点[6]包含实例,设备,制造商
36	tm_4	tm_5	thv_6	thv_7		
40	cl_0	cl_1	nd_0	nd_1		
44	nd_2	nd_3	nd_4	nd_5		

续表 6 - 8

N	Octet N	Octet $N+1$	Octet $N+2$	Octet $N+3$	类　型	字段名
48	ap_0	ap_1	ap_2	ap_3	UInteger32	ap:AR 特性
52	cma_0	cma_1	spt_0	spt_1	UInteger16 UInteger16	cma:通信发起后活动超时(Base 100 ms) spt:发送 UDP 端口号
56	ln_0	ln_1			Octet[2]	In:站名长度
58+	CMInitiatorStationName 站名					
	续接表 6 - 9　IOCRBlockReq					

⑧ 请求 CR Input:规定从设备传输到控制器的输入数据,包括传输频率。作为标识符,控制器直接规定设备使用的 Frame_ID 的范围和 Frame_ID。

请求 CR Output:规定用于输出数据的 CR,以及要建立的 AR 的数据传输频率。

此外在一个可变部分指示用户数据区中所有 I/O 对象的位置和消费者的状态。请求报文 IOCR 块见表 6 - 9(输入/输出结构相同)。

表 6 - 9　IOCRBlockReq

N	Octet N	Octet $N+1$	Octet $N+2$	Octet $N+3$	类　型	字段名
0	0x01	0x02	$blen_0$	$blen_1$	UInteger8 UInteger8 UInteger16	请求 btyp blen:块长度
4	verh(1)	verl(0)	$ctyp_0$	$ctyp_1$	UInteger8 UInteger8 UInteger16	verh:版本高(1) verl:版本低(0) ctyp:(1=输入,2=输出)
8	ref_0	ref_1	lt_0	lt_1	UInteger16 UInteger16	ref:IOCR 引用 lt:LT 字段(0x8892)
12	0	0	0	p	UInteger32	IOCR 特性,p:(1=RTC1,2=RTC2,3=RTC3,4=RT-UDP)
16	dl_0	dl_1	fid_0	fid_1	UInteger16 UInteger16	dl:IOCR 数据长度 fid:FrameID 字段
20	sc_0	sc_1	rr_0	rr_1	UInteger16 UInteger16	sc:发送时钟系数 rr:减速比(1,2,4,…,128)
24	ph_0	ph_1	sq_0	sq_1	UInteger16 UInteger16	ph:分段 (1:rr) sq:顺序 (0)
28	sof_0	sof_1	sof_2	sof_3	UInteger32	sof:发送偏移 (0xffffffff)
32	wd_0	wd_1			UInteger16	wd:看门狗监视器(缺省值:3 倍的发送时钟)
34	dh_0	dh_1	tgh_0	tgh_1	UInteger16 UInteger16	dh:数据保持 (缺省值:3 倍的发送时钟) tgh:VLANTag IO-数据,0xC000
38	ma0	ma1	ma2	ma3	Octet[6]	ma:点广播地址(00-00-00-00-00-00)

续表 6-9

N	Octet N	Octet N+1	Octet N+2	Octet N+3	类　型	字段名
42	ma4	ma5	na0	na1	UInteger16	na:API 的个数
0	ap_0	ap_1	ap_2	ap_3	UInteger32	ap:API
4	do_0	do_1			UInteger16	do:I/O 对象的个数
0	sl_0	sl_1	ssl_0	ssl_1	UInteger16 UInteger16	sl:槽 ssl:子槽
4	of_0	of_1			UInteger16	of: I/O 对象在帧中的偏移
6	so_0	so_1			UInteger16	so:IOCS 对象的个数
0	sl_0	sl_1	ssl_0	ssl_1	UInteger16 UInteger16	sl:槽 ssl:子槽
4	of_0	of_1			UInteger16	of:I/O 对象在帧中的偏移
46+6×na+8×do+6×so	续接表 6-10　ExpectedSubmoduleBlockReq					

⑨ ExpSubM:标示设备中已组态的子模块,包含带有标识的所有模块、子模块、槽和子槽的标示号,以及输入/输出对象的长度指示。其报文见表 6-10。

表 6-10　ExpectedSubmoduleBlockReq

N	Octet N	Octet N+1	Octet N+2	Octet N+3	类　型	字段名
0	0x01	0x04	$blen_0$	$blen_1$	UInteger8 UInteger8 UInteger16	请求 btyp blen:块长度
4	verh(1)	verlh(0)	na0	na1	UInteger8 UInteger8 UInteger16	verh:版本高(1) verl:版本低(0) na:API 的个数
0	ap_0	ap_1	ap_2	ap_3	UInteger32	ap:API
4	sl_0	sl_1			UInteger16	sl:槽
6	mid_0	mid_1	mid_2	mid_3	UInteger32	mid: 模块 ID
10	mp_0	mp_1			UInteger16	mp:模块特性(0)
12	sm_0	sm_1			UInteger16	sm:子模块的个数
0	ssl_0	ssl_1			UInteger16	ssl:子槽
2	$smid_0$	$smid_1$	$smid_2$	$smid_3$	UInteger32	smid:子模块 ID
6	smp_0	smp_1			UInteger16	smp:子模块特性 (0=无 IO,1=输入,2=输出,3=IO)
0	dd_2	dd_3	dl_2	dl_3	UInteger16 UInteger16	dd: 数据描述(0=保留,1=输入, 2=输出) dl:子模块数据长度
4	lc	lp			UInteger8 UInteger8	lc:长度 IOCS(1) lp:长度 IOPS(1)
8+14×na+8×sm+6×ioel	ioel 是所有元素的总和;根据 smp,一个模块可有 1 个或 2 个 IO 元素					
所有子模块描述完后	续接表 6-11　AlarmCRBlockRe					

⑩ 请求 Alarm:主要包含引用、VLAN 标签、重复次数、定时器,以及用户数据的长度规定。报警 CR 块请求报文见表 6-11。

表 6-11　AlarmCRBlockReq

N	Octet *N*	Octet *N*+1	Octet *N*+2	Octet *N*+3	类　型	字段名
0	0x01	0x03	$blen_0$	$blen_1$	UInteger16 UInteger16	BlockType:AlarmCRBlockReq (0x0103) blen:块长度
4	verh(1)	verl(0)	$ctyp_0$	$ctyp_1$	UInteger8 UInteger8 UInteger16	verh:版本高(1) verl:版本低(0) ctyp:CR 类型(0x0001)
8	lt_0	lt_1			UInteger16	lt:LT 字段(0x8892)
10	$prop_0$	$prop_1$	$prop_2$	$prop_3$	UInteger32	prop:特性(0=用户优先,1=1 个 CR 缺省)
14	to_0	to_1	$ttry_0$	$trty_1$	UInteger16 UInteger16	to:100 ms 范围内的超时(1) rtry:重试(3)
18	ref_0	ref_1	rr_0	rr_1	UInteger16 UInteger16	ref:发送方的引用 rr:最大报警数据长度(200~1 432)
22	tgh_0	tgh_1	tgl_0	tgl_1	UInteger16 UInteger16	tgh:高(优先权)报警数据的 VLAN Tag(0xC000) tgl:低(优先权)报警数据的 VLAN Tag(0xA000)

3. 连接响应(Connect Response)

设备完成了所有的内部一致性检查后,用"Connect. res"帧来响应一个建立连接的请求,并告知数据一致性或者规定状态与实际状态之间检查到的差异。当"Connect. res"被肯定确认后,循环数据交换开始,但此时对于没有进行参数化数据的子模块,它们提供的数据状态 IOPS 为"bad"(< >0x80)。此帧的结构如图 6-28 所示。

P	SFD	Dest Addr.	Src Addr.	VLAN	Ether Type	IP UDP	RPC	NDR	AR block	CR Input	CR Output	Alarm CR	Module Diff.	FCS
7	1	6	6	4	2	28	80	20	34	12	12	12	14+18*Slot	4

图 6-28　Connect Response 的帧结构

图 6-28 中:

① 响应 NDR:它包含数据块的大小,其数据表达式的格式与 RPC 首部的格式相同,需要 20 个字节。此外,此处应说明请求的状况。

如果执行被无差错地完成,则将所有状况字节设置为 0;如果出错,则执行总是以"0xDB 0x81"开始,用 ErrorCode1(差错代码 1)(通常包含故障块(编码 1~4))、ErrorCode2(差错代码 2)指示不正确的参数。如果存在多个不正确的参数,则显示第一个参数。在错误极端严重的情况下,还显示相应状态机的差错代码。

响应报文中的 NDR 数据如表 6-12 所列。有关错误码(ErrorCode)和错误解码(Error DeCode)的数据如表 6-13~表 6-16 所列。

表 6-12 NDRDataRes

N	Octet N	Octet $N+1$	Octet $N+2$	Octet $N+3$	类 型	字段名
0	ec	ed	ec1	ec2	UInteger8 UInteger8 UInteger8 UInteger8	ec:ErrorCode(0,0xDB-DF) ed:ErrorDeCode(0,0x80,0x81) ec1:ErrorCode1(0x80 作为 DPV) ec2:ErrorCode2
4	$alen_0$	$alen_1$	$alen_2$	$alen_3$	UInteger32	alen:ArgsLength
8	$mcnt_0$	$mcnt_1$	$mcnt_2$	$mcnt_3$	UInteger32	mcnt:最大计数
12	0	0	0	0	UInteger32	Offset
16	$acnt_0$	$acnt_1$	$acnt_2$	$acnt_3$	UInteger32	acnt:实际计数(与 ArgsLength 具有相同值)
20	续接:表 6-22 WriteRes 或 表 6-26 ReadRes 或 表 6-17 ConnectARBlockRes 或 表 6-23 ControlBlockConnect/Release					

表 6-13 ErrorCode 的值

值	含 义	用 法
0	无差错	
1～0x80	保留	
0x81	PNIO	LogData
0x82～0xCE	保留	
0xCF	RTA 差错	在 ERR-RTA-PDU 和 UDP-RTA-PDU 内
0xD0～0xD9	保留	
0xDA	AlarmAck	在 Date-RTA-PDU 和 UDP-RTA-PDU 内
0xDB	IODConnectRes	在 CL-RPC-PDU 内
0xDC	IODReleaseRes	在 CL-RPC-PDU 内
0xDD	IODControlRes, IOCControlRes, IOSControlRes	在 CL-RPC-PDU 内
0xDE	IODReadRes	在 CL-RPC-PDU 内仅使用 ErrorDecode=PNIORW
0xDF	IODWriteRes	在 CL-RPC-PDU 内仅使用 ErrorDecode=PNIORW
0xE0～0xFF	保留	

表 6-14　ErrorDecode 的值

值	含　义	用　法
0～0x7F	保留	
0x80	PNIORW,等效于 DPV1	用于 Read、Write 的用户差错编码的上下关系中
0x81	PNIO	用于其他服务或内部服务的上下关系中,如 RPC 差错
0x82～0xFF	保留	

表 6-15　当 ErrorDecode 为 PNIORW 时,ErrorCode1 的值

差错类型(十进制) Bite7～4	含　义	ErrorCode(十进制) Bite3～0
0～9	保留	未规定
10	应用	0=读差错 1=写差错 2=模块故障 3～6=未规定 7=忙 8=版本冲突 9=不支持特性 10～15=用户特定的
11	访问	0=索引无效 1=写长度差错 2=槽/子槽无效 3=类型冲突 4=存储区无效 5=状态冲突 6=访问被拒绝 7=范围无效 8=参数无效 9=类型无效 10=备份 11 至 15=用户特定的
12	资源	0=读限制冲突 1=写限制冲突 2=资源忙 3=资源不可用 4～7=未规定 8～15=用户特定的
13～15	用户特定的	

注:① 未规定的值用于遗留编码,并将不作任何改变地传递给应用。

② ErrorCode1 字节分成 2 个字段。

表 6-16 当 ErrorDecode 为 PNIO 时，ErrorCode1 和 ErrorCode2 的值

ErrorCode1	含 义	ErrorCode2	含 义
0	保留	0～255	保留
1	连接参数出错 ARBlockReq 故障	0 ⋮ 13 14～255	BlockType 中的差错 ⋮ StationName 中的差错 保留
2	连接参数出错 IOCRBlockReq 故障	0 ⋮ 23 24～255	BlockType 中的差错 ⋮ IOCSFrameOffset 中的差错 保留
3	连接参数出错 ExpectSubmoduleBlockReq 故障	0 ⋮ 7 8～255	BlockType 中的差错 ⋮ SubmoduleLength 中的差错 保留
4	连接参数出错 AlarmCRBlockReq 故障	0 ⋮ 15 16～255	BlockType 中的差错 ⋮ AlarmCPTagHeaderLow 中的差错 保留
5	连接参数出错 PrmServerBlockReq 故障	0 ⋮ 8 9～255	BlockType 中的差错 ⋮ ParameterServerStationName 中的差错 保留
6～19	保留	0～255	保留
20	IODControl 参数出错 ControlBlockConnect 故障	0 ⋮ 9 10～255	BlockType 中的差错 ⋮ ControlBlockProperties 中的差错 保留
21	IODControl 参数出错 ControlBlockPlug 故障	0 ⋮ 7 8～255	BlockType 中的差错 ⋮ ControlBlockProperties 中的差错 保留
22	IOXControl 参数出错 连接建立之后的 ControlBlock 故障	0 ⋮ 7 8～255	BlockType 中的差错 ⋮ ControlBlockProperties 中的差错 保留
23	IOXControl 参数出错 ControlBlock 故障，一个插报警	0 ⋮ 7 8～255	BlockType 中的差错 ⋮ ControlBlockProperties 中的差错 保留
24～39	保留	0～255	保留

续表 6－16

ErrorCode1	含　义	ErrorCode2	含　义
40	释放参数出错 ReleaseBlock 故障	0 ⋮ 7 8～255	BlockType 中的差错 ⋮ ControlBlockProperties 中的差错 保留
41～59	保留	0～255	保留
60	AlarmAck 差错代码	0～255	不支持 0 报警类型
61	CMDEV	0～255	用法见协议机
62	CMCTL	0～255	用法见协议机
63	NRPM	0～255	用法见协议机
64	RMPM	0～255	用法见协议机
65	ALPMI	0～255	用法见协议机
66	ALPMR	0～255	用法见协议机
67	LMPM	0～255	用法见协议机
68	MMAC	0～255	用法见协议机
69	RPC	0～255	ERR_REJECTED ERR_FAULTED ERR_TIMEOUT ERR_IN_ARGS ERR_OUT_ARGS ERR_DECODE ERR_PNIO_OUT_ARGS ERR_PNIO_APP_TIMEOUT
70	APMR	0～255	用法见协议机
71	APMS	0～255	用法见协议机
72	CPM	0～255	用法见协议机
73	PPM	0～255	用法见协议机
74	由 DCPUCS 使用	0～255	用法见协议机
75	由 DCPUCR 使用	0～255	用法见协议机
76	由 DCPMCS 使用	0～255	用法见协议机
77	由 DCPMCR 使用	0～255	用法见协议机
78	FSPM	0～255	用法见协议机
79～252	保留	0～255	保留
253	有 RTA 用于协议差错 RTA_ERR_CLS_PROTOCOL	0 1 2 3～255	保留 序列号差错 (RTA_ERR_CODE_SEQ)差错 实例关闭(RTA_ERR_ABORT) 保留
254	保留	0～255	保留
255	用户特定	0～255	用户特定

② 响应 AR block：主要包含此连接的唯一标识符、控制器的标识符、某些标签和 MAC 地址，连接监视器的 timeout 值及站名称，编码采用摩托罗拉格式。响应报文中的 AR 块如表 6－17 所列。

表 6－17　ConnectARBlockRes

N	Octet *N*	Octet *N*+1	Octet *N*+2	Octet *N*+3	类　型	字段名
0	0x81	0x01	$blen_0$	$blen_1$	UInteger16 UInteger16	BlockType：ARBlockRes (0x8101) blen：块长度(30)
4	verh(1)	verh(0)	$atyp_0$	$atyp_1$	UInteger8 UInteger8 UInteger16	verh：版本高(1) verl：版本低(0) atyp：ARType (1＝单一，2＝共享，3＝CIR，4＝Cred，5＝Dred，6＝SV)
8	tl_0	tl_1	tl_2	tl_3	UInteger32 UInteger16 UInteger16 Octet[2] Octet[6]	ARUUID (组态工具) tl：时间低 tm：时间中 thv：时间高和版本 cl：时钟[2] nd：节点[6]
12	tm_4	tm_5	thv_6	thv_7		
16	cl_0	cl_1	nd_0	nd_1		
20	nd_2	nd_3	nd_4	nd_5		
24	sk_0	sk_1	ma_0	ma_1	UInteger16 Octet[6]	sk：会话密钥 ma：CMR MAC 地址
28	ma_2	ma_3	ma_4	ma_5		
32	spt_0	spt_1			UInteger16	spt：发送 UDP 端口号
34	续接：表 6－18　IOCRBlockRes					

③ 响应 CR Input/Output：包含有关 RT 帧的地址信息和长度规范等简单信息。响应报文 IO 块如表 6－18 所列。

表 6－18　IOCRBlockRes

N	Octet *N*	Octet *N*+1	Octet *N*+2	Octet *N*+3	类　型	字段名
0	0x81	0x02	$blen_0$	$blen_1$	Uinteger16 UInteger16	BlockType：IOCRBlockRes (0x8102) blen：块长度(8)
4	verh(1)	verl(0)	$ctyp_0$	$ctyp_1$	UInteger8 UInteger8 UInteger16	verh：版本高(1) verl：版本低(0) ctyp：CR 类型 (1＝输入，2＝输出)
8	ref_0	ref_1	fid_0	fid_1	UInteger16 UInteger16	ref：IOCR 引用 fid：Frame ID 字段
12	续接：表 6－19　AlarmCRBlockRes					

④ 响应 Alarm：主要包含用以标识非循环数据的引用参数，以及用户数据的长度规定。报警 CR 块响应报文见表 6－19。

表 6-19　AlarmCRBlockRes

N	Octet *N*	Octet *N*+1	Octet *N*+2	Octet *N*+3	类　型	字段名
0	0x81	0x03	$blen_0$	$blen_1$	UInteger16 UInteger16	BlockType:AlarmCRBlockRes (0x8103) blen:块长度(8)
4	verh(1)	verl(0)	$atyp_0$	$ctyp_1$	UInteger8 UInteger8 UInteger16	verh:版本高(1) verl:版本低(0) atyp:报警类型(1)
8	ref_0	ref_1	rr_0	rr_1	UInteger16 UInteger16	ref:发送方的引用 rr:最大报警数据长度(200～1 432)
12	续接:表 6-20　ModuleDiffBlock					

⑤ oduleDiff:规定设备不能提供有效数据的模块/子模块,或者该模块/子模块上至少有一个通道需要维护。主要包含带有标识的所有模块、子模块、槽和子槽号,以及模块和子模块的状态(仅包含那些有问题的模块和子模块)。其报文见表 6-20。

表 6-20　ModuleDiffBlock

N	Octet *N*	Octet *N*+1	Octet *N*+2	Octet *N*+3	类　型	字段名
0	0x81	0x04	$blen_0$	$blen_1$	UInteger8 UInteger8 UInteger16	响应 btyp blen:块长度(20,28,36,…)
4	verh(1)	verl(0)	na0	na1	UInteger8 UInteger8 UInteger16	verh:版本高 Version(1) verl:版本低(0) na:API 的个数
0	ap_0	ap_1	ap_2	ap_3	UInteger32	ap:API
4	ns_0	ns_1			UInteger16	ns:槽数
0	sl_0	sl_1			UInteger16	sl:槽
2	mid_0	mid_1	mid_2	mid_3	UInteger32	mid:模块 ID
6	ms_0	ms_1	sm_0	sm_1	UInteger16 UInteger16	ms:模块状态(0=无模块,1=错误的模块,2=合适,3=Subst) sm:子模块数(1)
0	ssl_0	ssl_1	$smid_0$	$smid_1$	UInteger16 UInteger32 UInteger16	ssl:子槽 smid:子槽 ID sms:子模块状态 (0=无子模块,1=错误的子模块,2=LockedCtrl,3 = LockedSV, 4 = SuperLocked, 5 = SVTakeOverN,6=Subst)
4	$smid_2$	$smid_3$	sms_0	sms_1		
8+ 6×na+ 10×ns+ 8×sm						

如果被参数化的模块一切正常，则设备部返回“ModuleDiffBloke”。

在接收“Connect. res”帧后，控制器启动提供者/消费者的报警状态机，此时已经开始 I/O 数据交换，控制器开始对提供者/消费者监视。

4. 写请求(Write Request)

在启动期间，控制器使用 Write Request 将各子模块的参数(在 GSD 文件中定义的)下载到设备，为每个模块/子模块定义单独的参数集。如果设备支持多重写，则控制器可以在一个“Write”帧中参数化多个子模块。

只有在成功进行连接后，才允许此操作。Write Request 帧结构如图 6－29 所示。

P	SFD	Dest Addr.	Src Addr.	VLAN	Ether Type	IP UDP	RPC	NDR	Write Block	Write Data	FCS
7	1	6	6	4	2	28	80	20	64	…	4

图 6－29 Write Request 帧结构

图 6－29 中：

① 请求 NDR：见表 6－7。

② 请求 Write block：主要包含此连接的唯一标识符、该对象的地址和长度，编码采用摩托罗拉格式。请求报文中的写块见表 6－21。

③ Write Data：包含所寻址的子模块的参数赋值数据，以及明确规定服务要执行的索引(Index)字段。

表 6－21 WriteReq

N	Octet *N*	Octet *N*+1	Octet *N*+2	Octet *N*+3	类 型	字段名
0	0x00	0x08	$blen_0$	$blen_1$	Uinteger16 UInteger16	BlockType: IODWriteReqHeader (0x0008) blen：块长度
4	verh(1)	verh(0)	sq_0	sq_1	UInteger8 UInteger8 UInteger16	Verh：版本高(1) Verl：版本低(0) sq：顺序
8	tl_0	tl_1	tl_2	tl_3	UInteger32 UInteger16 UInteger16 Octet[2] Octet[6]	ARUUID(组态工具) tl：时间低 tm：时间中 thv：时间高和版本 cl：时钟[2] nd：节点[6]
12	tm_4	tm_5	thv_6	thv_7		
16	cl_0	cl_1	nd_0	nd_1		
20	nd_2	nd_3	nd_4	nd_5		
24	ap_0	ap_1	ap_2	ap_3	UInteger32	ap：API(0,0x8000)
28	sl_0	sl_1	ssl_0	ssl_1	UInteger16 UInteger16	sl：槽 ssl：子槽
32	0	0	idx_0	idx_1	UInteger16 UInteger16	填充 idx：索引
36	len_0	len_1	len_2	len_3	UInteger32	len：数据长度
40	0	0	0	0		填充

续表 6-21

N	Octet N	Octet $N+1$	Octet $N+2$	Octet $N+3$	类　型	字段名
44	0	0	0	0		填充
48	0	0	0	0		填充
52	0	0	0	0		填充
56	0	0	0	0		填充
60	0	0	0	0		填充
64	用户特定数据(Write Data)					

5. 写响应(Write Response)

设备使用 Write Response 来确认参数赋值数据的接收,Write Response 帧结构如图 6-30 所示。

P	SFD	Dest Addr.	Src Addr.	VLAN	Ether Type	IP UDP	RPC	NDR	Write Block	FCS
7	1	6	6	4	2	28	80	20	64	4

图 6-30　Write Response 帧结构

图 6-30 中:

① 响应 NDR:见表 6-12。

② 响应 Write block:主要包含此连接的唯一标识符(ARUUID、version)、该对象的地址(槽、子槽)和长度,编码采用摩托罗拉格式。其结构对应于请求帧中的 Write block,所不同的是两个用于发送信息的附加字段。响应报文中的写块见表 6-22。

表 6-22　WriteRes

N	Octet N	Octet $N+1$	Octet $N+2$	Octet $N+3$	类　型	字段名
0	0x80	0x08	$blen_0$	$blen_1$	UInteger16 UInteger16	BlockType:IODWriteResHeader (0x8008) blen:块长度
4	verh(1)	verh(0)	sq_0	sq_1	UInteger8 UInteger8 UInteger16	Verh:版本高(1) Verl:版本低(0) sq:顺序
8	tl_0	tl_1	tl_2	tl_3	UInteger32	ARUUID(组态工具)
12	tm_4	tm_5	thv_6	thv_7	UInteger16 UInteger16	tl:时间低 tm:时间中 thv:时间高和版本
16	cl_0	cl_1	nd_0	nd_1	Octet[2]	cl:时钟[2]
20	nd_2	nd_3	nd_4	nd_5	Octet[6]	nd:节点[6]
24	ap_0	ap_1	ap_2	ap_3	UInteger32	ap:API(0,0x8000)
28	sl_0	sl_1	ssl_0	ssl_1	UInteger16 UInteger16	sl:槽 ssl:子槽

续表 6 - 22

N	Octet N	Octet $N+1$	Octet $N+2$	Octet $N+3$	类 型	字段名
32	0	0	idx_0	idx_1	UInteger16 UInteger16	填充 idx:索引
36	len_0	len_1	len_2	len_3	UInteger32	len:数据长度
40	$advl_0$	$advl_1$	$adv2_0$	$adv2_1$	UInteger16	adv1:AddValue1 adv2:AddValue2
44	ec	ed	ec1	ed2	UInteger8 UInteger8 UInteger8 UInteger8	ec:ErrorCode ed:ErrorDecode ec1:ErrorCode1 ec2:ErrorCode2
48	0	0	0	0		填充
52	0	0	0	0		填充
56	0	0	0	0		填充
60	0	0	0	0		填充

6. Dcontrol Request/ Dcontrol Response

控制器使用 Dcontrol 请求发出完成参数化的信号。随后设备使用 Dcontrol 响应来确认控制器的请求。两者报文结构相同,不同的是 NDR 单元中,一个是请求 NDR,一个是响应 NDR,另外 Control Block 的内容有所差异。在响应报文中,设备也可以向控制器告知错误。Dcontrol Request/ Dcontrol Response 帧结构如图 6 - 31 所示。

P	SFD	Dest Addr.	Src Addr.	VLAN	Ether Type	IP UDP	RPC	NDR	Control Block	FCS
7	1	6	6	4	2	28	80	20	32	4

图 6 - 31 Dcontrol Request/ Dcontrol Response 帧结构

图 6 - 31 中:

① 请求报文的 Control Block:主要包含此连接的唯一标识符以及命令的类型,编码采用摩托罗拉格式。

② 响应报文的 Control Block:主要包含此连接的唯一标识符、它返回该调用的参数,编码采用摩托罗拉格式。

报文中的 Control Block 的连接与释放见表 6 - 23。

表 6 - 23 ControlBlockConnect/Release

N	Octet N	Octet $N+1$	Octet $N+2$	Octet $N+3$	类 型	字段名
0	r	btyp	$blen_0$	$blen_1$	UInteger8 UInteger8 UInteger16	r:1=请求,0x81=响应 btyp: ox10=使用 IODControl 0x12=使用 IOCControl 0x13=使用 Release blen:块长度(28)

续表 6-23

N	Octet N	Octet $N+1$	Octet $N+2$	Octet $N+3$	类　型	字段名
4	verh(1)	verl(0)	0	0	UInteger8 UInteger8 UInteger16	verh:版本高(1) verl:版本低(0) 保留
8	tl_0	tl_1	tl_2	tl_3	UInteger32 UInteger16 UInteger16 Octet[2] Octet[6]	ARUUID(组态工具) tl:时间低 tm:时间中 thv:时间高和版本 cl:时钟[2] nd:节点[6]
12	tm_4	tm_5	thv_6	thv_7		
16	cl_0	cl_1	nd_0	nd_1		
20	nd_2	nd_3	nd_4	nd_5		
24	sk_0	sk_1	0	0	UInteger16 Octet[2]	sk:会话密钥 保留
28	cc_0	cc_1	cp_0	cp_1	UInteger16 UInteger16	cc:控制命令,0x0001= ParameterEnd cp:控制特性(保留)(0x0000)

7. Ccontrol Request

子模块参数设置完成后,设备使用 Ccontrol 请求对建立的连接进行确认。Ccontrol Request 帧结构如图 6-32 所示。

P	SFD	Dest Addr.	Src Addr.	VLAN	Ether Type	IP UDP	RPC	NDR	Control Block	Module Diff.	FCS
7	1	6	6	4	2	28	80	20	32	14+18*Slot	4

图 6-32　Ccontrol Request 帧结构

图 6-32 中:

① 请求 NDR:见表 6-7。

② Control Block:见表 6-23。

③ ModuleDiff:见表 6-20。

8. Ccontrol Response

控制器使用 Ccontrol 响应对设备的请求进行确认。自此,AR 已经建立,启动过程完成,设备开启报警状态机,控制器和设备之间开始过程数据通信。Ccontrol Response 帧结构如图 6-33 所示。

P	SFD	Dest Addr.	Src Addr.	VLAN	Ether Type	IP UDP	RPC	NDR	Control Block	FCS
7	1	6	6	4	2	28	80	20	32	4

图 6-33　Ccontrol Response 帧结构

图 6-33 中:

① 响应 NDR:见表 6-12。

② Control Block:见表 6-23。

6.7.3 数据交换

1. 循环数据交换

如图 6-26 所示，系统启动完成，I/O 数据的通信关系建立起来后，控制器和设备之间就开始了实时循环数据交换过程。数据交换报文的帧格式如图 6-21 所示，其中的数据单元最小为 40 字节。数据单元中包括实时的 I/O 数据，以及 I/O 提供者状态（IO Provider Status，IOPS）和 I/O 消费者状态（IO Consumer Status，IOCS）。使用 IOPS 和 IOCS，可以使控制器和设备评估传输 I/O 数据的质量。

IOPS 与数据一起由提供者传输，所以它与数据值一致。但 IOCS 只能在消费者收到数据后由消费者传回提供者，所以 IOCS 与数据值不一致。IOPS 和 IOCS 的值可以为 GOOD 或 BAD，针对不同的故障确定了 BAD 的不同值（BAD-BY-CONTROLLER，BAD-BY-DEVICE）。IOPS 和 IOCS 的意义和具体使用见表 6-24 和图 6-34。

表 6-24 IOPS 和 IOCS 对输入数据和输出数据的意义

数 据	IOPS	IOCS
输入	• IOPS 描述了输入数据的提供者状态，并与实际数据一起由设备传输到控制器。 • IOPS 在传输路径中提供背景。如子模块、模块、设备或具有标识无效输入数据工具的控制器本身。 • 控制器的控制应用可能只会处理那些 IOPS＝GOOD 的值。IOPS＝BAD 的值必须由相应的默认值代替，且子模块会标记为故障	• IOCS 描述了输入数据的消费者状态，并从控制器传输到设备。 • 它帮助设备识别各种通信问题，并提供这样的信息：控制器是否正在处理分发到的输入值（如控制器处于 STOP 状态）。 • 设备对 IOCS＝BAD 的响应是制造商特定的
输出	• IOPS 描述了输出数据的提供者状态，并与实际数据一起由控制器传输到设备。 • IOPS 帮助识别各种通信问题，并为设备提供这样的信息：控制器当前是否可以设定分发到的输出的值（如控制器处于 STOP 状态）。 • 设备可能只会处理 IOPS＝OOD 的值。IOPS＝BAD 的值必须有相应的默认值代替	• IOCS 描述了输出数据的消费者状态，并由设备传输到控制器。 • IOCS 帮助控制器识别各种通信问题，并提供这样的信息：设备当前是否可以将分发到的输出值传递给过程（比如这样的情形：一个模块已经从一个模块化设备上移走）。 • IOCS 可以被传输路径上的所有背景设定。如子模块、模块、设备或控制器自身。 • 控制器对 IOCS＝BAD 的响应是制造商特定的。对 SIMATIC S7 CPU，子模块标识为故障

在 I/O 数据交换过程中，看门狗时间（Watchdog Time）是一个非常重要的参数。通过博途软件平台，使用更新时间的整倍数来设置看门狗时间，该时间也可由用户修改。如果在看门狗时间内控制器没有为设备提供输入/输出数据，设备将出现故障并给出替换值，这种情况将作为站故障报告给控制器。

2. 非循环数据交换

（1）非循环服务

非循环数据通信的主要应用如下：

① 维护时读出诊断缓存；

② 读组态数据；

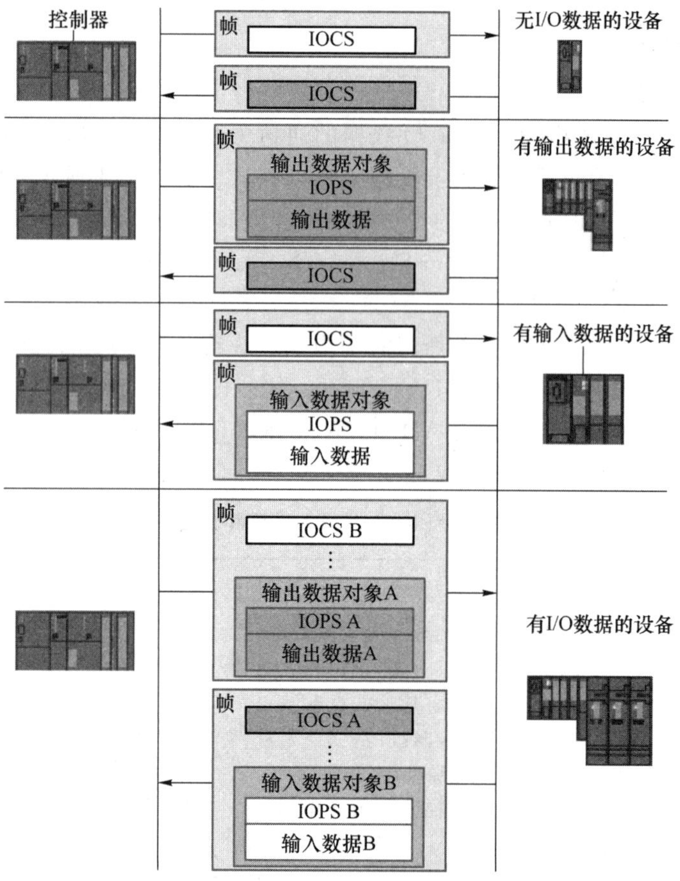

图 6-34　控制器和设备中使用的 IOPS 和 IOCS

③ 读设备特定数据(I&M 功能);

④ 为统计数据分析读日志条目;

⑤ 需要时读输入/输出;

⑥ 读写 PDev 数据;

⑦ 写模块数据。

Read/Write 服务用于完成非循环数据的交换,这些任务对时间没有严格的要求,所以使用 RPC 协议通过 UDP/IP 通道来执行这些功能。在极端的情况下,某些 Read/Write 服务的操作可能需要几秒才能完成。

Read/Write 服务序列对应于上下关系管理调用,调用主要有两个:请求调用和响应调用。Read/Write 服务序列如图 6-35 所示。

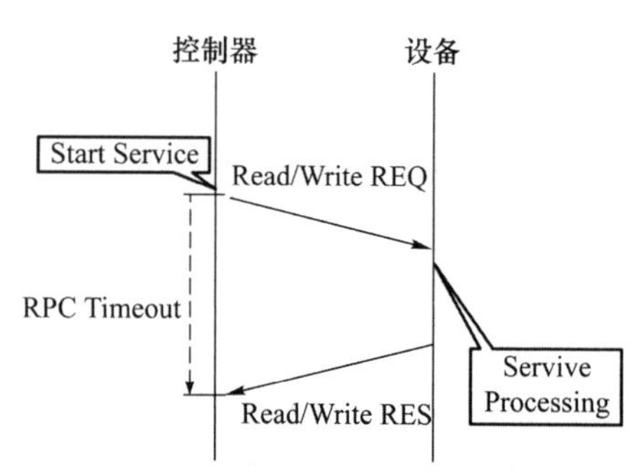

图 6-35　Read/Write 服务序列

Write Request 和 Write Response 请参见 6.7.2 小节中的详细讲解,此处不再赘述。

(2) 读请求(Read Request)

读请求用于向设备请求数据。Read Request 帧结构如图 6-36 所示。

图 6-36 中:

P	SFD	Dest Addr.	Src Addr.	VLAN	Ether Type	IP UDP	RPC	NDR	Read Block	FCS
7	1	6	6	4	2	28	80	20	64	4

图 6-36　Read Request 帧结构

① 请求 NDR：见表 6-7。

② Ether Type：为 0x8100，用于非实时通信。

③ 请求 Read Block：主要包含此连接的唯一标识符、该对象的地址和长度，编码采用摩托罗拉格式。请求报文中的读块见表 6-25。

表 6-25　ReadReq

N	Octet *N*	Octet *N*+1	Octet *N*+2	Octet N+3	类　型	字段名
0	0x00	0x09	$blen_0$	$blen_1$	UInteger8 UInteger8 UInteger16	请求 btyp blen：块长度(= 60)
4	verh(1)	verl(0)	sq_0	sq_1	UInteger8 UInteger8 UInteger16	Verh：版本高(1) Verl：版本低(0) sq：顺序
8	tl_0	tl_1	tl_2	tl_3	UInteger32 UInteger16 UInteger16 Octet[2] Octet[6]	ARUUID(组态工具) tl：时间低 tm：时间中 thv：时间高和版本 cl：时钟[2] nd：节点[6]
12	tm_4	tm_5	thv_6	thv_7		
16	cl_0	cl_1	nd_0	nd_1		
20	nd_2	nd_3	nd_4	nd_5		
24	ap_0	ap_1	ap_2	ap_3	UInteger32	ap：API(0x8000)
28	sl_0	sl_1	ssl_0	ssl_1	UInteger16 UInteger16	sl：槽 ssl：子槽
32	0	0	idx_0	idx_1	UInteger16 UInteger16	填充 idx：索引
36	len_0	len_1	len_2	len_3	UInteger32	len：数据长度
40	tl_0	tl_1	tl_2	tl_3	UInteger32 UInteger16 UInteger16 Octet[2] Octet[6]	目标 UUID(组态工具) tl：时间低 tm：时间中 thv：时间高和版本 cl：时钟[2] nd：节点[6]
44	tm_4	tm_5	thv_6	thv_7		
48	cl_0	cl_1	nd_0	nd_1		
52	nd_2	nd_3	nd_4	nd_5		
56	0	0	0	0		填充
60	0	0	0	0		填充

(3) 读响应(Read Response)

使用读响应使所请求的数据在 RPC 监视时间内被发送。读响应帧结构如图 6-37 所示。图 6-37 中：

P	SFD	Dest Addr.	Src Addr.	VLAN	Ether Type	IP UDP	RPC	NDR	Read Block	Read Data	FCS
7	1	6	6	4	2	28	80	20	64	…	4

图 6-37　Read Response 帧结构

① 响应 NDR:见表 612。

② Ether Type:为 0x8100,用于非实时通信。

③ 响应 Read Block:主要包含此连接的唯一标识符、该对象的地址和长度,编码采用摩托罗拉格式。其结构对应于请求帧中的 Read Block,所不同的是两个用于发送信息的附加字段。响应报文中的读块见表 6-26。

表 6-26　ReadRes

N	Octet N	Octet $N+1$	Octet $N+2$	Octet $N+3$	类　型	字段名
0	0x80	0x09	$blen_0$	$blen_1$	UInteger8 UInteger8 UInteger16	响应 btyp blen:块长度(=60)
4	verh(1)	verh(0)	sq_0	sq_1	UInteger8 UInteger8 UInteger16	Verh:版本高(1) Verl:版本低(0) sq:顺序
8	tl_0	tl_1	tl_2	tl_3	UInteger32 UInteger16 UInteger16 Octet[2] Octet[6]	ARUUID(组态工具) tl:时间低 tm:时间中 thv:时间高和版本 cl:时钟 k[2] nd:节点[6]
12	tm_4	tm_5	thv_6	thv_7		
16	cl_0	cl_1	nd_0	nd_1		
20	nd_2	nd_3	nd_4	nd_5		
24	ap_0	ap_1	ap_2	ap_3	UInteger32	ap:API(0,0x8000)
28	sl_0	sl_1	ssl_0	ssl_1	UInteger16 UInteger16	sl:槽 ssl:子槽
32	0	0	idx_0	idx_1	UInteger16 UInteger16	填充 idx:索引
36	len_0	len_1	len_2	len_3	UInteger32	len:数据长度
40	$adv1_0$	$adv1_1$	$adv2_0$	$adv2_1$	UInteger16	adv1:AddValue1 adv2:AddValue2
44	0	0	0	0		填充
48	0	0	0	0		填充
52	0	0	0	0		填充
56	0	0	0	0		填充
60	0	0	0	0		填充

续表 6－26

N	Octet *N*	Octet *N*+1	Octet *N*+2	Octet *N*+3	类　型	字段名
64	>>后接用户数据 Read Data 类型如下： DiagnosisBlock(诊断块)； MulticastConsumerInfoBlock(多点广播消费者信息块)；　I&M0 ExpecedIdentificationDataBlock(所期望的标识数据块)；　I&M1 RealIdentificationData(实际标识数据)；　I&M2 SubstituteValue(替代值)；　I&M3 RecordInputDataObjectElement(记录输入数据元素)；　I&M4 RecordOutputDataObjectElement(记录输出数据元素)；　MCR 块 RecordOutputDataSubstituteObjectElement(记录输出数据替代值对象元素)； ARData(AR)； LogData(日志数据)； APIData(API 数据)					

(4) 多播通信

到多个节点的循环数据传输要求提供者具有强大的处理能力，也会对高网络负载的性能带来影响。为了最大限度地减少这种负担，PROFINET 定义了一种从一个提供者到多个/所有节点的直接数据通信，即多播通信关系(Multicast Communication Relation，MCR)。

在一个网段内的多播通信作为 RT 帧进行数据交换，跨网段的多播通信数据可以使用 RT-UDP 进行数据交换。

设备的 M-提供者(M-provider)子槽既可以通过 Input-CR，也可以通过多播通信向所属的控制器发布输入数据；设备的 M-消费者(M-consumer)子槽既可以通过 Output-CR 从控制器接收数据，也可以通过多播通信从 M-提供者接收输出数据。

多播通信遵循循环数据交换规则，传输报文中，PROFINET 使用多播地址和可源于任何 RT 类别的 Frame-ID。

篇幅所限，详细的多播通信技术此处不再赘述。

6.7.4　报警处理

1. 报警

PROFINET 传输的高优先级事件主要是报警信息。报警信息包括系统定义的事件(如插拔模块)和用户定义的事件，如在控制系统中检测到的一些事件或者发生在控制过程中的一些事件(如锅炉压力过高)。如果报警信息来源于过程连接(例如超出极限温度)就必须使用过程报警。

诊断和状态信息代表了在系统中出现的一些非致命的错误，这些信息都不会向高一级的控制器传输。如果故障或事件发生，如在一个设备(或与之连接的组件)出现问题(如断线)就必须使用诊断报警。

在 PROFINET 中，对报警信息和诊断信息进行了区分。每一个致命的错误通常都用报警来表示，每个报警都会触发进入诊断缓冲区。报警/诊断信息的结构和处理过程如图 6－38 所示。

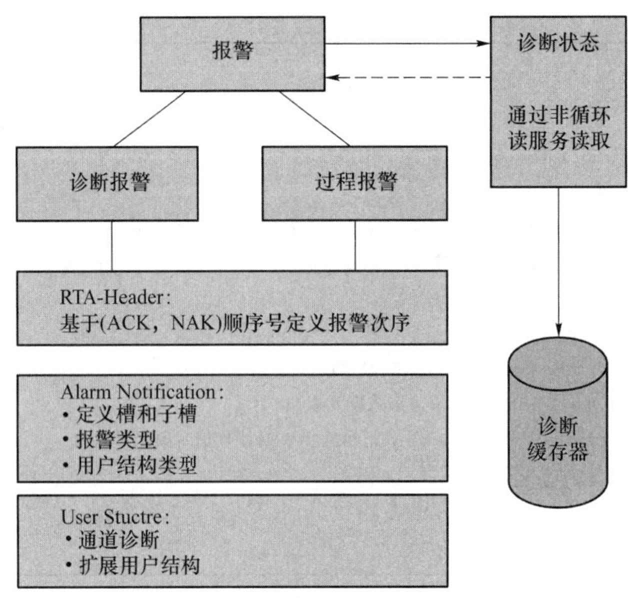

图 6－38　报警/诊断信息的结构和处理过程

PROFINET 系统中的所有进程事件都必须使用报警来发送。设备将报警作为实时报文传送,这是通过非循环实时协议 RTA 来实现的,与实时协议 RT 一样,非循环实时协议也赋予优先级。所有报警都必须得到控制器的确认。PROFINET 报警处理过程如图 6－39 所示。

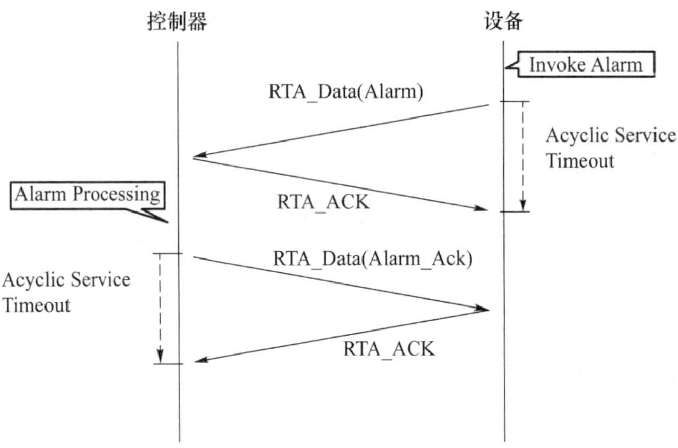

图 6－39　PROFINET 报警处理过程

2. 报警通知(Alarm Notification)

设备使用 Alarm Notification Request RTA-Data(Alarm)向控制器发出报警信号,其帧结构如图 6－40 所示。

P	SFD	Dest Addr.	Src Addr.	VLAN	Ether Type	FrameID	RTA Header	Alarm Notification	FCS
7	1	6	6	4	2	2	12	64	4

图 6－40　Alarm Notification Request RTA-Data(Alarm)帧结构

图 6－40 中：

① Ether Type：为 0x8892，用于实时通信。

② FrameID：定义了两个通道，即 0xFC01 Alarm High 和 0xFE01 Alarm Low。详见表 6－5。

③ RTA Header：主要包括源和目的的本地引用、一些标志、用于检查副本的序列号，以及 Alarm Notification 的长度规定。RTA Header 单元内容见表 6－27。

表 6－27　RTA Header

N	Octet N	Octet $N+1$	Octet $N+2$	Octet $N+3$	类　型	字段名
0	$dref_0$	$dref_1$	$sref_0$	$sref_1$	UInteger16 UInteger16	dref：目的引用 serf：源引用
4	vvvvtttt	fffffwwww	$sseq_0$	$sseq_1$	UInteger8 UInteger8 UInteger16	vvvv(1)版本 tttt(1＝Data，2＝NAK，3＝ACK，4＝ERR) ffff(DATA 时＝1，否则＝0) wwww(1)Window sseq：SecdSeqNum
8	$aseq_0$	$aseq_1$	$vlen_0$	$vlen_1$	UInteger16 UInteger16	aseq：AckSeqNum vlen：VarPartLen
12	续接：表 6－28　Alarm Notification 或表 6－30　AlarmAck					

④ Alarm Notification：报警通告，包含报警 ID(诊断、过程、插入、状态等)、所选择的对象寻址信息(槽、子槽、模块标识号等)，以及提供通用状态的参数。在特殊情况下，还存储结构信息。如果包括通道诊断，则指出通道号、通道类型(bit、byte 或 word)和差错类型。Alarm-Notification 单元内容见表 6－28，与通道有关的诊断见表 6－29。

表 6－28　AlarmNotification

N	Octet N	Octet $N+1$	Octet $N+2$	Octet $N+3$	类　型	字段名
0	0x00	btyp	$blen_0$	$blen_1$	UInteger8 UInteger8 UInteger16	请求 btyp：报警高(1)，报警低(2) blen：块长度
4	verh(1)	verl(0)	$atyp_0$	$atyp_1$	UInteger8 UInteger8 UInteger16	verh：版本高(1) verl：版本低(0) atyp：报警类型(1＝诊断，2＝过程，3＝拔，4＝插，5＝状态，6＝更新，7＝读，8＝CtrlSV，9＝RelSV，10＝插错误，11＝返回子模块，12＝空诊断，13＝Subscr，15＝端口信息，16＝同步，17＝等时同步)
8	ap_0	ap_1	ap_2	ap_3	UInteger32	ap：API(0，0x8000)
12	sl_0	sl_1	ssl_0	ssl_1	UInteger16 UInteger16	sl：槽 ssl：子槽

续表 6-28

N	Octet N	Octet $N+1$	Octet $N+2$	Octet $N+3$	类　型	字段名
16	mid_0	mid_1	mid_2	mid_3	UInteger32	mid:模块 ID
20	$smid_0$	$smid_1$	$smid_2$	$smid_3$	UInteger32	smid:子模块 ID
24	a0dmcsss	ssssssss	usi_0	usi_1	UInteger16 UInteger16	a:AR 问题指示器 d:存在诊断 m:存在制造商特定的诊断 c:存在通道诊断 s:序列号 usi:用户结构 ID(0x8000=与通道有关,0x8001=诊断数据)
28	与通道有关的诊断和其他诊断					

表 6-29　与通道有关的诊断

N	Octet N	Octet $N+1$	Octet $N+2$	Octet $N+3$	类　型	字段名
28	cn_0	cn_1	dddee000	dddeettt	UInteger16 UInteger16	cn:通道号 (0x8000=子模块) ddd:方向(输出/输入) ee:1=到来的,2=go_e,3=离去的 ttt:1=1bit,…,7=64bit
32	$etyp_0$	$etyp_1$			UInteger16	etyp:ErrorType

3. 在协议层对报警通知的确认(RTA-ACK)

控制器使用 RTA-ACK(Acknowledge)对 RTA-Data 帧的协议层进行确认,告知已收到 RTA-Data 帧,具备了接受下一个帧的资源,不需要重复。该帧结构如图 6-41 所示。

P	SFD	Dest Addr.	Src Addr.	VLAN	Ether Type	FrameID	RTA Header	FCS
7	1	6	6	4	2	2	12	4

图 6-41　RTA-ACK 帧结构

4. 在用户层对报警通知的确认(RTA-Data. req)

控制器使用 RTA-Data. req(Alarm ACK)对 RTA-Data 帧的用户层进行确认,设备在收到控制器的该请求报文后,才可确信该报警已被保存。该帧结构如图 6-42 所示。

P	SFD	Dest Addr.	Src Addr.	VLAN	Ether Type	FrameID	RTA Header	AlarmACK	FCS
7	1	6	6	4	2	2	12	64	4

图 6-42　RTA-Data. req(Alarm-ACK)帧结构

在图 6-42 中:

AlarmACK：包含报警 ID（诊断、过程、插入、状态等），所选择的对象寻址信息（槽、子槽、模块标识号等），以及提供通用状态的参数。AlarmACK 单元内容见表 6－30。

表 6－30 AlarmACK

N	Octet *N*	Octet *N*+1	Octet *N*+2	Octet *N*+3	类 型	字段名
0	0x80	btyp	$blen_0$	$blen_1$	UInteger8 UInteger8 UInteger16	请求 btyp：报警高（1），报警低（2） blen：块长度
4	verh(1)	verl(0)	$atyp_0$	$atyp_1$	UInteger8 UInteger8 UInteger16	verh：版本高（1） verl：版本低（0） atyp：报警类型（1＝诊断，2＝过程，3＝拔，4＝插，5＝状态，6＝更新，7＝读，8＝CtrlSV，9＝RelSV，10＝插错误，11＝返回子模块）
8	sl_0	sl_1	ssl_0	ssl_1	UInteger16 UInteger16	sl：槽 ssl：子槽
12	00dmcsss	ssssssss	ec	ed	UInteger16 UInteger8 UInteger8	d：存在诊断 m：存在制造商特定的诊断 c：存在通道诊断 s：序列号 ec：ErrorCode(0，0xDA) ed：ErrorDeCode(0，0x81)
16	ec1	ec2			UInteger8 UInteger8	ec1：ErrorCode1(0，0x3C) ec2：ErrorCode2(0，0x3C) (0＝ALTypNotSupp)

设备在收到控制器的 RTA-Data. req(AlarmACK)后，在协议层对该请求进行确认，确认的响应报文也是 RTA-ACK，参见图 6－41。

5. 报警类型及优先级

PROFINET 控制器定义了所传输报警的优先级。在一条报警 CR 中，能同时传送一个高优先级报警和一个低优先级报警。源和接收器总是尽快地处理高优先级报警，并保证提供充足的资源，使低优先级的报警不能明显延迟于高优先级报警的处理。PROFINET 报警类型和优先级如表 6－31 所列。

表 6－31 PROFINET 报警类型和优先级

报警优先级	报警类型	触发事件
高	过程报警	过程中发生的事件，如温度超限
低	诊断开始（结束）报警	设备与相连组件间的故障或诊断事件（如断线）的发生或解除
	拔出报警	从模块化设备移走了一个模块/子模块
	插入报警	向模块化设备插入了一个模块/子模块，插入后，对应模块/子模块的参数会被再次加载
	插入错误报警	插入了不正确的模块/子模块

续表 6-31

报警优先级	报警类型	触发事件
低	子模块返回报警	指示提供者或消费者子模块的输入或输出数据的状态变化:从无效(BAD)到有效(GOOD)
	状态报警	指示模块/子模块状态的变化
	更新报警	指示模块/子模块参数的变化
	制造商特定报警	指示制造商特定的报警类型
	冗余报警	在主控制器发生故障时发信号给从控制器
	行规特定报警	指示设备与PNO行规准则的特定行规之间的共识
	监视器控制报警	指示监视器接管了模块/子模块的控制
	监视器释放报警	指示监视器、控制器或设备的本地访问释放了对模块/子模块的控制。紧随监视器释放报警的协议序列跟插入报警序列一样
	返回报警	指示:在没有重新参数化的情况下,设备为某个特殊的输入元素重新分发有效数据;输出元素能再次处理接收到的数据
	多播提供者通信停止报警	指示提供者的I/O数据在多播传输过程中超时
	多播提供者通信运行报警	指示提供者对I/O数据的多播传输重新开始
	端口数据改变通知报警	指示端口数据的改变
	同步数据改变通知报警	指示时间同步的改变
	等时同步实时模式问题通知报警	指示在使用等时同步实时模式时出现的问题

6.7.5 网络诊断和管理

CC-B类以上的设备支持网络诊断和拓扑检测功能,PROFINET使用简单网络管理协议(Simple Network Management Protocol,SNMP)实现这些功能。在具备这些功能的设备上,集成有MIB2(Management Information Base2)和LLDP-EXT MIB (Link Layer Discovery Protocol-MIB),和简单网络管理协议一样,使用PROFINET的非循环服务也可从PDEV(Physical DEVice object)中获取诊断和拓扑信息。

1. 简单网络管理协议

简单网络管理协议用来对通信线路进行管理。使用简单网络管理协议进行网络管理需要管理基站、管理信息库和管理代理等。

(1) 管理基站

管理基站通常是一个独立的设备,用作网络管理者进行网络管理的用户接口。基站上必须装备有管理软件、用户接口和从管理信息库(Management Information Base,MIB)取得信息的数据库,同时为了进行网络管理,其应该具备将管理命令发出基站的能力。

(2) 管理信息库

管理信息库是由网络管理协议访问的管理对象数据库,MIB是对象的集合,它代表网络中可以管理的资源和设备。每个对象基本上是一个数据变量,它代表被管理对象的信息。

(3) 管理代理

管理代理是一种网络设备,如主机、交换机等,这些设备都必须能够接收管理基站发来的信息,它们的状态也必须可以由管理基站监视。管理代理响应基站的请求并进行相应的操作,也可以在没有请求的情况下向基站发送信息。

简单网络管理协议的基本功能是获取、设置和接收代理发送的意外信息。获取指的是基站发送请求，代理根据这个请求回送相应的数据。设置是基站设置管理对象(也就是代理)的值。接收代理发送的意外信息是指代理可以在基站未请求的状态下向基站报告发生的意外情况。

简单网络管理协议为应用层协议，是 TCP/IP 协议族的一部分。它通过用户数据报协议来操作。简单网络管理协议提供了一种从网络上的设备中收集网络管理信息的方法，也为设备向网络管理工作站报告问题和错误提供了一种方法。通过将简单网络管理协议嵌入数据通信设备，如交换机中，就可以从一个中心站管理这些设备，并以图形方式查看信息。

在 PROFINET 网络中，为了读出各种相关数据、端口数据和邻居检测信息，并为了检测 PROFINET 设备，CC-B 和 CC-C 类型的设备必须有简单网络管理协议功能。

2. 邻居检测

PROFINET 的网络拓扑具有多样性，为了检测设备之间精确的、详细的互联情况，PROFINET 使用的了基于 IEEE 802.1AB 的链路层发现协议(Link Layer Discovery Protocol，LLDP)。该协议是一个标准的以太网协议，它为以太网网络设备，如交换机、路由器和无线局域网接入点定义了一种标准的方法，使其可以向网络中其他节点公告自身的存在，并保存各个邻近设备的发现信息，例如设备配置和设备识别等详细信息都可以用该协议进行公告。

在 PROFINET 中，现场设备通过每一个交换机端口与其互联的设备交换地址信息，因此其“邻居”可以明确地确认它们所处的位置。交换链路层发现协议信息的过程如图 6－43 所示。

可以使用工程工具来图形化地显示 PROFINET 的系统拓扑架构，以及各端口的诊断信息。使用简单网络管理协议可以集成在邻居检测中得到的所有信息，这可以使操作人员和工程师快速浏览网络的状态。图 6－43 所示是一个简单 PROFINET 网络的拓扑和网络诊断信息的图形化显示画面。

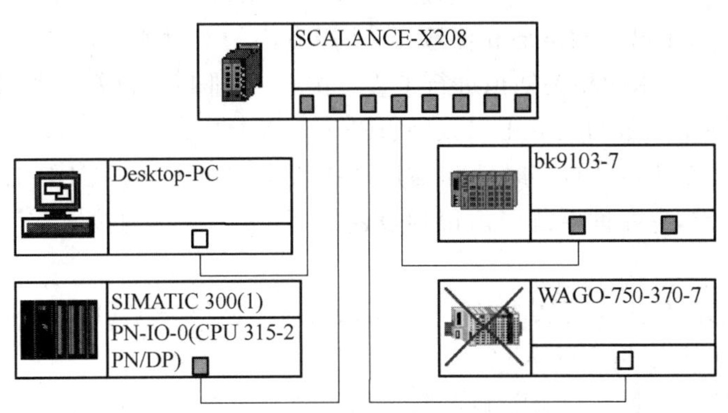

图 6－43　链路层发现协议和简单网络管理协议的使用

3. 设备更换

在过去，如果一个控制系统中的现场设备损坏或故障而需要更换时，可能还需要做不少工作。但对 CC-B 以上的设备来说，现在直接放在网络拓扑中即可，它会自动接收和原来设备相同的名字和参数。

如图6-44所示,更换设备后,控制器首先对第一个设备进行初始化,然后向其请求邻居端口信息,邻居端口信息被证实后,将邻居地址和名称等信息告诉下一个相连的设备,以此类推。

4. 网络诊断信息的集成

使用时,交换机必须作为一个PROFINET设备组态到系统中。对于低电平以太网线缆的故障,交换机可以直接报告给控制器。这种交换机可以通过报警CR使用非循环报警功能传输诊断信息。通过交换机,网络诊断信息可以集成到I/O系统的诊断中,如图6-45所示。

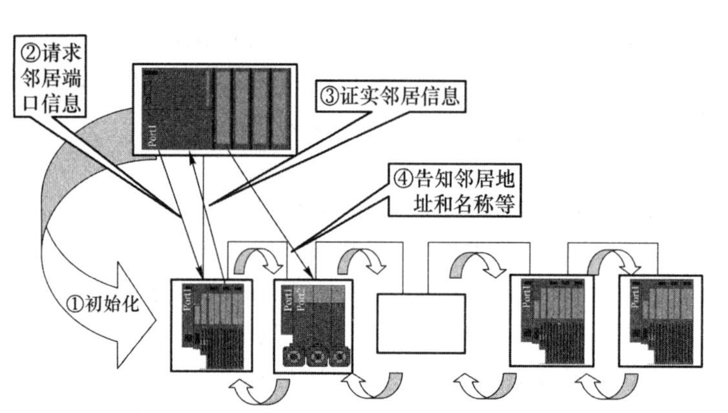

图6-44 更换设备和链路层发现协议的工作过程

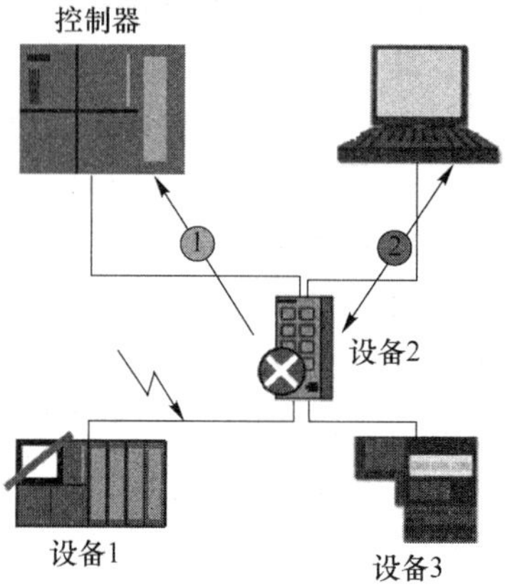

图6-45 网络诊断信息的集成

本章小结

PROFINET是实时以太网技术的典型代表,其物理层采用了快速以太网的物理层;数据链路层采用的也是IEEE 802.3以太网标准,但采取了一些改进措施来实现其实时性要求;网络层和传输层采用了因特网;在非实时通信中,网络层和传输层使用的是因特网的IP和UDP,在实时通信中,则抛开网络层和传输层,使用自己的实时通信协议。6.4节和6.5节对以太网技术和因特网技术的相关知识进行了重点讲解,工业以太网虽仍然基于CSMA/CD介质访问方式,但消除了竞争的全双工以太网、IEEE 802.1Q虚拟局域网,以及规定了优先级的IEEE 802.1P,为改善以太网的实时性和确定性提供了解决方案。UDP/IP是网络通信协议中事实上的国际标准,它在世界范围内得到普遍应用,很多成熟的技术都可以在PROFINET中直接使用。

PROFINET的通信主要有实时循环(RTC)、实时非循环(RTA)、等时同步(IRT)、非实时(NRT),以及UPD/IP通道上的RTC和RTA。

PROFINET启动过程是控制器和设备之间先建立连接,也就是建立AR和IOCR、报警CR,确认通信参数和子模块配置信息;然后下载子模块参数到设备。启动过程结束后,控制器和设备之间的实时通信就可以进行了。

作为一种领先的实时工业以太网技术,PROFINET仍在飞速发展着,它的一些后续技术和规范还在源源不断地开发和制定中。

思考题与练习题

1. 从 PROFINET 设备模型分析其主要组成。子槽 0 的主要作用是什么?

2. 简述 API 的实质。

3. PROFINET 中的主要数据元素有哪些?

4. 简述 AR 和 CR 的实质。主要的 CR 有哪些? 它们主要完成些什么任务?

5. 对 PROFINET 数据更新速度影响最大的因素是什么? PROFINET 采用了什么措施来解决该问题?

6. PROFINET 协议模型中各层分别采用了什么技术?

7. 简述以太网的产生和发展历史。

8. 试说出 100BASE-TX、100BASE-FX 所表示的含义。

9. 什么是 4B/5B 编码? 其映射规则是如何确定的? 为什么?

10. 为什么在 100BASE-TX 中使用 MLT-3? 其编码规则是什么?

11. 一个数据序列为:1001101000111011,试绘出其对应的 NRZI、MLT-3 编码的信号波形。假设起始电平为 0。

12. Ethernet Ⅱ 以太网帧由哪些部分组成,其长度分别是多少?

13. MAC 地址的作用是什么? 它是如何组成的?

14. PI 的 PROFINET 设备的 MAC 地址是什么? 生产规模不同的厂商如何为自己的 PROFINET 产品分配 MAC 地址?

15. 通过哪些改进的技术提高了以太网的实时性和确定性? 这些技术对应的国际标准编号是什么?

16. 试叙述 TCP/IP 模型和 ISO/OSI 模型的主要区别。

17. 试简述 IP、TCP、UDP 的作用和特点。

18. IP 地址由哪些部分组成? IP 地址是如何分类的?

19. 为什么要使用子网掩码?

20. 端口的作用是什么?

21. SOCKET 的作用是什么?

22. 试从通信通道模型的角度来分析 PROFINET 实时通信的实质。

23. CM 的作用是什么?

24. 针对控制任务快/慢不同的要求,PROFINET 采取了什么措施优化了帧的传输过程?

25. 在 PROFINET 的 RTC 帧中哪几部分体现了实时控制的需求?

26. 在 IRT 的帧中,为什么不需要 VLAN?

27. 简述 PROFINET 的启动过程。

28. IOPS 和 IOCS 的作用是什么? 它们是如何使用的?

29. 在 PROFINET 中,使用 SNMP 和 LLDP 来完成什么任务?

第7章 工业网络技术及工程应用

关于工业网络及总线的相关概念在第1章已做过介绍，本章就和工业网络相关联的技术及工业网络技术的工程应用进行讲解。本章内容侧重于制造业数字化管理平台应用技术，最后以纺纱生产过程信息化/智能化系统为例，讲述纺纱生产过程各工序设备数据集成及其综合分析应用，这是团队众多工程应用项目的简单总结。

7.1 工业网络技术

7.1.1 工业网络类型

工业网络是指安装在工业生产环境中的一种全数字化、双向、多站的通信系统，常用在制造业、流程工业等网络化控制系统中，对站点间通信的稳定性、实时性、易用性等有明确要求。工业网络有以下三种类型：

1）专用、封闭型工业网络：该网络规范由各公司自行研制，往往是针对某一特定应用领域而设，效率也是最高，但在相互连接时就显得各项指标参差不齐，推广与维护都难以协调。专用型工业网络有三个发展方向：① 走向封闭系统，以保证市场占有率。② 走向开放型，使它成为标准。③ 设计专用的 Gateway 与开放型网络连接。

2）开放型工业网络：除了一些较简单的标准是无条件开放外，大部分标准是有条件开放的，或仅对组织成员开放。生产商必须成为该组织的成员，产品须经过该组织的测试、认证，方可在该工业网络系统中使用。

3）标准工业网络：符合 IEC 61158、IEC 62026、ISO 11519 等国际标准的工业网络，它们都会遵循 ISO/OSIt 层参考模型。工业网络大都只使用物理层、数据链路层和应用层。一般工业网络技术的开发是根据现有的通信界面，或是自己设计通信协议，然后再依据应用领域设定数据传输格式。例如，DeviceNet 的物理层与数据链路层是以 CANbus 为基础，再增加适用于一般 I/O 点应用的应用层规范。

目前，IEC 61158 认可的工业现场总线标准多达二十余种，市场占有率较高的是 PROFIBUS DP、CANOpen、DeviceNet、Modbus、ControlNet、CC-Link、EtherNet/IP、EtherCAT 和 PROFINET。

7.1.2 工业以太网优势

工业以太网是应用于工业控制领域的以太网技术，在技术上与商用以太网（IEEE 802.3 标准）兼容，但是实际产品和应用却又完全不同，这主要表现在普通商用以太网的产品设计时，在材质的选用、产品的强度、适用性以及实时性、可互操作性、可靠性、抗干扰性、本质安全性等方面不能满足工业现场的需要，所以在工业现场应用的是与商用以太网不同的工业以太网。和传统的现场总线技术相比，工业以太网的优势主要有：

(1) 应用广泛

以太网是应用最广泛的计算机网络技术，几乎所有的编程语言如 Visual C＋＋、Java、Visual Basic、Python 等都支持以太网的应用开发。

(2) 通信速率高

100 Mbit/s 和 1 000 Mbit/s 的快速以太网已开始广泛应用，1 Gbit/s 以太网技术也逐渐成熟，而传统的现场总线，如西门子 PROFIBUS DP 最高速率只有 12 Mbit/s。显然，以太网的速率要比传统现场总线快得多，完全可以满足工业控制网络不断增长的实时性要求。

(3) 资源共享能力强

随着 Internet/ Intranet 的发展，以太网已渗透到各个角落，网络上的用户已解除了资源地理位置上的束缚，并入互联网的任何一台计算机上能浏览工业控制现场的数据，实现“控管一体化”，这是其他任何一种现场总线技术都无法比拟的。

(4) 可持续发展潜力大

以太网的引入将为控制系统的后续发展提供可能性，用户在技术升级方面无须单独的研究投入。同时，机器人技术、智能技术的发展都要求通信网络具有更高的带宽和性能，通信协议有更高的灵活性，这些要求以太网都能很好地满足。

7.1.3　4G/5G 通信

移动通信(Mobile Communication)是移动体之间的通信，或移动体与固定体之间的通信。移动体可以是人，也可以是汽车、火车、轮船等处于移动状态中的物体。

1. 移动通信技术的发展

移动通信是进行无线通信的现代化技术，这种技术是电子计算机与移动互联网发展的重要成果之一。移动通信技术经过多年的发展，目前已经迈入了第五代(5G 移动通信技术)，这也是目前改变世界的几种主要技术之一。

(1) 第一代模拟蜂窝业务

1984 年模拟蜂窝业务建成投产，在城市和城镇中不同的区域内重复使用相同的频率，不相邻区域内的频率重复使用是蜂窝增加容量的一个创新。

(2) 第二代数字通信服务(2G)

第二代数字通信服务比模拟移动业务提供的容量更多，在相同数量的频谱中，因使用了复用接入技术可承载更多的语音流量。

(3) 第三代数字通信服务(3G)

3G 网络提供更大的容量和为用户提供更多可产生收益的功能。3G 标准统称为 IMT-2000 国际移动通信标准。

(4) 第四代数字通信服务(4G)

4G 协议的标准由国际电信联盟无线电通信组制定。4G 技术实现了移动设备能够容纳预期移动数据传输数量的能力，实现了使用移动网络达到宽带上网的能力。

(5) 第五代数字通信服务(5G)

5G 移动通信是第四代通信技术的升级和延伸。从传输速率上来看，5G 通信技术更快、更稳定，在资源利用方面打破了 4G 通信技术的约束。同时，5G 通信技术将更多的高科技技术纳入进来，更好地适用于工业生产。目前由我国主导的 5G 技术在国内得到了大范围的普及和应用，使人们的工作、生活更加便利。

2. 5G技术在工业中的应用

5G技术是最新一代蜂窝移动通信技术，特点是广覆盖、大连接、低时延、高可靠。和4G技术相比，5G技术峰值速率提高30倍，用户体验速率提高10倍，频谱效率提升3倍，移动性能达到支持速度500 km/h的高铁，无线接口延时减少90%，连接密度提高10倍，能效和流量密度各提高100倍，能支持移动互联网和产业互联网的各方面应用需求。

5G技术目前主要有三大应用场景：一是增强移动宽带，提供大带宽高速率的移动服务，面向3D/超高清视频、AR/VR(增强现实/虚拟现实)、云服务等应用。二是海量机器类通信，主要面向大规模物联网业务，如智能家居、智慧城市等应用。三是超高可靠低延时通信，大大助力工业互联网、车联网中的创新应用。

5G技术在工业生产中的应用如下：

① 工业自动化：5G技术的高速度、低延迟和大连接特性使得工业自动化变得更加高效。工业机器人可以实时地接收和执行指令，实现更精确的操作。5G技术还支持大量的设备连接，实现设备的远程监控和管理。

② 智能制造：5G技术可以提供更高效、更精准地控制生产线，提高生产效率和质量。

③ 工业物联网：通过5G网络，工业物联网设备可以实时地传输数据，为工业生产提供更准确、更实时的数据支持。

④ 工业安全：5G技术的高速度、低延迟和大连接的特性使得工业安全变得更加可靠，可以实现实时的安全监控和预警，及时发现并处理问题。

7.1.4 无线网络

1. 无线网络基础

无线网络是指无须布线就能实现各种通信设备互联的网络。无线网络技术涵盖的范围很广，既包括允许用户建立远距离无线连接的全球语音和数据网络，也包括为近距离无线连接进行优化的红外线及射频技术。无线网络普遍和电信网络结合在一起，不需要电缆即可在节点之间相互链接。

根据网络覆盖范围不同、网络应用场合不同和网络架构不同等，可以将无线网络划分为不同的类别。通常无线网络划分为无线广域网(Wireless Wide Area Network，WWAN)、无线局域网(Wireless Local Area Network，WLAN)、无线城域网(Wireless Metropolitan Area Network，WMAN)和无线个人局域网(Wireless Personal Area Network，WPAN)。

无线广域网基于移动通信基础设施，由网络运营商经营，其负责一个城市所有区域甚至一个国家所有区域的通信服务。无线局域网则是一个负责在短距离范围之内无线通信接入功能的网络，它的网络连接能力非常强大。目前，无线局域网络以IEEE 802.11技术标准为基础，也就是WiFi网络。通常用于工业生产及信息集成的无线技术是无线广域网的4G/5G和无线局域网的WiFi技术，下面简要介绍常用于局部区域无线数据交互的WiFi技术。

2. WiFi技术及特点

WiFi是一种无线的、通用的通信技术，是一个基于IEEE 802.11协议集的无线局域网技术，它采用先进的信道编码和信道扫描方式，具有安全、高速、低成本等特点。WiFi也是目前世界上最流行的移动通信之一，如今已发展至WiFi 6技术，表7－1所列是WiFi 6与之前版本协议的通信参数对比。

表 7-1　WIFI 技术发展

技术特点	WiFi 4	WiFi 5		WiFi 6
协议	802.11n	802.11ac		802.11ax
		Wave1	Wave2	
年份	2009 年	2013 年	2016 年	2018 年
频段	2.4 GHz 5 GHz	5 GHz	2.4 GHz 5 GHz	2.4 GHz 5 GHz
最大频宽	40 MHz	80 MHz 160 MHz	160 MHz	160 MHz
最高调制	64QAM	256QAM		1024QAM
单流带宽	150 Mbit/s	433 Mbit/s	867 Mbit/s	1 200 Mbit/s
最大带宽	600 Mbit/s	3 466 Mbit/s	6 933 Mbit/s	9.6 Gbit/s
最大空间流	4×4	8×8		8×8
MU-MIMO	N/A	N/A	下行	上行、下行
OFDMA	N/A	N/A	N/A	上行、下行

WiFi 为分散的或者远端接入点提供了高性能的无线接入，其特点如下：

① 配置简易，部分产品不需要用户配置；

② 设备可编程，灵活，便于升级；

③ 硬件性能好；

④ 系统资源占用少，可靠性高；

⑤ 设备间的互操作性好；

⑥ 数据传输过程中存在着不可预测和易被篡改的可能；

⑦ 可以通过在不同用户之间进行数据交换而提高安全性；

⑧ 系统资源利用率高，可以大大提高网络容量和可靠性；

⑨ 设备与网络之间只需要连接一条数据线，即可实现安全的通信和网络访问；

⑩ 系统使用简单快速且安全可靠，可以大大节省网络部署及管理成本；

⑪ 通过对数据包进行加密来实现密钥管理，有效地保证通信安全；

⑫ 对通信双方均不产生影响，且无须建立专用的物理连接来传输数据；

⑬ 适用于不同场景（如办公、商场家居及工业生产），满足不同场合的应用需求。

3. WiFi 工业应用

按照工业生产场合的实际应用需求，工业场合的无线系统，需要配置无线控制器（Access Controller，AC）和多台无线访问接入点（Access Point，AP）协同组网，AP 可配置为以太网电源供应（Power Over Ethernet，POE）交换机供电模式或者独立供电模式。无线接入控制器通常部署在核心机房，AP 部署于现场，借助企业内部局域网及车间工业网络实现 AC 与 AP 间的互通，通过 AC 控制多台 AP 协同工作，其特点及优点如下：

① 频点规划，信道规划，漫游规划；

② 场景化设计（根据不同工业环境电磁干扰机信号屏蔽，科学设计 AP 分布）；

③ 业务感知、安全感知、无线认证；

④ 上网行为管理；

⑤ 无线网络自动优化（信道、功率自动调节，负载均衡调节等）。

7.1.5 串行通信与抗干扰技术

1. 串行通信基础

串行通信是使用一条数据线,将数据一位一位地依次传输,每一位数据占据一个固定的时间长度。串行通信需要少数几条线就可以在系统间交换信息,特别适用于计算机与计算机、计算机与外设之间的远距离通信。串行通信作为计算机通信方式之一,主要用于主机与外设以及主机之间的数据传输。2线制或4线制串行通信具有传输线少、成本低等特点,适用于PLC与触摸屏、仪表与采集器、设备与PC机等系统通信。

CAN、Modbus、自由通信等协议常借助与RS232、RS485或RS422网络进行数据通信,相关底层通信技术不再赘述。

2. 干扰因素及抗干扰技术

串行通信工作场所时常处于强电/电磁等复杂环境,并且通信站点间距离较长,因此通信容易受到干扰,下面简要介绍几类串行通信干扰因素。

(1) 电磁干扰

在串行通信工作设备附近,不可避免地存在强电设备、功率发射台等。这些设备发射/感应的强电磁场感应区内,环境电磁干扰强,串行通信设备工作在这种环境中,由于噪声(干扰)在信号电平上的叠加,容易引发通信双方数据错误。

(2) 系统噪声

串行通信依赖于串行通信芯片。由于芯片的设计工艺与制作水平,故对输出电平的噪声控制参差不齐。产生输出电平的噪声包括数字逻辑中供电电源和器件自身。通信中,供电电源的纹波不可避免地会加载到通信线路中,纹波较大时容易引发串行通信错误。

(3) 码率误差

串行通信双方事先约定了固定的波特率进行数据传输。波特率的一致性是串行通信数据稳定可靠的基础。由于通信双方的波特率由各自本地产生,故存在误差的波特率导致通信双方存在码率误差,波特率误差越大,通信数据错误的概率就越大。

(4) 地回路与参考地电位

通信双方共地应用中,由于系统间参考地的高低电平不一致,导致传输的信号对地电压存在一定的误差。通信双方两侧参考地电位误差过大,会引发串行通信的数据错误。

上述干扰源,在通信线屏蔽、线路隔离、校准波特率等不同的硬件优化措施下,可以减弱或消除部分干扰,但仍存在数据错误的可能性,常用的隔离及抗干扰措施有如下几种:

① 分立器件隔离技术:一般为共地隔离,而非系统间电气隔离,主要完成电平变换,从而保护器件。

② 光电耦合器隔离技术:由于光耦两侧的电信号完全隔离,内部以光为传输媒介,因此,光耦输入/输出之间绝缘,可以完成单向信号的隔离传输。

③ 新型隔离技术:电容隔离、磁耦隔离、射频隔离等不同类型的数字隔离器技术。

④ 屏蔽及磁环抗干扰:双绞双屏蔽通信线缆,在设备入口端增加铁氧体磁环可有效吸收干扰,同时增加通信线在铁氧体磁环中的匝数可以增加干扰的吸收效果。

⑤ 网络两端总线电阻抗干扰:在总线的两端的A+线和B-线上分别接上一个120 Ω的匹配电阻,可减少信号反射干扰。

7.1.6　工业网络安全

工业网络重点在于利用交换式以太网技术为控制器和操作站等各种工作站之间的相互协调合作提供一种交互机制，并和上层信息网络无缝集成。工业网络在控制领域的使用越来越广泛和深入，但依赖于工业网络运行的控制系统及应用系统存在一定的安全风险，必须对工业网络存在的安全隐患和可能带来的严重后果给予足够的重视。在工业网络应用时需要制定合理的规范，开展科学有效的安全防护工作，让工业网络更好地服务于生产。

1. 安全管理

(1) 资产管理

① 梳理 PLC、DCS、SCADA、机房数据中心等典型工业控制系统以及相关设备、软件、数据等资产，明确责任人，及时更新资产状态。开展工业控制系统资产核查，主要包括系统配置、权限分配、日志审计、病毒查杀、数据备份、设备运行状态等情况。

② 根据承载业务的重要性、规模，以及发生网络安全事件的危害程度等因素，建立重要工业控制系统清单并定期更新、重点保护。重要工业控制系统相关的关键工业主机、网络设备、控制设备等实施冗余备份。

(2) 配置管理

① 强化账户及口令管理，定期更新口令。遵循最小授权原则，合理设置账户权限，禁用不必要的系统默认账户和管理员账户，及时清理过期账户。

② 建立工业控制系统安全配置清单、安全防护设备策略配置清单。

(3) 供应链安全

① 与工业控制系统厂商、云服务商、安全服务商等明确各方的安全相关责任和义务，包括管理范围、职责划分、访问授权、隐私保护、行为准则、违约责任等。

② 工业控制系统使用的网络关键设备，如 PLC、工控机、网络设备等，应由具备资格的机构安全认证合格或者安全检测符合要求。

(4) 安全教育

定期开展工业控制系统网络安全相关法律法规、政策标准宣传教育，增强企业人员网络安全意识。针对工业控制系统和网络相关运维人员，开展工控安全专业技能培训及考核。

2. 技术防护

(1) 主机与终端安全

① 在工程师站、操作员站、工业数据库服务器等主机上部署防病毒软件，定期进行病毒库升级和查杀，防止勒索软件等恶意软件的传播。对具备存储功能的介质，在其接入工业主机前，应查杀病毒、木马等恶意代码。

② 主机采用应用软件白名单技术，只允许部署运行经企业授权和安全评估的应用软件，及时实施操作系统、数据库等系统软件和重要应用软件的升级。

③ 拆除或封闭工业主机上不必要的通用串行总线（USB）、外部存储、无线等外部设备接口，关闭不必要的网络服务端口。

④ 对工业主机、工业智能终端设备（控制设备、智能仪表等）、网络设备（工业交换机、工业路由器等）的访问实施用户身份鉴别，关键主机或终端的访问采用双因子认证。

(2) 架构与边界安全

① 根据承载业务特点、业务规模、影响工业生产的重要程度等因素，对工业以太网、工业

无线网络等组成的工业控制网络实施分区分域管理,部署工业防火墙、网闸等设备以实现域间横向隔离。当工业控制网络与企业管理网或互联网连通时,实施网间纵向防护,并对网间行为开展安全审计。设备接入工业控制网络时应进行身份认证。

② 应用 5G、WiFi 等无线通信技术组网时,须制定严格的网络访问控制策略,对无线接入设备采用身份认证机制,对无线访问接入点定期审计,关闭无线接入公开信息(或服务集标识符)(Service Set Identifier, SSID)广播,避免设备违规接入。

③ 严格远程访问控制,禁止工业控制系统面向互联网开通不必要的 HTTP、FTP、远程登录协议(Telnet)、远程桌面协议(Remode Desktop Protocol,RDP)等高风险通用网络服务,对必须要开通的网络服务采取安全接入代理等技术进行用户身份认证和应用鉴权。在远程维护时,使用互联网安全协议(IPsec)、安全套接层(Secure Sockets Layer,SSL)等协议构建安全网络通道(如虚拟专用网络(VPN)),并严格限制访问范围和授权时间,开展日志留存和审计。

④ 在工业控制系统中使用加密协议和算法时应符合相关法律法规要求,优先采用商用密码,实现加密网络通信、设备身份认证和数据安全传输。

(3) 上云安全

① 工业云平台为企业自建时,利用用户身份鉴别、访问控制、安全通信、入侵防范等技术做好安全防护,有效阻止非法操作、网络攻击等行为。

② 工业设备上云时,对上云设备实施严格标识管理,设备在接入工业云平台时采用双向身份认证,禁止未标识设备接入工业云平台。业务系统上云时,应确保不同业务系统运行环境的安全隔离。

(4) 应用安全

① 访问 MES、组态软件和工业数据库等应用服务时,应进行用户身份认证。访问关键应用服务时,采用双因子认证,并严格限制访问范围和授权时间。

② 工业企业自主研发的工业控制系统相关软件,应通过企业自行或委托第三方机构开展的安全性测试,测试合格后方可上线使用。

(5) 系统数据安全

① 定期梳理工业控制系统运行产生的数据,结合业务实际,开展数据分类分级,识别重要数据和核心数据并形成目录。围绕数据收集、存储、使用、加工、传输、提供、公开等环节,使用密码技术、访问控制、容灾备份等技术对数据实施安全保护。

② 法律、行政法规有境内存储要求的重要数据和核心数据,应在境内存储,确须向境外提供的,应当依法依规进行数据出境安全评估。

3. 安全运营

(1) 监测预警

① 在工业控制网络部署监测审计相关设备或平台,须在不影响系统稳定运行的前提下,及时发现和预警系统漏洞、恶意软件、网络攻击、网络侵入等安全风险。

② 在工业控制网络与企业管理网或互联网的边界,可采用工业控制系统蜜罐等威胁诱捕技术,捕获网络攻击行为,提升主动防御能力。

(2) 运营中心

有条件的企业可建立工业控制系统网络安全运营中心,利用安全协调自动化与响应(Security Orchestration Automation and Response,SOAR)等技术,实现安全设备的统一管理和策略配置,全面监测网络安全威胁,提升风险隐患集中排查和事件快速响应能力。

（3）应急处置

① 制定工控安全事件应急预案，明确报告和处置流程，根据实际情况适时进行评估和修订，定期开展应急演练。

② 重要设备、平台、系统访问和操作日志留存时间不少于六个月，并定期对日志备份，以便开展事后溯源取证。

③ 对重要系统应用和数据定期开展备份及恢复测试，确保紧急时工业控制系统在可接受的时间范围内恢复正常运行。

（4）安全评估

① 新建或升级工业控制系统上线前、工业控制网络与企业管理网或互联网连接前，应开展安全风险评估。

② 对于重要工业控制系统，企业应自行或委托第三方专业机构每年至少开展一次工业控制系统安全防护能力相关评估。

（5）漏洞管理

① 密切关注工业和信息化部网络安全威胁和漏洞信息共享平台等重大工控安全漏洞及其补丁程序发布，及时采取升级措施，短期内无法升级的，应开展针对性安全加固。

② 对重要工业控制系统定期开展漏洞排查，发现重大安全漏洞时，对补丁程序或加固措施测试验证后，方可实施补丁升级或加固。

7.2　常用通信协议

7.2.1　PLC 通信协议

伴随着工业自动化的快速发展与智能控制系统的通信需求，PLC 的通信功能越来越完善，通信方式越来越灵活，支持的协议也越来越丰富。大规模的控制系统通常由多个 PLC 控制器组成，应用一种或者多种通信协议实现数据的交换。各个 PLC 厂家开发的 PLC 通信协议种类繁多且彼此不同，但为了提升自身产品的市场占有率，一些通用的通信协议譬如自由口协议、Modbus、OPC 等通信协议也都在各 PLC 厂家的设备上得以支持。下面简要列出几种常见的 PLC 通信协议：

① Modbus：一种串行通信协议，支持多种物理层接口（如 RS232、RS485 等），可以实现 PLC 与其他设备（如 PLC、HMI、变频器、仪表等）之间的数据交换。

② PROFIBUS：一种用于工业自动化领域的现场总线通信协议，支持高速数据传输和实时控制，适用于复杂的自动化系统。

③ Ethernet/IP：一种基于以太网的工业通信协议，它结合了以太网和工业协议的特点，可以实现 PLC 与其他设备之间的高速数据交换和实时控制。

④ PROFINET：一种基于以太网的工业通信协议，它支持高速数据传输和实时控制，并提供了灵活的网络拓扑结构和设备管理功能。

⑤ CANOpen：一种基于 CAN 总线的开放式通信协议，广泛应用于工业自动化和机械控制领域。它支持多个设备之间的分布式控制和数据交换。

⑥ DeviceNet：一种基于 CAN 总线的工业通信协议，主要用于连接和控制设备，如传感器、执行器等。它提供了简单的设备配置和数据交换功能。

⑦ Modbus TCP/IP:一种基于以太网的 Modbus 协议的扩展,它使用 TCP/IP 协议进行数据传输,适用于远程监控和控制应用。

⑧ OPC:一种开放式标准,用于实现不同厂商的设备和软件之间的互操作性。它提供了统一的接口和数据模型,简化了 PLC 与其他设备之间的通信,常用于与 MES 系统通信。

7.2.2 OPC 通信技术

现场总线技术和工业以太网的种类有很多,不同的现场总线之间,不同的工业以太网之间存在着互不兼容、数据无法交换的问题。另外在使用不同的组态软件时会遇到底层设备驱动问题,不同的现场设备其驱动程序也不同,当现场设备进行改进或升级时,上位机中它们的相应驱动程序也必须改变。有些特殊设备或新设备的驱动程序还需要这些组态软件公司的工程师专门编写,不然上位机就不能从底层设备中获取数据。传统方式下的现场设备与上位机之间的数据交换方式如图 7-1(a)所示。现在绝无可能把这些自动化技术都统一到一种标准上来,随着自动化技术的发展,在一个自动化系统中可能集成了不同操作平台上的不同厂商的不同的硬件和软件产品,如何实现各平台之间、各设备之间和各软件之间的数据交换和信息共享,如何实现整个工业企业网中数据的交互,就成了急需解决的问题。OPC 技术提供了一种最佳的解决方案,现在它已成为工业数据交换的最有效的工具。

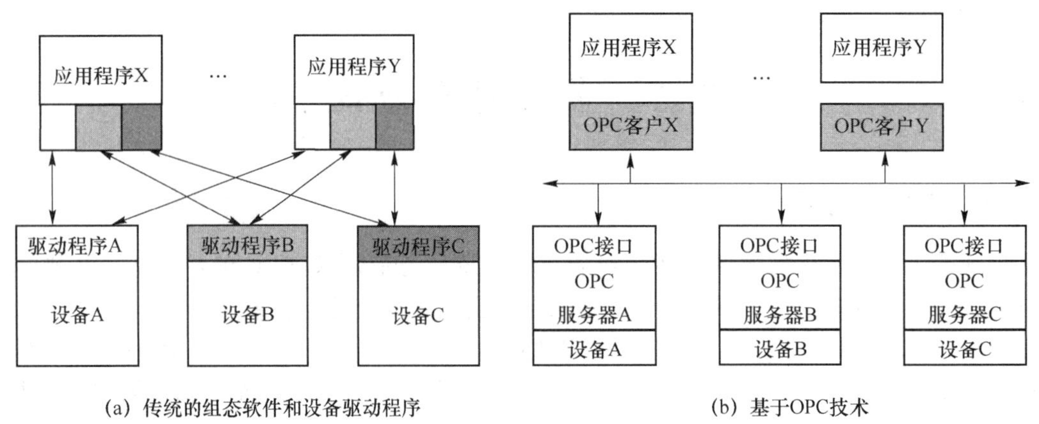

图 7-1 现场设备与应用软件之间的数据交换方式

1. OPC 技术简介

OPC 是 OLE for Process Control 的缩写,这里的 OLE(Object Linking and Embedding)是微软的对象链接与嵌入技术,所以 OPC 就是应用于过程控制中的对象链接与嵌入技术。它是一套组件对象模型标准接口,在基于 Windows 操作平台的工业应用程序之间提供高效的信息集成和数据交换。OPC 以微软的 OLE/COM/DCOM 技术为基础,采用客户/服务器模式,定义了一套适用于过程控制应用,支持过程数据访问、报警、事件与历史数据访问等的功能接口。在使用过程中,OPC 的服务器是数据的供应方,负责为 OPC 的客户提供所需要的数据;OPC 客户是数据的使用方,可以对 OPC 服务器提供的数据按需要进行处理。OPC 服务器不必知道它的客户的来源,OPC 客户可根据需要,接通或断开与 OPC 服务器的连接。所以只要各种现场设备等都具有标准的 OPC 接口,服务器通过这些标准接口把数据传送出去,需要使用这些数据的客户也以标准的 OPC 读写方式对 OPC 标准接口进行访问,即可获得所需要的数据。这里的标准接口是保证开放式数据交换的关键,它使得一个 OPC 服务器可以为多个客户提供数据；而一个客户也可以从多个 OPC 服务器获得数据。基于 OPC 的现场设备与应用软件之间的数据交换方式如图 7-1(b)所示。OPC 最本质的作用就是实现了工业过程数据交换的标准化和开放性。

OPC 技术成功地解决了驱动程序重复开发的问题，使得不同硬件产品的互换性和控制系统的互操作性得以提高和解决，另外也解决了产品升级所带来的一系列问题。现在 OPC 技术在自动控制领域的使用越来越广泛，这体现在两方面，一是许多硬件中增加了 OPC 接口，给用户提供了信息访问通道；二是在许多应用软件中增加了客户端功能，可以方便地获取不同的现场设备中的数据和信息，另外一些监控应用软件同时也提供 OPC 服务器，可以为其他的软件提供信息访问通道。图 7-2 所示为 OPC 应用架构。

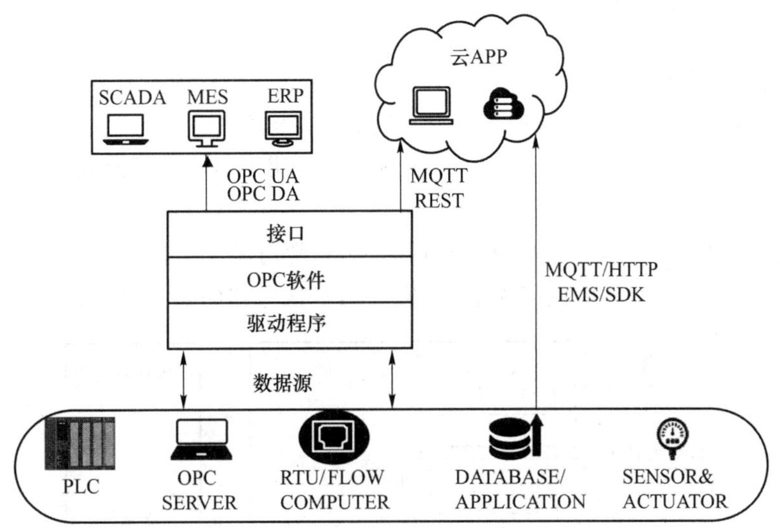

图 7-2　OPC 应用架构

总结来说，OPC 通信涉及 OPC 服务器的配置，开发 OPC 客户端应用程序，以实现数据传输和控制。在开发过程中，需要注意设置设备的通信参数，选择适当的编程语言和开发工具，编写代码来连接服务器和读取数据，同时处理可能出现的错误和故障，这些细节可以确保 OPC 通信的可靠性和有效性，当然也可购买成熟的 OPC 商业软件便捷实现 OPC 服务器或者客户端的数据通信。

2. OPC 的接口和服务器

(1) OPC 标准接口

OPC 规范中定义了两种标准接口：定制接口（Custom Interface）和自动化接口（Automation Interface）。其中，定制接口是 OPC 服务器必须提供的最基本的接口，自动化接口可以选择提供。用 C/C++等语言编写的 OPC 客户端程序可以任意访问这两种接口，而用 Excel、VB 等高级语言编写的客户端程序只能访问自动化接口。这些接口的体现形式是许多可调用的函数，数据正是通过它们交给客户使用的。OPC 接口示意图如图 7-3 所示。

(2) OPC 的服务器类型

OPC 规范中规定了几类 OPC 服务器：

① OPC 数据访问(Data Access)服务器：这是 OPC 中最基本的服务器，它提供对实时过程数据访问的标准接口，保证现场设备具有开放性和标准的一致性。

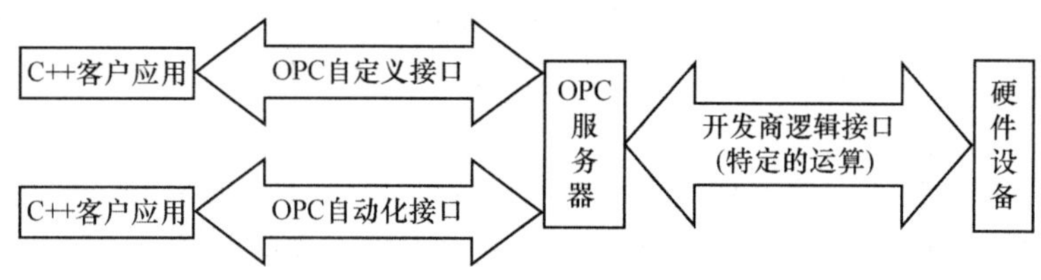

图 7-3　OPC 接口示意图

② OPC 报警和事件服务器(Alarm&Event Access):该服务器提供过程状态的信息。报警是系统或过程出现了非正常的情况,而事件是指系统或过程状态的改变或某些预知情况的发生。该服务器的主要作用是对实时事件通知、过程报警确认、事件浏览。有时 OPC 事件服务器是集成在数据服务器中的,有时则采用专门的 OPC 事件服务器。

③ OPC 历史数据访问服务器(History Data Access):在自动控制系统中,浏览和分析历史数据也是监控管理过程中的必要内容,该服务器可以为客户提供有关的历史数据信息。

④ OPC 批量服务器(Batch Access):该服务器主要用于访问批量控制过程的各类函数。

(3) OPC 服务器的对象模型

OPC 服务器有 3 类 COM 对象:OPCServer(OPC 服务器)对象、OPCGroup(OPC 逻辑管理单元)对象和 OPCItem(OPC 数据连接)对象。OPC 服务器的对象模型如图 7-4 所示。

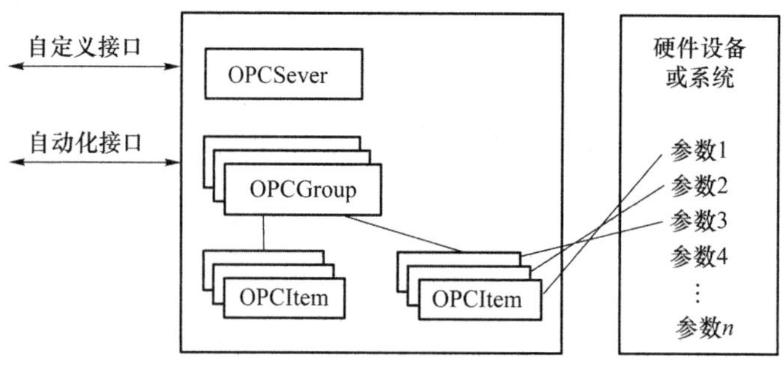

图 7-4　OPC 服务器的对象模型

OPCServer 对象是 OPC 服务器要实现的主要对象,也是客户最先能连接到的 COM 对象。它负责 OPC 数据访问(Data Access,DA)服务器级的信息管理、获取服务器的状态信息。它向 OPC 客户提供创建 OPCGroup 对象的功能。它提供了数种必须的和可选的接口,通过这些接口把 OPC 服务器的状态信息和管理 Group 的信息"暴露"给客户端,供其调用。

OPCServer 对象下面是 OPCGroup 对象,后者主要用于设定和维护 Group 对象、管理 Item 对象,负责 OPC DA 客户信息的设定与数据访问。

OPCItem 对象是最下面一层的对象,它包含在 OPCGroup 对象中。在 OPC 应用中,每个过程数据至少由 3 个数值的数据来描述:数据的值(Value)、数据的品质标识(Quality)和时间戳(Time Stamp)。这一组数据组成 OPC 的一个数据项 Item。OPCItem 用于管理与过程数据源的连接,它对 OPC 数据项进行封装,并增加了一些常用的 Item 的属性,如对象名、访问路径、数据类型等,以使客户可以方便地访问过程数据。

(4) OPC 数据访问(Data Access, DA)的过程

OPC 数据访问的过程如图 7-5 所示。

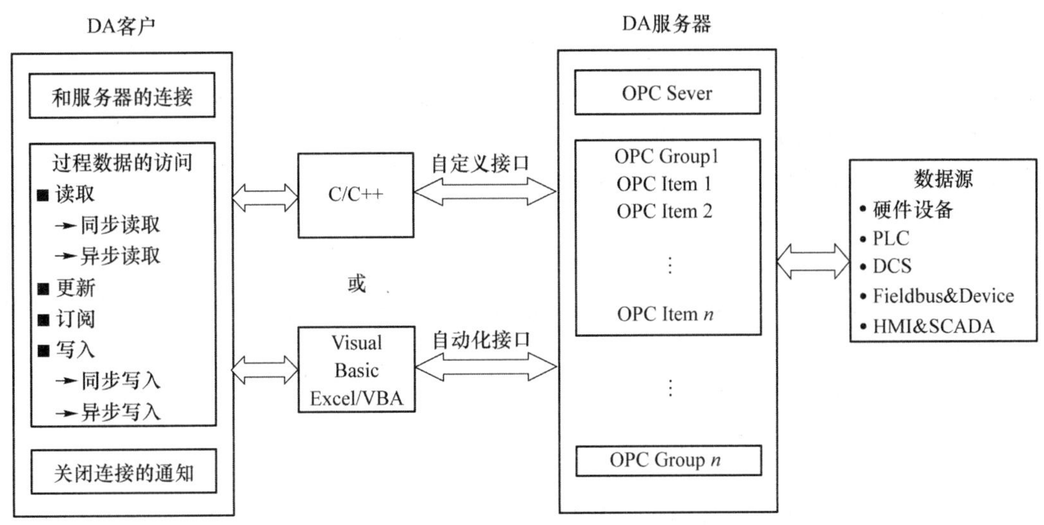

图 7－5　OPC 数据访问的过程

首先，OPC DA 客户连接到 DA 服务器上，建立 OPC 组(Group)和 OPC 数据项(Item)，这是 OPC DA 的基础，不然其他功能是不能实现的。DA 客户需要事先指定 DA 服务器的名称、运行 DA 服务器的机器名、DA 服务器上的 Item 定义。

接下来，客户通过对其建立的 Group 和 Item 进行访问，实现对过程数据的访问。客户最主要的数据访问工作是对过程数据的读写操作(有同步读/写和异步读/写之分)，除此之外，还包括对过程数据的更新和订阅。

最后是完成通知，即当服务器响应客户的过程数据访问请求，并处理完毕后，通知客户。

3. OPC UA

由于 OPC DA 使用了基于 Windows 的 COM(Component Object Model)技术，因此在跨平台和跨网络环境下的应用受到了一定的限制。此外，OPC DA 没有提供强大的安全性和扩展性。

为了克服这些问题，OPC(Unified Architecture，UA)标准在 2008 年发布。OPC UA 采用了基于 Web 服务的架构，支持多种传输协议，提供了更强大的安全性、扩展性和互操作性。OPC UA 成为新一代的 OPC 标准，逐渐取代传统的 OPC DA。

至今，OPC UA 通信已成为工业自动化领域中最常用的通信协议之一。它在实时数据传输、报警和事件、历史数据访问等方面发挥着重要作用，为工业自动化系统的互联和集成提供了标准化的解决方案。

7.2.3　Modbus 通信

1. Modbus 简介

Modbus 通信协议最初由 Modicon(施耐德电气旗下品牌)在 1979 年开发。最初的设计是为了在 Modicon 的可编程逻辑控制器(PLC)和其他设备之间进行通信。

Modbus 通信是一种常用的工业自动化通信协议，它是一种串行通信协议，用于在控制器和设备之间传输数据。Modbus 通信通常用于连接 PLC(可编程逻辑控制器)、传感器、执行器和其他工业设备。Modbus 通信协议通常使用简单的主从架构，其中一个主设备(通常是 PLC 或计算机)负责发送请求并控制通信过程，而从设备(例如传感器或执行器)则响应请求并提供数据或执行命令。

Modbus通信协议以其简单、可靠的数据传输方式,已经成为工业自动化领域中最常用的通信协议之一,不同厂商的设备可以方便地进行通信和集成,其通信的特点如下:

① 简单性:Modbus协议设计简单,易于实现和使用。它使用简洁的数据帧格式和基本的功能码,使得设备之间的通信变得简单和高效。

② 灵活性:Modbus协议支持多种数据类型和功能码,包括读取和写入数据、读取设备状态、控制设备等。这使得它适用于不同类型的设备和应用场景。

③ 实时性:Modbus通信是一种实时通信协议,可以在较短的时间内完成数据的传输和响应。这使得它适用于对实时性要求较高的应用,如数据采集、控制和监控等。

④ 可靠性:Modbus协议具有较强的容错能力和错误检测机制。它使用CRC来验证数据的完整性,以确保通信的可靠性和准确性。

2. Modbus的发展

随着工业自动化系统的不断发展,Modbus协议得到了广泛的应用,同时也得到了不断更新和扩展。例如,Modbus RTU和Modbus ASCII是基于串行通信的变种,而Modbus TCP则是基于以太网的扩展。这些发展使得Modbus协议可以适应不同的通信需求,并且可以在不同的网络结构中进行通信。

(1) Modbus RTU

Modbus RTU是一种常用于工业自动化和控制系统的通信协议。它是一种串行通信协议,采用主从架构,其中主设备(如PLC或计算机)通过串行连接与一个或多个从设备(如传感器、执行器或其他控制设备)进行通信。Modbus RTU使用简单高效的基于数据包的通信格式,其中数据以二进制格式传输,并具有错误检查功能,以确保可靠性。它通常在RS232或RS485串行连接上运行,并支持主流的通信速度。该协议定义了一组标准数据类型和功能代码,用于读取和写入数据,并允许对网络上的单个从设备进行寻址。由于其简单性、可靠性和与各种设备的兼容性,Modbus RTU广泛应用于工业应用中。

(2) Modbus ASCII

Modbus ASCII是一种通信协议,类似于Modbus RTU。不同的是,Modbus ASCII使用ASCII字符而不是二进制格式进行数据传输。在Modbus ASCII中,每个字节用两个ASCII字符表示,这种方式增加了数据传输的可靠性,因为ASCII字符在传输过程中更容易被识别和处理。然而,由于ASCII字符的表示形式比二进制数据需要更多的字节,因此Modbus ASCII的数据传输速度通常比Modbus RTU慢。尽管Modbus ASCII在某些特定的应用中可能有用,但在工业控制系统中,通常使用的是Modbus RTU协议,Modbus RTU可以更快速、更有效地传输数据。

(3) Modbus TCP

Modbus TCP是基于TCP/IP协议的Modbus通信协议的一种延伸,它允许Modbus协议在以太网上进行数据通信。Modbus TCP通常用于工业自动化领域,特别是在连接PLC、传感器、执行器和协议网关时较为常见。

Modbus TCP与传统的串行Modbus RTU或Modbus ASCII协议相比具有以下特点:

① 基于以太网:Modbus TCP使用TCP/IP协议栈进行数据传输,因此可以利用以太网的高带宽和灵活性,支持在局域网或广域网中进行远程通信。

② 速度和效率:相较于串行通信,以太网通信通常具有更高的数据传输速度和更高的带

宽利用率,因此 Modbus TCP 可以实现更快的数据交换。

③ 灵活性:基于 TCP/IP 的通信允许在网络中轻松添加、移除或重新配置设备,同时支持多点通信。

④ 集成性:由于基于 TCP/IP 标准,Modbus TCP 可以轻松地与其他基于 TCP/IP 的网络设备进行集成,例如计算机、路由器、交换机等。

Modbus TCP 通信协议仍然保留了 Modbus 协议的特点,包括简单性、可靠性和广泛的支持,它为基于以太网的工业自动化系统提供了一种高效、灵活且可靠的数据通信方式。

3. Modbus 通信过程

Modbus 是一个主站、多台从站的通信协议,Modbus 通信中只有主站设备可以发送请求,其他从设备接收主机发送的数据进行响应,从站是任何外围设备,如 I/O 传感器、阀门、网络驱动器或其他测量类型的设备。从站处理信息和使用 Modbus 协议将其数据发送给主站。也就是说,Modbus 不能同步进行通信,主站在同一时间内只能向一个从站发送请求,总线上每次只有一个数据进行传输,即主站发送,从站应答;主站不发送,总线上就没有数据通信。从站不会自己发送消息给主站,只能回复从主站发送的消息请求,并且 Modbus 并没有冲突检测判断,比方说主站给从站发送命令,从站没有收到或者正在处理其他东西,这时候就不能响应主站,因为 Modbus 的总线只是传输数据,没有其他仲裁机制,所以需要通过软件的方式来判断是否正常接收。Modbus 通信中几个常用的术语如下:

① 主站和从站:Modbus 通信中的两种设备角色。主站发起通信请求,从站响应请求并提供所需的数据。

② 通信周期:Modbus 通信的时间间隔,用于指示主站发送请求并接收从站的响应。通信周期的长短取决于实际的应用需求和设备的响应时间。

③ 寄存器:Modbus 通信中的数据存储单元,用于存储设备的状态、测量值和控制参数等。有多种类型的寄存器,如线圈寄存器(Coil Register)、离散输入寄存器(Discrete Input Register)、保持寄存器(Holding Register)和输入寄存器(Input Register)。

④ 功能码:Modbus 通信中使用的命令码,用于指示所需的操作类型。常见的功能码包括读取线圈状态、写入寄存器值、读取输入寄存器等。Modbus 常用功能码对应表如表 7-2 所列。

表 7-2　Modbus 常用功能码对应表

序　号	功能码	功　能	功能说明
1	01H	读线圈状态	用于读取从站线圈寄存器的状态,可以操作单个或多个线圈
2	02H	读线圈状态	用于读取从站线圈寄存器的状态,可以操作单个或多个线圈
3	03H	读保持寄存器	用于读取保持寄存器的内容,可以操作单个或多个保持寄存器
4	04H	读输入寄存器	用于读取输入寄存器的内容,可以操作单个或多个输入寄存器
5	05H	写单个线圈	用于设置单个线圈的状态,可以是 ON 或 OFF
6	06H	写单个保持寄存器	用于设置单个保持寄存器的内容
7	0FH	写多个线圈	用于设置多个线圈的状态,可以是 ON 或 OFF
8	10H	写多个保持寄存器	用于设置多个保持寄存器的内容

此外,还有其他功能码,如 08H 为诊断功能,用于检测通信问题,以及 15H 和 16H 写多个

线圈和写多个保持寄存器,它们与0FH和10H相似,但功能更强大,可以操作更多的线圈或保持寄存器。需要注意的是,不同的Modbus设备可能支持不同的功能码,因此在使用时应参考具体设备的文档。

总的来说,Modbus通信是一种简单、灵活、实时和可靠的通信协议,广泛应用于工业自动化领域中的数据采集、监控和控制等方面。它能够满足不同设备和系统之间的数据交换和通信需求,是工业自动化中常用的通信标准之一,其典型应用如图7-6所示。

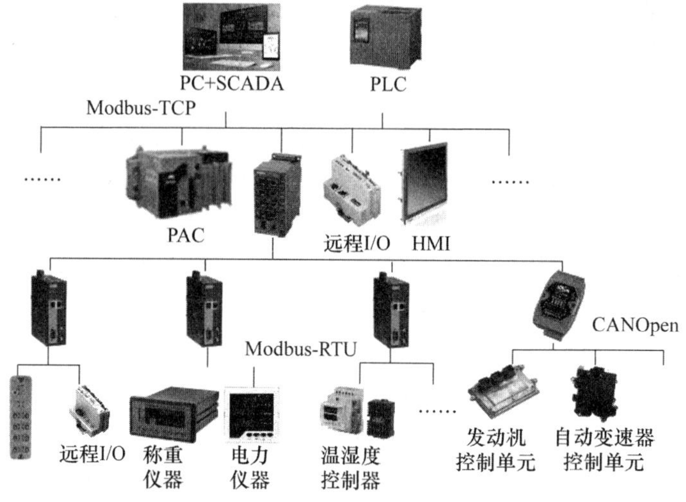

图7-6　Modbus总线通信应用示例

7.2.4　CAN通信

1. CAN的简介

CAN(Controller Area Net)总线属于现场总线的一种,可有效支持分布式控制系统的串行通信网络,是由德国博世公司在20世纪80年代专门为汽车行业开发的一种串行通信总线。由于其高性能、高可靠性以及独特的设计而越来越受到重视,在汽车业、航空业、工业控制、安全防护等领域中得到了广泛应用。

随着CAN总线在各个行业和领域的广泛应用,对其的通信格式标准化也提出了更严格的要求。1991年CAN总线技术规范(Version 2.0)制定并发布。该技术规范共包括A和B两个部分,其中2.0A给出了CAN报文标准格式,而2.0B给出了标准的和扩展的两种格式,CAN总线技术也在不断发展和优化,CANOpen主要基于CAN应用协议,它属于OSI七层模型中的应用层以上的协议,相当于它对物理层再进行了一次协议封装,作为一个标准并开放出来,这样每个厂家可以用这个协议彼此通信,提高了互操作性和兼容性。

2. CAN的工作原理

CAN总线使用串行数据传输方式,可以以1 Mbit/s的速率在40 m长的双绞线上运行,也可以使用光缆连接,这种总线协议支持多主控制器。当CAN总线上的一个节点(站)发送数据时,它以报文形式广播给网络中所有节点,对每个节点来说,无论数据是否是发给自己的,都对其进行接收。每组报文开头的11位字符为标识符,定义了报文的优先级,这种报文格式称为面向内容的编址方案,在同一系统中标识符是唯一的,不可能有两个站发送具有相同标识符的报文,当几个站同时竞争总线读取时,这样配置就显得十分重要。

在具体通信时，当一个站要向其他站发送数据，该站的 CPU 将要发送的数据和自己的标识符传送给本站的 CAN 芯片，并处于准备状态，当它收到总线分配时，转为发送报文状态。CAN 芯片将数据根据协议组成报文格式发出，这时网络上的其他站都处于接收状态，每个处于接收状态的站对接收到的报文进行检测，判断这些报文是否是发给自己的，以确定是否接收它。由于 CAN 总线是一种面向内容的编址方案，因此很容易建立高水准的控制系统并灵活地进行配置。可以在 CAN 总线中添加一些新站而无须在硬件或软件上进行修改，当所添加的新站是纯数据接收设备时，数据传输协议不要求其有物理目的地址。

3. CAN 总线特征

CAN 属于总线式串行通信网络，采用了许多新技术和独特的设计思想，与同类产品相比，CAN 总线在数据通信方面具有可靠、实时和灵活的优点。下面简要说一下 CAN 的几点特征。

(1) CAN 总线结构与通信距离

CAN 总线协议是建立在国际标准组织的开放系统 OSI 七层互联参考模型基础之上的。其模型结构只有 3 层，即物理层、数据链层和传输层，保证了节点间无差错的数据传输。CAN 总线上用“显性”(Dominant)和“隐性”(Recessive)两个互补的逻辑值表示“0”和“1”。VCAN-H 和 VCAN-L 为 CAN 总线收发器与总线之间的两接口引脚，信号以两线之间的“差分”电压形式出现。在隐性状态，VCNA-H 和 VCANL 被固定在平均电压电平附近，差模信号电压 V_{diff} 近似于 0。显性位以大于最小阈值的差分电压表示。CAN 总线的通信距离最远可达 10 km(位速率为 5 kbit/s)，通信速率最快可达 1 Mbit/s(此时最长通信距离为 40 m)。

(2) 报文传输

CAN 技术的报文传输为多主方式工作，网络上任意节点均可在任意时刻主动地向网络上其他节点发送信息，而不分主从。CAN 节点只须通过对报文的标示符滤波即可实现点对点、一点对多点及全局广播等几种方式发送、接收数据。CAN 总线的数据传输(报文传输)采用帧格式，按帧格式的不同，分为含有 11 位标识符的标准帧和含有 29 位标识符的扩展帧。CAN 总线的帧类型分为数据帧、远程帧、错误帧和过载帧。

(3) 仲裁(Arbitration)

只要总线空闲，任何单元都可以开始发送报文。如果两个或两个以上节点同时开始传送报文，那么就会有总线访问冲突。通过使用标识符的逐位仲裁可以解决这个冲突。仲裁的机制确保了报文和时间均不损失。当具有相同标识符的数据帧和远程帧同时发送时，数据帧优先于远程帧。在仲裁期间，每一个发送器都对总线进行监测，如果发送和接收电平相同，则该节点可以继续发送报文。比如发送的是一“隐性”电平，而监视到的是一“显性”电平，那么这个节点就失去了仲裁，必须退出发送状态。

CAN 总线主要特点有：

① CAN 为多主工作方式，网络上的任意节点在任意时刻都可以主动地向其他节点发送信息，不分主从，方式灵活。

② CAN 网络节点可以安排优先级顺序，以满足和协调各自不同的实时性要求。

③ 采用非破坏性的总线仲裁技术，多点同时发送信息时，按优先级顺序通信，节省总线冲突仲裁时间，避免网络瘫痪。

④ 可以进行点对点、一点对多点和全域广播方式传递信息。

⑤ 通信速率最高可达 1 Mbit/s(40 m 以内)，最长传递距离达 10 km(速率为 5 kbit/s

以下)。

⑥ 网络节点目前可达110个,报文标志符2 032种(CAN2.0A),扩展标准(CAN2.0B)中报文标志符几乎不受限制。

⑦ 短帧数据结构,传输时间短,抗干扰能力强,检错效果好。

⑧ 通信介质可以用双绞线、同轴电缆或光纤。

⑨ 网络节点在错误严重的情况下可以自动关闭输出功能,脱离网络。

⑩ 实现了标准化、规范化(国际标准ISO 11898)。

4. CAN通信应用

CAN广泛在汽车制造、汽车控制、大型仪器设备、工业控制、智能家庭和园区管理中得到应用。同时由于CAN总线本身的特点,其应用范围目前已不再局限于汽车行业,而向自动控制、航空航天、航海、轨道交通、过程工业、机械工业、纺织机械、农用机械、机器人、数控机床、医疗器械及传感器等领域发展。

7.2.5 MQTT通信

1. MQTT简介

消息队列遥测传输协议(Message Queuing Telemetry Transport, MQTT)是基于TCP/IP协议栈构建的异步通信消息协议,是一种轻量级的发布/订阅信息传输协议。MQTT在时间和空间上,将消息发送者与接收者分离,可以在不可靠的网络环境中进行扩展,适用于设备硬件存储空间有限或网络带宽有限的场景。

物联网平台支持设备使用MQTT协议接入,其特点是通信保持长连接,具有一定的实时性,云端向设备端发送消息,设备端可以在最短的时间内接收到并做出响应,所以MQTT也适用于实时控制的场合。

2. MQTT特点

MQTT协议是为大量计算能力有限,且工作在低带宽、不可靠的网络的远程传感器和控制设备通信而设计的协议,它具有以下几项主要的特性:

① 发布/订阅模式:MQTT采用发布/订阅模式,消息的发送者称为发布者,消息的接收者称为订阅者。发布者和订阅者之间通过一个称为“主题”的标识符进行通信。

② 消息保证:有三种消息发布服务质量(QoS)定阅等级,分0、1、2三个等级,简单来说是等级越高越可靠。包括最多一次(QoS0)、至少一次(QoS1)和只有一次(QoS2)。

③ 轻量高效:小型传输,开销很小(固定长度的头部是2个字节),协议交换最小化,以降低网络流量。

④ 遗言遗嘱机制:使用Last Will和Testament特性通知有关各方客户端异常中断的机制。

⑤ 异步通信:MQTT支持异步通信,发布者和订阅者之间不需要直接建立连接,消息的发送和接收是异步的,这样可以降低通信的延迟。

⑥ 安全性:MQTT支持TLS/SSL加密,可以确保消息传输的安全性和保密性。

3. MQTT通信方式

(1) MQTT协议实现方式

MQTT协议需要客户端和服务器端。MQTT协议中有三种身份:发布者(Publish)、代理(Broker)和订阅者(Subscribe)。其中,消息的发布者和订阅者都是客户端,消息代理是服务器,消息发布者可以同时是订阅者,如图 7-7 所示。

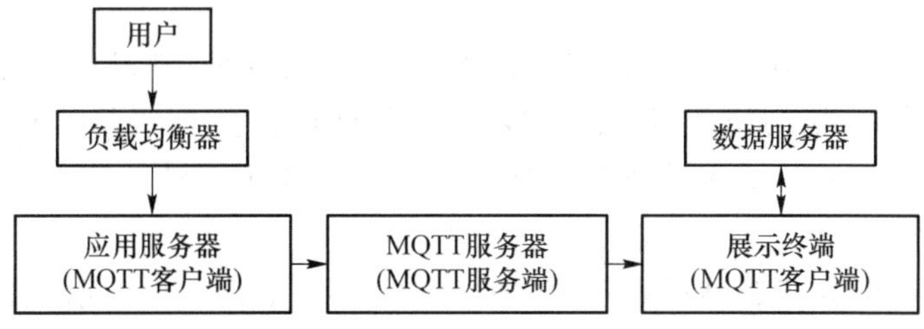

图 7-7　MQTT 通信实现方式

MQTT 传输的消息分为主题(Topic)和负载(Payload)两部分:

① 主题(Topic):可以理解为消息的类型,订阅者订阅(Subscribe)后,就会收到该主题的消息内容(Payload)。

② 负载(Payload):可以理解为消息的内容,是指订阅者具体要使用的内容。

(2) 网络传输与应用消息

MQTT 会构建底层网络传输:建立客户端到服务器的连接,提供两者之间的一个有序的、无损的、基于字节流的双向传输。当应用数据通过 MQTT 网络发送时,MQTT 会把与之相关的服务质量(QoS)和主题名(Topic)相关联。

(3) MQTT 客户端

一个使用 MQTT 协议的应用程序或者设备,其总是建立到服务器的网络连接。客户端功能主要包括:

① 发布其他客户端可能会订阅的信息。

② 订阅其他客户端发布的消息。

③ 退订或删除应用程序的消息。

④ 断开与服务器连接。

(4) MQTT 服务器

MQTT 服务器可以称为消息代理(Broker),可以是一个应用程序或一台设备,它位于消息发布者和订阅者之间。MQTT 服务器的功能主要包括:

① 接受来自客户的网络连接。

② 接受客户发布的应用信息。

③ 处理来自客户端的订阅和退订请求。

④ 向订阅的客户转发应用程序消息。

(5) MQTT 协议中的订阅、会话、主题名、主题筛选器

① 订阅(Subscription):订阅包含主题筛选器和最大服务质量(QoS)。订阅会与一个会话关联,一个会话可以包含多个订阅,每一个会话中的每个订阅都有一个不同的主题筛选器。

② 会话(Session):每个客户端与服务器建立连接后就是一个会话,客户端和服务器之间有状态交互。会话存在于一个网络之间,也可能在客户端和服务器之间跨越多个连续的网络连接。

③ 主题名(Topic Name):连接到一个应用程序消息的标签,该标签与服务器的订阅相匹配。服务器会将消息发送给订阅所匹配标签的每个客户端。

④ 主题筛选器(Topic Filter):一个对主题名通配符筛选器,在订阅表达式中使用,表示订

阅所匹配到的多个主题。

4. MQTT 应用

① 手机:用于手机应用程序,例如实时位置跟踪、即时通信、消息推送等功能。手机应用可以作为 MQTT 客户端,与服务器进行连接,发布和订阅消息,实现与其他设备的通信。

② 计算机:用于计算机应用程序之间的通信,例如在工业自动化领域中,用于设备之间的数据传输和控制命令的发送,生产线监控等。

③ 智慧居家系统:用于智慧居家系统中的各种智能设备之间的通信,如智能灯具、智能插座、温度传感器等,实现远程控制和数据交换。

④ 资料库:用于资料库中的实时数据传输和通信,例如金融行业中的股票行情、交易信息等。

⑤ 运算主机:用于运算主机之间的通信,例如在分布式计算环境中,用于节点之间的数据传输和控制命令的发送。

⑥ 单板计算机:用于单板计算机与其他设备之间的通信,例如在物联网和传感器网络中,用于数据采集、传输和控制。

7.2.6 Web Bridge 通信

1. Web Bridge 简介

随着 Web 技术的发展,人们开始探索如何通过 Web 浏览器实现远程访问和控制设备。最早的尝试是通过使用通用网关接口(Common Gateway Interface, CGI)将命令行界面嵌入到 Web 页面中,这种方法虽然实现了基本的远程访问功能,但用户体验不佳,而且对设备的控制能力有限。随着 Web 技术的进一步发展,出现了一种新的通信技术,即 Web Bridge 通信。Web Bridge 通信通过在设备和 Web 浏览器之间建立一个中间层,将设备的功能和状态映射到 Web 界面上,用户可以通过 Web 浏览器直接访问和控制设备,无须安装额外的客户端软件。

Web Bridge 通信通常指的是通过网络桥接设备进行通信。网络桥接设备是一种用于连接两个或多个网络的设备,它们可以在不同的网络之间传输数据,并充当数据传输和转换的中继设备。Web Bridge 通信可以用于连接不同类型的网络,例如以太网、WiFi、蓝牙等,使它们能够互相通信和交换数据。这种通信通常用于连接远程设备、传感器、监控系统等,以实现远程监控、数据采集和控制操作。

通过 Web Bridge 通信,用户可以远程访问和控制设备,监测数据并进行实时交换。这种通信方式在物联网(Internet of Things,IoT)应用和远程监控系统中经常使用,以实现设备之间的互联互通。

2. Web Bridge 通信分类

Web Bridge 通信的实现方式有多种,其中一种常见的方式是使用基于 HTTP 协议的 RESTful API。设备提供一个 HTTP 服务器,通过定义一组 API 接口,允许用户通过发送 HTTP 请求来访问和控制设备。用户可以使用 Web 浏览器或其他 HTTP 客户端工具发送请求,并接收设备返回的数据。Web Bridge 通信可以根据不同的应用场景和技术实现方式进行分类。

① 基于 HTTP/HTTPS 的 Web 服务桥接:这种方式利用 HTTP 或 HTTPS 协议进行通信,通常用于设备与远程服务器或云端系统之间的数据交换,例如传感器数据上传、远程控制等。

② Web Sockets 桥接：Web Sockets 是一种在 Web 浏览器和 Web 服务器之间进行全双工通信的协议，可以用于实时通信，例如在物联网应用中用于设备之间的实时数据传输。

③ 基于 Web API 的桥接：通过定义和使用 Web API，设备可以通过 HTTP 请求与其他设备或系统进行通信，实现数据交换和控制操作。

④ RESTful API 桥接：基于 RESTful 原则设计的 API 可以用于设备之间的通信，通过 HTTP 协议进行数据传输和操作。

⑤ MQTT over Web Bridge（通过 Web 桥接技术实现 MQTT 协议的通信）：MQTT 是一种轻量级的消息传输协议，通过使用 MQTT over Web Bridge，可以在 Web 环境中实现设备之间的发布/订阅消息通信。

3. Web Bridge 通信构成

Web Bridge 通信通常由以下几部分组成：

① 网络设备：包括交换机、网桥等，用于在不同网络之间传输和转发数据。这些设备可以连接不同类型的网络。

② 网络协议：用于规定数据在网络中传输的方式和格式，例如 TCP/IP 协议、HTTP 协议、MQTT 协议等。

③ 网络互联接口：用于连接不同网络之间的通信接口，例如网关设备、协议转换器等。这些接口可以帮助不同类型的网络进行通信和数据交换。

④ 控制和管理系统：用于监控和管理 Web Bridge 通信设备和网络，以确保网络通信的可靠性和安全性。

这些构成部分共同协作，使得不同类型的网络设备能够连接和通信，实现数据交换和互联互通。

4. Web Bridge 通信应用特点

① 网络互联：可以连接不同类型的网络，例如以太网、WiFi、蓝牙等，实现这些网络之间的互联互通，使得设备和系统能够进行数据交换和通信。

② 数据转发：通过 Web Bridge 通信，数据可以从一个网络传输到另一个网络，这有助于实现远程监控、数据采集和远程操作等功能。

③ 跨平台兼容性：通常具有跨平台的兼容性，可以连接不同厂商、不同类型的设备和系统，实现设备之间的互联。

④ 远程访问：可以支持远程访问和控制，使得用户可以远程监控设备和系统，进行实时交换和操作。

⑤ 数据安全：通常具有一定的安全机制，可以对数据进行加密和认证，保障数据传输的安全性和可靠性。

⑥ 实时性：能够实现实时数据传输和交换，使得设备和系统能够及时响应和处理数据。

这些特点使得 Web Bridge 通信在物联网、远程监控系统和其他网络应用中发挥着重要作用。

7.2.7　FTP 通信

1. FTP 简介

文件传输协议（File Transfer Protocol，FTP）是 TCP/IP 协议组中的协议。FTP 协议包括两个组成部分，其一为 FTP 服务器，其二为 FTP 客户端。其中，FTP 服务器用来存储文件，用户可以使用FTP客户端通过FTP协议访问位于FTP服务器上的资源。由于FTP传输效率非常高,在网络上传输大的文件时,一般也采用该协议。

默认情况下,FTP协议使用TCP端口中的20和21,其中,20端口用于传输数据,21端口用于传输控制信息。但是,是否使用20端口作为传输数据的端口与FTP使用的传输模式有关,如果采用主动模式,那么数据传输端口就是20;如果采用被动模式,则具体最终使用哪个端口要服务器端和客户端协商决定。

2. FTP工作方式

(1) 服务器

同大多数Internet服务一样,FTP也是一个客户端/服务器系统。用户通过一个客户机程序连接至在远程计算机上运行的服务器程序。依照FTP协议提供服务,进行文件传送的计算机就是FTP服务器,而连接FTP服务器、遵循FTP协议与服务器传送文件的计算机就是FTP客户端。用户要连上FTP服务器,就要用到FTP的客户端软件,通常Windows自带"ftp"命令,这是一个命令行的FTP客户程序,另外常用的FTP客户程序还有FileZilla、CuteFTP、Ws_FTP、Flashfxp、LeapFTP等。

FTP支持两种模式,一种方式叫做Standard(也就是PORT方式,主动方式),一种是Passive(也就是PASV,被动方式)。Standard模式FTP的客户端发送PORT命令到FTP服务器。Passive模式FTP的客户端发送PASV命令到FTP Server。

(2) 用户授权

要连上FTP服务器(即登录),必须要有该FTP服务器授权的账号,也就是说只有一个用户标识和一个口令后才能登录FTP服务器,享受FTP服务器提供的服务。

(3) 地址格式

FTP地址为ftp://用户名:密码@FTP服务器IP或域名:FTP命令端口/路径/文件名,上面的参数除FTP服务器IP或域名为必要项外,其他都不是必需的。例如以下地址都是有效FTP地址:

ftp://Limitedtest.6600.org

ftp://list:list@ Limitedtest.6600.org

ftp://list:list@ Limitedtest.6600.org:2003

ftp://list:list@ Limitedtest.6600.org:2003/soft/list.txt

(4) 匿 名

互联网中有很大一部分FTP服务器被称为匿名(Anonymous)FTP服务器。这类服务器的目的是向公众提供文件复制服务,不要求用户事先在该服务器进行登记注册,也不用取得FTP服务器的授权。

用户使用特殊的用户名anonymous登录FTP服务,就可访问远程主机上公开的文件。许多系统要求用户将E-mail地址作为口令,以便更好地对访问进行跟踪。匿名FTP一直是Internet上获取信息资源的最主要方式,在Internet成千上万的匿名FTP主机中存储着众多文件,这些文件包含了各种各样的信息、数据和软件。只须信息资源的主机地址,就可以用匿名FTP登录获取所需的信息资料。

3. FTP传输方式

FTP协议的任务是从一台计算机将文件传送到另一台计算机,它与这两台计算机所处的位置、连接方式、甚至是是否使用相同的操作系统无关。假设两台计算机通过FTP协议对话,并且能访问 Internet,那就可以用 FTP 命令来传输文件。不同的操作系统在使用上会有一些细微差别,但是每种协议基本的命令结构是相同的。

FTP 的传输有两种方式:ASCII 传输模式和二进制数据传输模式。

(1) ASCII 传输模式

假定用户正在复制的文件包含的简单 ASCII 码文本,如果在远程机器上运行的是不同的操作系统,当文件传输时 FTP 通常会自动地调整文件的内容以便把文件解释成另外那台计算机存储文本文件的格式。在复制任何非文本文件之前,用 binary 命令告诉 FTP 逐字复制,无须处理。

(2) 二进制传输模式

在二进制传输中须保存文件的位序,以便原始和复制的是逐一对应的。如果在 ASCII 方式下传输二进制文件,即使不需要也仍会转译,这会使传输稍微变慢,也会损坏数据,使文件变得不能用,但如果知道这两台机器操作系统是同样的,则二进制方式对文本文件和数据文件都是有效的。

7.2.8　数据库通信

1. 简　介

数据库通信是指在数据库系统中,不同的计算机之间进行数据交换的过程。这个过程包括了数据的传输、存储、处理和管理等环节。数据库通信的目的是实现不同计算机或平台之间的数据共享和协作,从而提高数据的利用效率和安全性。

2. 数据库通信发展

数据库通信技术的发展可以追溯到 20 世纪 60 年代。当时,计算机开始运用于数据管理,数据管理技术也迅速发展。传统的文件系统难以应对数据增长的挑战,也无法满足多用户共享数据和快速检索数据的需求。在这样的背景下,20 世纪 60 年代,数据库应运而生,当时 IBM 开发了第一个关系型数据库系统。随着计算机技术的不断发展,数据库通信得到了极大的发展,其产品也非常丰富。目前数据库产品通常分为关系型数据库、非关系型数据库、内存数据库、图形数据库、时间序列数据库等。

3. 通信方式

常用的数据库通信方式包括 TCP/IP 协议、HTTP 协议、SOAP 协议、RESTful 协议等。具体而言,数据库之间交互常用的是链接服务器,通过 SQL 直接访问对方数据库读取数据。也可通过数据库文件共享方式实现数据复制,可通过 ETL 数据抽取工具,将目标数据库读取到本地数据库。还可以使用协议通信方式实现数据访问。

① TCP/IP 协议:是一种基于 IP 地址的通信协议,它是互联网上最常用的协议之一。TCP/IP 协议具有可靠性高、传输速度快等优点,因此被广泛应用于数据库通信领域。

② HTTP 协议:是一种基于请求/响应模型的协议,它是 Web 应用程序中最常用的协议之一。

③ SOAP 协议:是一种基于 XML 的协议,它主要用于 Web 服务中。

④ RESTful 协议:是一种基于 HTTP 协议的协议,它是一种轻量级的 Web 服务协议,具有简单、灵活、易于扩展等优点。

4. 数据库通信应用

数据库通信的应用场景非常广泛,例如企业内部的数据共享、电子商务、在线支付、社交网络等。在企业内部,数据库通信可以帮助不同部门之间共享数据,提高工作效率。在电子商务领域,数据库通信可以帮助商家和消费者之间进行数据交换,实现在线购物等功能。在在线支付领域,数据库通信可以帮助商家和消费者之间进行支付数据的传输,保证支付的安全性。在社交网络领域,数据库通信可以帮助用户之间进行数据交换,实现社交网络的功能。

7.3 纺纱生产过程 MES 系统

7.3.1 纺纱生产过程简介

纺织是将一些较短的纤维纺成长纱,然后再经纬交错织成布,以服务于人类社会生产生活所需。纺纱就是将动物或植物性纤维运用加捻的方式使其抱合成为一条连续延伸的纱线,以便后续织造、印染及成品加工。

一个稍具规模的纺纱生产线从清花、梳棉、预并、条卷、精梳、并条、粗纱、细纱、络筒、包装、仓储等工序,有着数百、甚至上千台套各种类型独立工作的生产设备。每道工序的主要功能如下:

① 清花:对原棉进行混合、开松、除杂,并去除羽毛、尼龙线、碎布、丝麻等异性纤维,主要由抓棉机、开棉机、混棉机、清棉机、微尘异纤分离机等设备组成。

② 梳棉:梳理棉纤维使其分离成单纤维状态,清除筵棉中的棉结、杂质、疵点及部分短纤维,经过混合和匀整,制成的棉条(生条)圈放在条筒中。

③ 预并及条卷:将生条进行并合、牵伸,条并联将预并后的棉条再次进行棉条并合一牵伸一棉层并合,然后经加压制成供精梳工序使用的小卷。

④ 精梳:以针排或梳针等机件对纤维进行分梳,将纤维梳开、伸直,并除去不合要求的短纤维、杂质以及棉结,以达到使纱线条均匀、光洁、强力明显提高的功能。

⑤ 并条:将6～8根生条进行并合,经过混合及牵伸,使纤维伸直平行并进一步提高棉条的均匀度,纺成棉条,该棉条称为熟条。

⑥ 粗纱:将熟条经过4～12倍牵伸,使其抽长变细,并稍微加捻,纺成较粗的纱,卷绕于筒管上。

⑦ 细纱:将粗纱进行10～50倍的牵伸,使其抽长变细,加适当的捻度,使之成为具有相当强力的棉纱,并将其绕在筒管上,形成管纱。

⑧ 络筒:将管纱绕成容量较大、卷装形式符合退绕要求的筒子纱,同时除去纱线上的杂质和疵点,以提高纱线的质量。

⑨ 包装:使用自动传输、检测、配重、打包、堆垛等技术,实现成品筒纱全自动打包入库。

未使用纺织生产信息化系统的企业,生产过程中所产生的各种管理、产量、能耗和功能性的数据都由人工定点定时来抄录、统计和分析、汇报,其过程枯燥且繁杂,既容易出现错误、疏漏,也容易形成人为的漏洞,另外分析、统计的结果也不十分全面,由于功能所限,以后使用这些数据也不全面和准确,而且传统的数据统计和分析不能满足纺纱产业的技术升级,也无法实现纺纱行业生产及管理的信息化与智能化。

纺纱生产过程数字化管理系统的目标是实现纺纱生产过程底层海量数据的动态集成与处理,并能够实时分析各种生产数据,反馈生产过程中存在的各种问题,从而提高纺织企业的精细化管理水平和生产管理效能。

7.3.2　数据集成总体技术方案

基于总线和工业网络技术的多层工业总线网络非常适合于分布面积大、控制设备多、信号复杂的纺纱车间使用，可实现纺纱车间现场设备及辅机设备数万个信号集成。本节所述的纺纱工序设备数据集成系统结合企业局域网、工业生产网络、设备总线网络等技术，构建了适用于纺纱行业的系统造价低、稳定可靠、维护简易的数据通信系统。

以纺纱行业典型的代表车间为例，数据采集网络架构基于市场占有率高、性能优异的以太网网络架构及设备，运用 TCP/IP、Modbus、OPC、CAN、MQTT 等技术，结合智能网关、边缘采集器等设备集成纺纱生产过程的设备数据，开发生产过程 MES 系统，实现纺纱生产过程每个环节的数据动态监控和管理，进而实现管理、工艺、设备及生产数据的多层立体式数据融合。系统配置信息采集及数据处理服务器和客户机、服务器和云服务协调工作，完成数据采集、集成和处理等功能。同时，配置 UPS 不间断电源确保系统正常稳定运行。除此之外，还在控制室配置打印机、射频扫描设备、智能交互终端、电子看板等终端用于系统的各种信息展示或信息输出。MES 系统架构如图 7－8 所示。

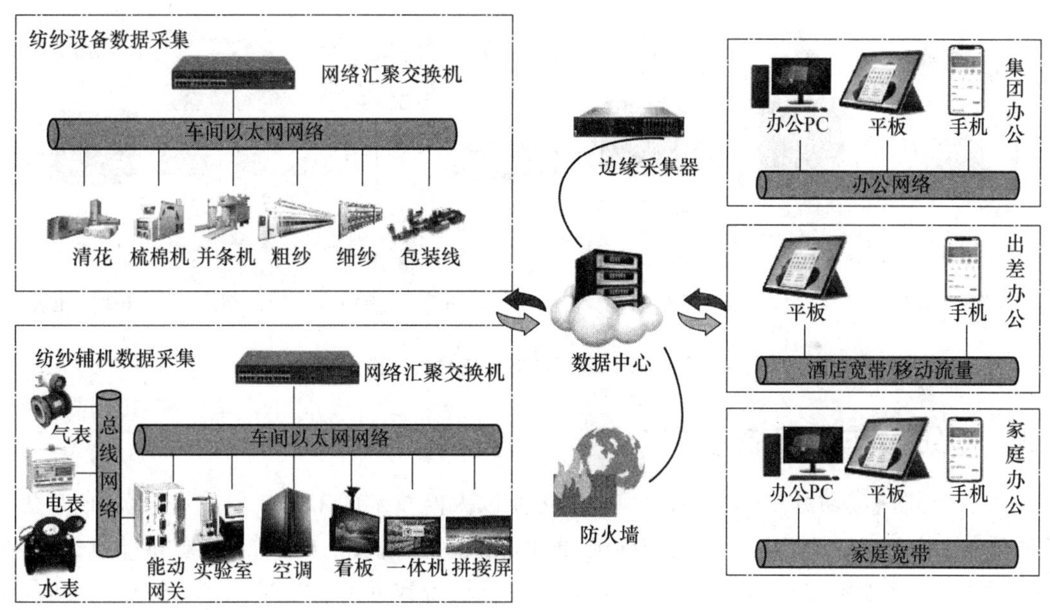

图 7－8　MES 系统架构示意图

系统实现多级别授权权限系统操作及数据查看，所有的权限均须经过安全密码系统验证，只有具备相应权限的用户才可以进行相应操作，用户及权限可由用户编辑。

整个纺纱生产过程包含的各种产量、质量、管理及功能性的数据有数万个，它们是纺织生产全过程信息化的基础，在此基础上对纺纱生产过程中的大数据进行智能挖掘，为企业开展精细化管理、提升管理水平、降低生产损耗、提高生产效率提供客观、真实、及时的决策数据。系统数据集成总体方案运用具备诊断技术的总线网络系统实现多层网络架构的信息集成系统：

① 构建企业级管理型以太网实现多车间广域范围内的信息交互。

② 设计车间级 TCP/IP、OPC、Modbus 等主流协议网络系统，通过设备控制系统稳定快速地获取纺纱设备运行参数，并对采集数据进行分析和预处理。

③ 建立设备级多接口、多方式、多协议的信息交互方式,创建纺纱信息化系统需求的双向数据交互链路。

④ 采用上述先进的多层网络架构完成纺纱企业清花、梳棉、并条、精梳、粗纱、细纱、包装等工序所有数据稳定高速的信息交互。

多层数据集成网络架构如图 7-9 所示。

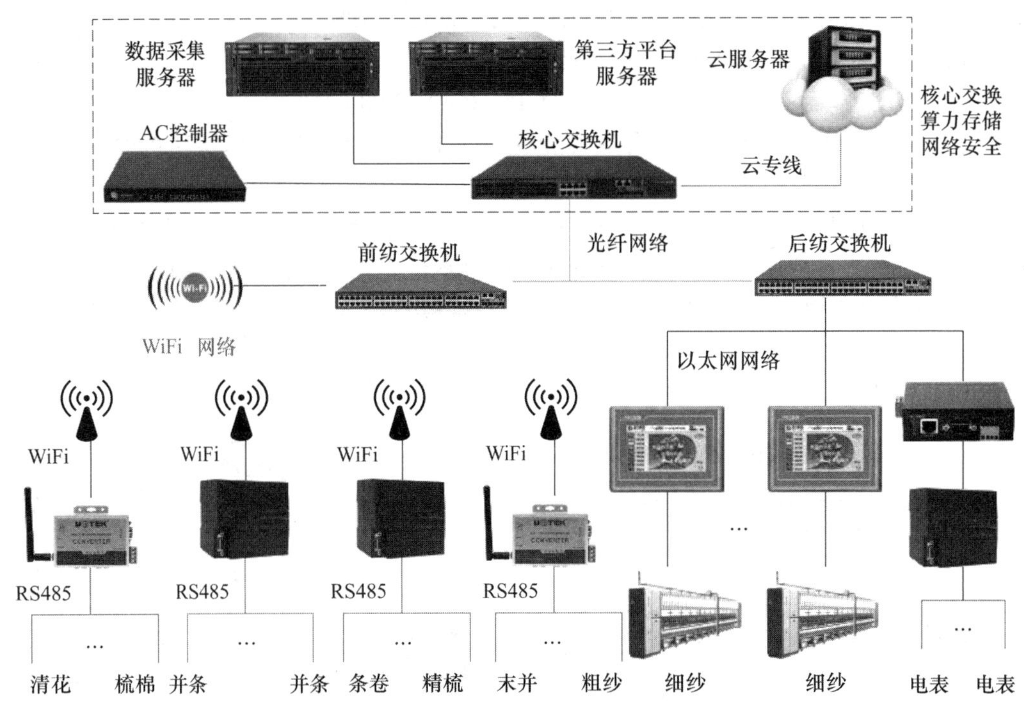

图 7-9 多层数据集成网络架构

7.3.3 纺纱车间设备联网

以 10 万锭规模纺纱车间为例,研发基于工业以太网技术的车间数据采集系统,该采集系统实现对纺纱车间的清花、异纤机、梳棉机、预并条机、条卷机、桁架运卷系统、精梳机、匀整并条机、粗纱机、细纱机、络筒机、电清和打包线等主机设备数据的全量采集;实现对整个车间的空调系统、空压机、除尘机组、打包机和制冷机等辅机设备数据的全量采集;实现对乌斯特条干仪、原棉纤维分析仪、测试仪、纱疵分析仪、强力仪、并粗条干仪、成纱条干仪等试验室设备数据的精准采集。

整个车间的工业以太网网络采用有线与无线有机结合的方式,生产设备的控制器通过六类屏蔽网线连接到车间交换机柜内,数个交换机柜通过光纤网络汇聚到机房的三层交换机,从而完成整个车间的生产设备与服务器的网络互通。下面按照纺纱全工序的设备联网方式对数据采集方案进行简要介绍。

1. 清梳工序

为实现清梳工序中的 4 台抓棉机、16 台异纤机和 100 余台梳棉机的实时数据采集。在清梳工序具备管材、线槽、桥架等有线布线条件下,可用网线将控制器网口与车间 VLAN 交换机有线直连,网络连接建立之后便可读取:① 抓棉机的产量、效率、运行状态、棉堆高度、抓棉速度等数据；② 异纤机的产量、效率、运行状态、喷次的数据；③ 梳棉机的产量、效率、运行状态、出条速度、工艺设定等数据。

清梳设备有线联网方案如图 7－10 所示。

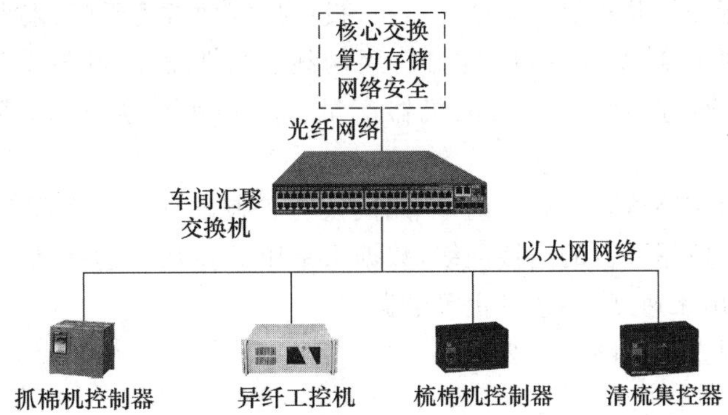

图 7－10　清梳设备有线联网方案

对已经投入生产的纺织车间，如果当初未考虑设备联网，则在以后实施信息化系统建设时，采用有线联网方案会有一定难度，这种情况下可采用无线联网方案进行数据集成。

清梳工序中的抓棉机、异纤机、成卷机和梳棉机无线联网方案如下。

在抓棉机控制器接口处加装无线协议网关，网关通过车间 WiFi 网络与 MES 服务器进行数据交换，从而实现抓棉机的产量、效率、运行状态、棉堆高度、抓棉速度等数据的联网。

在异纤机接口加装以太网转 WiFi 的网关模块，网关通过车间 WiFi 网络与质量数据处理服务器进行数据交换，MES 服务器通过数据库访问方式读取异纤机的产量、效率、运行状态、喷次数据等。

在梳棉机和成卷机电气柜的出条信号输出点加装隔离开关和无线 DTU 模块，DTU 模块通过内部集成的算法程序计算出梳棉机出条及产量相关数据，然后通过车间 WiFi 网络与 MES 服务器进行数据交换，从而完成梳棉机与成卷机的产量、效率、运行状态、出条速度等数据的采集工作，该方法在设备通信接口不开放，且未配置设备自身数据采集系统的情况下使用。清梳工序设备无线联网方案如图 7－11 所示。

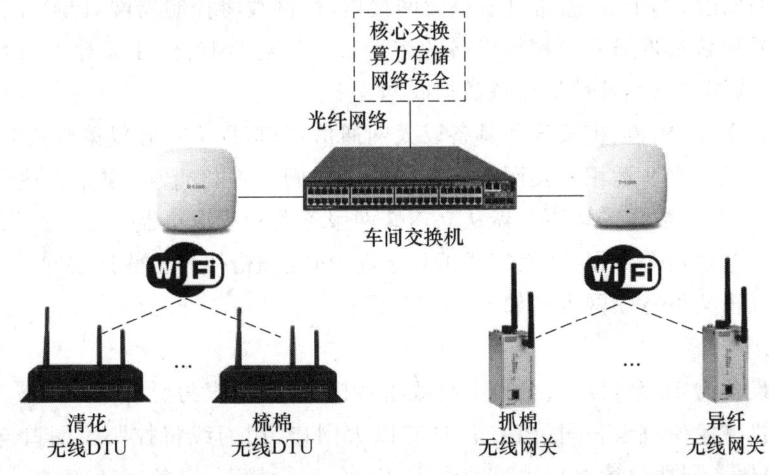

图 7－11　清梳设备无线联网方案

纺织生产过程其他工序如果在有线数据集成难度较大情况下也可采用无线数据集成方式,无线联网方案与此类似,不再赘述。

2. 并条工序

并条工序设备涵盖预并条机和匀整并条机,设备厂家通常为天门、宏大、东夏、立达等。

天门预并条机的控制器具有以太网口,用网线将控制器网口与车间 VLAN 交换机直连,数据采集服务器通过网络直接读取机器产量、效率、运行状态、出条速度、工艺设定等数据。

立达并条设备的控制器具有以太网口,用网线将控制器网口与车间 VLAN 交换机直连,建立预并条机与立达数据平台的连接网络,数据采集服务器从立达蛛网服务器中读取机器产量、效率、运行状态、出条速度、工艺设定等数据。

并条机设备联网方案如图 7 - 12 所示。

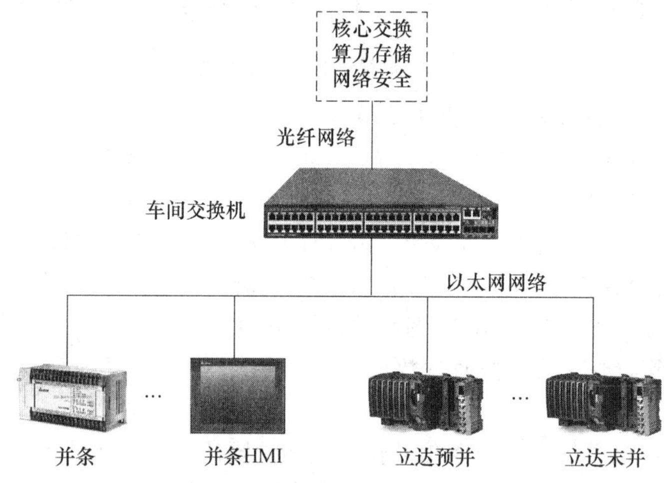

图 7 - 12　并条机设备联网方案

3. 条卷精梳工序

条卷、精梳工序包含经纬条卷、凯宫桁架、经纬精梳、昊昌精梳、立达条卷、立达桁架、立达精梳等设备,国产设备的 PLC 通常具备以太网接口,用网线将控制器网口与车间交换机直连,数据采集服务器协议读取条卷及精梳设备的产量、效率、运行状态、出条速度、钳次、工艺设定等数据,从而完成国产条卷及精梳设备数据联网。

国外的立达条卷、精梳、桁架设备具备以太网通信接口,厂家不开放单机数据接口,须通过立达数据平台提供数据。运用六类网线将控制器与车间交换机直连,建立立达设备与立达蛛网服务器的通信网络,数据采集服务器从立达蛛网服务器中读取机器产量、效率、运行状态、出条速度、钳次、工艺设定等数据,从而完成国外条卷、精梳和桁架设备数据联网。

条卷、精梳、桁架设备联网方案如图 7 - 13 所示。

4. 粗纱工序

粗纱工序设备为 10 余台国产全自动高效粗纱机,设备厂家为赛特环球机械(青岛)有限公司和经纬纺织机械股份有限公司,PLC 都具有以太网口,用网线将控制器网口与车间交换机直连,数据采集服务器协议读取粗纱机的产量、效率、运行状态、出条速度、工艺设定等数据。

粗纱设备联网方案如图 7 - 14 所示。

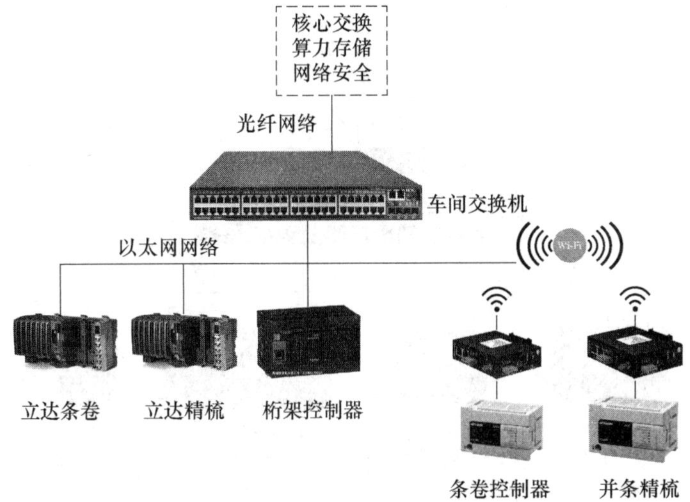

图 7-13　条卷、精梳桁架设备联网方案

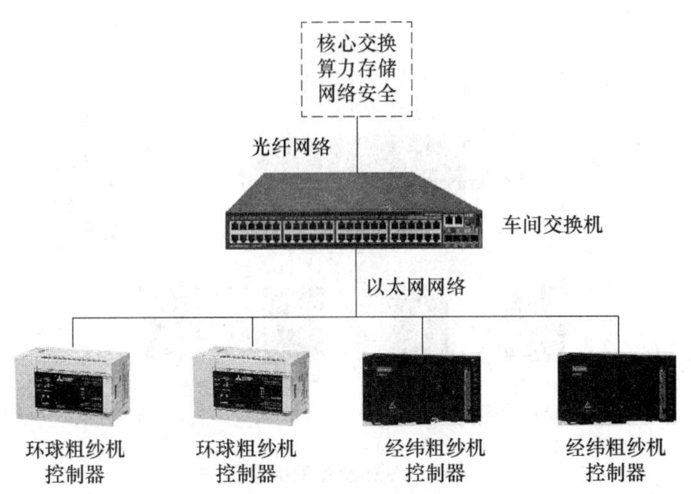

图 7-14　粗纱设备联网方案

5. 细纱工序

细纱工序包含经纬、贝斯特、同和、立达、青泽、丰田等品牌细纱机。PLC 均具有以太网口，用网线将控制器网口与车间交换机直连，数据采集服务器协议读取细纱机的产量、效率、运行状态、罗拉速度、工艺设定等数据从而完成数据联网。

细纱工序单锭检测系统由厂家配备单锭检测系统服务器，完成单锭数据的汇总和统计分析，数据采集服务器与单锭服务器通过车间网络进行数据通信，完成单锭检测数据的平台互通。

细纱设备联网方案如图 7-15 所示。

如果细纱工序包含较早期的细纱机时，PLC 没有以太网接口，须在细纱机控制器加装协议网关，网关通过车间有线或无线局域网络与车间网络连接，数据采集服务器通过网络对网关发送协议数据读取指令，由网关完成数据读取和上传，实现细纱机的设定参数、运行参数、运行状态等数据的集成。该类细纱设备网关联网方案如图 7-16 所示。

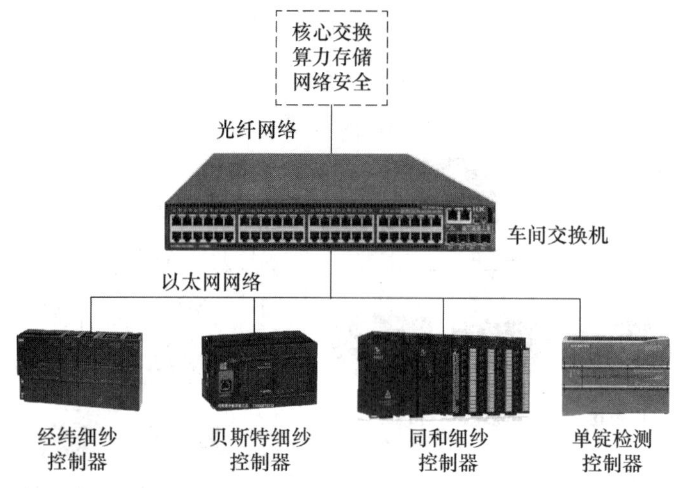

图 7-15　细纱设备联网方案

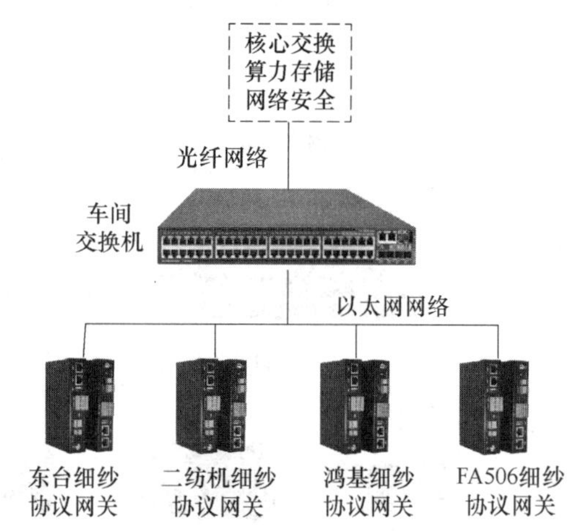

图 7-16　细纱设备网关联网方案

6. 络筒、包装工序

络筒和包装工序包含数台村田、赐来福、萨维奥等络筒机和多套全自动包装线。譬如村田络筒机配备有可视化管理(Visual Manager,VM)边缘数据采集器,从 VM 采集器中读取络筒机的质量与产量数据。每台络筒机敷设两根六类网线到就近的交换机,通过光纤干网与机房网络互通,部署在机房的 VM 采集器和电清数据服务器通过网络系统分别访问络筒机上的两套控制主机,并分别将数据发送至 MES 系统的数据采集服务器,实现络筒机及电清检测数据的集成。

全自动包装线 PLC 都具有以太网口,用网线将控制器网口与车间交换机直连,数据采集服务器可直接读取包装线的产量、效率、运行状态、品种统计等数据从而完成数据联网。

络筒和包装工序设备联网方案如图 7-17 所示。

7. 辅机及实验室数据采集

辅机设备包含空调、空压、除尘和实验室仪器。

络瓦、艾金或精亚的空调系统有独立数据采集及控制服务器,MES 服务器可以通过车间网络与其空调系统数据库实现信息交换,这些数据包括空调系统的运行状态、温湿度、设定参数等；如果纺纱车间空调为早期的手动控制，可在车间适当增加数字式温湿度采集设备，通过数据网关就近接入车间信息化网络系统，实现车间温湿度数据的动态精确采集。

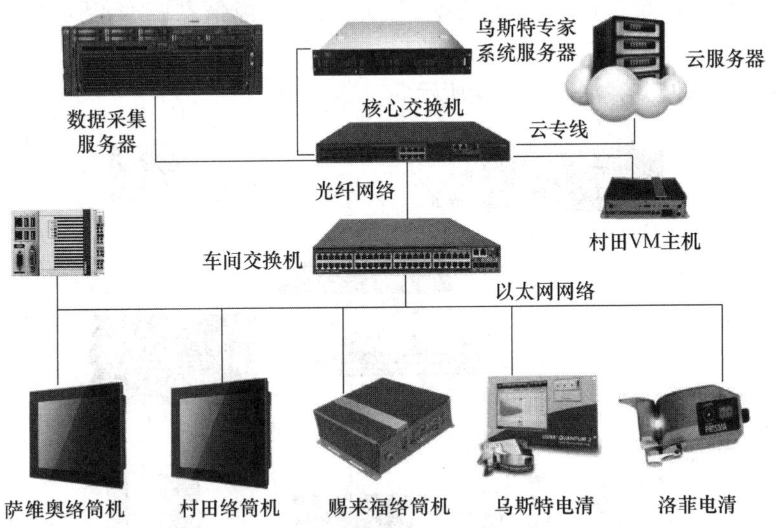

图7-17　络筒和包装设备联网方案

空压设备与除尘设备的PLC通常也具备以太网接口，从每一台机器敷设网线到交换机，完成空压和除尘机组的运行状态、故障信息等数据的采集。

乌斯特、长岭、长丰等实验室相关仪器联网时，需要通过实验室数据采集及分析系统来实现。如果实验室没有配置数据采集分析系统，可通过纺纱生产MES管理系统自动采集具有联网功能的实验设备，并辅以实验数据录入来完成实验室数据的集成。

辅机及实验室设备联网方案如图7-18所示。

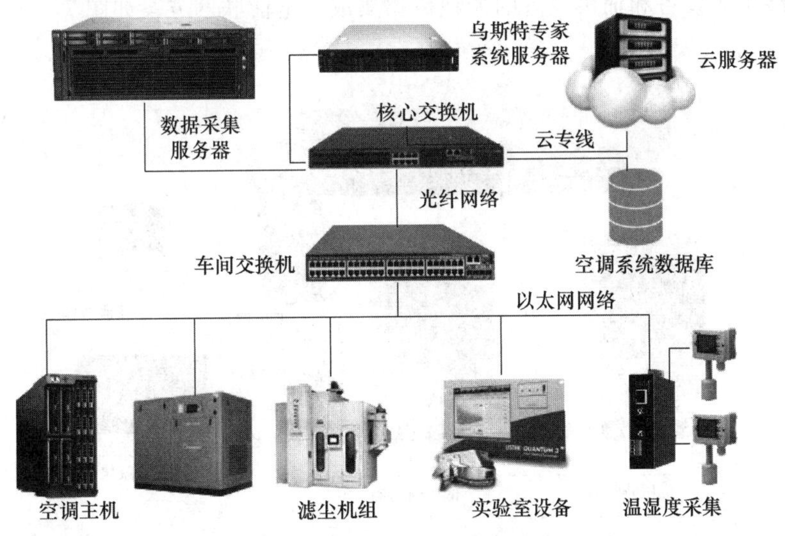

图7-18　辅机及实验室设备联网方案

8. 人机交互设备

纺纱车间人机交互设备包含平板电脑、电子看板、壁挂广告机、电子大屏等。平板电脑通过车间WiFi网络与MES系统服务器进行数据交互，配合电动巡游小车实现实时数据查看、停车申报、设备改纺、工艺调节、报警信息查看、个人产量查看和生产用料/废料登记等功能。

电子看板、壁挂广告机、电子大屏通过有线网络与 MES 服务器进行数据交互,可实现生产信息展示、计划调度、维保计划、专件更换、产量对比、故障信息展示、环境数据展示、车位展示、车间通知等功能。

人机交互设备联网方案如图 7-19 所示。

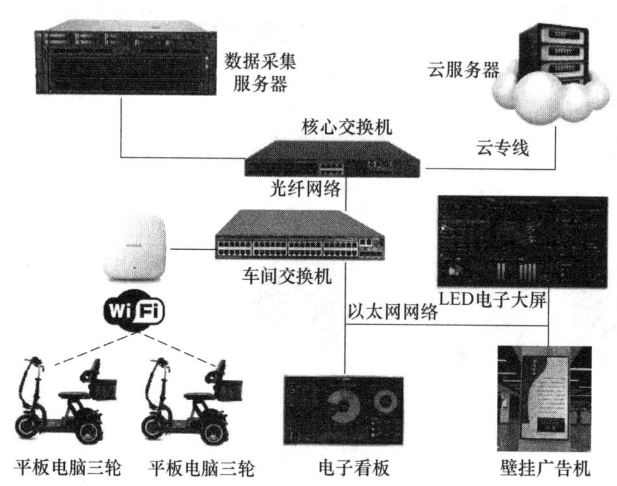

图 7-19　人机交互联网方案

9. 设备电能采集

在低压配电室或车间配电柜配备智能电表(单回路或者多回路电能采集仪表),可实现纺织车间主机设备及辅机设备二级/三级能耗的精确检测。在配电柜低压断路器出线位置安装电流互感器,完成所控设备的用电参数快速采集,通过 RS485 通信网关集成多台电表的测量数据,实现纺纱生产设备和辅机设备的能耗数据集成。电能联网方案如图 7-20 所示。

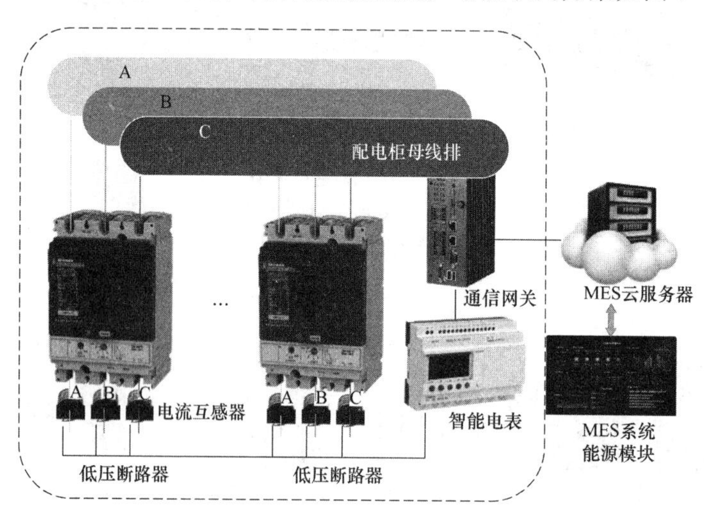

图 7-20　电能联网方案

7.3.4　纺纱生产数字化系统

如图 7-21 所示,系统整体基于 B/S 架构(浏览器/服务器架构),分为数据采集层、数据处理层和数据应用层，各工厂通过专用的通信专线接入平台，将数据汇总在平台中，形成以平台为数据大脑、以各个车间的网络为神经元的网状管理结构，实现工厂终端设备管控的一体化。平台为企业生产管理业务融合提供基础，实现纺纱数字化平台建设的数据接入统一性、数据存储集中性、系统功能集团化、应用功能统一化，辅助企业发挥数据价值，提升企业管理效能，提高企业管理决策的数据科学性。

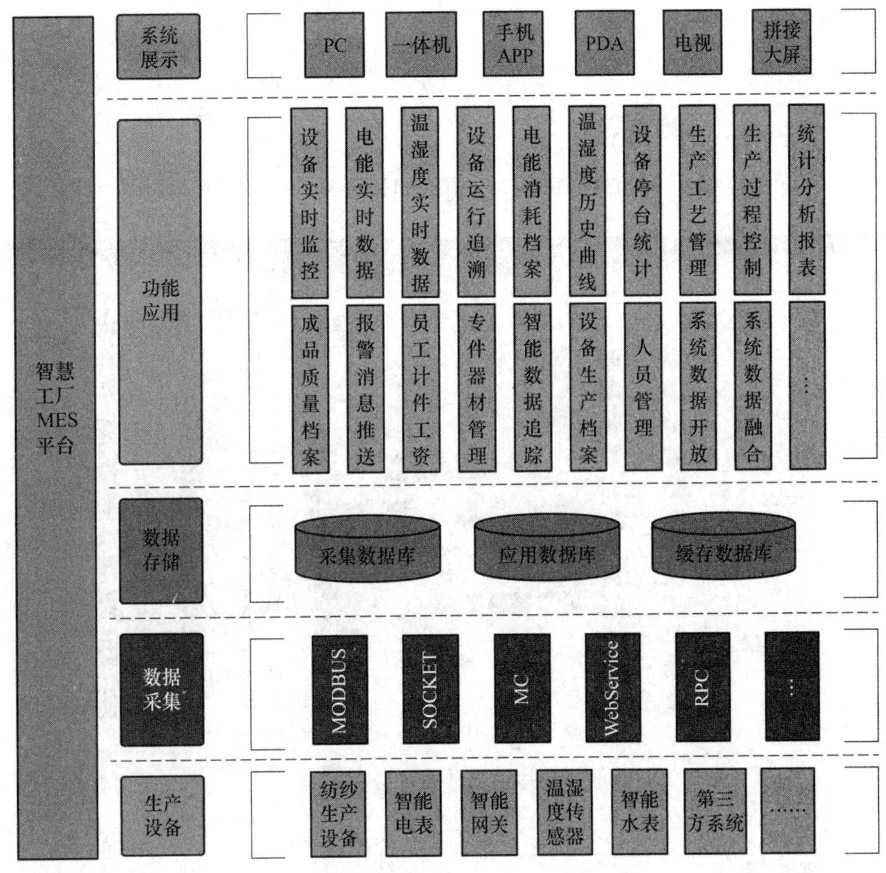

图 7－21　纺纱数字化系统整体架构

结合企业纺纱车间的分布，在距离较远的工厂分别建设工业数据采集网络，两个厂区通过独立的网络将车间内的主机数据、辅机数据、电能数据、第三方系统数据等进行采集汇总，通过企业专线或者互联网上传到纺纱 MES 云平台的数据中心，纺纱 MES 系统在数据中心的基础上将管理数据和现场实时数据进行融合与集中管理，实现企业内各车间的统一管理。

基于纺纱生产过程数据集成网络实现数据集成，结合数据存储与程序运算，生成纺纱生产过程数字化管理系统交互界面及智能分析应用，下面就系统的主要功能模块进行介绍。

1. 生产数据监测

(1) 核心指标监控

监控生产车间运转趋势、投入趋势、产出趋势、消耗趋势、能耗趋势、实时报警、实时计划数量、实时开台汇总、单锭实时断头统计等相关的生产管理关键指标，如图 7－22 所示。

(2) 设备生产监控

监控设备的实时运行状态、实时生产信息、生产进度、落纱预测、粗纱换段预测、当班产量、当班能耗、运转曲线等，如图 7－23 和图 7－24 所示。

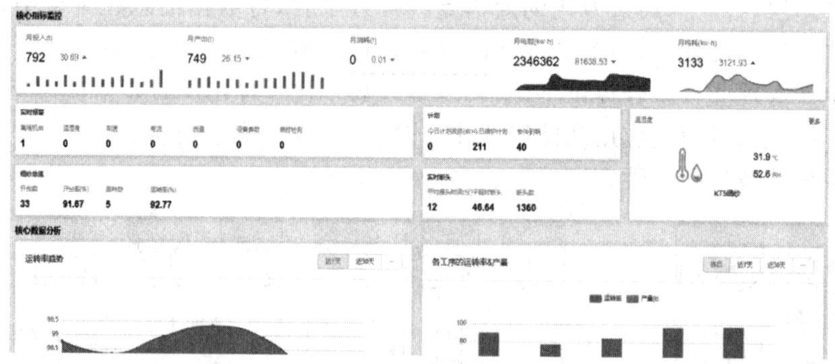

图 7－22　核心指标监控

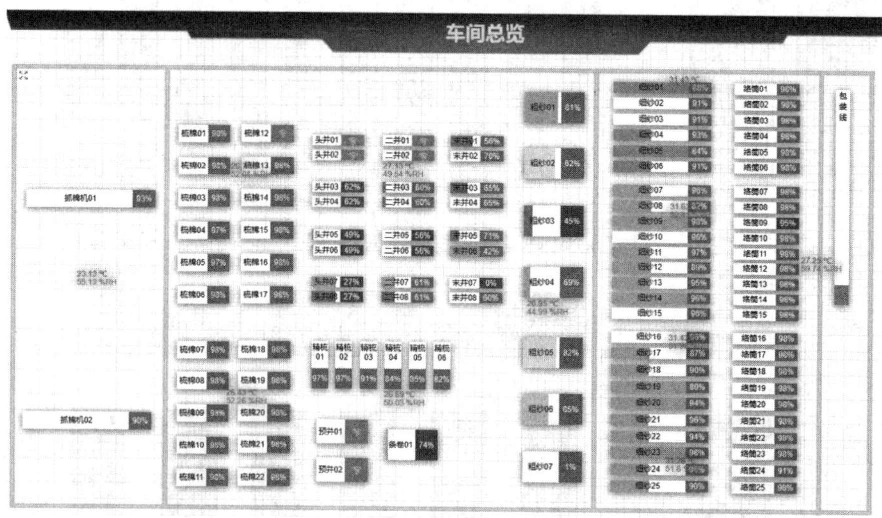

图 7－23　车间总览

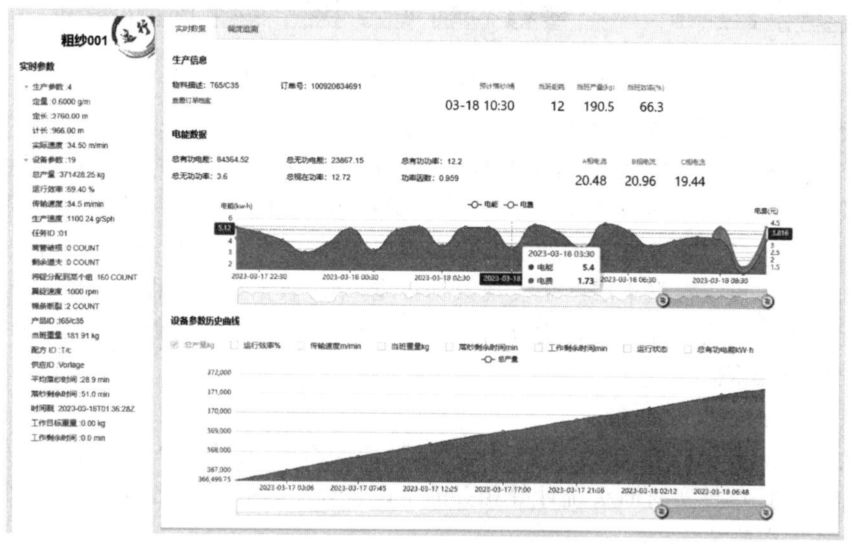

图 7－24　设备实时监控

(3) 生产布局监控

系统根据车间设备实际分布图展示每台设备在产品种，提供分品种汇总、订单汇总、订单与机台产量进度等，根据机台的实时生产数据对生产订单进行交期预测，如图 7-25 所示。

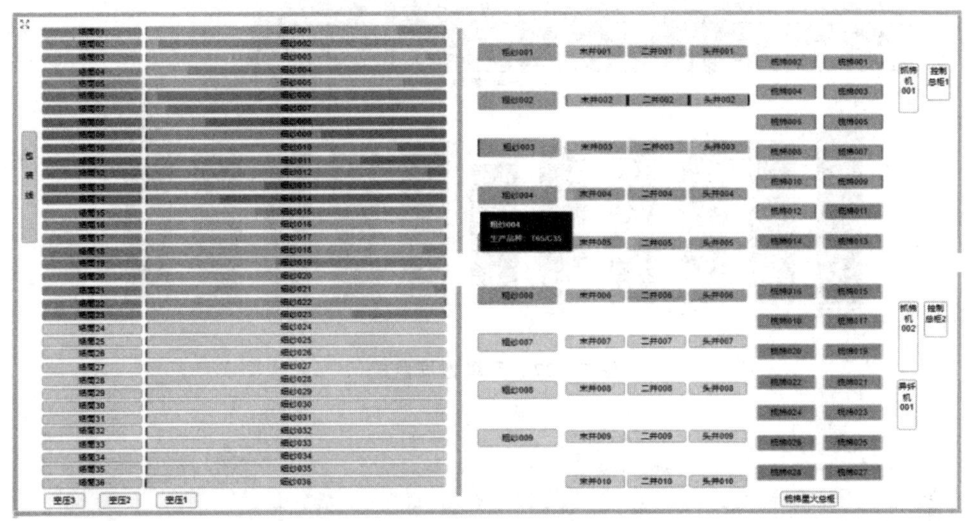

图 7-25　生产布局监控(品种)

(4) 细纱单锭监控

系统实时监控细纱单锭的断头、弱捻、空锭、坏锭、千锭时断头、留头率、断头接头时间、机台产量、生产效率等相关数据，并对关键数据进行统计分类，如图 7-26 所示。

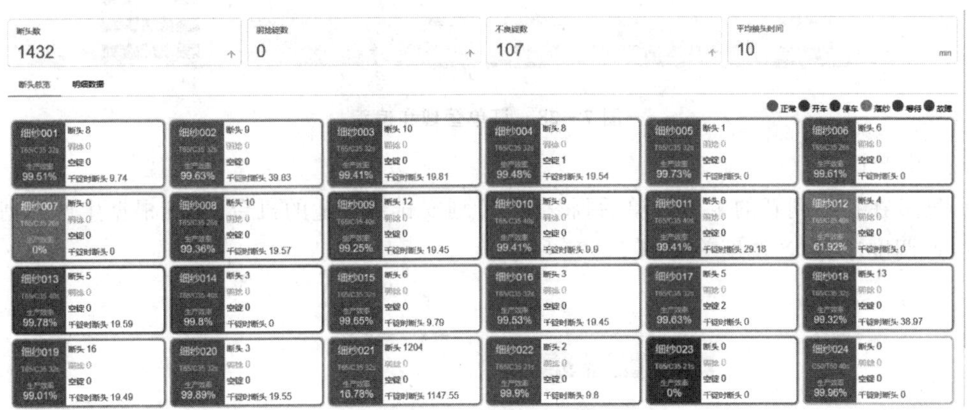

图 7-26　细纱单锭监控

(5) 环境数据监控

监控车间空调室及生产关键点位的温度和湿度实时数据，并针对异常数据及时推送报警，如图 7-27 所示。

2. 订单管理

(1) 订单管理和追踪

通过与 ERP 的无缝衔接或自行录入订单数据，对订单的下达、机台的调度、工艺的更改、翻改的确认等，均可实现全流程电子化管理，及订单进度在线跟踪，以便生产管理人员跟踪生产执行的进度，如图 7-28 所示。

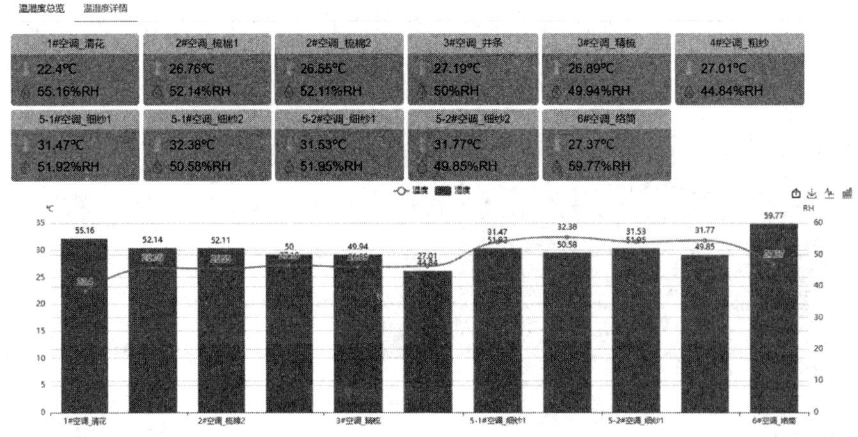

图 7 - 27 环境数据监控

工厂	四川德凯	工序	细纱	品种	请选择
订单号	请输入订单号	批次	请输入批次	业务员	所有

查 询　导 出　新增

工序	品种名	批次	数量(KG)	已完成数量(KG)	完成比例	业务员	状态	开台数	操作
细纱	T/JC6535 28S		1800	661.92	36.77%			0	排产 修改 档案 关闭
细纱	T/C65/35 20S		10000	17164.42	171.64%		已结束	0	排产 修改 档案 关闭
细纱	C/T55/45 40S		89000	42470.32	47.72%		已结束	0	排产 修改 档案 关闭
细纱	T/JC65/35 26S		68000	66265.23	97.45%		已结束	0	排产 修改 档案 关闭
细纱	C/T80/20 32S		50000	22278.71	44.56%		已排产	3	排产 修改 档案 关闭 接批
细纱	T/JC65/35 20S		23625	29151.33	123.39%		已结束	0	排产 修改 档案 关闭
细纱	T/JC 65/35 32s	2023.01.01	32000	68571.87	214.29%		已排产	4	排产 修改 档案 关闭 接批
细纱	T/JC 65/35 30S	2022.12.28	12800	5115.51	39.96%		已结束	0	排产 修改 档案 关闭
细纱	C/T60/40 32.3S	20221215-01	100000	72359.89	72.36%		已结束	0	排产 修改 档案 关闭
细纱	T/C 65/35 32s	20221214-01	50000	337728.62	675.46%		已排产	4	排产 修改 档案 关闭 接批

图 7 - 28 订单管理和追踪

(2) 生产调度

调度员在接收到新的生产订单后,将生产计划安排到合适的机台,系统根据生产计划安排生成生产调度单,生产调度单如图 7 - 29 所示。

首页　生产调度单管理　操作

工厂		订单号	请输入订单号	物料描述	请输入物料信息	工序	所有
状态	所有						

机台号	工厂	订单号	改前物料描述	改后物料描述	状态	安排翻改日期	翻改确认人	操作
细纱029	福建顺源	100111799349	C40S-1	C40S-1	正常生产	2020-09-10	超级管理员	
细纱022	福建顺源	100111799349	C40S-1	C40S-1	待下发工艺	2020-09-10		待下发工艺
细纱026	福建顺源	100111799349	C40S-1	C40S-1	正常生产	2020-08-19	超级管理员	
细纱025	福建顺源	100111799349	C40S-1	C40S-1	正常生产	2020-08-19	超级管理员	
细纱024	福建顺源	100111799349	C40S-1	C40S-1	正常生产	2020-08-17	超级管理员	
细纱023	福建顺源	100111799349	C40S-1	C40S-1	正常生产	2020-08-17	超级管理员	
细纱021	福建顺源	100111799349	C40S-1	C40S-1	待下发工艺	2020-08-17		待下发工艺
细纱020	福建顺源	100111799349	C40S-1	C40S-1	待下发工艺	2020-08-17		待下发工艺
细纱002	福建顺源	100111799349	C60S	C40S-1	正常生产	2020-08-15	超级管理员	
细纱019	福建顺源	100111799349	C40S-1	C40S-1	试验合格待开车	2020-08-15	超级管理员	
细纱018	福建顺源	100111799349	C40S-1	C40S-1	正在试纺	2020-08-15	超级管理员	
细纱017	福建顺源	100111799349	C40S-1	C40S-1	正在试纺	2020-08-15	超级管理员	

图 7 - 29 生产调度单

3. 统计分析

(1) 智能分析

系统支持从工序、时间、品种、班次、轮班、机台等多种维度,结合柱形图、折线图、饼图等多种展现形式,对生产过程中的产量、效率、能耗、单锭断头、关键质量数据等指标进行对比分析。包含的功能有产量趋势分析、效率趋势分析、能耗趋势分析、吨纱电耗分析、分机台产能对比、分品种产能对比、峰平谷日趋势分析、峰平谷机台对比、分工序产能分析、报警趋势分析、停车原因分析等,如图 7 - 30 所示。

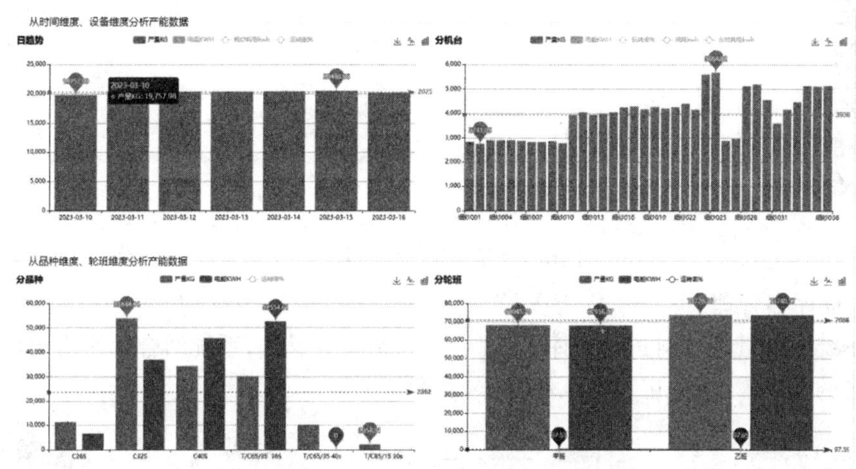

图 7 - 30　产能效率综合分析

(2) 成本核算

系统的成本核算以细纱下机产量为准,前纺和络筒的成本信息统一向细纱工序靠拢。涵盖成品售价、工费、原料成本、废品成本、用电成本、设备折旧等多方面的成本因素,并充分考虑电能的峰平谷因素、员工看台能力因素、原料价格的波动等,对各种费用的分摊系数进行动态调整(用户可自行调整),计算出在产品种的成本数据。根据计算的结果可得出每日毛利、品种的吨纱费用以及品种的成本趋势等,如图 7 - 31 所示。

成本核算结果

物料描述	产量	总成本	总售价	原料成本	前纺工费	细纱工费	络筒工费	总工费	前纺电费	细纱电费	络筒电费	其他电费	总电费	前纺折旧	细纱折旧
40s环锭	32129	114628.8			0	0	0	0	18579.1	48328.8	14040.7	33680.2	114628.8	0	0
21s环锭	18497.1	45688			0	0	0	0	10691.1	11366	4250.1	19380.8	45688	0	0
40s卡	27876	103884.8			0	0	0	0	16114.1	46377.1	12182	29211.6	103884.8	0	0
40s万能	22672.4	81166.2			0	0	0	0	13113.8	34406.2	9873.5	23772.7	81166.2	0	0
50s万能	11127.6	49016.8			0	0	0	0	6437.2	24848.9	6061.4	11669.3	49016.8	0	0
50s卡	130210.9	582179.6			0	0	0	0	75288.2	299376.5	71032.3	136482.6	582179.6	0	0
80s卡80%	1083.1	7538.5			0	0	0	0	619.8	4848.1	947.1	1123.5	7538.5	0	0
汇总	243596.1	984102.7			0	0	0	0	140843.3	469551.6	118387.1	255320.7	984102.7	0	0

图 7 - 31　成本核算

4. 原料投入

(1) 原棉信息管理

对采购的原料基础信息进行管理,包含产地、材质、批号、标准重、包数等信息,并支持维护原料的质量信息,如图 7 - 32 所示。

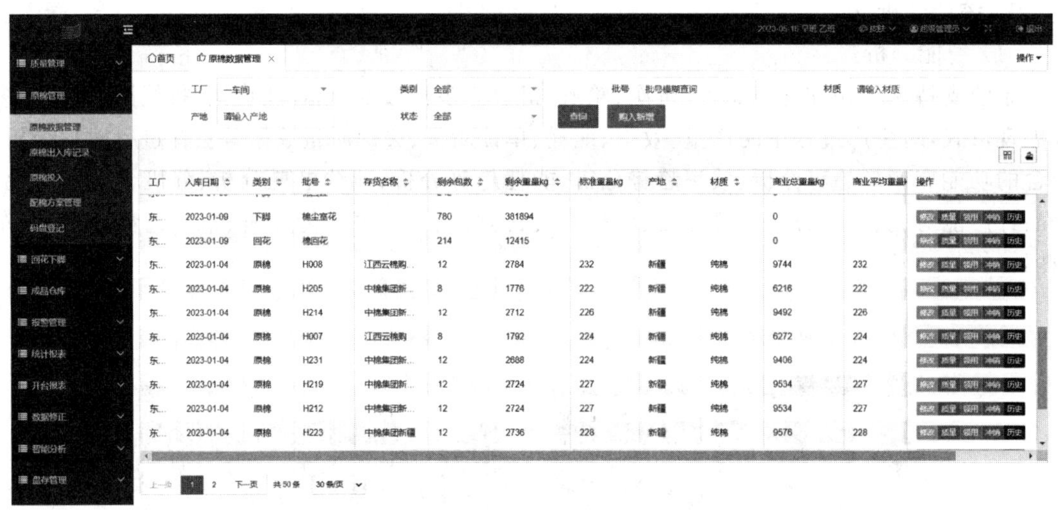

工厂 一车间　类别 全部　批号 批号模糊查询　材质 请输入材质
产地 请输入产地　状态 全部　查询　购入新增

工厂	入库日期	类别	批号	存货名称	剩余包数	剩余重量kg	标准重量kg	产地	材质	商业总重量kg	商业平均重量	操作
东...	2023-01-09	下脚	棉尘室花		780	381894				0		
东...	2023-01-09	回花	棉回花		214	12415				0		
东...	2023-01-04	原棉	H008	江西云棉购...	12	2784	232	新疆	纯棉	9744	232	
东...	2023-01-04	原棉	H205	中棉集团新...	8	1776	222	新疆	纯棉	6216	222	
东...	2023-01-04	原棉	H214	中棉集团新...	12	2712	226	新疆	纯棉	9492	226	
东...	2023-01-04	原棉	H007	江西云棉购	8	1792	224	新疆	纯棉	6272	224	
东...	2023-01-04	原棉	H231	中棉集团新...	12	2688	224	新疆	纯棉	9408	224	
东...	2023-01-04	原棉	H219	中棉集团新...	12	2724	227	新疆	纯棉	9534	227	
东...	2023-01-04	原棉	H212	中棉集团新...	12	2724	227	新疆	纯棉	9534	227	
东...	2023-01-04	原棉	H223	中棉集团新疆	12	2736	228	新疆	纯棉	9576	228	

1　2　下一页　共 50 条　30 条/页

图 7 - 32　原棉信息管理

(2) 原棉库存管理

可对系统中的管理原料进行入库、出库、冲销、销售等操作，系统结合操作历史可以计算各个批次物料的实时库存，并记录出入库日志，如图 7 - 33 所示。

批号 批号模糊查询　时间范围 2023-05-01 ~ 2023-05-16　类别 全部　查询

入库 166379 KG [255包]　冲销 8754 KG [9包]

批号	类别	包数	重量kg	剩余包数	剩余重量kg	操作人	操作时间	备注
尘室灰	入库	1	1118	201	35519.5	赵元香	2023-05-16 06:25:58	回花下脚入库
扫地花	入库	1	716	128	26175	赵元香	2023-05-16 06:25:47	回花下脚入库
打包带	入库	1	108	124	16639	赵元香	2023-05-16 06:25:40	回花下脚入库
棉尘室花	入库	1	3415	780	381894	赵元香	2023-05-16 06:25:29	回花下脚入库
棉回丝	入库	1	278	242	50523	赵元香	2023-05-16 06:25:21	回花下脚入库
棉包布	入库	1	98	121	15672	赵元香	2023-05-16 06:25:13	回花下脚入库
棉回花	入库	1	89	214	12415	赵元香	2023-05-16 06:25:04	回花下脚入库
棉风箱花	入库	1	629	288	72831	赵元香	2023-05-16 06:25:00	回花下脚入库

图 7 - 33　原棉出入库记录

(3) 配棉方案及码盘

系统可维护各生产品种的原料使用，形成配棉方案，并支持根据配棉方案生成对应的码盘图。码盘人员可以根据配棉方案指示进行码盘投入，系统记录投入信息，生成原棉投入报表，如图 7 - 34 所示。

5. 质量管理及预测

(1) 质量管理

质量管理将生产过程中产生的原料质量数据、设备在线质量数据、实验室离线质量数据及专家系统的质量数据等进行统一汇总管理，建立产品的质量档案，辅助用户对产品的质量进行统一把控。

码盘图编辑

连盘数 3　列数 4　每组行数 2　分散排列　清除　打印　保存码盘图

*双击位置可以锁定，标记红色边框,点击表格颜色可以提示在图中位置

方案明细　码盘明细

批号	名称	产地	包数	排...	列...	颜色	长	宽
H23TX02091	长绒棉-L137	新疆阿克苏泰昱	1	4	1		1	1
H23TX02091	长绒棉-L137	新疆阿克苏泰昱	1	9	4		1	1
H23TX02091	长绒棉-L137	新疆阿克苏泰昱	1	5	4		1	1
H23TX02069	长绒棉-L237	新疆阿克苏泰昱	1	1	2		1	1
H23TX02069	长绒棉-L237	新疆阿克苏泰昱	1	11	2		1	1
H23TX02069	长绒棉-L237	新疆阿克苏泰昱	1	7	2		1	1
H23JSH2172	长绒棉-L137	新疆嘉圣华	1	2	1		1	1
H23JSH2172	长绒棉-L137	新疆嘉圣华	1	12	1		1	1
H23JSH2172	长绒棉-L137	新疆嘉圣华	1	8	1		1	1
H236LB1216	细绒棉-S3130机采	新疆兵团农六师龙佰...	1	2	2		1	1
H236LB1216	细绒棉-S3130机采	新疆兵团农六师龙佰...	1	12	2		1	1
H236LB1216	细绒棉-S3130机采	新疆兵团农六师龙佰...	1	8	2		1	1
H236LB1216	细绒棉-S3130机采	新疆兵团农六师龙佰...	1	4	2		1	1
H236LB1216	细绒棉-S3130机采	新疆兵团农六师龙佰...	1	10	1		1	1

图 7-34　码盘图

系统读取设备上的实时质量数据，并对接单锭系统、络筒机管理系统、专家系统等相关系统获取车间内在制品的在线质量数据，如图 7-35 所示。

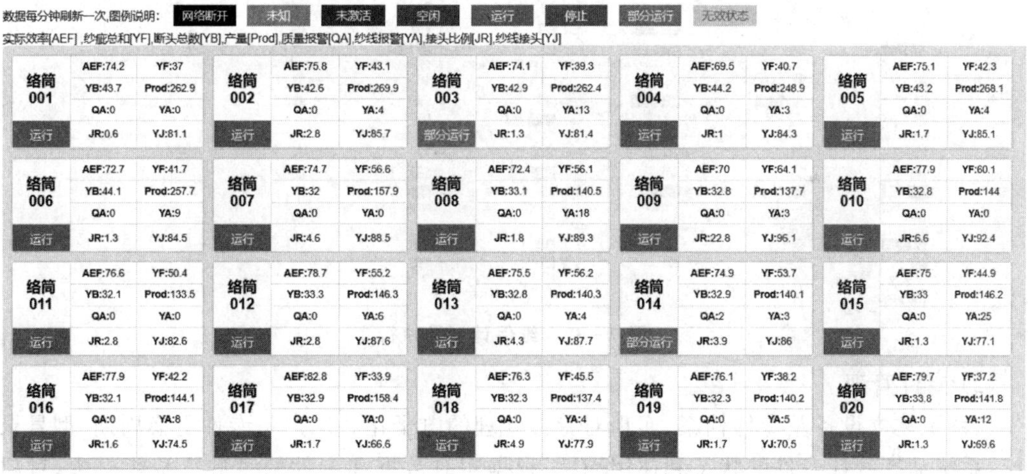

数据每分钟刷新一次,图例说明:　网络断开　未知　未激活　空闲　运行　停止　部分运行　无效状态

实际效率[AEF]，纱疵总和[YF],断头总数[YB],产量[Prod],质量报警[QA],纱线报警[YA],接头比例[JR],纱线接头[YJ]

络筒	状态	AEF	YF	YB	Prod	QA	YA	JR	YJ
001	运行	74.2	37	43.7	262.9	0	0	0.6	81.1
002	运行	75.8	43.1	42.6	269.9	0	4	2.8	85.7
003	部分运行	74.1	39.3	42.9	262.4	0	13	1.3	81.4
004	运行	69.5	40.7	44.2	248.9	0	3	1	84.3
005	运行	75.1	42.3	43.2	268.1	0	4	1.7	85.1
006	运行	72.7	41.7	44.1	257.7	0	9	1.3	84.5
007	运行	74.7	56.6	32	157.9	0	0	4.6	88.5
008	运行	72.4	56.1	33.1	140.5	0	18	1.8	89.3
009	运行	70	64.1	32.8	137.7	0	3	22.8	96.1
010	运行	77.9	60.1	32.8	144	0	0	6.6	92.4
011	运行	76.6	50.4	32.1	133.5	0	0	2.8	82.6
012	运行	78.7	55.2	33.3	146.3	0	6	2.8	87.6
013	运行	75.5	56.2	32.8	140.3	0	4	4.3	87.7
014	部分运行	74.9	53.7	32.9	140.1	2	3	3.9	86
015	运行	75	44.9	33	146.2	0	25	1.3	77.1
016	运行	77.9	42.2	32.1	144.1	0	8	1.6	74.5
017	运行	82.8	33.9	32.9	158.4	0	0	1.7	66.6
018	运行	76.3	45.5	32.3	137.4	0	4	4.9	77.9
019	运行	76.1	38.2	32.3	140.2	0	5	1.7	70.5
020	运行	79.7	37.2	33.8	141.8	0	12	1.3	69.6

图 7-35　质量数据

(2) 成纱质量预测

质量预测系统大数据算法通过样本自学习建模，结合质量管理人员记录的原棉参数、工艺质量参数预测成纱的“强力”“棉结”“条干 CV%”“毛羽 H 值”“单强 CV%”等质量指标，如图 7-36 所示。

6. 设备管理

(1) 维保管理

系统实现从维护计划、维护记录、维护考核全流程电子化。可在系统中制订各工序设备的维护计划，并在系统中对维护计划的执行情况进行记录、跟踪，如图 7-37 所示。

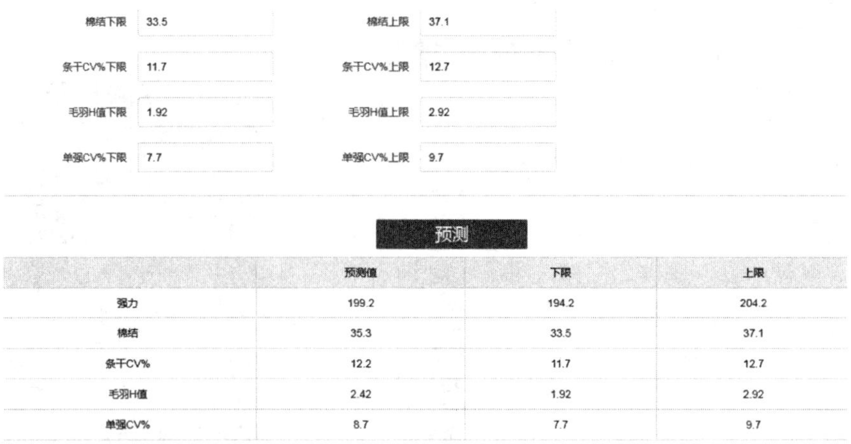
棉结下限 33.5
棉结上限 37.1
条干CV%下限 11.7
条干CV%上限 12.7
毛羽H值下限 1.92
毛羽H值上限 2.92
单强CV%下限 7.7
单强CV%上限 9.7
预测
预测值 下限 上限
强力 199.2 194.2 204.2
棉结 35.3 33.5 37.1
条干CV% 12.2 11.7 12.7
毛羽H值 2.42 1.92 2.92
单强CV% 8.7 7.7 9.7

图 7-36　成纱质量预测

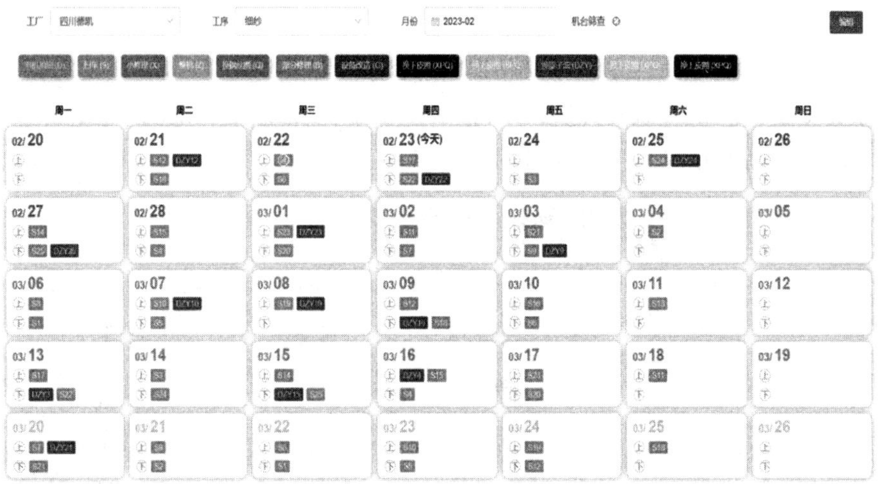
工厂 四川德凯
工序 细纱
月份 2023-02
机台筛查
周一 周二 周三 周四 周五 周六 周日
02/20 02/21 02/22 02/23(今天) 02/24 02/25 02/26
02/27 02/28 03/01 03/02 03/03 03/04 03/05
03/06 03/07 03/08 03/09 03/10 03/11 03/12
03/13 03/14 03/15 03/16 03/17 03/18 03/19
03/20 03/21 03/22 03/23 03/24 03/25 03/26

图 7-37　维保计划及执行

(2) 专件管理

在系统建立设备及专件档案,实现对专件管理的电子化。用户将专件更换周期、型号录入系统,系统动态统计专件的状态和使用周期,根据实时数据和专件信息进行智能提醒,对超期未更换的专件及时报警推送。专件更换提醒如图7-38所示。

(3) 报警管理

报警模块主要包含报警界限的管理、报警历史记录的查询、实时报警记录的查询,其中,系统的报警内容(见图7-39)主要包括:

① 设备故障报警:当设备出现断纱、断条等设备本身故障时报警;

② 低效机台报警:实时统计生产效率过低的机台;

③ 订单进度预警:若订单超期或产能不足,则会给出预警情况;

④ 环境超标预警:因当前环境温度和湿度超标而预警;

⑤ 能耗超标预警:因能耗超出机台正常范围而报警。

机上状态　上车

专件名称 全部　机台号 全部

机台号	专件类型	专件名称	额定寿命(天)	已用寿命(天)	剩余寿命(天)	使用百分比	备注	上车时间	操作
梳棉039	刺辊	刺辊针布	720	957	-237	133%		2019-07-24 08:12:27	
梳棉038	刺辊	刺辊针布	720	957	-237	133%		2019-07-24 08:12:10	
梳棉037	刺辊	刺辊针布	720	957	-237	133%		2019-07-24 08:11:52	
梳棉036	刺辊	刺辊针布	720	957	-237	133%		2019-07-24 08:11:27	
梳棉035	刺辊	刺辊针布	720	957	-237	133%		2019-07-24 08:10:58	
梳棉034	刺辊	刺辊针布	720	957	-237	133%		2019-07-24 08:10:38	
梳棉040	固定盖板	固定盖板针布	720	499	221	69%	前下两根	2019-07-31 16:34:54	
梳棉039	固定盖板	固定盖板针布	720	499	221	69%	前下两根	2019-07-31 16:33:55	
梳棉038	固定盖板	固定盖板针布	720	498	222	69%	前下两根	2019-07-31 16:32:45	
梳棉037	固定盖板	固定盖板针布	720	497	223	69%	前下两根	2019-07-31 16:31:20	

< 1 2 3 ... 5 > 　1 页　共 42 条　10 条/页

图 7 - 38　专件更换提醒

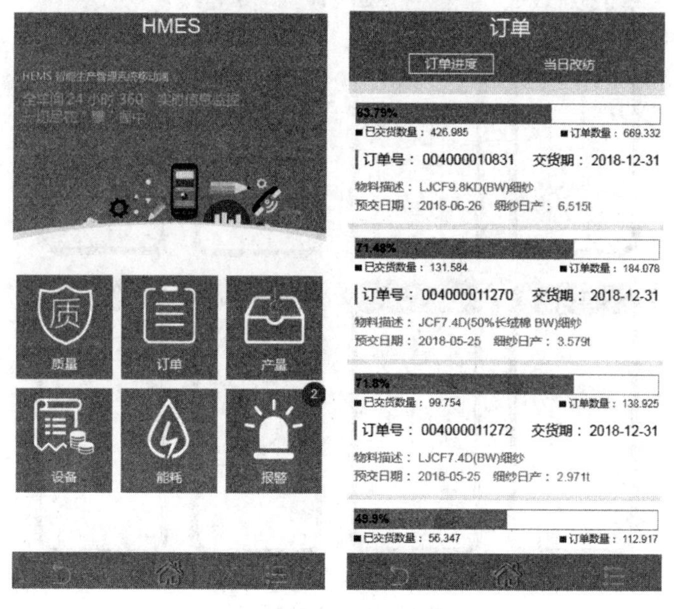

图 7 - 39　数据报警

7. 看板管理

生产人员可以通过车间看板实时了解生产现场的情况，并根据情况做出相应的决策，从而提高生产效率、降低生产成本和提高产品质量。车间看板如图 7 - 40 所示，通常会显示以下内容：

① 生产计划：显示生产的计划情况，包括生产数量、计划完成时间、任务优先级等。

② 生产进度：显示当前生产的进度情况，包括已完成数量、剩余数量、生产速度等。

③ 设备状态：显示生产设备的运行状态，包括设备开机时间、停机时间、故障情况等。

④ 员工效率:显示员工的生产效率情况,包括工时、生产数量、生产质量等。

⑤ 质量情况:显示生产产品的质量情况,包括不良品数量、合格品数量、质量问题等。

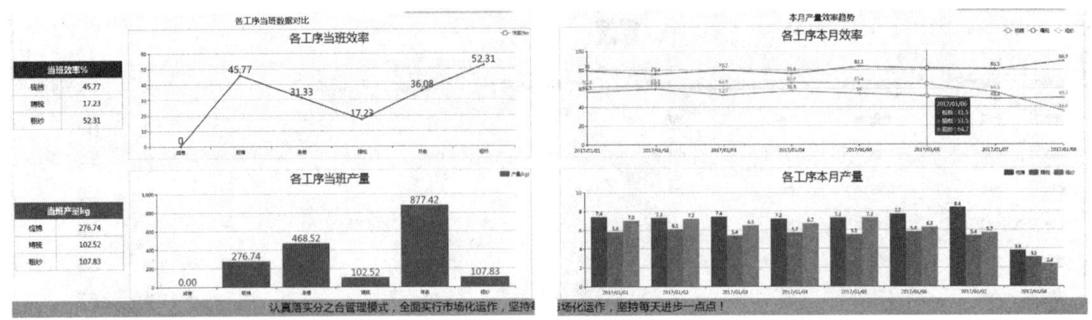

图 7-40　车间看板

8. 移动终端推送

通过微信小程序或手机 APP 及时动态地获取企业生产的重要信息。根据使用者的部门、职责、业务不同,定时推送重要数据,例如产量、质量、生产效率、制成率、成本、其他协调工作安排等。移动端展示如图 7-41 所示。

图 7-41　移动端展示

本章小结

本章主要介绍制造业数字化应用系统相关的数据采集网络通信技术及数据分析应用技术。首先从应用层面分析了几种常用于数据集成的工业网络技术,就以太网在工业应用中的优势、常用的 4G/5G 通信技术、无线 WiFi 技术、设备串行通信技术等进行了简要介绍,最后基于工业和信息化部发布的《工业控制系统网络安全防护指南》对工业网络安全的相关知识进行了归纳与描述。本章就几种常用的数据通信协议进行讲解,讲解分别从协议的产生、通信及应用的特征、行业及市场应用等方面展开，本章介绍了 PLC 通信协议集、OPC、MODBUS、CAN、MQTT、Web Bridge、FTP、数据库等通信技术。

为展示信息化数据集成技术和数字化应用技术，本章以纺纱行业为例，讲解了一套纺纱生产过程 MES 系统。数据采集从纺纱的清花工序开始，到络筒及包装工序结束，涵盖每道工序主机及辅机设备，系统设计了多类型、多接口、多维度的设备信息集成网络，实现了传感器信号、控制层数据、平台级信息的综合集成与存储，结合纺纱行业多个优秀企业的先进管理经验，在生产管理、工艺管理、计划调度、仓储物流、能动管控、成本核算、智能运维、可视化展示等众多方面进行了创新性开发与应用。本章所展示的数据采集系统构建与数字化平台应用示例是部分技术的展示，旨在为读者提供数字化系统建设的一些思路。

思考题与练习题

1. 工业网络类型及特点是什么?
2. 描述有线与无线的工业网络适用范围及特点。
3. 简述工业网络常用数据通信协议，以及它们适用的数据通信领域。
4. 工业网络安全主要防范什么? 生产控制网络如何开展网络安全防护?
5. 简述制造业 MES 系统数据采集网络的结构特点和技术特点。
6. 简述制造业 MES 系统给企业及行业带来的好处。

附录 A　实验指导书

现场总线技术及应用是一门实用性很强的课程，要想掌握现场总线技术，就必须通过实验来实践所学内容。考虑到该课程的普及程度，以及各校实验室现场总线技术实验设备不同的实际情况，本附录中的实验尽可能多设计了一些基础性实验。这些实验旨在为开设该课程的学校、任课教师，以及使用该教材的工程技术人员提供一个实际训练指导，大家也可以根据自身的实际情况，对其中的环节进行更改，以便完成相应的实验。

需要说明的是，在本附录中所使用的实验设备、装置和软件都是可选的，也是可以更换的，所需要的实验设备和装置数量可根据实验人数的多少而增减。

A.1　PROFIBUS DP 网络安装技术实验

1. 实验目的

① 了解 PROFIBUS DP 网络的配置；

② 学习 PROFIBUS DP 电缆的连接和安装技术；

③ 学习查找 PROFIBUS DP 电缆的连接和安装错误；

④ 学习 PROFIBUS DP 从站号及地址分配。

2. 使用设备和装置

以下实验设备数量按 3 组学生(每组 3 人)设计。

① SIEMENS DP 从站 ET200M 若干；

② SIEMENS DP 网络中继器 2～3 个(可选)；

③ SIEMENS CPU1516－3PN/DP 1 台(主站)；

④ 安装有 TIA 软件及配备有以太网接口的 PC 机 1 台；

⑤ WAGO 750 系列 DP 从站若干；

⑥ BECKHOFF DP 从站模块及总线端子若干；

⑦ SIEMENS 9 针 DP 总线连接器 20～30 个；

⑧ SIEMENS 9 针 DP 总线背插式连接器 5～10 个；

⑨ SIEMENS DP 标准紫色电缆 30 m，若干段；

⑩ SIEMENS DP 电缆剥线器 3～5 个；

⑪ 具备短路测量功能的万用表 1 只；

⑫ 一字和十字 3 mm 螺丝刀若干把；

⑬ 具备切割功能的剥线钳若干把。

3. 实验内容

(1) 电缆剥线器的使用和 DP 电缆的连接和安装

准备好 1 m 长的电缆若干段，然后按照图 A－1 所示的方法剥制 DP 电缆。

(2) 正确连接 DP 网络

用 DP 连接器把剥制好的电缆段连接起来。注意：

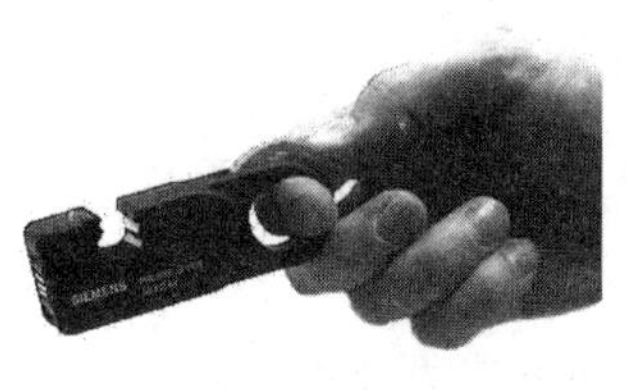

1. 右手握住绝缘的剥线器

2. 比照剥线器上的模板，用左手食指确定出电缆头的长度

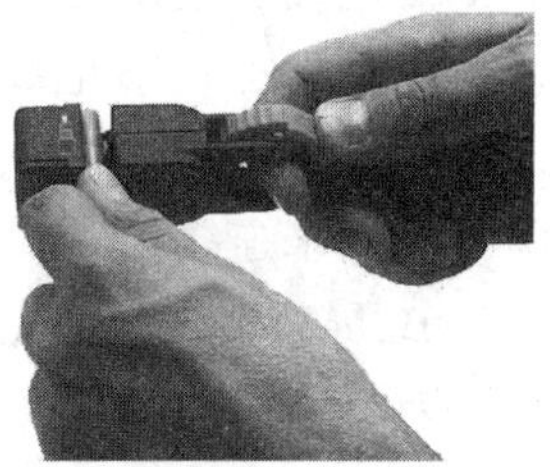

3. 把电缆头塞进剥线器，用左手的食指配合，确保长度正确

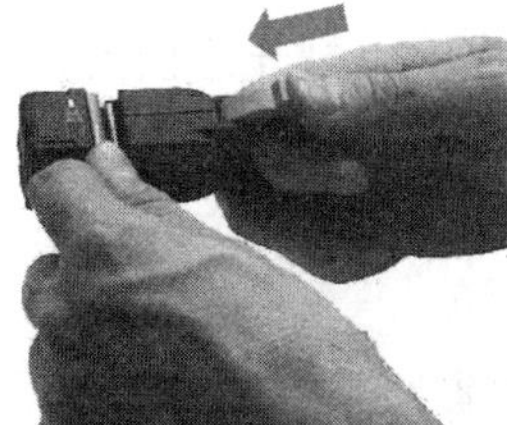

4. 在剥线器里夹紧电缆

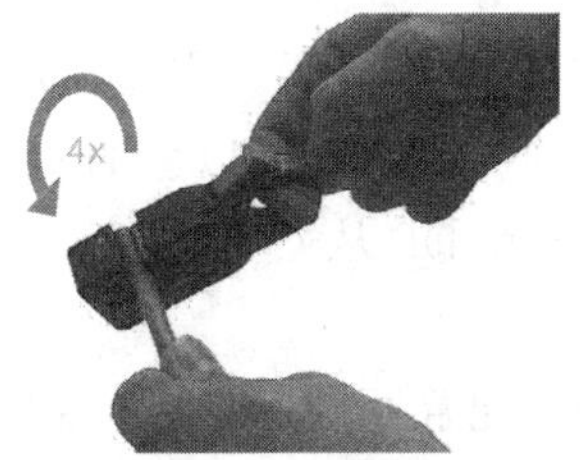

5. 按箭头方向让剥线器绕着电缆转4圈

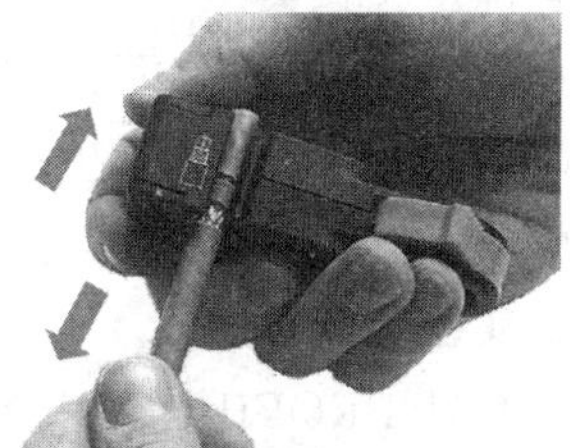

6. 在剥线器仍夹紧的状态下，把剥线器从电缆头上拉下

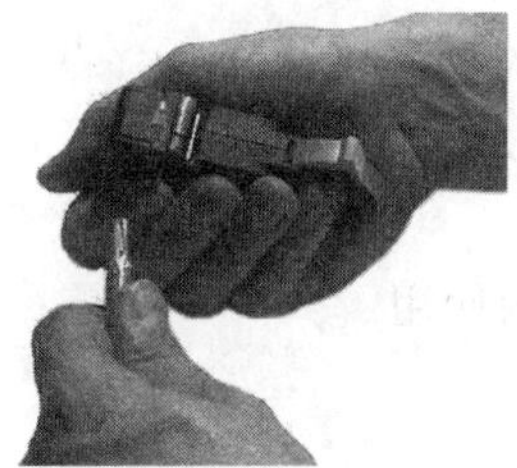

7. 仍留在剥线器中的电缆外皮可在释放剥线器取出

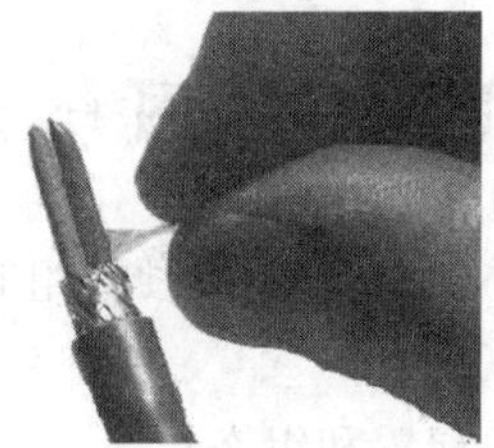

8. 撕掉外面的一层塑料保护纸，至此连接电缆制作完毕

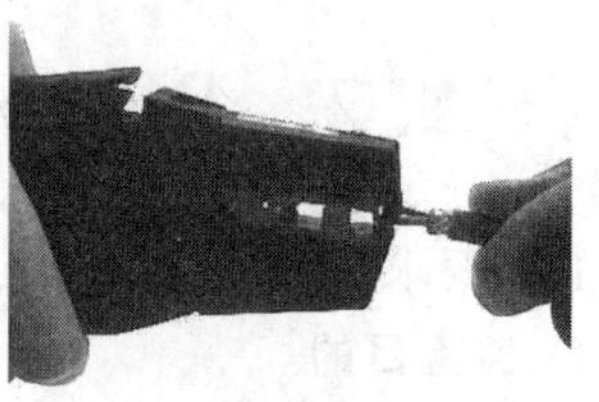

9. 对螺丝连接的连接器，还需要用剥线钳剥离出一段金属头

图 A-1　PROFIBUS DP 正确剥制电缆及连接器安装的方法

① 红色和绿色电线在连接器中的位置；

② 整个网络两端连接器的电缆进线和出线方向。

(3) 终端电阻配置

使用连接好的电缆段，按照 DP 网络的连接规则设计 DP 网络，每个网络中包含一个主站和 3～4 个从站，主站可以放在网络的任何位置，根据需要也可配置中继器。最后正确配置终端电阻。

(4) 万用表在 DP 网络通断检测中的使用

指导教师按图 A-2 所示准备好 5～6 组连接好的电缆网络。

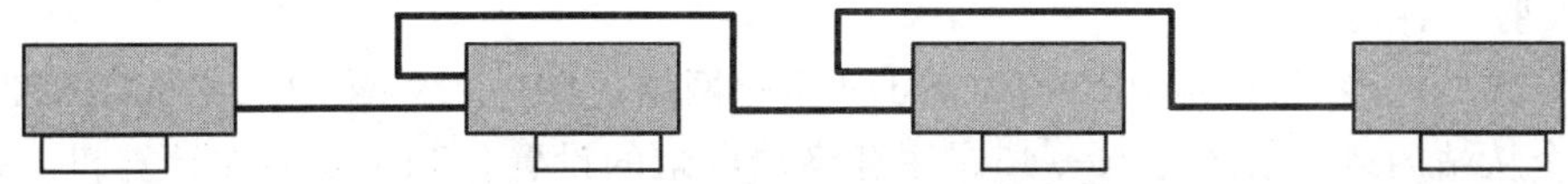

图 A-2　实验测试用 DP 电缆网络

在不同组的不同网段上电缆和连接器的连接处，教师事先制造一些连接错误，一般情况下，每组电缆网络制造一个错误即可。这些错误包括：

① A/B电线位置接反;

② 连续的两处A/B电线位置接反(算一个错误);

③ 屏蔽层未接;

④ A或B未连接;

⑤ A、B、屏蔽层之间的短路。

这些错误隐藏在连接器内部,从外面看不出来。让学生使用万用表检查这些电缆:

① 使用万用表通断检测功能,从两端开始检测A、B、屏蔽层的通断、短路;

② 确定错误位置;

③ 确定错误类型。

注意:实验进行时,不允许学生打开连接器。实验完成后,允许学生打开连接器,确认自己的检测结果。但不允许学生更正这些错误,以便以后的实验继续使用。

测试完电缆后,将DP线缆安装到DP从站上,感触螺丝刀拧DP连接螺丝的扭矩力量。

4. 实验报告要求

① 总结PROFIBUS DP网络的配置原则,总结终端电阻的配置原则。

② 为什么要使用专用的剥线器剥制PROFIBUS电缆?总结电缆接线时的注意事项。

③ 报告所测试的故障电缆网络的错误位置和错误类型。

A.2 PROFIBUS DP网络组态及控制实验

预习要求:了解和熟悉SIEMENS的TIA中硬件组态软件的使用。

1. 实验目的

① 学习PROFIBUS DP网络的配置和组态;

② 熟悉网络控制的简单概念。

2. 使用设备和装置

① CPU1516-3PN/DP主控制器1台;

② 安装有TIA软件及配备有以太网接口的PC机1台;

③ SIEMENS的TIA组态软件和硬件GSD文件;

④ SIEMENS PROFIBUS DP从站ET200M若干套;

⑤ WAGOPROFIBUS DP从站750-333若干套;

⑥ BECKHOFF PROFIBUS DP从站EK3xx0系列若干套;

⑦ 标准PROFIBUS DP A型电缆若干段;

⑧ 标准DP 9针连接器十多个;

⑨ 小螺丝刀等基本工具若干。

3. 实验内容

① 图A-3所示为搭建PROFIBUS DP实验网络。DP主站是CPU1516-3PN/DP,地址为1。6个从站的地址依次为10~15。注意终端电阻的设置。TIA安装在计算机上,计算机通过以太网接口与PLC网口相连。选择2~3个从站在其输入和输出上分别接上1~2个钮子开关和指示灯。

② 参照DP组态内容,使用TIA中的硬件组态工具对DP网络进行组态。组态包括对所有从站的组态和主控制器及扩展模块的组态,最后把组态结果下载到CPU1516-3PN/DP中。

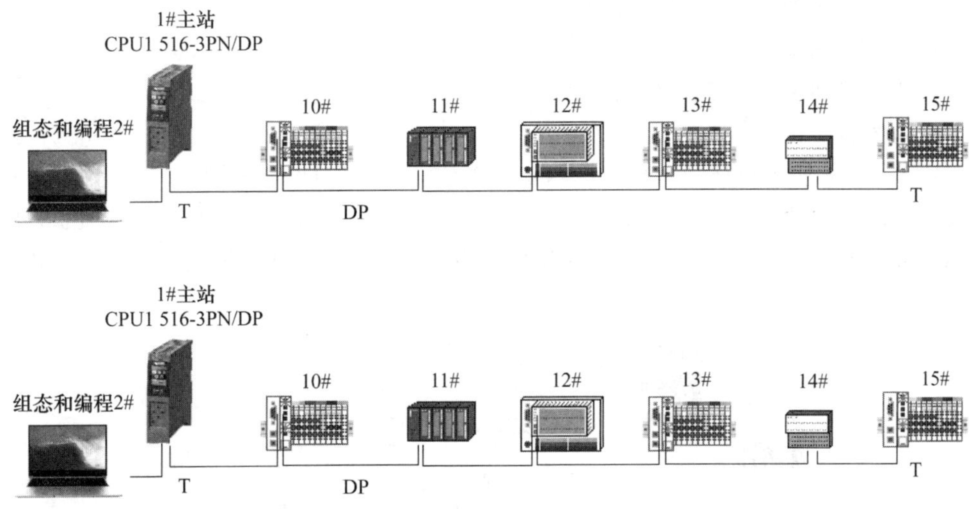

图 A-3 PROFIBUS DP 实验网络

③ 使用 TIA 中的梯形图编制一段包含某个从站输入(连接钮子开关的输入端)和另一个从站输出(连接有指示灯输出的端子)的程序。编制完成后下载到 CPU1516-3PN/DP 中。

④ 设置好系统工作状态后,运行系统,然后手动控制钮子开关,观测输出是否按程序要求的结果运行。

4. 实验报告要求

① 对主站组态需要设置哪些内容?在实验报告中粘贴对主站进行组态的关键画面。

② 对从站组态需要设置哪些内容?在实验报告中粘贴对从站进行组态的关键画面。

③ 叙述现场总线网络控制系统的实质,并对实验现象进行描述。

A.3 PROFIBUSPA 网络组态和控制实验

进行 PROFIBUS PA 实验,最理想的是制作一套大型的 PROFIBUS PA 实验演示系统(涵盖流量、压力、温度、液位、PID 调节阀等智能从站)。考虑到实际情况,在本实验中,只设计一个使用 PA 温度变送器和压力变送器的例子来完成简单的 PA 实验。

博途平台不支持使用链接模块(西门子公司 IM153-2),主要原因是 GSD tool 工具版本太低,并且近十几年西门子公司也没有更新 GSD tool,所以必须使用西门子原来的 STEP7 平台组态。

预习要求:复习 PROFIBUS PA 的网络组成;组态平台为 STEP7。

1. 实验目的

① 学习 PROFIBUS DP 网段和 PA 网段之间的连接技术;

② 学习 PA 的组态;

③ 观测 PA 设备中测量参数的变化。

2. 使用设备和装置

① E+H 公司带 PA 接口的温度传感器 TMT 84;

② E+H 公司带 PA 接口的 Cerabar S 系列压力变送器 PMC 71;

③ PA 电缆,PA 分线盒;

④ 西门子公司的 DP/PA 耦合器和 Link 模块；

⑤ WinCC 组态软件；

⑥ 其他设备和装置与 A.2 实验相同。

3. 实验内容

① 按图 A-4 所示搭建 PROFIBUS DP/PA 实验网络。DP 主站是 CPU315-2PN/DP，地址为 1。DP 段 2 个从站的地址依次为 10～11，链接模块(LINK)的 DP 地址是 14，PA 段的 2 个 PA 设备的地址为 16 和 17。注意终端电阻的设置。2 类主站中安装有 WinCC 组态软件和 TIA 硬件组态、编程软件。

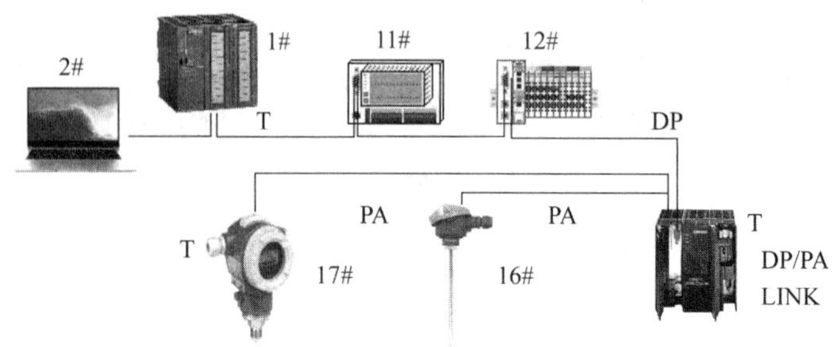

图 A-4　PROFIBUS DP 实验网络

② 使用 TIA 对网络进行组态。组态包括对所有从站的组态和系统组态。把组态好的结果下载到 CPU315-2PN/DP 中。注意 PA 从站和 DP 从站的区别。

③ 编制一段程序，使用 17＃从站温度值的改变控制 12＃从站的 DO 输出。把编制好的程序下载到 CPU315-2PN/DP 中。

④ 在 PC 机上，使用 WinCC 组态一个简单画面，把相关参数形象地显示出来。

⑤ 系统上电运行后，用手握住温度传感器探头，在 WinCC 观测温度值的变化；将一个合适的皮吹子连接到压力变送器的金属管上，手握动皮吹子，在 WinCC 上观测压力值的变化。

4. 实验报告要求

① 详细报告这个系统的组态过程，并附上对 PA 设备进行组态的关键画面。

② 简述对 PA 设备进行调试的过程？

③ 实验中所使用的 E＋H 的温度传感器和压力变送器还提供哪些重要的参数？请详细说明这些参数的意义。

A.4　PROFIBUS DP 报文分析实验

预习要求：了解和熟悉分析诊断软件 PROFITrace2 的使用。

1. 实验目的

① 学习对参数化、组态和数据交换等报文的详细分析；

② 通过对诊断报文的分析，学习查找故障原因。

2. 使用设备和装置

① 荷兰 PCC 的 PROFITrace2；

② 其他设备和装置与实验 A.2 相同。

3. 实验内容

本实验在实验 A.2 的基础上进行。

① 使用 PROFITrace2 捕捉报文，对 DP 网络进行详细的报文分析。实验时，要求针对主站和从站之间的参数化报文、组态报文和数据交换报文进行捕捉（总线系统在上电启动时报文类型较为丰富），然后分析每段报文的每个字节以及字节中每一位的含义。

② 制造一个故障，然后捕捉诊断报文，分析讨论 DP 系统的故障报告机制，并分析这段诊断报文中的每个字节以及字节中每一位的含义。

4. 实验报告要求

① 简述 PROFITrace2 的软件功能及硬件使用方法。

② 详细报告你所捕捉的各种报文，以及对报文各字节、各位的分析，并附上所有关键画面。

③ 你制造了一个什么故障？报告你从数据交换报文中所看到的现象。对所捕捉到的诊断响应报文进行详细的分析，报告分析结果，并附上所有关键画面。

A.5　PROFINET 网络安装技术实验

1. 实验目的

① 了解 PROFINET 网络的配置；

② 学习 PROFINET 电缆的连接和安装技术；

③ 学习查找 PROFINET 电缆的连接和安装错误；

④ 学习 PROFINET 控制器及设备名称和 IP 配置。

2. 使用设备和装置

以下的实验设备数量按三组学生（每组 3 人）设计。

① SIEMENS PROFINET 设备 ET200SP、ET200MP 若干；

② SIEMENS PROFINET 交换机 1～2 台（可选）；

③ SIEMENS CPU1516－3PN/DP 1 台（控制器）；

④ 安装有 TIA 软件及配备有以太网接口的 PC 机 1 台；

⑤ WAGOPROFINET 总线模块及扩展端子若干；

⑥ BECKHOFFPROFINET 总线模块及扩展端子若干；

⑦ SIEMENS RJ45 PN 工业连接器 20～30 个；

⑧ SIEMENS PN 标准绿色电缆 30 m，若干段；

⑨ SIEMENS PN 电缆剥线器各 3～5 个；

⑩ 以太网网络测线仪 1 台；

⑪ 一字和十字 3 mm 螺丝刀若干把；

⑫ 具备切割功能的剥线钳若干把。

3. 实验内容

（1）电缆剥线器的使用和 PROFINET 电缆的连接和安装

准备好长于 1 m 的电缆若干段，用图 A－5 所示的方法剥制 PROFINET 电缆。

（2）正确连接 PROFINET 网络

用 PN 连接器把剥制好的四芯电缆段连接起来。注意：

① 四芯网络线缆的颜色要和 RJ 连接器中的颜色位置对应；

② 单根网络线缆不低于 1 m，屏蔽层可靠连接，RJ45 连接器尾部旋卡要到位。

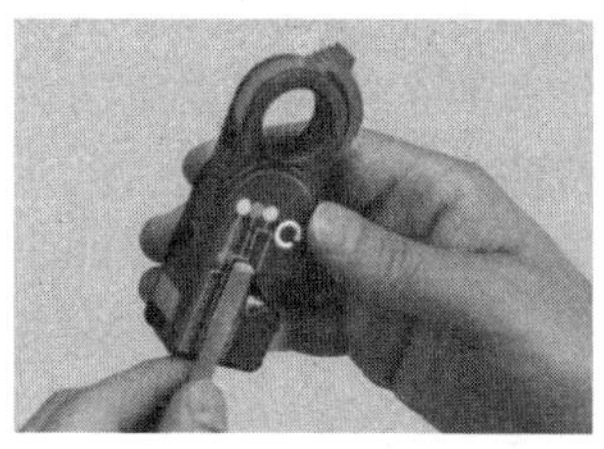
1. 使用剥线工具确定好电缆长度

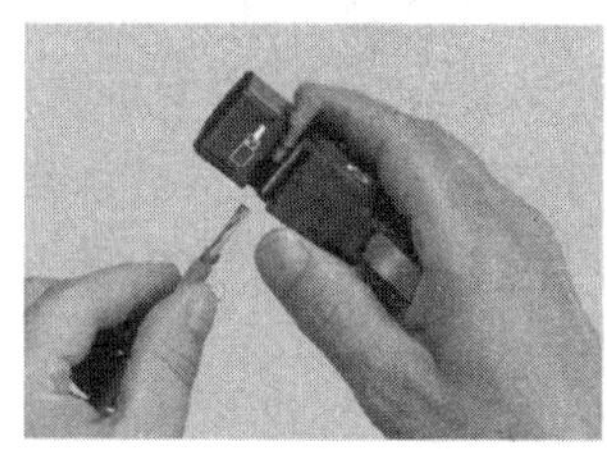
2. 使用剥线器剥制电缆

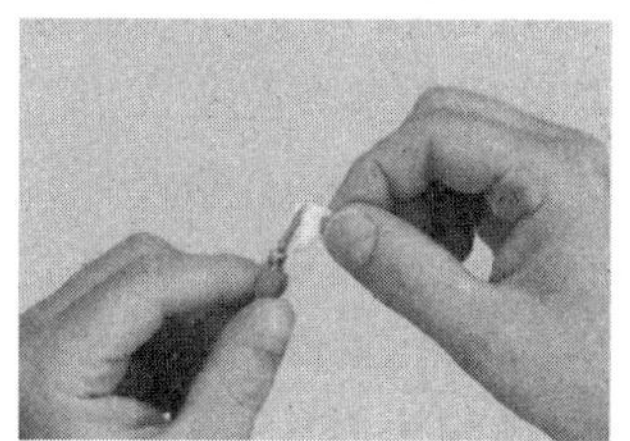
3. 拆下保护套露出编织部分和屏蔽层

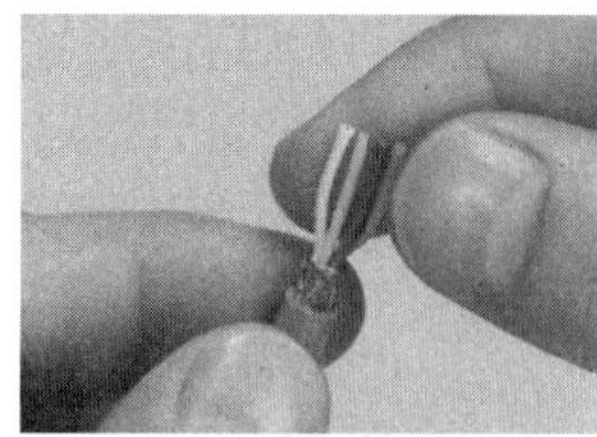
4. 按顺序把线缆排列好

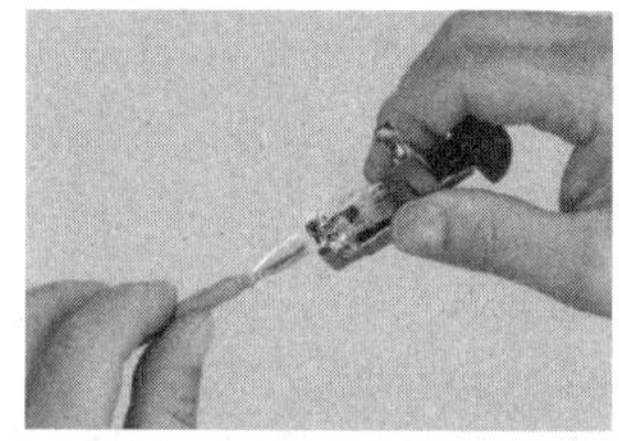
5. 按颜色插入线缆

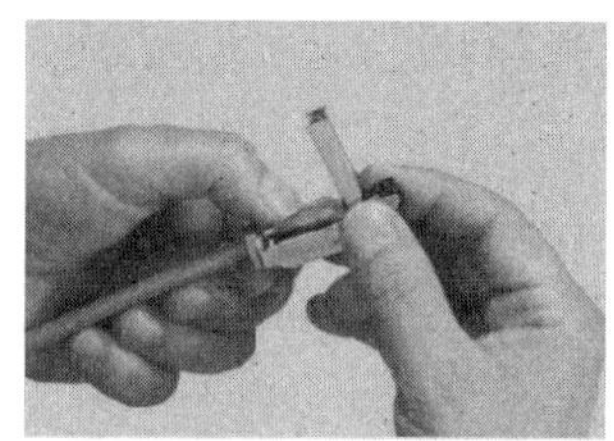
6. 按下通明的塑料卡扣

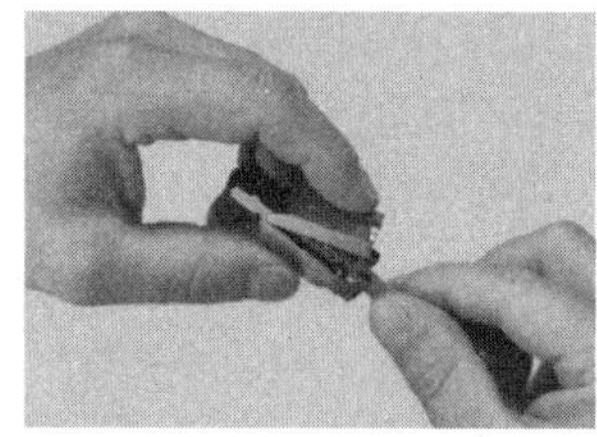
7.按下插头，确保线缆接触好

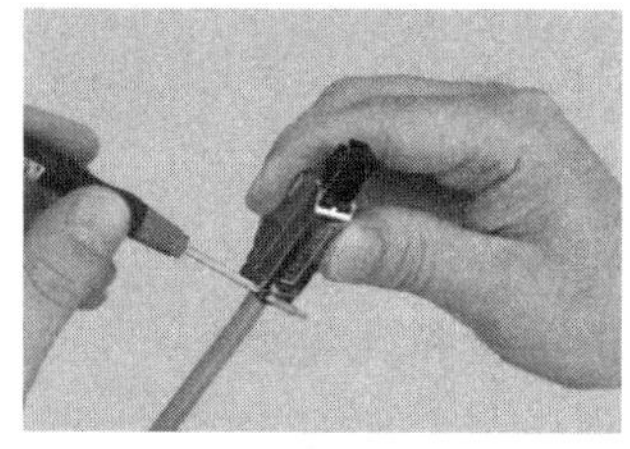
8. 用螺丝刀旋转固定好插头

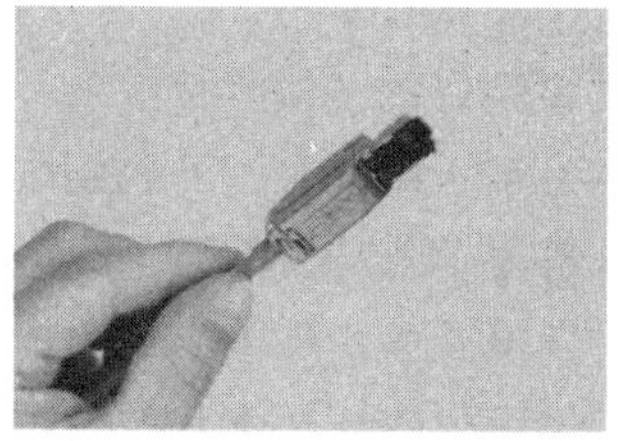
9. 线缆和连接器就安装完成

图 A-5　PROFINET 正确剥制电缆及连接器安装的方法

③ PN 接头连接 PN 设备时注意拔出的方法，特别要注意遮挡压扣区域的接口连接。

(3) 以太网测试仪使用

以太网制作完毕，可使用普通以太网测试仪测量对应针脚及屏蔽层是否连通。

4. 实验报告要求

① 总结 PROFINET 网络的结构，以及交换机的星形和设备级连线形连接网络结构的区别。

② 为什么要使用专用的剥线器剥制 PROFINET 电缆？总结电缆接线时的注意事项。

③ 报告所测试的故障电缆网络的错误位置和错误类型。

④ 总结 RJ45 连接器组网和连接使用过程中容易出错误的地方。

A.6　PROFINET 网络组态及控制实验

预习要求：复习 PROFINET 的基础知识及网络组成。

1. 实验目的

① 学习 PROFINET 网络的配置和组态；

② 了解 PROFIBUS 和 PROFINET 的区别；

③ 熟悉 PROFINET 网络的控制。

2. 使用设备和装置

① CPU1516-3PN/DP 控制器 1 个；

② SIEMENS 的 TIA 编程和硬件 GSD 文件；

③ SIEMENSPROFINET 设备 ET200MP、ET200SP 若干套；

④ SIEMENS 交换机 SCALANCE-X208 若干个；

⑤ WAGO PROFINET 设备 750-370 若干套；

⑥ BECKHOFF PROFINET 设备 EK9100 若干套；

⑦ PHOENIX PROFINET 设备 IL PN BK DI8 DO4 2TX-PAC 若干套；

⑧ 标准 PROFINET A 型电缆若干段；

⑨ FC RJ45 连接器数十个；

⑩ 安装有 TIA 软件及配备有以太网接口的 PC 机 1 台；

⑪ 钮子开关和 24VDC 指示灯若干个；

⑫ 小螺丝刀等基本工具若干。

3. 实验内容

① 按图 A-6 所示搭建 PROFINET 实验网络，PROFINET 控制器是 CPU1516-3PN/DP，IP 地址为 192.168.0.10，也可以修改为其他值；6 个 I/O 设备的 IP 地址可以按照 192.168.0.X(X 代表 1～254)进行分配。注意：网络上的 IP 地址(包括计算机上的 IP)是一个网段内的，并且不能冲突。PN 控制器和 PN 设备的名字可以根据实际情况，按照名字分配的原则给设备分配合适的名字。TIA 软件安装在计算机上，其与 CPU1516-3PN/DP 是通过 TCP/IP 协议进行通信的。选择 2～3 个 PN 设备在其输入和输出上分别接上 1 到 2 个钮子开关和指示灯；如果有条件的话，可以使用信号源提供模拟量信号进行模拟量数据的采集。

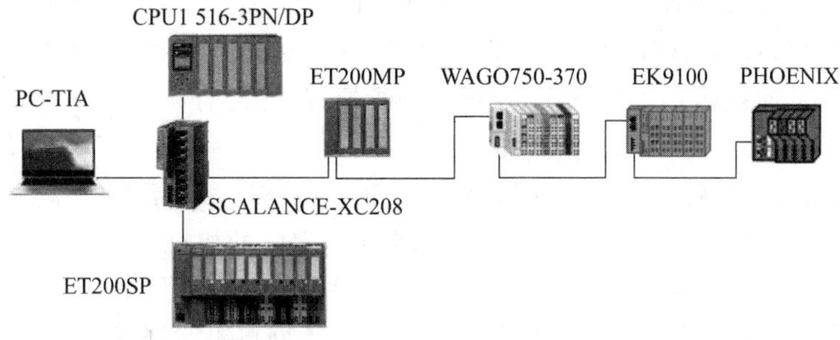

图 A-6 PROFINET 实验网络

② 使用 TIA 中的硬件组态工具对 PROFINET 网络进行组态。组态包括对所有 PN 设备的组态和系统组态，最后把组态结果下载到 CPU1516-3PN/DP 中。

③ 使用 TIA 中的梯形图编制一段包含 PN 设备输入(连接钮子开关的输入端)和 PN 设备输出(连接有指示灯输出的端子)的程序；也可以编写带有模拟量输入的程序(模拟量输入端连接信号源)。编制完成后下载到 CPU1516-3PN/DP 中。

④ 设置好系统工作状态后，运行系统，然后手动控制钮子开关，监视程序，观测输出是否按程序要求的结果运行。

4. 实验报告要求

① 对 PN 控制器的组态需要设置哪些内容？在实验报告中粘贴对 PN 控制器进行组态的关键画面。

② 对 PN 设备的组态需要设置哪些内容？在实验报告中粘贴对 PN 设备进行组态的关键画面。

③ 叙述PROFINET网络控制系统的实质,并对实验现象进行描述。

④ 阐述PROFINET和PROFIBUS的区别,可以从组态、安装、通信协议以及应用等几个方面进行比较。

A.7 PROFINET报文分析实验

预习要求:了解和熟悉以太网测试分析软件Wireshark的使用。

1. 实验目的

① 学习PROFITap硬件测试盒与网络线路的连接;

② 使用PROFITap硬件测试盒和Wireshark软件采集PROFINET通信帧;

③ 学习对名称和地址分配、系统启动及连接建立过程、报警等报文的详细分析;

④ 通过对报文的分析,学习查找设备通信及故障的原因。

注明:在没有PROFITap协议数据捕捉工具的情况下,可通过交换机的通信端口,借助Wireshark软件获取PROFINET通信报文数据。

2. 使用设备和装置

① PROFITap硬件测试盒;

② 其他设备和装置与实验A.6相同。

3. 实验内容

本实验在实验A.6的基础上进行。

① 通过PROFITap硬件测试盒和安装在PC机上的Wireshark软件的配合使用,采集PROFINET通信帧并进行详细的分析。实验时,要求针对某个PROFINET设备的名称和地址分配、系统启动及连接建立过程、报警等报文进行捕捉,然后分析相应报文的核心字节数据的含义。

② 制造一个故障,然后分析捕捉到的报文,讨论PROFINET系统故障的报警机制,并分析这段诊断报文中的每个字节的含义,以及故障是否与实际的相符。

③ 使用Wireshark软件采集报文时,需要配合PROFITap硬件测试盒使用,其有三个端口,一端通过USB口连接到PC机上,另外两端通过以太网口串联到网络中。

4. 实验报告要求

① 绘出PROFITap硬件测试盒在网络中与设备相连的情况。

② 详细报告你所捕捉的各种报文,以及对报文各字节的分析,并附上所有关键画面。

③ 你制造了一个什么故障?对所捕捉到的报警报文进行详细的分析,报告报警报文的分析与实际的故障是否相符,并附上所有关键画面。

附录 B　PROFIBUS 常用信息速查表

B. 1　PROFIBUS DP 报文基本信息速查

基本报文格式:

SD	LE	LEr	SDr	DA	SA	FC	DSAP	SSAP	PDU···	FCS	ED

SD:　报头

LE:　数据长度 = (DA+SA+FC+DSAP+SSAP+长度[PDU]) ≤249字节
(协议数据单元 [PDU] 长度 ≤244字节)

DA:　目标地址

SA:　源地址

FC:　功能代码

DSAP:　目标服务访问点

SSAP:　源服务访问点

FCS:　报文检测顺序

ED:　报尾，ED = 0x16

SD1 = 0x10——请求FDL状态（寻找新站点），不包含数据单元的具有固定长度的报文

SD2 = 0x68——SRD服务，带有可变长度数据单元的报文

SD3 = 0xA2——带有恒定长度数据单元具有固定长度的报文 (数据单元通常为8字节)

SD4 = 0xDC——令牌报文

SC = 0xE5 - 短确认报文（只含一个字节）

功能代码FC:

0	b6	b5	b4	fc	fc	fc	fc

通常为0

1=Rqst, 0=Resp

Rqst:　b5=帧计数位 (0/1切换), b4=帧计数有效

Resp:　站点类型 (00=从站, 01=主站没有准备好进入令牌环，10= 主站准备好进入令牌环， 11= 在令牌环上的主站)

功能码	请求功能 (b6=1)	响应功能 (b6=0)
0	时间事件	肯定确认：OK
1	—	否定确认：用户出错(UE)
2	—	否定确认：无响应原(RR)
3	SDA低 (仅FMS可用)	否定确认：SAP 未被激活(RS)
4	SDN低 (广播和多点传送报文)	—
5	SDA高 (仅FMS可用)	—
6	SDN高(广播和多点传送报文)	—
7	SRD多播	—
8	—	SRD的低优先级响应(DL)
9	带应答的FDL状态请求	否定确认：无响应 (NR)
A (10)	—	SRD的高优先级响应(DH)
B (11)	—	—
C (12)	SRD低 (发送和请求数据)	SRD低优先级响应异常：无源(RDL)
D (13)	SRD高 (发送和请求数据)	SRD高优先级响应异常：无源(RDH)
E (14)	带应答的ID请求	—
F (15)		—

主站-从站通信的服务访问点:

服务	主站 SAP	从站 SAP
数据交换	无	无
获取从站地址	3E (62)	37 (55)
读输入	3E (62)	38 (56)
读输出	3E (62)	39 (57)
全局变量	3E (62)	3A (58)
获取组态	3E (62)	3B (59)
从站诊断	3E (62)	3C (60)
参数设置	3E (62)	3D (61)
检查组态	3E (62)	3E (62)
DPV1 Ⅰ类主站 (MS1)功能	33 (51)	33 (51) or 32 (50)
DPV1 源管理器(MS2)功能	32 (50)	31 (49)
DPV1 Ⅱ类主站(MS2)功能	32 (50)	0 (0) ··· 30 (48)

主站-主站通信的服务访问点：DSAP和SSAP均为36(54)。

注释：括号中对应的是十进制数。

B. 2　DP-V0 参数化报文速查信息

参数设置请求：　基本请求报文(主站 →从站)：

SD	LE	LEr	SDr	DA	SA	FC	DSAP	SSAP	DU	FCS	ED
68_{hex}	xx	xx	Xx	xx	xx	xx	$3D_{hex}$	$3E_{hex}$	xx xx …	xx	16_{hex}

基本响应报文　(从站→主站)：

$E5_{hex}$	仅一个字节为响应报文，短字符 (SC)

参数设置：主站发送给从站的参数设置报文包括通信参数、预期功能、设备相关参数和识别码。从站必须检查是否支持被请求的参数和功能。

参数数据单元 (DU)最少 7个字节，最多可达 244个字节

前 7 个字节对每一个从站都是必须的	设备和模块相关参数 (可选择)
1………………………………7	8………………………………244

对必须的 7 个字节参数的描述(根据PROFIBUS DP 标准)：

字节1

位	值	含义
7	x	锁定标志 (1为主站对其他主站锁定该从站)
6	x	未锁定标志 (1为主站未对其他主站锁定该从站)
5	x	从站为 Sync 模式 (1=YES)
4	x	从站为 Freeze 模式 (1=YES)
3	x	看门狗 ON/OFF (1= ON) 可以被用户选择
2	0	保留 (必须是 0)
1	0	保留 (必须是 0)
0	0	保留 (必须 0)

字节	位 7 6 5 4 3 2 1 0	参数	说明
字节2	$0\sim255_{dec}$ $(0\sim FF_{hex})$	看门狗系数1 (WD1)	看们狗时间 = WD1* WD2 * 10ms
字节3	$0\sim255_{dec}$ $(0\sim FF_{hex})$	看门狗系数2 (WD2)	
字节4	$0\sim255_{dec}$ $(0\sim FF_{hex})$	最小站点　响应时间 (T_{SDR})	在一个常规的PROFIBUS DP系统中，最小站点延迟响应时间是 11 T_{bit} =$0B_{hex}$ (1T_{bit} =1个位的时间)
字节 5	$0\sim255_{dec}$ $(0\sim FF_{hex})$	PROFIBUS ID编号 (MSB)	
字节6	$0\sim255_{dec}$ $(0\sim FF_{hex})$	PROFIBUS ID编号 (LSB)	
字节 7	x x x x x x x x	成组选择	该字节的每一位代表一组，因此从站可以被分为单独一组或组成多个组。成组选择主要用于全局控制功能(如Sync、Freeze等)
字节8	扩展参数	设备和模块相关参数 (DPV1状态字节，参看 B.8)	

B.3 DP-V0 组态报文速查信息

检查组态请求：基本请求报文(主站→从站)：

SD	LE	LEr	SDr	DA	SA	FC	DSAP	SSAP	DU	FCS	ED
68_{hex}	xx	xx	xx	xx	xx	xx	$3E_{hex}$	$3E_{hex}$	xx xx …	xx	16_{hex}

基本响应报文 (从站→主站)：

$E5_{hex}$	只有一个字节响应报文，短字符 (SC)

组态检查：组态检查报文的目的是比较组态的 I/O (主站系统)和从站实际的 I/O，以此来确定组态是否有效

组态数据单元 (DU)最多只能有 244 个字节

组态标识符ID0(必须)	ID1，ID2，ID3 ……………………………………（可选择）
1…………	…………244

检查组态报文数据单元包括必要的 I/O 组态，组态标志(ID) 用来定义输入/输出的数目、数据类型(字节/字)和数据块（模块）的一致性，数据单元至少包含一个 ID。

从报文中我们能区分常规和特殊的组态ID格式.

常规的（基本的）ID 格式(1 个字节)

字节1

7	6	5	4	3	2	1	0	位
		0	1					仅输入组态时的ID定义
		1	0					仅输出组态时的ID定义
		1	1					输入输出组态时的ID定义
		0	0					特殊ID 格式 (具体请参照特殊格式解码表)
				$00\sim15_{dec}$ ($0\sim F_{hex}$)				组态数据数 (输入/输出)： 00_{dec} (0_{hex}) = 1 (字节/字) 15_{dec}(F_{hex}) = 16 (字节/字)
	1							单位为字
	0							单位为字节
1								表示整个组态数据块（模块）一致
0								表示一个数据单位(字节/字)一致

特殊的（扩展的）ID 格式

一个特殊组态 ID的结构

特殊组态ID	ID 前面部分	ID 字节头	输出字节长度	输入字节长度	制造商特殊数据	下一个 ID
		x x 0 0 x x x x	仅用于输出	仅用于输入	(可选)	

特殊格式解码表

字节 1
组态 ID 头

7	6	5	4	3	2	1	0	位
		0	0					特殊 ID 格式 (参照特殊格式解码表)
				$00\sim15_{dec}$ ($0\sim F_{hex}$)				最后面的制造商特殊组态 ID 数据数 00_{dec} (0_{hex}) = 没有 $1\sim14_{dec}$ (E_{hex}) = 相应的制造商特殊数据数 15_{dec} (F_{hex}) = 没有
0	0							空模块,表示没有输入或输出
0	1							接下来一个字节说明输入性质
1	0							接下来一个字节说明输出性质
1	1							接下来字节分别说明输出和输入性质

接下来的字节
1 字节长度的输出，1 字节长度的输入，如果两者都有，则接下来有两个字节，输出在前，输入在后

7	6	5	4	3	2	1	0	位
		$00\sim63_{dec}$ ($00\sim3F_{hex}$)						组态的数据数(输入/输出)： 00_{dec} (0_{hex}) = 1 (字节/字) 63_{dec} ($3F_{hex}$) = 64 (字节/字)
	1							单位为字
	0							单位为字节
1								整个数据块(模块)一致
0								整个数据单位(字节/字)一致

接下来的字节
制造商特殊数据

7	6	5	4	3	2	1	0	位
$00\sim255_{dec}$ ($00\sim FF_{hex}$)								制造商特殊组态ID，由制造商来定义 (或 DPV1 数据类型，参看 B.8)

B.4　DP-V0 诊断报文速查信息

诊断请求报文：基本请求报文(主站 →从站)：无数据单元 (DU)

SD	LE	LEr	SDr	DA	SA	FC	DSAP	SSAP	FCS	ED
68_{hex}	xx	xx	xx	xx	xx	xx	$3C_{hex}$	$3E_{hex}$	xx	16_{hex}

诊断响应报文：基本响应报文(从站 → 主站)：

SD	LE	LEr	SDr	DA	SA	FC	DSAP	SSAP	DU	FCS	ED
68_{hex}	xx	xx	xx	xx	xx	xx	$3E_{hex}$	$3C_{hex}$	xx xx …	xx	16_{hex}

诊断响应：诊断响应的目的是向主站报告从站的状态和从站是否接受主站发出的参数设置和组态请求数据，是否需要重新进行参数化和组态设置

诊断数据单位 (DU) 最少 6个字节，最多可达244个字节

前 6 字节对每个从站的基本诊断信息（必须）	装置诊断信息块（可选）	模块诊断信息块(可选)	通道诊断信息块(可选)
1……6	7……244		

标准诊断报文前6字节的描述(描述)

字节1

位	值	描述
7	M	从站被不同的主站锁定
6	X	参数错误：从站未接收到最新的参数
5	M	无效的从站应答，由主站设置
4	x	从站不支持所请求的参数功能
3	x	从站具有扩展的诊断信息来报告出错
2	x	组态错误：从站未接收到最新的组态数据
1	x	站点未准备好数据交换
0	M	站点不存在(如果站点无响应，由主站设置)

字节2

位	值	描述
7	M	该从站未被主站激活（由主站设置）
6	0	保留
5	X	从站处于 Sync 模式（1= ON ；0=OFF)
4	X	从站处于 Freeze 模式（1= ON ；0=OFF)
3	X	监控激活入口，看门狗 (1=ON ；0=OFF)
2	1	总为1
1	X	静态诊断：主站请求诊断，直到该位被复位
0	X	从站必须重新设置参数

字节3

位	值	描述
7	x	诊断数据溢出，从站有太多的诊断数据报告
6	0	保留
5	0	保留
4	0	保留
3	0	保留
2	0	保留
1	0	保留
0	0	保留

字节4（位 7～0）：$0\text{-}125_{dec}$ $(0\sim7D_{hex})$

主站站点地址

$0\sim125_{dec}$ $(0\sim7D_{hex})$：主站控制地址

255_{dec} (FF_{hex}) 从站未被任何主站控制或未进行参数设置。

字节5（位 7～0）：$0\text{-}255_{dec}$ $(0\sim FF_{hex})$

PROFIBUS ID号 (MSB)

字节6（位 7～0）：$0\text{-}255_{dec}$ $(0\sim FF_{hex})$

PROFIBUS ID号 (LSB)

每个从站识别码由PROFIBUS国际组织配置

字节7-244

扩展诊断数据(可选)

↓设备诊断块
↓标识（模块）诊断块
↓通道诊断块

(解码见 B.5)

B.5 DP-V0 诊断报文扩展诊断数据速查信息

1 … 6	7 …		… 244
对每个从站来说，前6个字节都是基本的诊断数据（必须）	扩展诊断信息数据：设备诊断信息块（可选）	模块诊断信息块（可选）	通道诊断信息数据块（可选）

设备诊断信息块

头字节	装置诊断信息数据字节
0 0 x x x x x x	1～62字节

头字节(装置诊断信息)

7	6	5 4 3 2 1 0	位
0	0		头字节：装置诊断信息
		2～63dec	包含头字节在内的诊断数据块长度：02_{hex} = 2 字节，$3F_{hex}$ = 63 字节

接下来的装置诊断信息数据字节

7 6 5 4 3 2 1 0	位
由制造商决定的位或字节信息	装置诊断信息数据字节（或 DPV1 报警/状态参照 B.9）

模块诊断信息块

头字节	标志（模块）诊断信息数据
0 1 x x x x x x	1～62字节

头字节（识别诊断信息）

7	6	5 4 3 2 1 0	位
0	1		头字节：识别诊断信息
		2～63dec	包含头字节的数据块长度 02_{hex} = 2 字节，$3F_{hex}$ = 63 字节

接下来的模块诊断信息数据字节

7	6	5	4	3	2	1	0	位
							X	标识符 0 有诊断
						X		标识符 1 有诊断
					X			标识符 2 有诊断
				X				标识符 3 有诊断
			X					标识符 4 有诊断
		X						标识符 5 有诊断
	X							标识符 6 有诊断
X								标识符 7 有诊断

…下面的字节(仅使用于装置多于 8 个模块时)….

7	6	5	4	3	2	1	0	位
							X	标志字节 8 有诊断
								……
X								标志字节 15 有诊断

7	6	5	4	3	2	1	0	位
							X	标志字节 16 有诊断
								……
X								标志字节 23 有诊断

7	6	5	4	3	2	1	0	位
							X	标志字节 24 有诊断
								……
X								标志字节 31 有诊断

…………

…………

通道诊断信息数据块

头字节	通道诊断信息数据
1 0 x x x x x x	2字节(包括头字节有3个字节)

头字节（通道诊断信息）

7	6	5 4 3 2 1 0	位
1	0		头字节：通道诊断信息
		0～63dec	报告识别(模块)码，例如：00_{hex} =标识符0有诊断，$3F_{hex}$ =标识符63有诊断

字节2：（通道诊断信息）

7	6	5 4 3 2 1 0	位
		0～63dec	报告 通道号
0	1		通道类型：输入
1	0		通道类型：输出
1	1		通道类型：输入/输出

字节3：（通道诊断信息）

7	6	5	4 3 2 1 0	位
0	0	1		通道类型：位
0	1	0		通道类型：双位
0	1	1		通道类型：4位
1	0	0		通道类型：字节
1	0	1		通道类型：字
1	1	0		通道类型：双字
			1dec	故障类型：短路
			2dec	故障类型：电压低
			3dec	故障类型：电压高
			4dec	故障类型：过载
			5dec	故障类型：温度高
			6dec	故障类型：电线破裂
			7dec	故障类型：超出上限
			8dec	故障类型：低于下限
			9dec	故障类型：一般故障
			10～15dec	故障类型：保留
			16～31dec	故障类型：和设备有关

扩展诊断数据：扩展诊断数据是在6个必须字节的基础上另外附加的诊断信息。扩展诊断信息可能会包含装置诊断信息、标识符（模块）诊断信息和通道诊断信息三种类型，由制造商来定义诊断信息块

B.6　DP-V0　全局控制报文速查信息

全局控制请求报文：基本请求报文（主站 → 从站）：

SD	LE	LEr	SDr	DA	SA	FC	DSAP	SSAP	DU	FCS	ED
68_{hex}	xx	xx	xx	xx	xx	xx	$3A_{hex}$	$3E_{hex}$	2字节	xx	16_{hex}

无应答报文

全局控制报文数据单元(DU)的描述

字节1

7	6	5	4	3	2	1	0
0	0						0
						X	
					X		
				X			
			X				
		X					
保留	保留	同步(锁存从站输出数据)	解除同步	锁存(锁存从站输入数据)	解除锁存	清除模式(清除从站输出数据)	保留

字节2

7	6	5	4	3	2	1	0
X	X	X	X	X	X	X	X

全局编号
每1位 代表一个从站组
也可能是若干个组

全局控制只对指定的从站组起作用

(成组设置参看参数化报文)

00_{hex}：该命令对所有的从站起作用，不管其是否包含在指定组内

全局控制：全局控制报文是广播形式（对所有从站）或多点通信形式（对几组从站）的报文，该报文能使某种特定的功能在这些从站上同时生效或无效，例如CLEAR、Sync、Freeze 等。该报文是PROFIBUS报文中唯一的一种为防止冲突而无应答的报文

B.7　DP-V1 扩展参数化报文速查信息

设置参数请求：请求报文（主站 → 从站）：

SD	LE	LEr	SDr	DA	SA	FC	DSAP	SSAP	DU	FCS	ED
68_{hex}	xx	xx	xx	xx	xx	xx	$3D_{hex}$	$3E_{hex}$	xx xx …	xx	16_{hex}

应答报文（从站 → 主站）：

$E5_{hex}$	应答报文只有一个字节，短字符 (SC)

参数数据单元(DU) 最少 7个字节，最多可达244个字节

对每个从站来说，前7个字节都是基本的	DPV1_状态 (3 字节)	设备和模块参数数据 (可选)
1……7	8……10	11……244

字节	位	值	含义
字节 8	7	x	DPV1_使能 (0 = NO，1 = YES)
	6	x	安全模式 (0 = NO，1 = YES)，仅 DPV2 使
	5	x	仅 DPV2 使用
	4	0	保留
	3	0	保留
	2	x	看门狗时基 (0 = 10ms，1 = 1ms)
	1	0	保留
	0	0	保留
字节 9	7	x	插拔报警使能
	6	x	过程报警使能
	5	x	诊断报警使能
	4	x	制造商特殊报警使能
	3	x	状态报警使能
	2	x	更新报警使能
	1	0	保留
	0	x	组态检查模式 (0 为标准，1 为生产商特定)
字节 10	7	0	保留
	6	0	保留
	5	0	保留
	4	x	仅 DPV2 使用
	3	x	仅 DPV2 使用
	2	x	报警模式 (每一种报警类型的最多报警数) 0为1个 1为 2个 2为 4个 3为 8 个 4为 12个 5为 16个 6为 24个 7为 32个
	1	x	
	0	x	
字节 11～244			

B.8　DP-V1扩展组态报文速查信息

特殊的(扩展的)ID格式

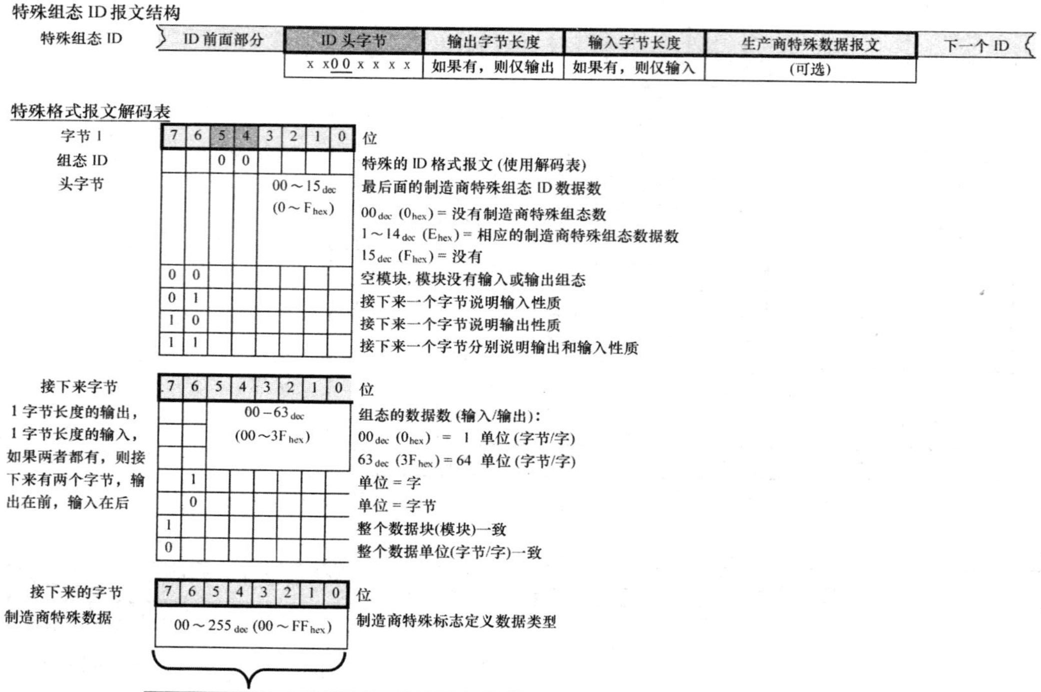

特殊组态ID报文结构

特殊组态ID	ID前面部分	ID头字节	输出字节长度	输入字节长度	生产商特殊数据报文	下一个ID
		x x 0 0 x x x x	如果有，则仅输出	如果有，则仅输入	(可选)	

DP-V1在特殊的格式下使用制造商特殊的组态数据提供附加信息

特殊格式报文解码表

字节1 组态ID头字节

7	6	5	4	3	2	1	0	位
		0	0					特殊的ID格式报文(使用解码表)
				00～15 $_{dec}$ (0～F $_{hex}$)				最后面的制造商特殊组态ID数据数 00 $_{dec}$ (0 $_{hex}$) = 没有制造商特殊组态数 1～14 $_{dec}$ (E $_{hex}$) = 相应的制造商特殊组态数据数 15 $_{dec}$ (F $_{hex}$) = 没有
0	0							空模块，模块没有输入或输出组态
0	1							接下来一个字节说明输入性质
1	0							接下来一个字节说明输出性质
1	1							接下来一个字节分别说明输出和输入性质

接下来字节
1字节长度的输出，1字节长度的输入，如果两者都有，则接下来有两个字节，输出在前，输入在后

7	6	5	4	3	2	1	0	位
		00–63 $_{dec}$ (00～3F $_{hex}$)						组态的数据数(输入/输出)： 00 $_{dec}$ (0 $_{hex}$) = 1 单位(字节/字) 63 $_{dec}$ (3F $_{hex}$) = 64 单位(字节/字)
	1							单位 = 字
	0							单位 = 字节
1								整个数据块(模块)一致
0								整个数据单位(字节/字)一致

接下来的字节
制造商特殊数据

7	6	5	4	3	2	1	0	位
00～255 $_{dec}$ (00～FF $_{hex}$)								制造商特殊标志定义数据类型

数据类型代码	
1—布尔型(位)	10—8个一组的字符串
2—有符号整型8(字节)	11—日期
3—有符号整型16(字)	12—天(4字节)
4—有符号整型32(2字)	13—时差(4字节)
5—无符号整型8(字节)	14—天(6字节)
6—无符号整型16(字)	15—时差(6字节)
7—无符号整型32(2字)	16～31—保留
8—浮点数(2字)	32～63—用户特殊制定数据
9—可视字符串	64～255—保留

B.9　DP-V1 扩展诊断报文速查信息

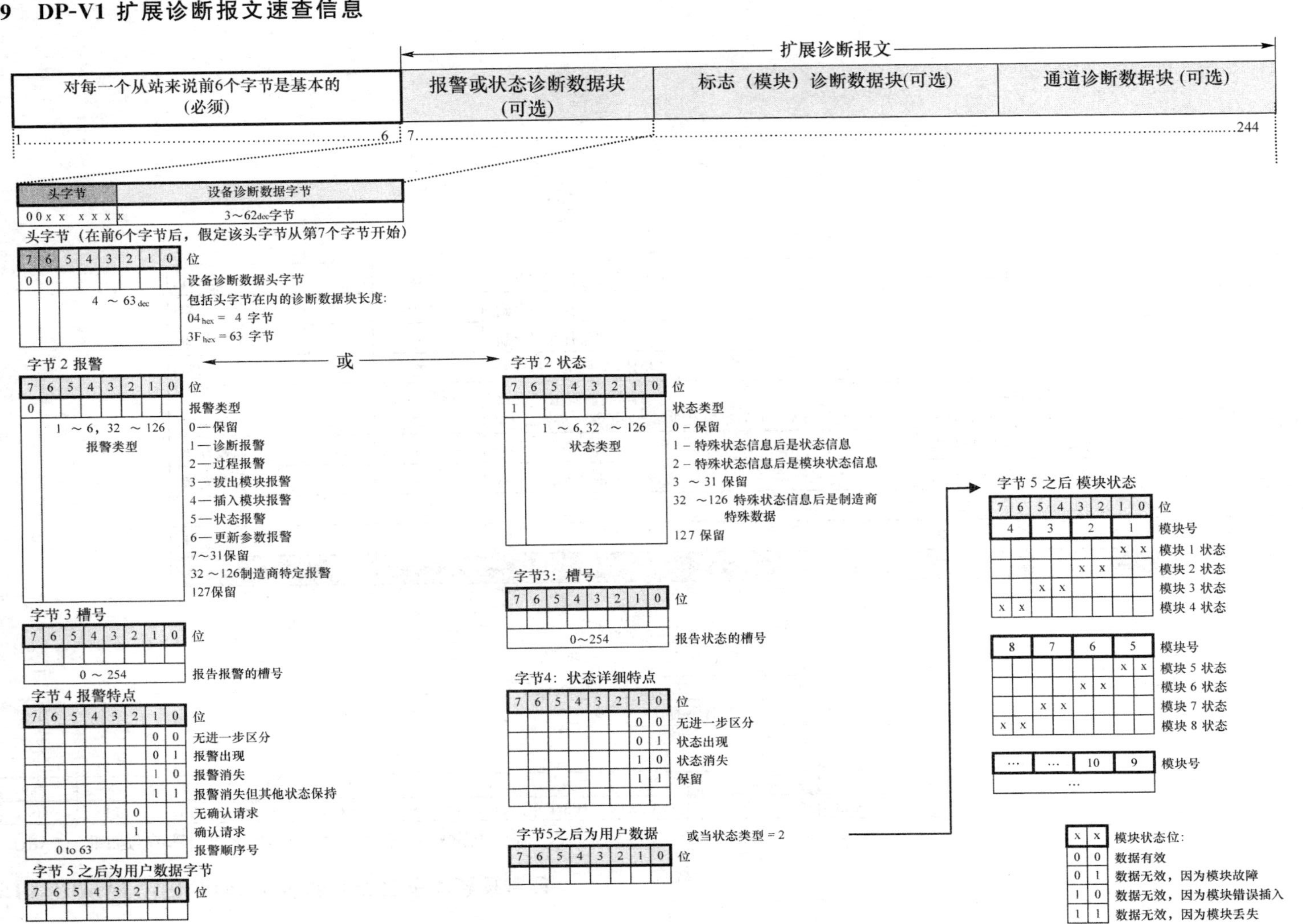

扩展诊断报文

对每一个从站来说前6个字节是基本的（必须）	报警或状态诊断数据块（可选）	标志（模块）诊断数据块(可选)	通道诊断数据块（可选）
1……6	7……		……244

头字节	设备诊断数据字节
0 0 x x　x x x x	3～62$_{dec}$字节

头字节（在前6个字节后，假定该头字节从第7个字节开始）

7	6	5	4	3	2	1	0	位
0	0							设备诊断数据头字节
		4 ～ 63$_{dec}$						包括头字节在内的诊断数据块长度： 04$_{hex}$ = 4 字节 3F$_{hex}$ = 63 字节

字节 2 报警 ←——— 或 ———→ 字节 2 状态

字节 2 报警

7	6	5	4	3	2	1	0	位
0								报警类型
	1 ～ 6，32 ～ 126 报警类型							0—保留 1—诊断报警 2—过程报警 3—拔出模块报警 4—插入模块报警 5—状态报警 6—更新参数报警 7～31保留 32 ～126制造商特定报警 127保留

字节 2 状态

7	6	5	4	3	2	1	0	位
1								状态类型
	1 ～ 6, 32 ～ 126 状态类型							0 – 保留 1 – 特殊状态信息后是状态信息 2 – 特殊状态信息后是模块状态信息 3 ～ 31 保留 32 ～126 特殊状态信息后是制造商特殊数据 127 保留

字节 3 槽号

7	6	5	4	3	2	1	0	位
0 ～ 254								报告报警的槽号

字节3：槽号

7	6	5	4	3	2	1	0	位
0～254								报告状态的槽号

字节 4 报警特点

7	6	5	4	3	2	1	0	位
						0	0	无进一步区分
						0	1	报警出现
						1	0	报警消失
						1	1	报警消失但其他状态保持
					0			无确认请求
					1			确认请求
0 to 63								报警顺序号

字节4：状态详细特点

7	6	5	4	3	2	1	0	位
						0	0	无进一步区分
						0	1	状态出现
						1	0	状态消失
						1	1	保留

字节 5 之后为用户数据字节

7	6	5	4	3	2	1	0	位

字节5之后为用户数据　　或当状态类型 = 2 →

7	6	5	4	3	2	1	0	位

字节 5 之后 模块状态

7	6	5	4	3	2	1	0	位
4		3		2		1		模块号
						x	x	模块 1 状态
				x	x			模块 2 状态
		x	x					模块 3 状态
x	x							模块 4 状态
8		7		6		5		模块号
						x	x	模块 5 状态
				x	x			模块 6 状态
		x	x					模块 7 状态
x	x							模块 8 状态
…		…		10		9		模块号
…								

x	x	模块状态位：
0	0	数据有效
0	1	数据无效，因为模块故障
1	0	数据无效，因为模块错误插入
1	1	数据无效，因为模块丢失

B.10 DP-V1 MS1、MS2 通信功能码及报文速查信息

DPV1 非循环功能：请求/应答报文（主站 → 从站）：

SD	LE	LEr	SDr	DA	SA	FC	DSAP	SSAP	DU	FCS	ED
68_{hex}	xx	xx	xx	xx	xx	xx	$33/32_h$	xx	xx xx …	xx	16_{hex}

功能编号	参数
xx	xx xx …

功 能	功能编号	请求参数	响应参数
轮询	无	无	无
空闲	48_{hex}	无	无
数据传输	51_{hex}	槽号，索引，长度，数据	槽号，索引，长度，数据
资源管理	56_{hex}	—	服务器SAP，发送间隔时间
初始化	57_{hex}	3字节保留，发送间隔时间，请求特性，支持行规，行规号，附加地址参数	支持的最大数据长度，支持的特性，支持的行规，行规号，附加地址参数
退出	58_{hex}	子网络，实例/原因代码	—
报警确认	$5C_{hex}$	槽号，报警类型，详细特点	槽号，报警类型，详细特点
读	$5E_{hex}$	槽号，索引，长度	槽号，索引，长度，数据
写	$5F_{hex}$	槽号，索引，长度，数据	槽号，索引，长度

B.11 诊断响应报文核心字节常用速查信息

诊断响应报文核心字节常用信息(PDU 中的前两个字节)

前两个字节(hex)	现　象	采取措施
02 05 …	从站未准备好（未收到参数设置报文）	等待主站发送参数化报文和组态信息
02 04…	未收到组态报文或从站未准备好进行组态检查(看门狗状态为 OFF)	检查主站是否发送了 CFG 报文,否则检查下一个循环
02 0C…	未收到组态报文或从站未准备好进行组态检查(看门狗状态为 ON)	检查主站是否发送了 CFG 报文,否则检查下一个循环
42 05…	参数化错误:错误的 ID,无效的 WD 参数或错误的装置设备参数	检查参数设置报文(ID 号、用户参数数据和长度)
12 05…	功能不支持:报文包含 Sync 或 Freeze 功能,但从站不支持该功能或在参数化报文中设置了保留位	检查设置参数报文,并且检查从站是否支持主站请求的功能
52 05…	参数错误并且不支持参数化报文中所含功能	检查参数设置报文(ID 号、用户参数数据和长度、所支持的功能)
08 04…	从站有扩展诊断数据并且从站处于数据交换模式(看门狗状态为 OFF)	检查扩展诊断数据
08 0C …	从站有扩展诊断数据并且从站处于数据交换模式(看门狗状态为 ON)	检查扩展诊断数据
0A 05 …	从站有扩展诊断数据并且未接收到参数化和组态数据	等待主站发送参数化和组态报文,如果扩展诊断状态仍为 ON,则检查下一个扩展诊断数据
06 05…	组态错误:从站接收到错误的组态数据或长度错误的输出数据报文	检查组态报文,并且比较组态数据和实际数据的长度
0E 05…	从站接收到错误的组态报文并且有扩展诊断信息	检查组态报文
00 04…	从站状态良好并且处于数据交换状态（看门构状态为 OFF)	从站报告一切都好,检查诊断报文中主站地址
00 0C …	从站状态良好并且处于数据交换状态(看门狗状态为 ON)	从站报告一切都好 检查诊断报文中主站地址
00 06…	从站具有静态诊断功能,但是从站正处于数据交换状态（该位复位前,主站只请求诊断)	试着复位设备或查看手册找出原因
02 07…	从站具有静态诊断功能,但必须进行参数设置和组态	等待,直到主站发送参数化和组态报文

附录C 常用缩略语备查表

缩略语	英文全称	中文解释
A		
AC	Access Controller	无线接入控制器
ACCO	Active Control Connection Object	活动控制链接对象
AE	Application Entity	应用实体
AI	Analog Input	模拟量输入
AL	Application Layer	应用层
AO	Analog Output	模拟量输出
AP	Application Process	应用进程
APO	Application Process Object	应用进程对象
API	Actual Packet Interval	实际的数据包时间间隔
APDU	Application Protocol Data Unit	应用协议数据单元
APM	Alternating Phase Modulating	交变脉冲调制
AR	Application Relationship	应用关系
AREP	Application Relationship End Point	应用关系端点
ARP	Address Resolution Protocol	地址解析协议
ARPA	Advanced Research Project Agency	高级研究计划署
ARQ	Automatic Request for Repeat	自动请求重发
ASE	Application Service Element	应用服务元素
ASIC	Application Specific Integrated Circuit	专用集成电路
ASK	Amplitude Shift Keying	幅移键控
ATM	Asynchronous Transfer Mode	异步转移模式
B		
BOOTP	Bootstrap Protocol	自举(引导)协议
C		
CAN	Controller Area Network	控制器局域网
CB	Control Bit	控制位
CBA	Component-Based Automation	基于组件的自动化
CD	Clear Data	清除数据
CE	Conformite Europeenne	欧洲统一的安全认证
CIMS	Computer Integrated Manufacturing System	计算机集成制造系统
CIP	Common Industrial Protocol	通信工业协议
CIX	Commercial Internet eXchange	商用因特网交换中心
CM	Context Management	上下关系管理
CMI	Context Management Inactivity	上下关系管理解除激活
COM/DCOM	Component Object Model/Distributed COM	组件对象模型/分布式组件对象模型
CPF	Communication Profile Family	通信行规家族
CR	Communication Relationship	通信关系
CRC	Cyclic Redundancy Check	循环冗余校验

CRC	Cyclic Redundancy Code	循环冗余码
CRM	Customer Relationship Management	客户关系管理
CRT	Cathode Ray Tube	阴极射线管
CSMA	Carrier Sense Multiple Access	载波监听多路访问
CSMA/CD	Carrier Sense Multiple Access with Collision Detection	带冲突检测的载波监听多路访问
CU	Control Unit	控制单元
D		
DA	Destination Address	目标地址
DAP	Device Access Point	设备访问点
DCS	Distributed Control System	集散控制系统
DD	Device Description	设备描述
DDE	Dynamic Data Exchange	动态数据交换
DDL	Device Description Language	设备描述语言
DE	Data Exchange	数据交换
DI	Digital Input	数字量输入
DLL	Data Link Layer	数据链路层
DLL	Dynamic Link Library	动态链接库
DLSAP	Data Link Service Access Point	数据链路服务访问点
DM	Device Management	设备管理器
DNA	Digital Network Architecture	数字网络体系结构
DNS	Domain Name System	域名系统
DO	Digital Output	数字量输出
DSAP	Destination Service Access Point	目标服务存取点
DSS	Decision Support System	决策支持系统
DTD	Document Type Definition	文档类型定义
DXB	Data eXchange Broadcast	广播式数据交换
E		
E+H	Endress Hauser	恩德斯豪斯公司
EB	Electronic Business	电子商务
ED	End Delimiter	报尾
EDD	Ethernet Device Driver	以太网设备驱动器
EDDL	Electronic Device Description Language	电子设备描述语言
EDM	External Device Monitor	外部设备监控器
EIA	Electronic Industries Association	电子工业协会
EN	Enterprice Networks	企业网络
EOF	End of Frame	帧尾
ERP	Enterprise Resource Planning	企业资源规划
F		
FAL	Fieldbus Application Layer	现场总线应用层
FAS	Fieldbus Access Sublayer	现场总线访问子层
FB	Function Block	功能块
FBD	Function Block Diagram	功能块图
FC	Function Code	功能码
FCS	Fieldbus Control System	现场总线控制系统
FCS	Frame Check Sequence	帧校验次序

FDA	Field Device Access	现场设备访问
FDIS	Final Draft International Standards	国际标准最终草案
FDL	Fieldbus Data Link	现场总线数据链路,即链路层
FDM	Frequency Division Multiplexing	频分多路复用
FDT/DTM	Field Devices Tool/Devices Type Manager	现场设备工具/设备类型管理器
FEC	Forward Error Correction	前向纠错
FF	Foundation Fieldbus	基金会现场总线
FFB	Flexible Function Block	柔性功能模块
FIP	Fieldbus Internet Protocol	现场总线网络协议
FISCO	Fieldbus Intrinsically Safe Concept	现场总线本质安全概念
FMS	Fieldbus Message Specification	现场总线报文规范
FS	Fieldbus Server	现场总线服务器
FSK	Frequency Shift Keying	频移键控
FTP	File Transfer Protocol	文件传输协议
G		
GARP	Generic Attribute Registration Protocol	通用属性注册协议
GC	Get Configuration	获取组态
GC	Global Control	全局控制
GM	General Motors	(美国)通用汽车(公司)
GSD	Generic Station Description	一类站点的描述文件
GVRP	GARP Vlan Registration Protocol	Garp Vlan 注册协议
H		
HART	Highway Addressable Remote Transducer	可寻址的远程变送器数据公路
HMI	Human Machine Interface	人机界面
HSE	High Speed Ethernet	高速以太网
HTML	Hypertext Markup Language	超文本标记语言
I		
IAONA	Industrial Automation Network Alliance	工业自动化开发网络联盟
ICMP	Internet Control Message Protocol	因特网控制报文协议
ID	Identification	标识
IDA	Interface for Distributed Automation	分布式自动化接口
IEA	Industrial Ethernet Association	工业以太网协会
IEC	International Electrotechnical Commission	国际电工委员会
IEEE	Institute of Electrical and Electronics Engineers	电气与电子工程师协会
IEFC	Industrial Ethernet Fast Connect	以太网快速连接
IGMP	Internet Grope Management Protocol	因特网组管理协议
IL	Instruction List	指令表
IM	Isochronous Mode	等时同步模式
IMAP	Internet Message Access Protocol	因特网报文访问协议
IOCS	IO Consumer State	I/O(数据)消费者状态
IOU	Input Output Unit	输入/输出单元
IOT	Internet of Things	物联网
IP	Internet Protocol	因特网协议
IPC	Industrial PC	工业计算机
IRT	Isochronous Real Time	等时同步实时

ISA	The Instrumentation, Systems and Automation Society	美国仪表、系统及自动化协会
ISO	International Organization for Standardization	国际标准化组织
L		
LAN	Local Area Network	局域网
LAS	Link Active Scheduler	链路活动调度器
LAS	The List of Active Slaves	处于运行状态的从站表
LD	Ladder Diagram	梯形图
LDS	The List of Detected Slaves	被检测到的从站表
LE	Data Length	数据长度
LLC	Logical Link Control sublayer	逻辑链路控制子层
LLDP	Link Layer Discovery Protocol	链路层发现协议
LLI	Lower Layer Interface	低层接口
LME	Layer Management Entity	层管理实体
LON	Local Operating Networks	局域操作网络
LPS	The List of Projected Slaves	组态的从站表
M		
MAC	Media Access Control sublayer	介质访问控制子层
MAN	Metropolitan Area Network	城域网
MAP	Manufacturing Automation Protocol	制造自动化协议
MAU	Media Access Unit	媒体访问单元
MBP	Manchester code Bus Powered	曼彻斯特总线供电方式
MCR	Multicast Communication Relation	多播通信关系
MDI	Media Dependent Interface	媒体从属接口
MES	Manufacturing Execution System	制造执行系统
MIS	Management Information System	管理信息系统
MMS	Manufacturing Messaging Services	制造信息服务
MQTT	Message Queuing Telemetry Transport	消息队列遥测传输协议
MRP	Manufacturing Resource Planning	制造资源计划
N		
NFS	Network File System	网络文件系统
NRT	Non Real Time	非实时
NRZ	No Return to Zero	非归零码
NSF	The National Science Foundation	国家科学基金会
O		
OA	Office Automation	办公自动化
OCX	OLE Control eXtension	OLE 控制扩展
OLE	Object Linking and Embedding	对象链接与嵌入
OLM	Optical Link Module	光纤连接模块
OPC	OLE for Process Control	用于过程控制的对象链接与嵌入
OSI/RM	Reference Model of Open System Interconnect	开发系统互联参考模型
P		
PARC	Palo Alto Research Centre	Palo Alto 研究中心
PB	Physical Block	物理块
PCC	PROFIBUS Competency Centre	PROFIBUS 资格中心
PDU	Protocol Date Unit	协议数据单元

PhPDU	Physics Protocol Date Unit	物理层协议数据单元
PI	PROFIBUS & PROFINET International	PROFIBUS & PROFINET 国际组织
PID	Proportional Integral Derivative	比例积分微分
PLC	Programmable Logic Controller	可编程序控制器
PLS	Physical Layer Signal	物理层信号
PMA	Physical Medium Attachment	物理媒体连接
POE	Power Over Ethernet	以太网电源供应
POP	Point of Presence	接入点
POP	Post Office Protocol	邮局协议
POU	Program Organization Unit	程序组织单元
PROFIBUS	Process Field Bus	过程现场总线
PROFIBUSDP	PROFIBUS Decentralized Periphery	分散型外围设备用 PROFIBUS
PROFIBUS PA	PROFIBUS Process Automation	过程自动化用 PROFIBUS
PROG	Program	程序
PSK	Phase Shift Keying	相移键控
PTB	Physikalisch - Technische Bundesanstalt	德国联邦物理技术研究所
PTP	Precision Time Protocol	精确时间协议

Q

QoS	Quality of Service	服务质量

R

RARP	Reverse Address Resolution Protocol	反向地址解析协议
RDP	Remote Desktop Protocol	远程桌面协议
RFC	Request For Comment	请求评论
RI	Read Inputs	读取输入
RO	Read Outputs	读取输出
RPAs	Regional PROFIBUS Associations	区域 PROFIBUS 协会
RT	Real Time	实时
RTA	Real Time Acyclic	实时非循环
RTC	Real Time Cyclic	实时循环

S

SA	Source Address	源地址
SAP	Service Access Point	服务访问点
SC	Short Character	短确认报文
SCADA	Supervision Control and Data Acquisition	监控与数据采集
SCM	Supply Chain Management	供应链管理
SD	Start Delimiter	报头
SDA	Send Data with Acknowledge	带确认的数据发送
SDN	Send Data with No acknowledge	无确认的数据发送
SDS	Smart Distributed System	智能分散系统
SFC	Sequential Function Chart	顺序功能图
SMCB	Serial Multiplexed Control Bus	串行多路控制总线
SMTP	Simple Mail Transfer Protocol	简单邮件传输协议
SNA	System Network Architecture	系统网络体系结构
SNMP	Simple Network Management Protocol	简单网络管理协议

SOAR	Security Orchestration Automation and Response	安全协调自动化与响应
SPC	Statistical Process Control	统计过程控制
SRD	Send and Request Data with acknowledge	带确认的数据发送和请求
SRT	Soft Real Time	软实时
SSA	Set Slave Address	设定从站地址
SSAP	Source Service Access Point	源服务存取点
SSID	Service Set Identifier	服务集标识
SSL	Secure Sockets Layer	安全套接字协议
ST	Structured Text	结构化文本
STP	Shielded Twisted Pair	屏蔽双绞线
SYN	Synchronous code	同步字符
T		
TB	Transducer Block	转换块
TCP	Transmission Control Protocol	传输控制协议
TCP/IP	Transfer Control Protocol/Internet Protocol	传输控制协议/因特网协议
TDM	Time Division Multiplexing	时分多路复用
TFTP	Trivial File Transfer Protocol	简单文件传输协议
TOP	Technical and Office Protocal	技术及办公协议
TR	Token Ring	令牌环
U		
UL	User Layer	用户层
UL	Underwriters Laboratories Inc.	美国安全检测实验室公司
UTP	Unshielded Twisted Pair	非屏蔽双绞线
UUID	Universal Unique Identifier	通用唯一标识符
V		
VLAN	Virtual Local Area Network	虚拟局域网
VCR	Virtual Communication Relationship	虚拟通信关系
VFD	Virtual Field Device	虚拟现场设备
VTP	Virtual Terminal Protocol	虚拟终端协议
W		
WAN	Wide Area Network	广域网
WDM	Wavelength Division Multiplexing	波分复用
WLAN	Wireless Local Area Network	无线局域网
WorldFIP	World Factory Instrumentation Protocol	世界工厂仪表协议
WPAN	Wireless Personal Area Network	无线个人局域网
WWAN	Wireless Wide Area Network	无线广域网
WWW	World Wide Web	万维网
X		
XLL	eXtensible Link Language	可扩展链接语言
XML	eXtensible Markup Language	可扩展性标记语言
XSL	eXtensible Style Language	可扩展样式语言

参考文献

[1] 王永华,VERWER A. 现场总线技术及应用教程[M]. 2 版. 北京:机械工业出版社,2012.

[2] MANFRED P, KARL W. The Rapid Wayto PROFINET[M]. Germany:PROFIBUS Nutzerorganisation,2003

[3] MANFRED P. The New Rapid Way to PROFIBUS DP :From DP-V0 to DP-V2[M]. Germany:PROFIBUS Nutzerorganisation, 2003

[4] Manfred Popp. PROFINET 工业通信[M]. 刘丹,译,北京:中国质检出版社/中国标准出版社,2016.

[5] GB/Z 25105. 1 ~ GB/Z 25105. 3 - 2010. 工业通信网络现场总线规范类型 10:PROFINETIO 规范(3 个部分)[S]. 北京:中国标准出版社,2010.